제1장

기계제도의 개요

목 차

제 2 판

KS규격

기계제도

이론과 실습

박정규 · 한규상 공저

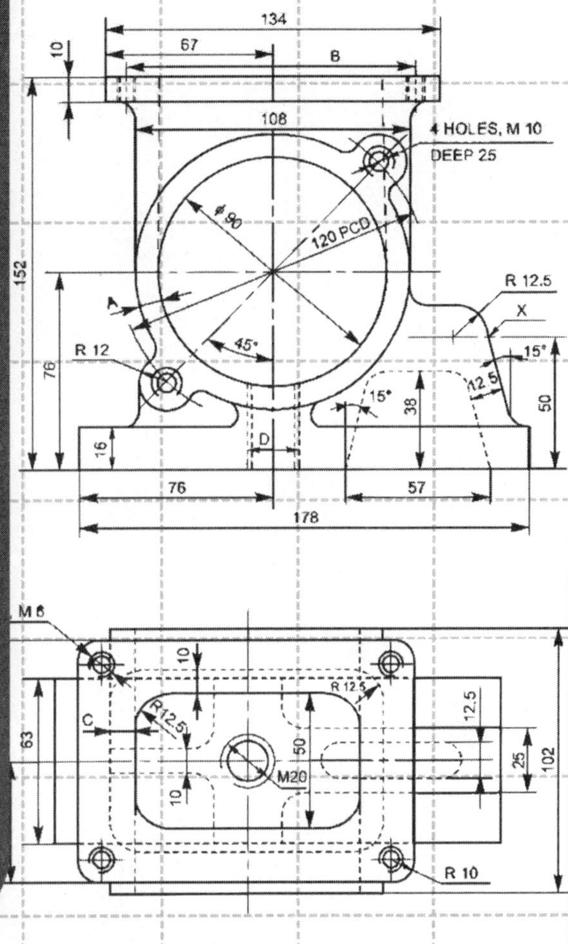

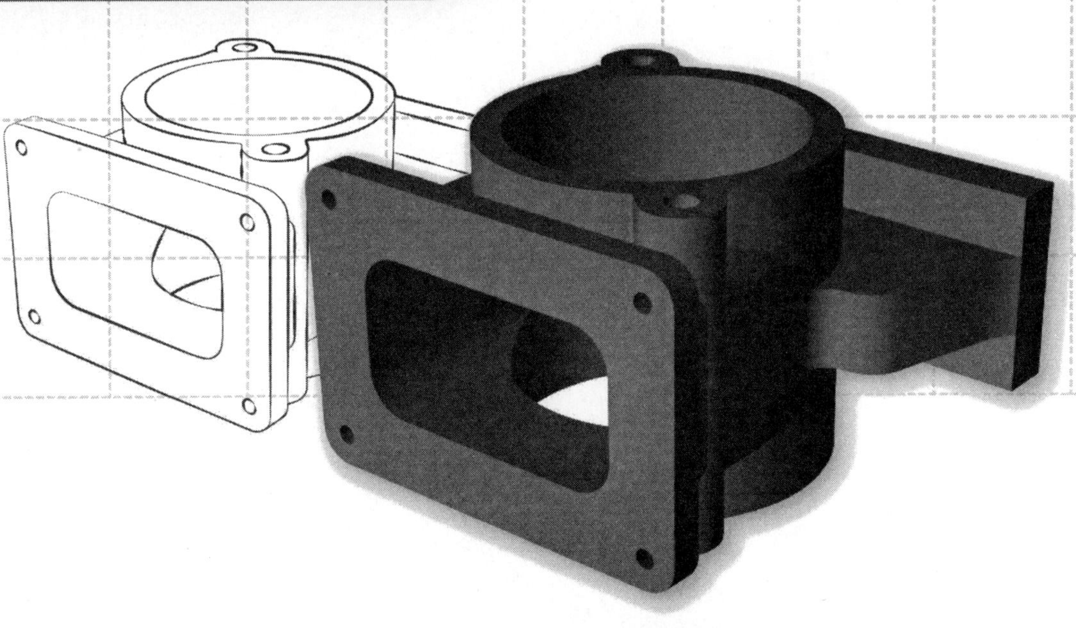

D.B.Info

머리말

본 교재는 기계설계의 엔지니어를 목표로 하는 독자(학생, 취업 준비생)를 위한 것으로서 기계제도의 기초에서부터 부품도 작성 및 조립도를 작성할 수 있도록 구성하였다. 본 교재의 구성은 다음과 같다.

제1장 기계제도의 개요에서는 기계설계 및 제도에 대한 정의, 기계제도에 필요한 선과 문자, 도면크기 및 도면층 설정 등과 같이 제도에 필요한 기본적인 사항에 대하여 기술하였다.

제2장 도면 투상법에서는 물체를 보는 방향에 따라서 투영되는 모양을 작성하는 것이다. 물체의 특징을 가장 잘 나타내는 방향을 정면도로 선정하고 정면도를 중심으로 평면도 및 측면도 등을 투상하며 대각보조선을 사용하여 도면 작성하는 방법에 대하여 기술하였다.

제3장 치수와 공차에서는 물체를 투상법에 따라서 도면을 작성하고 그 형상과 크기를 나타내는 치수를 기입하는 방법에 대하여 기술하였다. 다음으로는 기계부품의 가공 시에 발생하는 표면 거칠기, 두 개의 부품조립에 필요한 끼워 맞춤공차, 기계부품의 형상, 자세 및 위치에 관련한 기하공차 등에 대하여 기술하였으며, 치수는 형상의 특징을 가장 잘 나타내는 부분에 정확하게 표현하여 애매한 해석이 발생하지 않도록 한다.

제4장 도형의 표시법에서는 물체의 보이지 않는 부분에 대하여 단면을 절단하여 보이는 부분으로 작성하는 방법을 기술하였다. 전면을 단면으로 작성하는 전단면도, 일부분을 단면으로 작성하는 부분 단면도 등과 같이 필요에 따라서 회전, 부분 또는 계단형태로 단면을 절단하여 도면을 작성한다.

제5장 체결용 기계요소에서는 기계제작에 사용되고 있는 체결용 기계부품, 즉 나사체결(볼트와 너트), 리벳이음 및 용접이음의 방법과 도면제도 방법에 대하여 기술하였다.

제6장 축과 축이음에서는 축의 제도방법 및 동력을 전달하기 위하여 원동축과 종동축을 연결하는 축이음의 종류(키, 핀, 플랜지, 등)에 따라서 제도방법을 기술하였다.

제7장 베어링에서는 동력을 전달하는 회전축을 지지하는 요소로서 구름운동과 미끄럼운동으로 마찰면을 안내하는 구름 베어링과 미끄럼 베어링으로 구분한다. 각 베어링의 종류 및 그 제도방법을 기술하였다.

제8장 동력전달 기계요소에서는 회전축을 사용하여 동력을 전달하는 방법으로 2개의 축간 거리가 가까운 경우에는 기어, 축간 거리가 먼 경우에는 벨트, 체인 및 로프 등을 사용하여 회전력을 전달한다. 기어 및 풀리 등의 종류와 제도방법에 대하여 기술하였다.

제9장 기타 기계요소에서는 스프링, 관이음 등이 있으나 본 교재에서는 스프링의 종류 및 그 제도 방법에 대하여만 기술하였다.

이상과 같이 본 교재를 구성하였으며 실제 기계도면을 작성하는 방법과 기계부품의 표면 거칠기, 끼워 맞춤 및 기하공차 등에 대한 지식도 필요하므로 부품도의 작성 시에 치수기입, 표면 거칠기, 끼워 맞춤 및 기하공차에 관련한 정보를 작성할 수 있도록 집필하였다.

끝으로 본 교재의 출판을 위하여 많은 도움을 주신 여러분께 감사를 드리며 복두출판사 사장님 이하 관계자 여러분께 감사를 드린다.

2018년 5월
저자 씀

목차

제7장 베어링 307

제8장 동력전달 기계요소 353

제9장 기타 기계요소 389

기계를 제작하기 위해서는 기계설계 엔지니어가 설계를 실시하고 그 결과물을 사용하여 기계제작을 위한 도면화 작업을 실시한다. 기계제작을 위한 도면화 작업을 기계제도라고 하고 규격에 따라서 도면작업을 해야 어디서나 통용이 될 수 있다.

기계를 이해하고 제작하기 위해서 가장 먼저 기계와 도구를 구분할 수 있어야 한다. 도구의 사전적 의미는 **"재료를 원하는 형상으로 만들 때 쓰는 기구나 장비"** 이고 기계의 사전적 의미는 **"물리적인 작업을 위해 인간 또는 동물의 작동능력을 늘리거나 대신하는 고유의 용도를 갖는 장치"** 를 의미한다.

도구는 약 260만 년 전의 도구로 추정되는 석기에서 발전하여 도끼, 정, 톱 등이 만들어졌으며, 사용자의 근력으로 조작하는 작은 수동기구로서 인간이 물질적인 주변 환경을 조절하고 조작하는 주요 수단이다.

그림 1.1은 기계의 정의를 나타내는 것으로서 에너지, 즉 물질 및 정보를 입력으로 받아들여서 변환 혹은 전달하는 기능에 의하여 새로운 유용한 에너지인 물질 및 정보로 변환하여 인간의 생활을 도와주고 지원하는 일을 수행하는 것을 기계라고 정의한다. 오늘날 운반용 기계로 많이 사용하는 자동차처럼 복잡한 기계장치뿐만 아니라 지렛대, 축바퀴, 도르래처럼 간단한 기구들도 기계에 속한다.

기계의 작동은 화학, 열 및 전기 에너지를 기계 에너지로 바꾸거나 그 반대로 바꾸는 과정이 포함되지만 단순히 힘과 운동을 수정하거나 전달하는 기능일 수도 있으며 모든 기계에는 입력, 출력, 변형, 변환 및 전달 장치가 있다.

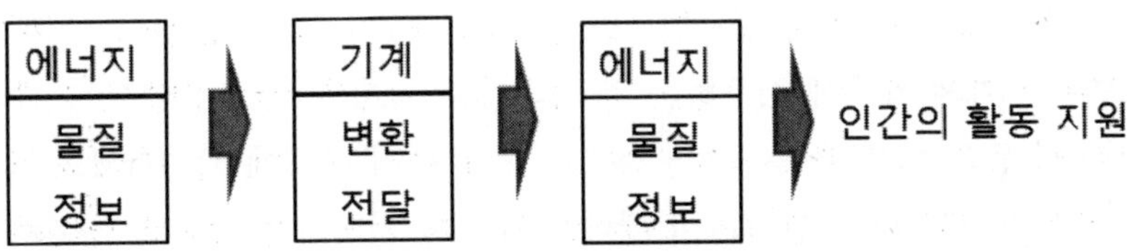

그림 1.1 기계의 정의

기계의 구성요소에서 가장 기본이 되는 원동기는 바람, 물, 석탄 및 석유와 같은 천연자원에서 입력 에너지를 받아 그것을 기계적 운동에너지로 변환시키는 것으로서 바람을 이용하는 풍차, 물을 이용하는 수차 및 화석연료를 사용하는 내연기관 등이 있다. 이러한 기계들은 에너지의 입력형태는 서로 다르지만 출력은 회전운동 에너지로 출력하여 다른 기계의 동력원으로 사용한다. 원동기에서 출력하는 회전운동 에너지는 재료가공, 포장, 운반용 기계 및 세탁기 등 서로 다른 기계들을 작동시킨다.

기계제도는 사람이 필요로 하는 제품의 제작 또는 제품을 생산하기 위한 기계제작에 필요한 정보를 여러 종류의 선과 기호 및 문자를 사용하여 평면 위에 나타내는 것이며 제품이나 기계의 제작에 필요한 아이디어를 그래픽 언어로 나타내는 것이다.

1.1 기계설계와 제도

기계설계(Mechanical design)는 제작하고자 하는 기계, 제품 및 부품 등을 정확하게 도면으로 제시하기 위해 고안하는 일을 말하며, 기계제작에 있어서 제일 먼저 이루어지는 공정이다. 기계설계는 기계 또는 장치가 요구하는 역할, 구조 및 강도 등을 충분히 만족할 수 있도록 모양, 크기 및 재질 등과 같은 기본적인 사양과 형상 등의 설계요건에 대한 기술적인 구상이며, 기계제도(Mechanical drawing)는 기계설계에서 구상한 아이디어를 도면으로 작성하는 것이다.

또한 기계설계는 수요자의 요구조건과 경제성 등을 고려하여 기계의 제작방법에 반영하고 기계의 기능성 외에 겉모양과 색채 등 사용자에게 주는 인상과 편리성 등을 고려한 디자인이 강조되고 있다. 최근에는 컴퓨터를 이용한 설계, 즉 CAD(Computer Aided Design)가 보편화되어 있으며, 기계설계의 기초단계에서부터 설계 해석이 가능한 CAE(Computer Aided Engineering)가 보급되어 기계설계의 용이성과 정확성을 부여하고 있다.

실제 생활 속에서 사용하고 있는 제품, 기계, 구조물 등을 신규 제작 또는 수리 제작을 하기 위해서는 모양과 크기 등을 나타내는 도면을 작성해야 한다. 제도는 물건을 만들기 위한 형상 및 크기의 정보를 나타내는 도면작업을 의미한다. 즉, 물건에 대한 아이디어를 실제의 모양이나 크기로 설계한 것을 그래픽 언어로 표시하는 것을 제도라고 한다.

기계제도(Mechanical drawing)란 기계공업 분야의 기계제작에 있어 가장 기본이 되는 것이다. 기계제도는 설계자의 요구사항을 제작자에게 정확하게 전달하기 위하여 일정한 규칙에 따라서 선과 문자 및 기호 등을 사용하여 생산품의 형상, 구조, 크기, 재료, 가공법 등을 제도 규격에 맞추어 정확하고 간단하며 명료한 도면을 작성하는 과정을 말한다. 기계제도에 의해 작성된 기계도면은 기계의 제작에 사용하는 것 이외에도 기계의 취급 설명서, 기계의 설치방법, 견적서 및 공정관리 등의 여러 분야에 사용하므로 세계 여러 나라에서는 각국의 형편에 맞도록 정한 규격에 맞추어서 정확하고 간략하며 애매한 해석이 일어나지 않도록 명확하게 표기하여야 한다.

◆ 기계제작 프로세스

기계설계자가 구상한 기계를 제작하기 위해서는 전문적인 지식을 가진 많은 사람들이 힘을 합하여 기계의 구상기획, 사양결정, 기계설계, 생산 및 검사하는 작업을 실시한다.

- **구상기획** : 기계 사용자의 요구조건 및 성능을 조사하는 일과 요구 성능을 만족시킬 수 있는 새로운 기술이 개발되어 있는지를 조사한다. 판매 담당자, 설계 및 제조실무 담당자의 의견을 청취하고 협동하여 새로운 기계제품의 구상, 사업성 및 개발일정 등을 검토한다.

- **사양결정** : 구상기획의 단계에서 결정한 새로운 기계의 요구조건과 성능을 실현하기 위하여서는 기계의 크기, 무게, 디자인, 출력, 속도, 정밀도 등과 같이 형상과 특성 및 기능에 관련한 사양을 결정하여야 한다.

- **기계설계** : 기계의 요구조건과 성능 실현을 위한 기계의 기구적인 구조, 형상, 디자인, 부품의 형상, 치수, 재료 등을 결정하는 기본적인 기능설계를 실시한다. 기능설계가 완료되면 기계에 소요되는 각종 부품 중에서 구매 가능한 것과 자체 제작해야하는 것을 분류한다. 기계의 개발에 있어서 가능하면 구매 가능한 표준부품을 사용하도록 설계하는 것이 부품 수급 및 가격 경쟁력 측면에서 유리하다. 부득이 자체에서 생산을 해야 하는 경우에는 부품의 가공법 및 치수공차 등을 결정하는 상세설계를 하여 제작도면을 작성하는데 이를 생산설계라고 부른다.

- **생산** : 기계설계 단계에서 구매한 부품 및 자체 제작한 부품이 설계도면과 같이 제작되었는지를 검사한 후에 각종 부품을 조립하여 기계를 생산한다. 기계의 생산은 수작업으로 생산하는 수동라인과 기계를 사용하는 자동화 생산라인으로 분류하며 유리한 생산수단을 사용하는 것이 기계의 신뢰성 및 가격 경쟁력의 확보에 중요하다. 생산단계에서서는 제품의 생산계획 및 생산관리 등에 따라 생산기계 구입 또는 독자적으로 설계하여 제작한다.

- **검사** : 생산한 기계 및 제품에 대하여서는 구상기획 단계에서 결정한 기능 및 품질을 만족하고 있는지를 조사한다. 검사 결과에 따라 합격한 제품은 합격필증을 부착하여 출하하고 불합격품은 폐기처분하거나 재생산을 실시한다. 그리고 불량품의 원인을 규명하기 위하여 설계 담당자 및 제조 담당자와의 회의를 통하여 제조 공정상의 문제, 작업자의 단순한 잘못 및 설계의 착오 등을 철저하게 규명하여 문제를 해결하도록 한다. 기계 생산업체에서의 검사공정은 생산공장에 있어서 최종단계이므로 설계사양을 만족하는 검사항목을 철저하게 관리하여야 한다.

◆ 기계설계의 중요 지침

고객이 만족하는 좋은 기계를 만들기 위해서는 기계 설계자가 지니고 있어야할 기본적인 기계설계 사상은 다음과 같이 4가지 요소가 있다.

- 생산 환경의 측면에서 사용목적에 적합한 구조와 성능을 가지도록
- 제작자의 측면에서 가공 및 조립 등이 용이하도록
- 수리자의 측면에서 수리가 용이한 구조를 가지도록
- 사용자의 측면에서 가격이 저렴하며 사용이 편리하고 안전하도록

이상의 4가지 설계사상은 기계의 특성에 따라서 전부 만족시키기 어려운 상황이 발생할 수도 있으나 기본적으로는 4가지의 기계설계 사상을 반영하면 좋은 기계를 설계할 수 있다.

1.2 기계제도의 규격

새로운 기계장치를 구상하여 제작하기 위해서는 기계제도 도면의 작성이 필수적이다. 기계제도 도면의 용도는 견적, 가공, 검사 및 조립 등의 생산에 사용하는 도면과 기계의 설치, 유지보수 및 취급을 기술하는 취급설명서 등의 용도로 사용하고 국내 이외에도 해외에서 사용할 수도 있다. 따라서 기계제도 도면의 작성은 여러 분야에서 사용하므로 가능하면 약속된 공통의 규격으로 기계도면을 작성하여 애매한 해석이 발생하지 않도록 정확하고 명확하게 작성해야 한다.

또한 기계제도 도면은 해외에서도 사용할 수 있기 때문에 국제적인 언어로서의 역할도 수행하고 있으므로 국제 규격에 맞는 기계제도 도면을 작성할 필요가 있다. 기계도면을 작성하는 기계 제도사와 도면을 사용하는 생산자 및 사용자는 서로 비접촉으로 기계제도 도면을 매개체로 의사를 소통해야하므로 도면 해독자가 명확하게 해석할 수 있도록 기계도면을 작성한다. 세계의 각국에서는 각자의 나라 특성에 맞는 기계제작의 공정관리 및 생산방식 개선 등에 의하여 제품의 양산성과 품질을 향상시키고 있다. 따라서 각 나라에서는 제품의 양산 및 품질향상을 위하여 공업제품의 종류, 모양, 재질 및 시험방법 등에 대한 규격의 표준화 작업으로 표 1.1과 같이 공업규격을 제정하였다.

우리나라의 한국산업표준(KS: Korean Industrial Standards)은 산업표준심의회의 심의를 거쳐서 국가기술표준원장 및 소관부처의 장이 고시함으로써 확정되는 국가표준으로서 약칭하여 KS로 표시한다. 1961년 공업표준화법 제정에 따라 1962년 3,000종의 국가표준을 시작으로 현재까지 운용되고 있으며, 기본부문(A)부터 정보부문(X)까지 21개 부문으로 구성되며 크게 다음 세 가지로 분류할 수 있다.

- 제품표준 : 제품의 향상 · 치수 · 품질 등을 규정
- 방법표준 : 시험 · 분석 · 검사 및 측정방법, 작업표준 등을 규정
- 전달표준 : 용어 · 기술 · 단위 · 수열 등을 규정

표 1.1 각국의 공업규격

국가규격	영문 표기법	제정연도
영국공업규격	BS(British Standard)	1901
독일공업규격	DIN(Deutsche Industrie Normen)	1917
스위스공업규격	SNV(Schweitzerish Normen des Vereinigung)	1918
미국공업규격	ANSI(American National Standards Institute)	1918
프랑스공업규격	NF(Norme Francaise)	1918
일본공업규격	JIS(Japanese Industrial Standards)	1921(1952)
국제표준화기구	ISO(International Organization for Standardization)	1928(1947)
한국공업규격	KS(Korean Industrial Standards)	1961

표 1.2는 KS규격의 각 분야별 분류를 나타내고 표 1.3은 대분류와 중분류로 구분한 것이다. 고전적인 기계분야에서 첨단산업 분야에 해당하는 정보산업 분야까지 분류를 하고 있으며 기술의 발달에 따라서 새로운 분야의 표준규격 제정이 필요하다.

표 1.2 KS규격 분야

기호	A	B	C	D	E	F	G	H
부문	기본	기계	전기	금속	광산	토건	일용품	식료품
기호	K	L	M	P	V	R	W	X
부문	섬유	요업	화학	의료	조선	수송기계	항공	정보산업

표 1.3 KS규격의 대분류와 중분류

대분류	중분류
기본부문(A)	기본일반/방사선(능)관리/가이드/인간공학/신인성관리/문화/사회시스템/기타
기계부문(B)	기계일반/기계요소/공구/공작기계/측정계산용기계기구 · 물리기계/일반기계/산업기계/농업기계/열사용기기 · 가스기기/계량 · 측정/산업자동화/기타
전기부문(C)	전기전자일반/측정 · 시험용기계기구/전기 · 전자재료/전선 · 케이블 · 전로용품/전기기계기구/전기응용기계기구/전기 · 전자 · 통신부품/전구 · 조명기구/배선 · 전기기기/반도체 · 디스플레이/기타
금속부문(D)	금속일반/원재료/강재/주강 · 주철/신동품/주물/신재/2차제품/가공방법/분석/기타

광산부문(E)	광산일반/채광/보안/광산물/운반/기타
건설부문(F)	건설일반/시험 · 검사 · 측량/재료 · 부재/시공/기타
일용품부문(G)	일용품일반/가구 · 실내장식품/문구 · 사무용품/가정용품/레저 · 스포츠용품/악기류/기타
식료품부문(H)	식품일반/농산물가공품/축산물가공품/수산물가공품/기타
환경부문(I)	환경일반/환경평가/대기/수질/토양/폐기물/소음진동/악취/해양환경/기타
생물부문(J)	생물일반/생물공정/생물화학 · 생물연료/산업미생물/생물검정 · 정보/기타
섬유부문(K)	섬유일반/피복/실 · 편직물 · 직물/편 · 직물제조기/산업용 섬유제품/기타
요업부문(L)	요업일반/유리/내화물/도자기 · 점토제품/시멘트/연마재/기계구조요업/전기전자 요업/원소재/기타
화학부문(M)	화학일반/산업약품/고무 · 가죽/유지 · 광유/플라스틱 · 사진재료/염료 · 폭약/안료 · 도료잉크/종이 · 펄프/시약/화장품/기타
의료부문(P)	의료일반/일반의료기기/의료용설비 · 기기/의료용재료/의료용기 · 위생용품/재활보조기구 · 관련기기 · 고령친화용품/전자의료기기/기타
품질경영부문(Q)	품질경영일반/공장관리/관능검사/시스템인증/적합성평가/통계적기법응용/기타
수송기계부문(R)	수송기계일반/시험검사방법/공통부품/자전거/기관 · 부품/차체 · 안전/전기전자장치 · 계기/수리기기/철도/이륜자동차/기타
서비스부문(S)	서비스일반/산업서비스/소비자서비스/기타
물류부문(T)	물류일반/포장/보관 · 하역/운송/물류정보/기타
조선부문(V)	조선일반/선체/기관/전기기기/항해용기기 · 계기/기타
항공우주부문(W)	항공우주일반/표준부품/항공기체 · 재료/항공추진기관/항공전자장비/지상지원장비/기타
정보부문(X)	정보일반/정보기술(IT)응용/문자세트 · 부호화 · 자동인식/소프트웨어 · 컴퓨터그래픽스/네트워킹 · IT상호접속/정보상호기기 · 데이터저장매체/전자문서 · 전자상거래/기타

우리나라의 공업제도 일반에 적용되는 제도통칙(KS A 0005 : 1966년 12월 22일 상공부 고시 제2899호, 1988년 개정, 2003년 확인)이 제정되어 공업 전반에 적용하게 되었다. 제도통칙은 공업 일반에 대하여 공통적이고 기본적인 사항을 규정하고 있으므로 기계제작에 필요한 기계 부품도 및 조립도 등에 관한 것은 기계제도 규격(KS B 0001 : 1967년 제정, 1988년 개정, 2003년 확인)으로 제정되어 도면의 크기, 투상법, 도형 표시법 등에 대하여 상세하게 기술하고 있다. 기계제도 규격은 5년 주기로 개정, 폐지 및 확인을 실시하고 있다.

표 1.4는 기계제도에 주로 사용되는 용어 및 관련 규격을 나타낸다. 기계제도에 사용되는

용어는 제도용어(KS A 3007) 규격에서 기계제도에 관한 일반적인 사항, 도면크기 및 양식, 척도, 선의 종류 등을 규정하고 있다. 기계제도에 사용되는 도면은 기계제도(KS B 0001) 규격과 도면크기 및 양식(KS A 0106)에서 규정한 크기를 사용하고 일정한 양식을 갖추어야 한다.

표 1.4 기계제도의 관련 규격

규격번호	표시규격	규격번호	표시규격
KS B 0002	기어제도	KS B 0200	나사 표시방법
KS B 0003	나사제도	KS B 0235	미터나사 공차방식
KS B 0004	구름 베어링제도	KS B 0238	나사부품 공차방식
KS B 0005	스프링제도	KS B 0242	최대 실체 공차방식
KS B 0051	배관 도시기호	KS B 0243	기하공차를 위한 데이텀
KS B 0052	용접기호	KS B 0246	나사부품 각부의 치수호칭 및 기호
KS B 0053	기어기호	KS B 0248	태핑나사의 나사부 모양 및 치수
KS B 0054	유공압 도면기호	KS B 0401	치수공차 및 끼워맞춤
KS B 0068	산업용 로봇기호	KS B 0425	기하편차의 정의 및 표시
KS B 0101	나사용어	KS B 0608	기하공차의 도시법
KS B 0107	가공 방법기호	KS B 0610	표면 파상도
KS B 0161	표면 거칠기 정의 및 표시	KS B 0617	표면의 결 도시방법

1.3 기계제도 도면크기와 양식

1.3.1 기계제도 도면크기

표 1.5는 기계제도에 사용되는 도면의 크기 및 윤곽선 치수를 나타낸다. 도면의 크기는 A열 크기를 사용하고 도면크기를 연장할 경우에는 연장크기의 열을 사용한다. 기계도면의 크기는 제작하고자하는 대상물의 크기 및 복잡성을 고려하여 선정할 필요가 있으며 편리한 취급을 위하여 관련 도면의 크기를 맞출 경우에는 규격에 따르지 않아도 무방하다.

그림 1.2는 기계제도 도면의 크기 및 윤곽선을 나타내는 치수기호를 나타낸다. 도면크기

A0~A3까지는 도면을 가로방향으로 사용하고 A4의 경우에는 가로와 세로방향 모두 사용이 가능하며 부품의 크기 및 모양을 고려하여 도면의 방향을 선택한다. 표 1.4에 사용되는 알파벳 기호는 그림 1.2에 나타낸대. 알파벳 d는 윤곽선의 가로방향 간격이고, 알파벳 c는 윤곽선의 세로방향 간격을 나타낸다. 가로방향의 간격은 도면을 보관할 경우에 도면을 철하는 경우와 철하지 않는 경우로 구분한다.

표 1.5 기계제도 도면 크기 및 윤곽선 치수(단위 : mm)

A열 크기					연장크기				
호칭방법	치수 $a \times b$	c	d 철하지 않을 때	d 철할 때	호칭방법	치수 $a \times b$	c	d 철하지 않을 때	d 철할 때
					$A0 \times 2$	$1{,}189 \times 1{,}682$			
$A0$	$841 \times 1{,}189$	20	20		$A1 \times 3$	$841 \times 1{,}783$	20	20	
$A1$	594×841				$A2 \times 3$ $A2 \times 4$	$594 \times 1{,}261$ $594 \times 1{,}682$			25
$A2$	420×594			25	$A3 \times 3$ $A3 \times 4$	420×891 $420 \times 1{,}189$			
$A3$	297×420	10	10		$A4 \times 3$ $A4 \times 4$ $A4 \times 5$	297×630 297×841 $297 \times 1{,}051$	10	10	
$A4$	210×297								

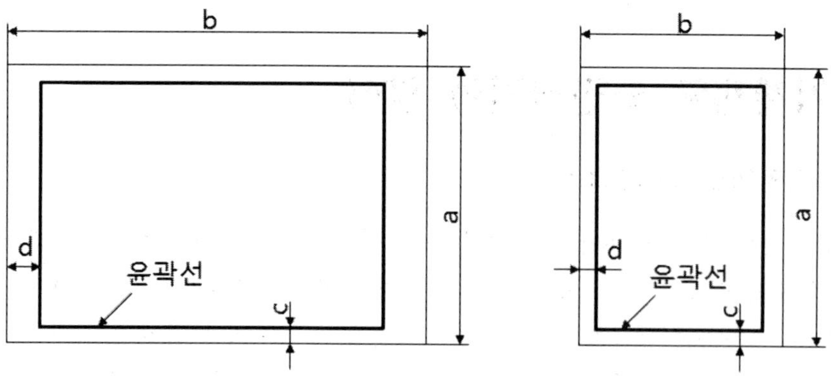

(a) A0~A3 도면크기 (b) A4 도면크기

그림 1.2 기계제도 도면크기 및 윤곽선 치수기호

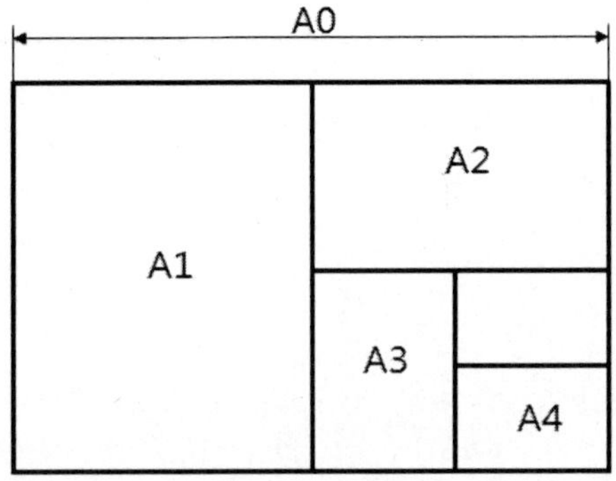

그림 1.3 도면크기 폭과 길이의 비

그림 1.3은 기계제도 도면의 크기를 나타내는 폭(a)과 길이(b) 방향의 비를 나타낸다. 폭과 길이의 비는 $a:b = 1:\sqrt{2}$의 관계를 가지며 A0의 면적은 약 $1[\mathrm{m}^2]$이다.

1.3.2 기계제도 도면양식

기계제도 도면을 작성할 경우에는 도면 양식을 각 회사의 특성에 맞도록 사전에 작성하고 필요할 경우에 호출하면 편리하다. 실제 각 회사에서는 회사 고유의 양식이 작성되어 있으므로 이를 활용하면 된다. 도면 양식은 도면 작성뿐만 아니라 도면관리 및 도면취급, 도면이해에 반드시 필요한 사항이므로 도면크기 및 양식(KS A 0106)으로 제정되어 있다. 도면양식에 반드시 표시하여야 할 항목으로서는 윤곽선, 중심마크 및 표제란 등이다.

그림 1.4는 도면 양식에 반드시 표시하여야 하는 항목을 나타낸다. 윤곽선은 0.5 [mm] 이상의 굵은 실선을 사용하여 나타내고 중심마크는 4변의 각 중앙부분에 표시하며 0.5 [mm] 이상의 굵은 실선을 사용한다. 표제란은 우측 하단에 위치하며 도면번호, 품명, 장치명, 재질, 수량 등 부품도에 관련한 정보를 기입하고 회사명, 설계자, 제도자 및 검도자의 이름과 일자를 기입하여 책임소재를 분명하게 밝힌다.

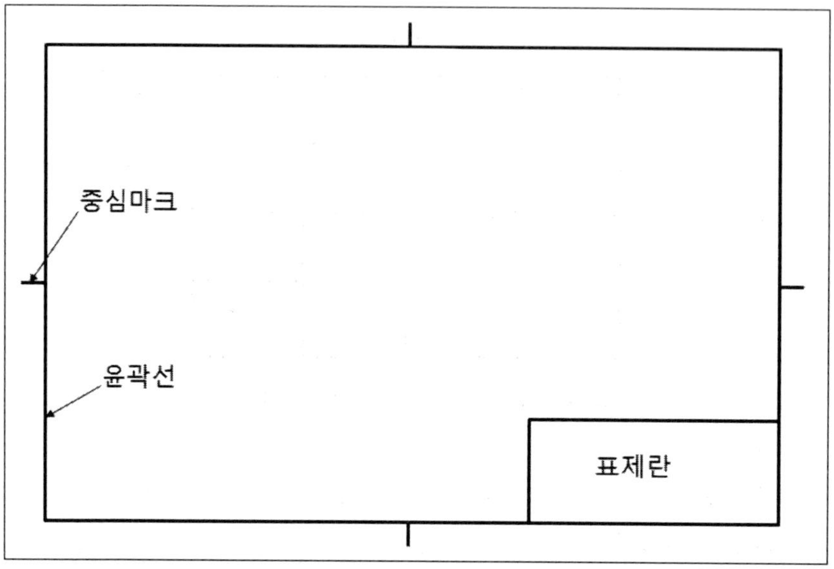

그림 1.4 도면에 반드시 표시할 항목

그림 1.5는 도면 양식의 우측 하단부에 위치하는 표제란의 내부에 작성하는 항목을 나타낸다. 부품도면일 경우에는 그 부품에 대한 설계 및 제도자의 관련 정보, 부품의 재질 및 수량, 부품의 사용 장치명 등을 기입하고 도면번호를 기재하여 도면관리를 할 수 있도록 한다.

<table>
<tr><td rowspan="2">설
계</td><td>박정규</td><td rowspan="2">품
명</td><td rowspan="2">몸 체</td><td>재질</td><td>수량</td><td>척도</td></tr>
<tr><td>2018,05,03</td><td>GC 250</td><td>1</td><td>1/1</td></tr>
<tr><td rowspan="2">제
도</td><td>박정규</td><td rowspan="2">장
치</td><td rowspan="2">편심왕복장치</td><td>도면번호</td><td colspan="2">투상법</td></tr>
<tr><td>2018,05,03</td><td>JG-00-000</td><td colspan="2">삼각법</td></tr>
<tr><td rowspan="2">검
도</td><td>박정규</td><td rowspan="2">소
속</td><td colspan="4" rowspan="2">두원공과대학교 메카트로닉스공학과</td></tr>
<tr><td>2018,05,03</td></tr>
</table>

그림 1.5 표제란에 기입할 항목

그림 1.6은 조립도 작성 시의 부품란 위치를 나타낸다. 조립도의 부품란은 표제란의 위쪽 또는 양식의 우측 상단부에 위치하도록 작성한다. 부품란에는 품번, 품명, 재질, 수량, 중량, 공정, 비고란을 도시하나 필요에 따라서는 중량과 공정 항목을 생략하기도 하며 그림과 같은 항목을 고려하여 작성한다.

품번	품 명	재 질	수량	비고
1	브라킷	GC200	1	
2	샤프트	SM45C	1	
3	커 버	GC200	2	

(a) 우측 상단에 부품란 표시

3	커 버	GC200	2	
2	샤프트	SM45C	1	
1	브라킷	GC200	1	
품번	품 명	재 질	수량	비고

<table>
<tr><td rowspan="2">설계</td><td>박정규</td><td rowspan="2">품명</td><td rowspan="2">몸 체</td><td>재질</td><td>수량</td><td>척도</td></tr>
<tr><td>2018,05,03</td><td>GC 250</td><td>1</td><td>1/1</td></tr>
<tr><td rowspan="2">제도</td><td>박정규</td><td rowspan="2">장치</td><td rowspan="2">편심왕복장치</td><td>도면번호</td><td colspan="2">투상법</td></tr>
<tr><td>2018,05,03</td><td>JG-00-000</td><td colspan="2">삼각법</td></tr>
<tr><td rowspan="2">검도</td><td>박정규</td><td rowspan="2">소속</td><td colspan="4" rowspan="2">두원공과대학교 메카트로닉스공학과</td></tr>
<tr><td>2018,05,03</td></tr>
</table>

(a) 우측 하단에 부품란 표시

그림 1.6 조립도 상에서 부품란 표시위치

- 품번 : 조립도 작성 시에 기입한 부품번호를 기입한다.
- 품명 : 품번에 해당하는 부품 명칭을 기입한다.
- 재질 : 부품 재질은 KS규격에 정해진 재질기호를 기입한다.
- 수량 : 부품의 수를 나타내며 단위를 표기하지 않는다.
- 중량 : 부품 1개의 중량을 나타내며 단위는 [kg] 또는 [ton]으로 나타낸다.
- 공정 : 부품의 주된 공정을 기입한다.
- 비고 : 각종 규격품의 호칭 및 특기사항을 기입한다.

그림 1.7은 기계제도 도면 작성에 사용하는 선의 종류 및 굵기 등을 도면층에 작성한 상태를 나타낸다. 도면양식에 표제란 및 도면층 설정을 사전에 작성한 파일을 사용하여 기계부품 및 조립도를 작성하면 편리하다.

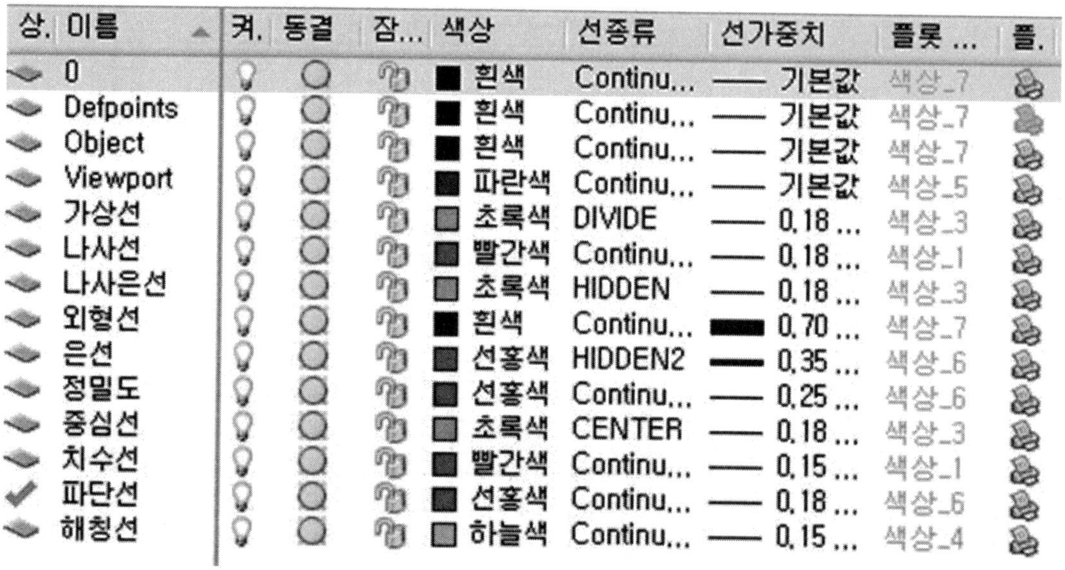

상.	이름	켜.	동결	잠...	색상	선종류	선가중치	플롯 ...	플.
	0				흰색	Continu...	기본값	색상_7	
	Defpoints				흰색	Continu...	기본값	색상_7	
	Object				흰색	Continu...	기본값	색상_7	
	Viewport				파란색	Continu...	기본값	색상_5	
	가상선				초록색	DIVIDE	0.18 ...	색상_3	
	나사선				빨간색	Continu...	0.18 ...	색상_1	
	나사은선				초록색	HIDDEN	0.18 ...	색상_3	
	외형선				흰색	Continu...	0.70 ...	색상_7	
	은선				선홍색	HIDDEN2	0.35 ...	색상_6	
	정밀도				선홍색	Continu...	0.25 ...	색상_6	
	중심선				초록색	CENTER	0.18 ...	색상_3	
	치수선				빨간색	Continu...	0.15 ...	색상_1	
✓	파단선				선홍색	Continu...	0.18 ...	색상_6	
	해칭선				하늘색	Continu...	0.15 ...	색상_4	

그림 1.7 도면층 설정 항목

1.4 선과 문자

기계제도에서 도면을 작성하기 위하여서는 선을 사용하여 기계부품의 모양을 나타낸다. 선은 굵기와 형태로 구분하여 부품의 형상과 크기를 나타내며 선 굵기에 따라서 가는 선, 굵은 선, 아주 굵은 선으로 구분한다. 가는 선은 0.4 [mm] 이하, 굵은 선은 0.4~0.8 [mm], 아주 굵은 선은 0.8 [mm] 이상이다.

표 1.6은 실제 기계도면을 작성하기 위하여 사용하는 선 굵기를 나타낸다. 선의 굵기는 기본적인 도면과 부품이 작고 복잡한 형상을 나타내는 도면으로 구분하여 선 굵기를 설정한다.

표 1.7은 KS 규격(KS B 0001)에 의하여 기계제도에 사용되는 선의 모양과 종류를 나타낸다. 선의 모양에 따른 분류는 실선, 파선, 1점 쇄선 및 2점 쇄선으로 구분한다.

표 1.6 권장하는 선 굵기

	가는 선	중간선	굵은 선	아주 굵은 선
기본	0.2(0.25)	0.3(0.35)	0.5	1
작고 복잡한 도면	0.18	0.25	0.4	0.7

표 1.7 모양에 따른 선의 종류

선의 종류	선의 모양	구분
실선		연속적으로 이어지는 선
파선		짧은 선이 일정하게 반복되는 선 (CAD에서는 2:1의 비율)
1점 쇄선		긴 선과 짧은 선이 1개씩 반복되는 선 (CAD에서는 9:1:1의 비율)
2점 쇄선		긴 선이 1개 짧은 선이 2개씩 반복되는 선 (CAD에서는 15:1:1:1의 비율)

표 1.8 용도에 따른 선 종류

용도에 의한 명칭	선의 종류		CAD에서의 종류	용도
외형선	굵은 실선		Continuous	대상물의 보이는 부분 모양 표시
치수선				치수 기입선
치수보조선				치수기입을 위해 도형에서부터 끌어내는 선
지시선			Continuous	기술, 기호 표시
회전단면선				도형 내에서 90° 회전하여 표시할 때 사용
중심선				중심을 간략하게 표현
수준면선				수면, 유면 등의 위치 표시
숨은선 (은선)	가는 파선, 굵은 파선		Hidden	대상물의 보이지 않는 부분 표시
중심선	가는 1점 쇄선		Center	도형의 중심 표시
기준선				중심이 이동한 중심궤적 표시

피치선				되풀이 되는 도형의 피치 표시
특수 지정선	굵은 1점 쇄선		Center	특수한 가공 부분 또는 특별한 요구사항 표시
특수한 용도선	가는실선		Continuous	외형선 및 숨은선 연장, 평면 표시
	굵은실선			위치표시, 얇은 부분의 단면 도시
가상선	가는 2점 쇄선		Phantom	인저부분의 참고 표시
				공구, 지그 등의 위치 참고 표시
				가동부분의 이동부분 표시
				가공 전, 가공 후의 모양 표시
				도시된 단면의 앞쪽에 있는 부분 표시
무게 중심선				단면의 무게 중심을 연결한 선을 표시
파단선	가는실선, 불규칙선		Continuous	대상물의 일부분을 파단한 경계 표시
절단선	가는 1점 쇄선, 방향절환부분 굵은실선		Center	단면도 작성 시에 절단위치를 표시
해칭선	가는 실선을 규칙적으로 나열		Continuous	도형의 한정된 부분을 구별하는데 사용

표 1.8은 선의 용도에 따라서 구분한 선 모양을 나타낸다. 기계도면을 작성할 경우에는 대상물의 외형선, 숨은선, 중심선 및 치수선 등을 구분하여 선의 종류, 선의 색상 및 선의 굵기를 구분하여 작성할 필요가 있다. 기본적인 원칙은 대상물 1개에 도면 1장으로 출력하며 기계도면은 견적에서부터 생산, 취급 설명서까지 다양하게 사용되며 흑백으로 출력하여 사용하는 경우가 많으므로 플로트 또는 프린터로 출력할 경우에는 반드시 선의 굵기를 지정하여 도면을 명확하게 나타낸다.

실제 CAD를 사용하여 기계도면을 작성할 경우에 모니터 상에서는 선 굵기를 구분할 수 없으나 색상으로 구분이 가능하므로 선의 용도별 색상 설정이 필요하고 흑백 프린터 또는 플로터로 출력하여 실제 도면을 사용하기 위해서는 용도별 선의 굵기 지정이 유효하다. 선 굵기의 비율은 가는 선 : 파선 : 외형선 = 1 : 2 : 4 정도를 유지하는 것이 좋다.

◆ **실선**

실선은 굵은 실선과 가는 실선으로 구분한다. 굵은 실선은 대상물이 보이는 외형을 나타내는 외형선으로 나타내고 가는 실선은 대상물의 크기를 나타내는데 사용하는 치수선, 치수 보조선, 지시 사항을 나타내는 지시선 및 단면을 표시하는 해칭선에 사용한다.

◆ **은선 또는 숨은선**

은선 또는 숨은선은 대상물이 보이지 않는 부분을 표시하는 선으로서 물체의 구멍 및 홈 등과 같이 외부에서 볼 수 없는 형상을 나타낸다. 숨은선을 많이 사용하면 잘못 이해하는 오류를 범할 수가 있으므로 숨은선으로 형상을 표시하는 것은 가급적 피하며 단면 표시법을 사용하여 물체의 숨은 형상을 나타낸다. 치수는 가능하면 숨은선에는 기입을 하지 않는다.

◆ **중심선**

중심선은 원, 호, 구의 중심 및 원기둥, 원뿔 등의 대칭도형의 대칭축을 1점 쇄선으로 나타낸다. 대칭축을 가진 물체는 반드시 중심선으로 나타내고 원과 구는 직교하는 두 중심선의 교점을 중심으로 그린다. 중심선은 외형선에서 약 2~3 [mm]정도 길게 나타낸다.

◆ **파선(은선, 숨은선)**

구멍 및 홈 등과 같이 외부에서 보이지 않는 대상물의 부분 형상을 나타내는 것으로서 외형선의 약 1/2 굵기로 표시하며 치수선보다는 굵게 그린다.

◆ **쇄선**

쇄선은 용도에 따라서 가는 쇄선과 굵은 쇄선으로 구분하고 또는 1점 쇄선과 2점 쇄선으로 구분한다. 1점 쇄선 및 2점 쇄선은 긴쪽 선에서 시작하여 긴쪽 선에서 끝나도록 그리고 다른 선과 교차할 경우에는 긴쪽 선이 교차하도록 한다.

◆ **파단선**

파단선은 대상물의 일부를 절단하여 경계를 표시하는 것에 사용하는 선으로서 부정형으로 그린다.

◆ **겹치는 선의 우선순위**

기계도면을 작성하다 보면 여러 선이 겹치는 경우가 발생하므로 여러 선이 겹치는 상황에서의 우선순위는 외형선, 숨은선, 절단선, 중심선, 무게 중심선, 치수 보조선의 순서이다.

◆ **기계제도에 사용하는 문자**

기계제도에 사용하는 문자는 고딕체로 수직 또는 15도 경사지게 나타내는 것을 원칙으로 한다. 한글 및 숫자의 서체 크기로는 2.24 [mm], 3.15 [mm], 4.5 [mm], 6.3 [mm] 및 9 [mm]의 5종류가 있다. 한글, 로마자 및 아라비아 숫자의 굵기는 문자 크기의 1/9 정도로 하고 같은 도면에서는 같은 서체 및 같은 크기의 문자와 숫자를 사용한다. CAD에서 사용하는 글씨체는 일반적으로 그래픽체(가는체)를 많이 사용하고 영문체는 romans.shx, simplex.shx, isocp.shx를 사용한다. 한글서체는 whgtxt.shx를 사용한다.

1.5 도면의 종류

1.5.1 도면 용도에 따른 분류

① 계획도(scheme drawing) : 설계자의 의도 및 계획을 나타낸 도면을 말한다.

- 기본 설계도(preliminary drawing) : 제작도 또는 실시 설계도를 작성하기 전에 필요한 기본적인 설계를 나타낸 도면을 말한다.
- 실시 설계도(working drawing) : 구조물을 실제로 제작하기 위한 설계를 나타낸 도면을 말한다.

② 제작도(manufacture drawing, production drawing) : 제조에 필요한 정보를 전달하기 위한 도면을 말한다.

- 공정도(process drawing) : 제조공정에서 나타나는 상태 및 일련의 공정 전체를 나타낸 제작도(공작 공정도, 검사도, 설치도)를 말한다.
- 시공도(working diagram) : 현장 시공을 대상으로 해서 그린 제작도를 말한다.
- 상세도(detail drawing) : 필요한 부분을 더욱 상세하게 표시하기 위하여 확대한 도면을 말한다.

③ 주문도(drawing for order) : 주문서에 첨부하여 물건의 크기, 형태, 정밀도, 정보 등의 주문 내용을 나타낸 도면으로 주문서에 첨부한다.

④ 견적도(estimation drawing) : 견적서에 첨부하여 의뢰자에게 견적내용을 나타낸 도면으로 견적서에 첨부한다.

⑤ 승인도(approved drawing) : 주문자 또는 기타 관계자의 승인을 얻은 도면이다.

⑥ 설명도(explanation drawing) : 구조, 기능, 성능 등을 설명하기 위한 도면으로 주로 카탈로그(catalogue)에 사용한다.

1.5.2 도면 내용에 따른 분류

① 부품도(part drawing) : 부품에 대하여 최종 완성상태에서 구비해야 할 사항을 완전히 나타내기 위하여 필요한 모든 정보를 기록한 도면이다.

② 조립도(assembly drawing) : 2개 이상의 부품, 부분 조립품을 조립한 상태에서 그 상호관계와 조립에 필요한 치수 및 정보 등을 나타낸 도면으로 도면 내에 부품란을 포함하는 것과 별도의 부품표를 갖는 것이 있다.

- 총 조립도(general assembly drawing) : 대상물 전체의 조립상태를 나타낸 조립도이다.
- 부분조립도(partial assembly drawing) : 대상물의 일부분 조립상태를 나타낸 조립도이다.

③ 기초도(foundation drawing) : 기계나 구조물을 설치하기 위한 기초를 나타낸 도면이다.

④ 배치도(layout drawing) : 지역 내의 건물 위치나 공장 내부에 기계 등의 설치 위치의 상세한 정보를 나타낸 도면이다.

⑤ 장치도(plant layout drawing) : 장치 공업에서 각 장치의 배치, 제조공정의 관계 등을 나타낸 도면이다.

⑥ 스케치도(sketch drawing) : 기계나 장치 등의 실체를 보고 프리핸드(freehand)로 그린 도면이다.

1.5.3 도면 표현형식에 따른 분류

① 외관도(outside drawing) : 대상물의 외형 및 최소한의 필요한 치수를 나타낸 도면이다.

② 전개도(development drawing) : 대상물을 구성하는 면을 평면으로 전개한 도면이다.

③ 곡면선도(lines drawing) : 선체, 자동차 차체 등의 복잡한 곡면을 여러 개의 선으로 나타낸 도면이다.

④ 선도(diagram diagrammatic drawing) : 기호와 선을 사용하여 장치 · 플랜트의 기능, 그 구성 부분 사이의 상호관계, 물건, 에너지, 정보의 계통 등을 나타낸 도면으로 계통도와 구조선도 등이 있다.

- 계통도(system diagram) : 급수 · 배수 · 전력 등의 계통을 나타낸 선도로 전기 접속도, 배선도, 배관도가 포함된다.
- 구조선도(skeleton diagram) : 기계 · 교량 등의 골조를 나타내고, 구조 계산에 사용하는 선도이다.

1.6 기계재료

1.6.1 기계재료의 표시법

기계를 구성하고 있는 재료는 기계의 수명 및 기능을 보장할 수 있는 신뢰성을 갖추어야 한다. 기계재료로서는 주로 금속재료가 많이 사용되며 경우에 따라서는 비금속재료를 사용하기도 한다.

기계재료의 표시기호는 재질, 규격 또는 제품명, 종별 등의 3부분이 합쳐져서 나타내는 것이 보통이나 경우에 따라서는 제조방법, 제조모양 기호 등을 첨가하여 5개 부분으로 표시하기도 한다.

☑ 제1 부분 기호(재질)

제1 부분 기호는 기계재료의 재질을 표시하는 기호로서 영어의 머리문자 또는 원소기호로 표시한다.

표 1.8은 제1 부분 기호의 대표적인 재질을 나타낸다.

표 1.8 제1 부분 기호의 재료명

기호	재료명	기호	재료명
Al	알루미늄(Aluminum)	MgA	마그네슘 합금(Magnesium Alloy)
AlBr	알루미늄 청동(Aluminum Bronze)	NBs	네이벌 황동(Naval Brass)
Br	청동(Bronze)	Nis	양은(Nickel Silver)
Bs	황동(Brass)	PB	인청동(Phosphor Bronze)
MS	연강(Mild Steel)	Pb	납(Lead)
Cu	동(Copper)	S	강철(Steel)
F	철(Ferrum)	SzB	실진 청동(Silzin Bronze)
HBs	고강도 황동(High Strength Brass)	WM	화이트 메탈(White Metal)
HMn	고망간(High Manganses)	Zn	아연(Zine)
K	켈밋(Kelmet)	SM	기계구조용강(Machine Structure Steel)

■ 알루미늄 : 주기율표 13족인 붕소족에 속하는 경량의 은백색 금속으로 가장 널리 사용되는 비철금속이다. 화학 반응성이 크기 때문에 천연에서 금속 자체로는 산출되지 않지만, 알루미늄 화합물은 거의 모든 암석과 동식물에 존재한다. 지표에서 16 [㎞] 이내에 집중적으로 분포되어 있고, 지각 무게의 약 8 [%] 정도를 차지하며 산소와 규소 다음으로 풍부한 원소이다.

■ 청동 : 구리와 주석으로 만든 합금으로 구리보다 더 단단할 뿐만 아니라 보다 쉽게 용융되므로 주조하기 용이하며, 순수한 철보다 더 단단하므로 합금의 성질을 잘 이용하면 포신이나 기계의 베어링 등에 적합하다. 청동은 소량의 인을 첨가해 품질과 강도를 향상시키기도 한다. 인청동은 1~2 [%] 정도의 인을 첨가하여 펌프 플런저와 같은 장치의 강도를 높여준다. 망간청동은 기계적 성질이 우수하며, 주석이 거의 함유되지 않는 반면 아연과 망간은 상당한 양이 함유된다.

■ 황동 : 구리와 아연의 합금으로 단단함과 가공성 때문에 지속적으로 중요하게 사용되어 왔다. 황동의 펴짐성은 구리 함량에 의해 좌우되는데 구리 함량이 55 [%] 이하인 황동은 냉간 또는 열간 가공이 불가능하며 백황동이라고 칭하고 다이(die) 주조법의 기초가 되는 합금을 형성하기도 한다. 구리 함량이 62 [%] 이상 되는 것은 알파 황동으로 탁월한 냉간 가공이 특징이며 핀, 볼트, 나사 등의 제작에 널리 쓰인다. 구리 함량이 62 [%] 미만인 것은 베타 황동으로 아연의 함량이 많아 펴짐성이 떨어지지만 더 강해서 수도꼭지의 손잡이, 스프링쿨러의 윗부분, 창문과 문의 부품 및 기타 설비를 만드는데 적합하다.

■ 구리 : 주기율표에서 11족에 속하는 붉고 무른 금속 원소로 전기전도도와 열전도도가 대단히 높다. BC 4000년경에는 이집트에서 구리를 열처리하였으며, 불과 석탄을 이용해 광석으로부터 금속 구리를 얻어냈고 BC 3500년경 이집트에서 주석과 섞어 청동을 만들어내면서 야금술이 발달하게 되었다.

■ 철 : 지구에서 가장 흔한 금속이며 우주에서도 열 번째로 흔한 원소로서 지구를 이루는 가장 주요한 원소로 지구 중량의 34.8 [%]를 차지한다.

■ 켈밋 : 구리에 30 [%] 전후의 납을 더하고 미량의 주석, 니켈을 첨가하여 만든 합금으로 베어링에 주로 사용한다.

■ 마그네슘 : 주기율표에서 2족인 알칼리 금속에 속하는 금속원소이며 가장 가벼운 구조용 금속으로 1808년 험프리 데이비가 마그네시아와 산화수은의 혼합물을 전기분해하여 얻은 마그네슘 아말감에서 수은을 증발시켜 최초로 분리했다. 마그네슘의 미세한 분말은 공기 중에 강한 백색광을 내며 타기 때문에 과거에는 주로 사진 플래시 리본이나 화약, 소이탄, 불꽃놀이용품 등에 사용되었다. 밀도가 알루미늄의 2/3 정도로 낮기 때문에 항공 우주산업에 널리 이용된다. 순수한 금속은 구조강도가 낮으므로 알루미늄, 아연, 망간 등과 함께 합금으로 만들면 경도, 인장강도, 염수에 대한 내식성을 높여 비행기, 우주비행선, 기계, 자동차 및 휴대용 연장과 가정용 용구에 쓰인다.

■ 납 : 주기율표 14족에 속하는 금속으로 은백색 또는 회색을 띠며 부드럽다. 전성(展性)·연성(延性)이 있고 밀도가 크며 전기전도도는 낮고 부식에 대단히 강하고 오래 간다.

■ 강철 : 모든 금속 가운데 가장 널리 쓰이는 금속으로 하부구조물 건설과 산업에 가장 널리 사용되며, 바늘로부터 기름 탱크에 이르기까지 많은 것을 제조하는데 쓰인다. 강철은 비교적

낮은 생산가격, 풍부한 원료물질(철광석과 고철), 광범위한 역학적 성질 때문에 많이 사용된다.

■ 네이벌 황동 : 구리 62 [%], 아연 37 [%], 주석 1 [%], 인장강도 35~45 [kgf/mm²], 연신율 30~50 [%]이며 축, 기어, 볼트, 플랜지 등에 사용한다.

■ 양은 : 구리에 아연 15~30 [%], 니켈 10~20 [%] 넣은 합금으로서 은백색이기 때문에 식기, 장식품, 악기 등에 쓰인다. 내식성이 좋고 스프링으로서의 성질도 우수하므로, 계전기 접점의 스프링 등 전기기기의 부품으로서도 널리 이용된다.

■ 실진 황동 : 동, 아연, 실리콘의 합금으로 재질이 강인하고 내식성, 특히 내해수성이 뛰어난 주물용 청동이다.

■ 화이트 메탈 : 납, 주석, 아연, 카드뮴, 안티몬, 비스무트 등을 주성분으로 하는 녹는점이 낮은 흰색 합금으로 주로 베어링용에 많이 사용한다.

■ 아연 : 주기율표 12족인 아연족에 속하는 금속으로 녹는점이 낮고 생명유지에 꼭 필요한 원소이며 가장 널리 사용되는 금속 중의 하나이다.

☑ 제2 부분 기호(제품명 또는 규격명)

제2 부분 기호는 기계재료의 제품명 또는 규격명을 표시하는 기호로서 판, 봉, 관, 선, 주조품 등 제품의 형상별 종류 등과 용도를 나타낸다.

표 1.9는 제2 부분 기호의 대표적인 재료명을 나타낸다.

표 1.9 제품명 또는 규격명을 표시하는 기호

기호	제품명 또는 규격명	기호	제품명 또는 규격명
B	봉(Bar)	NC	니켈 크롬강(Nickel Chromium)
BC	청동주물	CNM	니켈 크롬 몰리브덴강 (Nickel Chromium Molybdenum)
BsC	황동주물		
C	주조품(Casting)	P	판(Plate)
CD	구상 흑연 주철	FS	일반 구조용관
Cr	냉간 압연 강대	PW	피아노선(Piano Wire)
CS	크롬강(Chromium)	S	일반 구조용 압연재
DC	다이 캐스팅(Die Casting)	SW	강선(Steel Wire)
F	단조품(Forging)	T	관(Tube)
G	고압가스 용기	TB	고탄소 크롬 베어링강
HP	열간 압연 연강판	TC	탄소 공구강
HR	열간 압연	TKM	기계 구조용 탄소 강관
HS	열간 압연 강대	THG	고압가스 용기용 이음매없는 강관
K	공구강	W	선(Wire)
KH	고속도 공구강	WR	선재(Wire Rod)
MC	가단 주철품(Malleable Iron Casting)	WS	용접 구조용 압연강

☑ 제3 부분 기호(제품명 또는 규격명)

제3 부분 기호는 재료의 종류 또는 재료의 최저 인장강도, 탄소 함유량 등을 나타낸다. 표 1.10은 제3 부분 기호의 대표적인 기호를 나타낸다.

- 종류 번호의 숫자를 사용 : 특수용도강, 공구강, 비철금속
- 최저 인장강도를 사용 : 일반 강재, 주철, 주강 및 탄소강, 단강품
- 탄소 함유량의 100배가 되는 숫자를 사용 : 기계 구조용 강재

표 1.10 재료의 종류를 표시하는 기호

기호	기호 의미	보기	기호	기호 의미	보기
1	1종	SHP 1	5A	5종A	SPS 5A
2	2종	SHP 2	34	최저인장 강도 또는 항복점	WMC 34
A	A종	SWS 41A	C	탄소 함유량 (0.1~0.15[%]중간값)	SM 12C
B	B종	SWS 41B			

표 1.11 끝부분에 붙이는 기호

구분	기호	기호 의미	구분	기호	기호 의미
조질기호	A	풀림상태(연질)	형상 기호	P	강판
	H	경질		○	둥근강
	1/2H	1/2 경질		◎	파이프
	S	표준 조질		□	각재
표면 마무리 기호	D	무광택 마무리 (Dull Finishing)		6	6각강
				8 (네모 틀 안)	8각강
	B	광택 마무리 (Bright Finishing)		I	I형강
				ㄷ	채널(Channel)
열처리 기호	N	불림	기타	CF	원심력 주강판
	Q	담금질, 뜨임		K	킬드강
	SR	시험편에만 불림		CR	제어 압연한 강판
	TN	시험편에 용접 후 열처리		R	압연한 그대로의 강판

☑ 끝부분에 붙이는 기호(제4, 제5 부분 기호)

재질을 나타내는 기호의 끝부분(제4, 제5 부분 기호)은 재료의 제조방법을 지시할 경우, 재료의 모양(형상)을 지시할 경우에 사용한다.

표 1.11은 끝부분에 붙이는 기호의 대표적인 기호를 나타낸다.

☑ 기계재료의 표시 사례

- SB41 : 일반 구조용 압연강재
  S : 강, B : 봉강, 41 : 최저 인장강도 [kg/mm^2]

- PW1 : 피아노선 1종
  PW : 피아노선, 1 : 1종

- SM45C : 기계 구조용 탄소강재
  SM : 기계 구조용 탄소강, 45C : 탄소 함유량 0.19 ~ 0.25 [%]의 중간값

- BSMAD□ : 기계 구조용 황동 각봉
  B : 황동, SM : 기계 구조용 탄소강, A : 연질, D : 무광택 마무리, □ : 4각재

- SC37 : 탄소강 주강품
  S : 강, C : 주조품, 37 : 최저 인장강도 [kg/mm^2]

- SHP1 : 열간 압연 강판 1종
  S : 강, H : 열간 가공품, P : 강판, 1 : 1종

1.6.2 기계재료의 열처리와 중량

☑ 기계재료의 열처리

기계부품을 전체적으로 열처리할 때에는 재료표에 재질과 함께 표시하거나 표제란 근처에 있는 주서란에 기입한다. 국부적으로 열처리할 때에는 해당하는 부분의 도형위에 특수선으로 표시하고 열처리 방법을 명기한다.

표 1.12는 기계재료의 열처리 종류를 나타낸다.

표 1.12 열처리의 종류와 표시 사례

열처리 종류		표시사항	표시 사례
일반 열처리	불림 (Normalizing)	불림온도	830~880 ℃
		냉각법	대기 중 서랭
	풀림 (Annealing)	풀림온도	약 820 ℃ 이상
		냉각법	노중 냉각
	담금질 (Quenching)	경도	HB 〉 401
표면경화 열처리	화염경화 (Flame Hardening)	표면경도	HV 〉484
		경화깊이	깊이 약 4 [mm]
	침탄 (Carburizing)	표면경도	표면 HV 〉610
		경화깊이	깊이 0.7~1 [mm]
		심부경도	표면 HB 〉 262~341
	고주파 경화 (Induction Quenching)	표면경도	표면 HV 〉577
	질화(Nitriding)	표면경도	표면 HV 〉700
		경화깊이	깊이 2~3 [mm]

■ 불림 : 강을 오스테이나이트 범위로 가열하고 서서히 공기 속에서 서랭하는 것으로서 결정조직이 크거나 또는 변형이 있는 것을 상태화하는 열처리.

■ 풀림 : 금속을 미리 정해진 온도로 가열해 일정 시간 동안 그 상태로 유지한 다음 실온에서 냉각시키는 것으로서 반복적인 해머링이나 그밖의 가공법에 의해서 상실된 연성을 복구시키기 위해 가공하는 동안 간헐적으로 행해진다. 풀림 온도는 금속재료, 원하는 성질에 따라 다르나, 결정성장을 시키지 않는 범위 내에 있어야 한다.

■ 담금질 : 고온에서 형상된 금속을 기름 또는 물에 담가 빨리 식히는 작업이며 서서히 식혔을 때 잃기 쉬운 결정구조 또는 위상분포 등과 관련된 기계적 성질을 유지시키기 위한 방법으로 전성(외부의 힘에 의해서 변형되는 고체의 성질)을 회복시킬 수 있다.

■ 화염경화 : 산소-아세틸렌 불꽃으로 탄소함유량 0.35~0.55 [%]인 탄소강이나 저합금강의 표층부를 담금질 온도까지 가열한 후 곧바로 물로 냉각하여 경화시키는 열처리.

■ 침탄 : 강철의 표면에 탄소 성분을 스며들게 하여 경화시키는 것으로서 저탄소강이나 합금강 따위를 목탄, 일산화탄소, 산화칼륨 따위에 넣어서 가열하여 만든다.

■ 고주파 경화 : 고주파전류로 전자유도 전류를 발생시켜 피가열체의 표면부분 만을 급속히 가열한 후 분사냉각 등으로 담금질하는 열처리.

■ 질화 : 질소를 강에 침투시켜 표면을 경화시키는 것으로 공작물을 정밀하게 다듬질한 후 암모니아 가스 속에서 500 [℃] 정도로 18～19시간 가열하여 자연스럽게 냉각하는 방법이다.

☑ 기계재료의 중량 계산

부품란에는 다듬질 중량과 소재의 중량을 기입하는 경우도 있으므로 재료의 중량계산 방법에 대하여 알아본다. 다듬질 중량은 CAD를 사용하여 도면을 작성하면 체적을 구할 수가 있으므로 다음의 식을 사용하여 계산한다.

$$\text{부품의 중량 W} = \text{체적 V} \times \text{비중량 } \gamma$$

다듬질 중량은 도면에서 계산한 물체의 중량이고 소재 중량은 도면 치수에 다듬질량과 절삭량을 넣어서 계산한 것이다. 복잡한 모양의 체적은 계산하기 쉬운 모양으로 적당히 분리하여 구하고 작은 구멍이나 라운딩 부분은 무시하여 계산한 후에 적당히 수정한다.

표 1.13은 주요 재료의 중량을 나타낸다. 표를 사용하여 중량을 계산하면 편리하다. 표에 없는 재질에 대하여서는 비중량 또는 밀도의 값을 이용하여 계산한다.

표 1.13 주요 재료의 중량

재질	1 [cm^3] 당 중량 [g]	재질	1 [cm^3] 당 중량 [g]
주철	7.21	주석	7.42
연강	7.70	구리	8.63
강	7.87	납	11.35
아연	6.87	알루미늄	2.56
황동	8.10	콘크리트	2.30
청동	8.56	연와적	1.90

☑ 기계재료의 기호와 용도 구분

표 1.14 금속재료기호(1)

KS D	명칭	종별	기호	인장강도 [kg/mm^2]	용도
3501	열간압연 연강판 및 강대	1종	SHP1	28 이상	일반용
		2종	SHP2		일반용, 아연 도금용, 주석 도금용, 드로잉용
		3종	SHP3		딥 드로잉용
3503	일반 구조용 압연강재	1종	SS34	34~44	끝부분 기호 강판 : P, 형강 : A 평강 : F, 봉강 : B 강대 : S
		2종	SS41	41~52	
		3종	SS50	50~62	
		4종	SS55	55이상	
3507	배관용 탄소강관	흑관, 백관	SPP	30 이상	증기, 물, 기름, 가스 배관용
3509	피아노선재		PWR62AB		와이어로프 밸브 스프링 P.C 강선 강연선
			PWR67AB		
			PWR72AB		
			PWR75AB		
			PWR77AB		
			PWR80AB		
			PWR82AB		
			PWR87AB		
			PWR92AB		

표 1.14 금속재료기호(계속2)

KS D	명칭	종별		기호	인장강도 [kg/mm²]	용도
3510	경강선			HSW		강선
3512	냉간압연 강판 및 강대	1종		SCP1	28 이상	일반용
		2종		SCP2		드로잉용
		3종		SCP3		딮드로잉용
3515	용접구조용 압연강재	1종	A	SWS41A	41~52	선박, 건축, 교량, 철도차량 등 구조물의 두께 3 [mm] 이상인 구조용 압연강재
			B	SWS41B		
			C	SWS41C		
		2종	A	SWS50A	50~62	
			B	SWS50B		
			C	SWS50C		
		3종	A	SWS50YA	50~62	
			B	SWS50YB		
		4종	B	SWS53B	53~65	
			C	SWS53C		
		5종		SWS58	58~73	
3517	기계구조용 탄소강관	11종		STKM11A	30 이상	기계, 항공기, 자동차, 자전거, 가구기구, 기타 기계부품 등
		12종		STKM12A	35 이상	
				STKM12B	40 이상	
				STKM12C	48 이상	
		13종		STKM13A	38 이상	
				STKM13B	45 이상	
				STKM13C	52 이상	
		14종		STKM14A	42 이상	
				STKM14B	51 이상	
				STKM14C	56 이상	
		15종		STKM15A	48 이상	
				STKM15C	59 이상	

표 1.14 금속재료기호(계속3)

KS D	명칭	종별	기호	인장강도 [kg/mm^2]	용도
3517	기계구조용 탄소강관	16종	STKM16A	52 이상	기계, 항공기, 자동차, 자전거, 가구기구, 기타 기계부품 등
			STKM16C	63 이상	
		17종	STKM17A	56 이상	
			STKM17C	66 이상	
3522	고속도 공구강 강재	텅스텐계	SKH2		절삭용, 기타 각종 공구
			SKH3		
			SKH4A		
			SKH4B		
			SKH5		
			SKH10		
		몰리브덴계	SKH9		각종 공구(고속도 절삭용), 기타
			SKH52		
			SKH53		
			SKH54		
			SKH55		
			SKH56		
			SKH57		
3551	특수 마대강	탄소강	SM30CM		리테이너
			SM35CM		사무용 기계부품
			SM45CM		클러치, 체인부품
			SM50CM		스프링, 와셔
			SM55CM		칼날, 카메라부품
			SM60CM		목공용 톱, 와셔
			SM65CM		스프링, 클러치부품
			SM70CM		스프링, 목공용 톱
		니켈, 크롬강	SNC2M		사무용 기계부품
			SNC3M		
			SNC21M		

표 1.14 금속재료기호(계속4)

KS D	명칭	종별	기호	인장강도 [kg/mm²]	용도
3551	특수 마대강	니켈, 크롬, 몰리브덴강	SNCM21M		체인 부품
			SNCM22M		
		크롬, 몰리브덴강	SCM1M		체인부품, 사무용 기계부품
			SCM2M		
			SCM3M		
			SCM4M		
			SCM21M		
		스프링강	SUP6M		스프링, 특수 스프링
			SUP9M		
			SUP10M		
		탄소 공구강	SK2M		절삭공구, 목공공구 등
			SK2M		
			SK3M		
			SK4M		
			SK5M		
			SK6M		
			SK7M		
		합금 공구강	SKS2M		절삭공구, 금형 Dies
			SKS5M		
			SKS7M		
			SKS11M		
			SKS51M		
3554	연강선재	1종~8종	MSWR6~22		철근, 리벳, 나사류, 외장선
3556	피아노선	1종	PW1		스프링, 밸브 스프링용
		2종	PW2		
		3종	PW3		
3557	리벳용 원형강	1종	SBV34	34~41	일반용, 리벳용
		2종	SBV41	41~50	보일러 선재용
3559	경강선재	1종	HSWR27		나사류, 경강연선
		2종	HSWR32		경강연선, 스프링
		3종	HSWR37		와이어로프,양산살대

표 1.14 금속재료기호(계속5)

KS D	명칭	종별		기호	인장강도 [kg/mm^2]	용도
3559	경강선재	4종	A	HSWR42A		
			B	HSWR42B		
		5종	A	HSWR47A		와이어 로프, 스프링, 타이어,심선
			B	HSWR47B		
		6종	A	HSWR52A		스프링, 방 바늘, 와이어 로프
			B	HSWR52B		
		7종	A	HSWR57A		침포 등
			B	HSWR57B		
		8종	A	HSWR62A		
			B	HSWR62B		
		9종	A	HSWR67A		
			B	HSWR67B		
		10종	A	HSWR72A		
			B	HSWR72B		
		11종	A	HSWR77A		
			B	HSWR77B		
		12종	A	HSWR82A		
			B	HSWR82B		
3556	일반구조용 탄소강관	1종		SPPS30	30 이상	토목, 건축, 철탑, 말뚝, 지주
		2종		SPPS41	41 이상	
		3종		SPPS51	51 이상	
		4종		SPPS50	50 이상	
		5종		SPPS55	30 이상	
3567	황 및 황복합 쾌삭강재			SUM11		기어류, 축류
				SUM12		
				SUM21		
				SUM22		
				SUM22L		
				SUM23		
				SUM23L		
				SUM24		

표 1.14 금속재료기호(계속6)

KS D	명칭	종별	기호	인장강도 [kg/mm^2]	용도
3567	황 및 황복합 쾌삭강재		SUM24L		기어류, 축류
			SUM31		
			SUM31L		
			SUM32		
			SUM41		
			SUM42		
			SUM43		
3701	스프링강	1종	SPS1		코일 및 겹판 스프링
		2종	SPS2		
		3종	SPS3		
		4종	SPS4		
		5종	SPS5		
		5A종	SPS5A		
		6종	SPS6		
		7종	SPS7		
3705	열간압연 스테인리스강판	201 631	STS201～ STS631	～60이상	
3707	크롬강재		SCr415		볼트, 너트
			SCr420		암류, 스터드
			SCr430		강력 볼트, 암류
			SCr435		축류, 키, 핀
			SCr440		캠샤프트, 핀류
			SCr445		기어류=〉표면경화
3708	니켈, 크롬강재		SNC236		볼트, 너트
			SNC415		
			SNC631		축류, 기어류
			SNC815		기어=〉표면경화용
			SNC836		캠축=〉표면경화용

표 1.14 금속재료기호(계속7)

KS D	명칭	종별	기호	인장강도 [kg/mm^2]	용도
3709	니켈, 크롬, 몰리브덴강재		SNCM		축, 볼트, 너트, 기어
3710	탄소강 단강품	1종	SF34	34~42	
		2종	SF40	40~50	
		3종	SF45	45~55	
		4종	SF50	50~60	
		5종	SF55	55~65	
		6종	SF60	60~70	
3711	크롬 몰리브덴 강재		SCM415		기어류, 축류
			SCM418		
			SCM430		
			SCM432		
			SCM435		
			SCM440		
			SCM445		
			SCM420		
			SCM421		
			SCM822		
3751	탄소공구강	1종	STC1		경질 바이트, 면도날
		2종	STC2		제작용공구, 드릴
		3종	STC3		탭, 게이지, 태엽
		4종	STC4		목공용드릴, 도끼
		5종	STC5		스냅, 톱날, 각인, 띠톱
		6종	STC6		각인, 스냅, 우산대
		7종	STC7		스냅, 프레스형, 칼
3752	기계구조용 탄소강강재		SM10C		벨럿, 컬렉터
			SM12C		
			SM15C		볼트, 너트, 리벳
			SM17C		
			SM20C		볼트, 너트, 모터축

표 1.14 금속재료기호(계속8)

KS D	명칭	종별	기호	인장강도 [kg/mm^2]	용도
3752	기계구조용 탄소강강재		SM22C		
			SM25C		볼트, 너트, 모터축
			SM28C		
			SM30C		볼트, 너트, 기계부품
			SM33C		
			SM35C		로드, 레버류
			SM38C		
			SM40C		이음쇠, 축류
			SM43C		
			SM45C		크랭크축, 로드류
			SM48C		
			SM50C		키, 핀, 축류
			SM53C		
			SM55C		키, 핀류
			SM58C		
			SM09CK		
			SM15CK		방직기롤러(표면경화)
			SM20CK		캠, 피스톤핀(표면경화)
3753	합금공구강	S1종~8종	STS1~8		절삭공구, 드릴, 커터
		S11종	STS11		냉간 드로잉용 다이스
		S21종	STS21		탭, 드릴, 커터
		S31종	STS31		게이지, 포밍 다이스
		S41종~44종	STS41~44		끌, 펀치, 칼, 스냅
		S51종	STS51		줄
		D1종~6종	STD1~6		프레스형틀, 다이스
		D11종	STD11		게이지, 다이스

표 1.14 금속재료기호(계속9)

KS D	명칭	종별	기호	인장강도 [kg/mm²]	용도
3753	합금공구강	D12종	STD12		전조롤러, 다이캐스팅
		D61종	STD61		다이스
		F2종~6종	STF2~6		프레스용 다이스
4101	탄소 주강품	1종	SC37	37 이상	전동기 부품용
		2종	SC42	42 이상	
		3종	SC46	46 이상	일반 구조용
		4종	SC49	49 이상	
4301	회주철품	1종	GC10	10 이상	일반기계부품
		2종	GC15	15 이상	난방용품
		3종	GC20	20 이상	약간의 경도 필요부품
		4종	GC25	25 이상	
		5종	GC30	30 이상	실린더헤드, 공작기계부품
		6종	GC35	35 이상	
4302	구상 흑연 주철품	1종	DC37	37 이상	
		2종	DC42	42 이상	
		3종	DC50	50 이상	
		4종	DC60	60 이상	
		5종	DC70	70 이상	
4303	흑심 가단 주철품	1종	BMC28	28 이상	
		2종	BMC32	32 이상	
		3종	BMC35	35 이상	
		4종	BMC37	37 이상	
4304	펄라이트 가단 주철품	1종	PMC40	40 이상	
		2종	PMC50	50 이상	
		3종	PMC55	55 이상	
		4종	PMC60	60 이상	
		5종	PMC70	70 이상	

표 1.14 금속재료기호(계속10)

KS D	명칭	종별	기호	인장강도 [kg/mm²]	용도
4305	백심 가단주철품	1종	WMC34	34 이상	
		2종	WMC38	38 이상	
		3종	WMC45	45 이상	
		4종	WMC50	50 이상	
		5종	WMC55	55 이상	
5335	동선	1종	RBsW1		장식품, 장신구 화스나 금망
		2종	RBsW2		
		3종	RBsW3		
6001	황동주물	1종	BsC1	15 이상	플랜지,전기부속품
		2종	BsC2	20 이상	일반기계부품
		3종	BsC3	25 이상	건축용 장식품
6002	청동주물	1종	BC1	25 이상	밸브, 콕, 기계 부분품
		2종	BC2	25 이상	
		3종	BC3	18 이상	
		4종	BC4	22 이상	
6003	화이트메탈	1~10종	WM1~10		고속 및 중속, 고하중 및 중하중용

1.7 주석문 표기법

1.7.1 주석문 보기

주석문은 부품도의 작성 시에 표제란 위에 도면에서 기입하지 못한 정보를 지시하는 것이다. 도면의 해독 전에 가장 먼저 보아야 할 부분은 주석문, 표제란 및 부품란이다. 주석문에는 도면에 그림으로 표현하지 못한 부분이나 도면에 자주 중복되는 치수, 제작자에게 지시할 사항을 문서로서 간단명료하게 기입하는 것이다. 주석문은 특별한 규정은 없으나 문장 형식이 너무 길거나 혼동을 줄 수 있는 용어 사용은 피하는 것이 좋다.

그림 1.8은 주석문의 표기 사례를 나타낸다. 일반공차, 모따기 및 라운드를 지시하고 부품의 표면 도장, 열처리 방법을 지시하고 표면 거칠기값의 기준을 지시한다.

주서
1. 일반공차 (가) 주조부 KS B 0411 정밀급
(나) 가공부 KS B 0412 보통급
2. 도시되고 지시없는 모따기 C1, 라운드 R3
3. 일반 지시하지 않은 모따기 C=0.2~0.3
4. 기계 가공부를 제외한 주조부 외면 명녹색 도장
5. ——·——·——·—— 침탄표면 열처리 HRC 43~52
6. 표면 거칠기

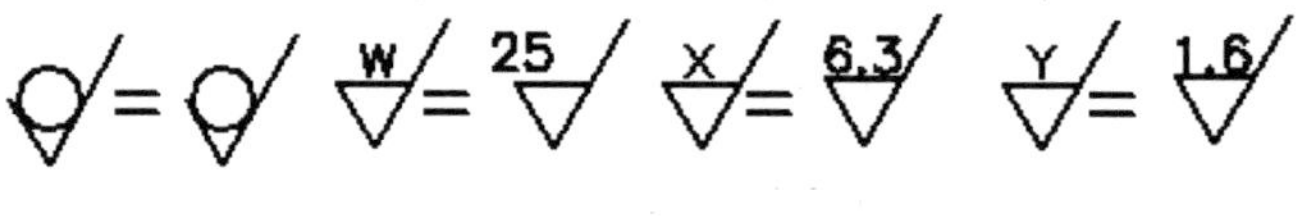

그림 1.8 주석문 표기법

1.7.2 주석문 해석

그림 1.8에서 나타낸 주석문을 해석하여 본다.

☑ 일반공차 (가) 주조부 KS B 0411 정밀급
(나) 가공부 KS B 0412 보통급

도면에 작도된 부품도에서 주물면과 일반기계 가공부의 전체적인 공차 값을 KS B 0411와 KS B 0412의 규격에 따른다는 것을 의미한다. 주조부와 가공부에 부여된 치수 값에는 표 1.15와 표 1.16에서 정의된 공차 값을 가진다.

표 1.15 주조부의 길이 허용공차(KS B 0411)

(단위 : mm)

재료		회주철품		구상 흑연 주철품	
초과	이하	정밀급	보통급	정밀급	보통급
-	120	±1	±1.5	±1.5	±2
120	250	±1.5	±2	±2	±2.5
250	400	±2	±3	±2.5	±3.5
400	800	±3	±4	±4	±5
800	1600	±4	±6	±5	±7
1600	3150	-	±10	-	±10

표 1.16 가공부의 길이 허용공차(KS B 0412)

(단위 : mm)

초과	이하	정밀급	보통급	거친급	아주 거친급
-	3	±0.05	±0.1	±0.2	-
3	6	±0.05	±0.1	±0.3	±0.5
6	30	±0.1	±0.2	±0.5	±1
30	120	±0.15	±0.3	±0.8	±1.5
120	400	±0.2	±0.5	±1.2	±2.5
400	1000	±0.3	±0.8	±2	±4
1000	2000	±0.5	±1.2	±3	±6
2000	4000	-	±2	±4	±8

☑ 도시되고 지시없는 모따기는 C1, 라운드는 R3

모따기와 라운드는 도면의 여러 곳에 중복하여 치수를 기입하면 도면이 조잡스럽게 보일 수가 있으므로 주서를 사용하여 지시하면 간단하게 표현이 가능하다. 모따기 C1은 도면에 작도되어 있으며 치수는 길이 1 [mm], 각도 45 °의 모따기를 실시하는 것이다. 라운드 R3은 도면에 작도는 되어 있으나 치수 기입이 없는 곳은 반지름 3 [mm]으로 라운드를 실시한다.

☑ 일반 지시하지 않은 모따기 C = 0.3~0.5

기계 가공부에 모따기를 표시하지 않고 있으나 가공을 하게 되면 모서리부는 덧살(Burr) 때문에 날카롭다. 날카로운 부분을 모따기나 라운드를 사용하여 덧살을 제거하여야 하므로 그 치수의 범위를 나타낸다.

☑ 기계 가공부를 제외한 주조부 외면 명녹색 도장

주조품인 부품도에서 기계 가공부위와 주물면과의 구분을 하기 위하여 주물면에 녹색(청녹색) 도장을 하라는 내용이다.

☑ 침탄표면 열처리 HRC 43~52

가공부의 일부분을 열처리를 표현하기 위해서는 굵은 1점 쇄선으로 열처리 부분을 표시한다. 열처리부의 로크웰 경도는 43~52이다.

표 1.17은 고주파 담금질을 실시한 재료의 경도를 나타낸다. 열처리 후의 경도 표시는 시험기의 종류에 따라서 로크웰 경도, 비커스 경도, 브리넬 경도로 구분한다.

■ 로크웰 경도(HRC) : B스케일과 C스케일이 있으며, B스케일은 100 [kgf]의 하중에서 1.588 [mm]의 강구를, C스케일에서는 120도의 원뿔 및 선단 반지름은 0.2 [mm]의 다이아몬드 입자를 사용한다.

■ 비커스 경도 (HV) : 꼭지각 136 [°]의 다이아몬드 제4 각뿔 압자를 써서 시험편에 피라미드형의 압입자국을 내고 그 대각선의 길이를 측정하여 환산표에서 경도를 구하는 것이다.

■ 브리넬 경도 (HS) : 브리넬 경도시험에서 강구압자를 이용하여 시험면의 오목한 곳에 밀착한 뒤, 하중을 오목한 면의 표면적으로 나눈 값이다.

☑ 표면 거칠기 : 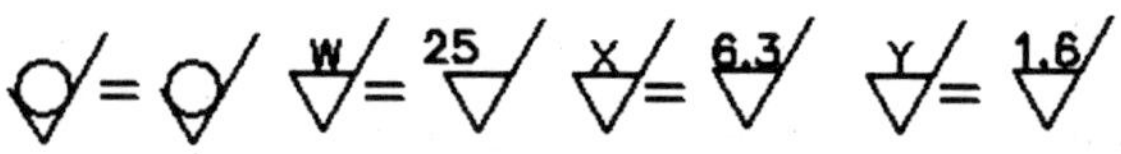

도면 내에 기입한 표면 거칠기의 기준값을 정의한 것이다. 다듬질 기호의 크기는 높이 3 [mm]의 정삼각형을 사용하고 표면 거칠기는 Ra 표면거칠기(중심선 평균 거칠기)를 사용한다. W는 25[μm], X는 6.3[μm], Y는 1.6[μm]의 거칠기값을 가진다.

표 1.17 고주파 담금질 기준 사항

재질			SM35C	SM40C	SM45C	SM50C	SM55C
담금질 경도	물	HRC	40~55	45~55	50~60	55~62	58~63
		HV	390~510	451~600	510~700	600~750	650~770
		HS	54~67	60~74	67~81	74~85	78~87
	기름	HRC	35~45	40~50	43~53	45~55	50~60
		HV	350~450	390~510	420~560	450~600	510~700
		HS	48~60	54~67	57~71	60~74	67~81
담금질 깊이(mm)		물	1.0~2.0	1.0~2.0	0.8~1.5	0.8~1.5	0.8~1.5
		기름	1.0~2.0	1.0~2.0	1.0~2.0	1.0~2.0	1.0~2.0
최고깊이(mm)			40	40	40	50	50
전처리			조질	조질불림	조질불림	조질불림	조질불림

〈연습문제〉

1-1. 템플릿 파일을 사용하여 기계제도 도면에 사용하는 도면양식 A1~A4까지 작성하라.

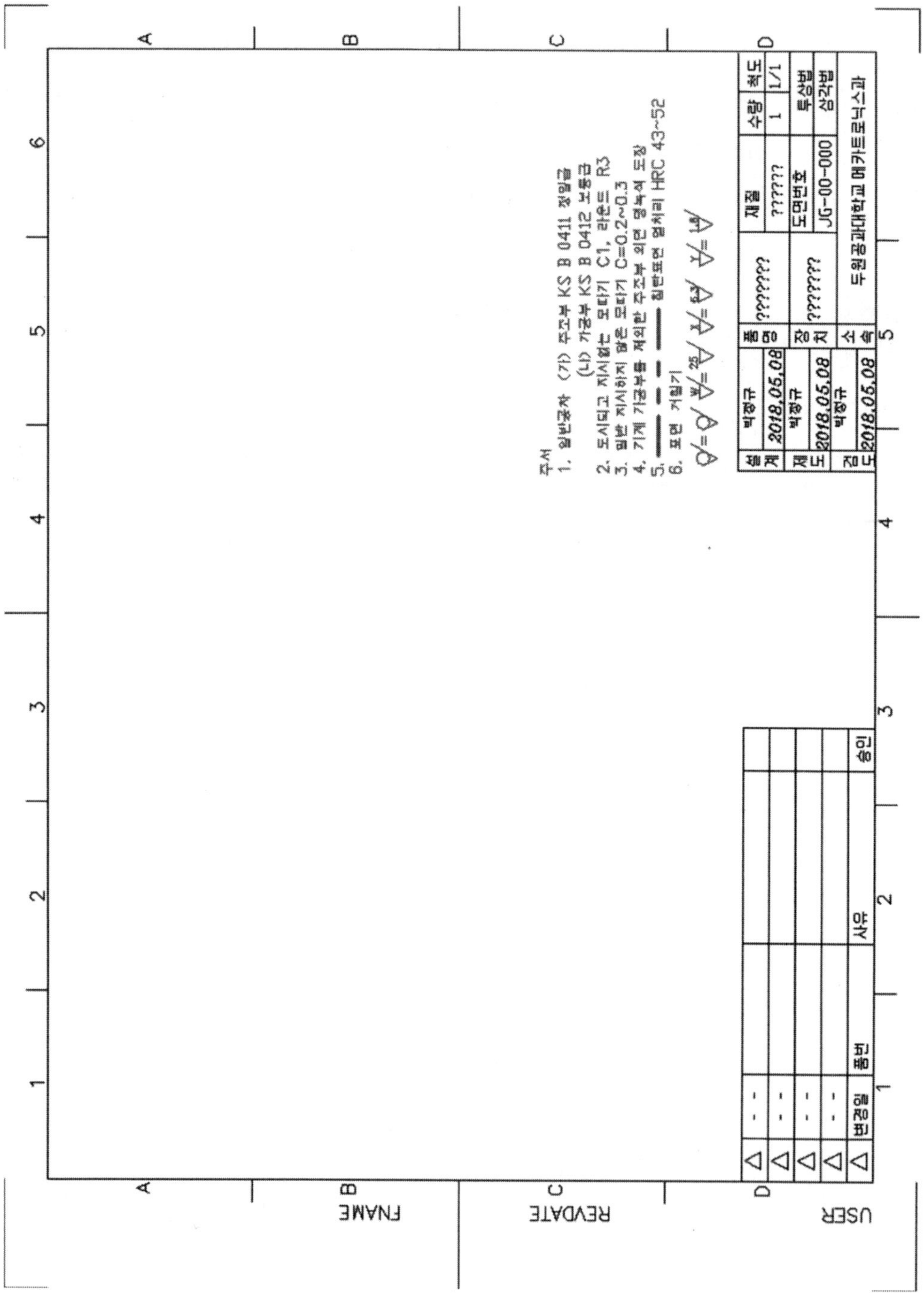

1-2. 연습문제 1-1에서 작성한 양식에 도면층을 하기와 같이 설정하라.

상	이름	켜.	동결	잠...	색상	선종류	선가중치	투명도	플롯 ...	플롯
	0				흰색	Continuous	기본값	0	색상_7	
	Defpoints				흰색	Continuous	기본값	0	색상_7	
	Object				흰색	Continuous	기본값	0	색상_7	
✓	Viewport				파란색	Continuous	기본값	0	색상_5	
	가상선				초록색	DIVIDE	0.18 ...	0	색상_3	
	나사선				빨간색	Continuous	0.18 ...	0	색상_1	
	나사은선				초록색	HIDDEN	0.18 ...	0	색상_3	
	외형선				흰색	Continuous	0.60 ...	0	색상_7	
	은선				선홍색	HIDDEN2	0.35 ...	0	색상_6	
	정밀도				선홍색	Continuous	0.25 ...	0	색상_6	
	중심선				초록색	CENTER2	0.18 ...	0	색상_3	
	치수선				빨간색	Continuous	0.15 ...	0	색상_1	
	특수처리				240	PHANTOM2	0.70 ...	0	색상_2...	
	파단선				240	Continuous	0.18 ...	0	색상_2...	
	해칭선				하늘색	Continuous	0.15 ...	0	색상_4	

1-3. 도면양식을 사용하여 모형공간에서 도면을 작성하고 배치공간에서 A4양식에 도면을 배치하고 플롯 미리보기를 실행하라.

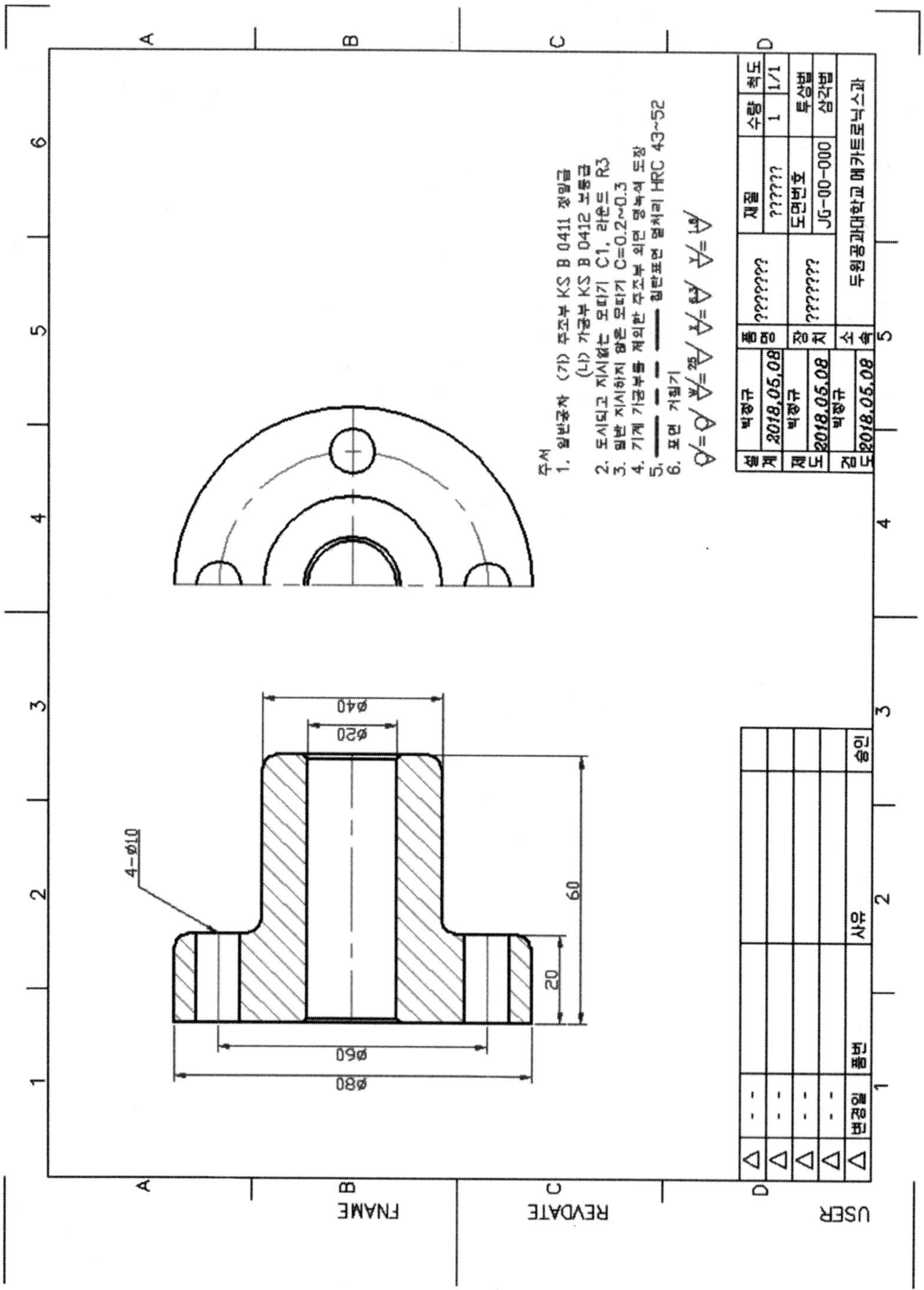

1-4. 도면양식을 사용하여 모형공간에서 도면을 작성하고 배치공간에서 A4양식에 도면을 배치하고 플롯 미리보기를 실행하라.

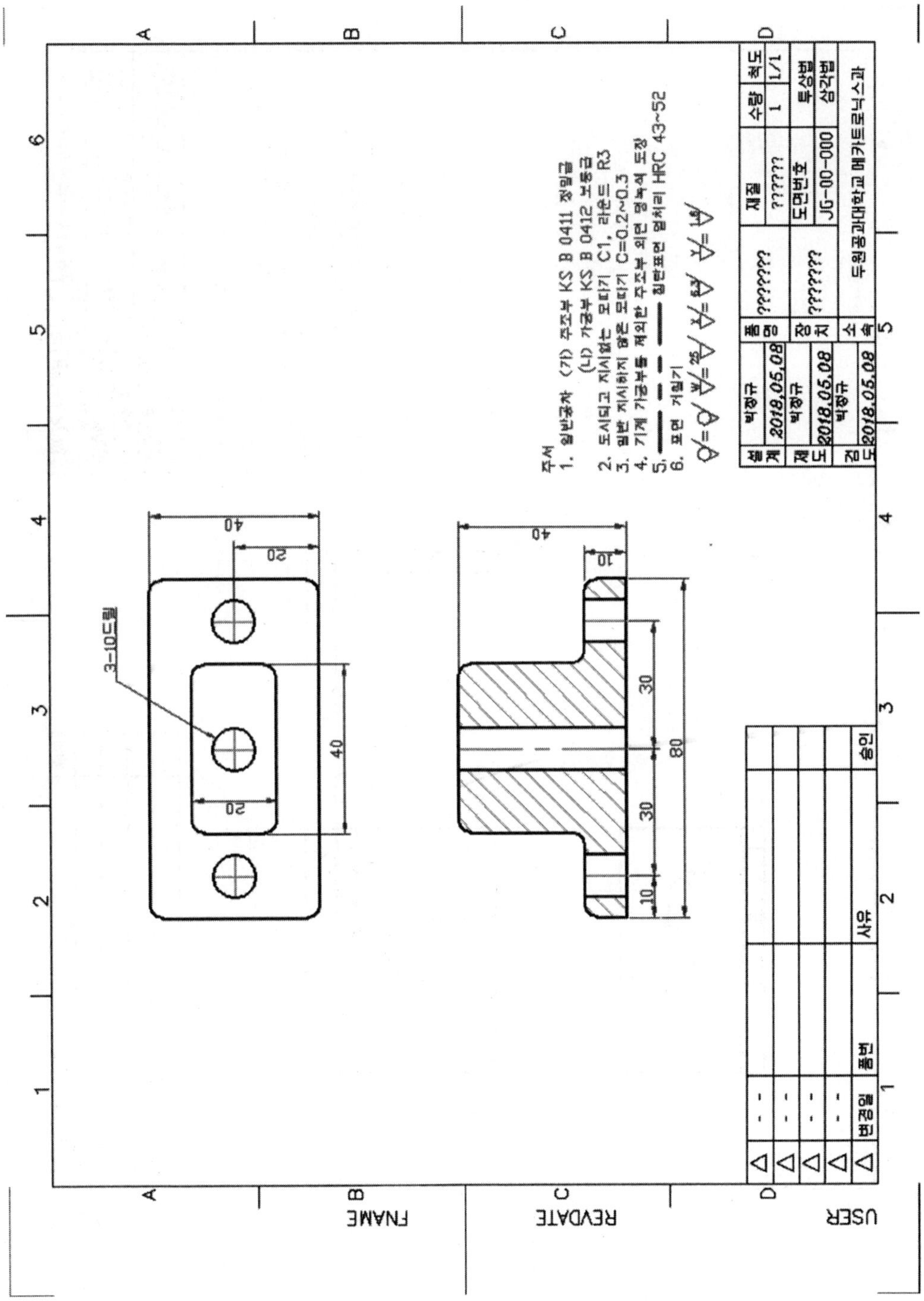

1-5. 도면양식을 사용하여 모형공간에서 도면을 작성하고 배치공간에서 A4양식에 도면을 배치하고 플롯 미리보기를 실행하라.

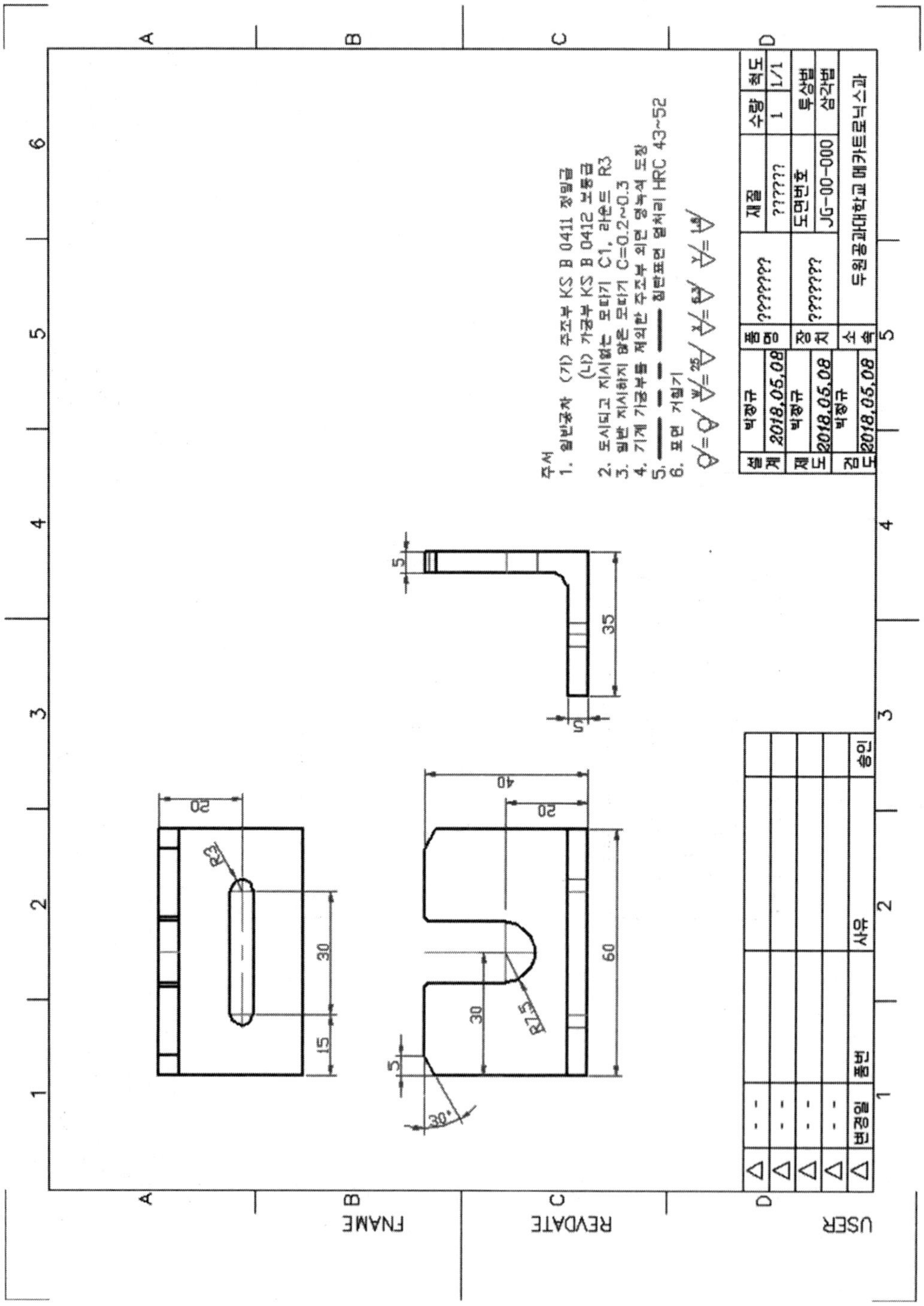

제2장

도면 투상법

목 차

투상법은 제작하고자 하는 부품을 보는 시각에 따라서 3차원의 물체를 2차원의 평면도형으로 표현할 수 있다. 지정한 방향에서 3차원의 물체를 바라본 것을 투상도라고 하며 투상도를 사용하여 3차원의 형상을 2차원의 도면에 빠짐없이 표현하기 위하여서는 여러 방향에서 바라본 투상도가 필요하다. 대상 부품의 형체가 비치는 면을 투상면, 대상 부품에서 수직으로 닿는 선을 투사선이라고 하고 투상도는 투상면에 닿는 투사선의 교점을 이어서 만드는 도형을 의미한다. 3차원의 형상을 빠짐없이 2차원의 평면도형에 나타내기 위해서는 여러 개의 투상도가 필요하며 물체의 정면, 측면 또는 윗면에서 보는 투상도를 사용한다.

2.1 투상법의 종류

기계도면의 제작에 사용되는 투상도는 3차원 형상을 표현하는 입체도와 2차원 형상을 표현하는 정투상도로 구분한다. 입체도는 도면을 잘 모르는 사람, 기계제작에 대한 아이디어, 기계의 유지보수 및 사용 설명서 작성 등에 유용하게 사용된다. 새로운 제품개발 및 기계를 제작하기 위한 아이디어를 타인에게 의사전달, 설계개념 및 대상물의 실현과정에서 입체도는 유용하게 사용되며 정투상도는 실제 생산현장에서 제품 및 기계의 생산을 위한 여러 가지 정보의 전달에 유익하다. 투상법은 입체형상의 표현이 가능한 등각 투상법과 경사 투상법, 2차원의 형상을 표현하는 정투상법으로 구분한다.

그림 2.1은 등각 투상법에 의한 입체도를 나타낸다. 등각 투상법은 하나의 그림으로 정육면체의 3면을 표시할 수 있는 것으로서 각각의 면은 동일한 비율로 작성한다. 등각 투상도는 기계제도의 분해도 및 조립도 등에 사용하며 주로 하나의 부품을 입체도로 나타낼 경우에 많이 사용한다.

그림 2.2는 경사 투상법에 의해 작성한 입체도를 나타낸다. 경사 투상법은 하나의 그림으로 정육면체의 3면 중에 1면만을 중점적으로 표시할 수 있다. 경사 투상도는 캐비넷도라고도 불리며 가구제도에 많이 사용한다.

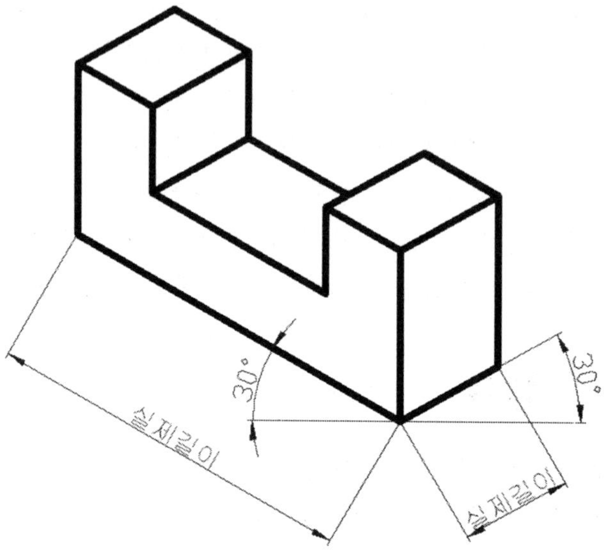

그림 2.1 등각 투상법

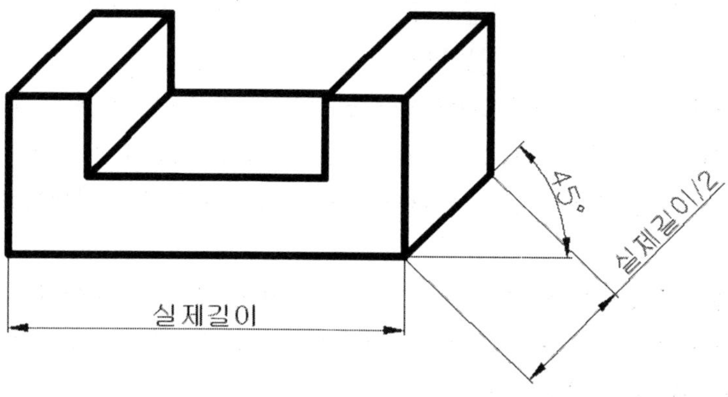

그림 2.2 경사 투상법

그림 2.3은 3차원의 물체를 정투상법에 의해 작성한 2차원 평면상에 표시한 투상도를 나타낸다. 대상물의 형상을 엄밀하고 정확하게 도면에 표시할 수가 있으며, 일반적으로 제품 및 기계의 생산현장에서 가공, 검사 및 조립에 대한 여러 정보를 기입하여 전달할 수 있으므로 현장에서 가장 많이 사용하는 투상도이다. 물체의 정면에서 본 것을 정면도, 우측에서 본 것을 우측면도, 위에서 본 것을 평면도라고 한다.

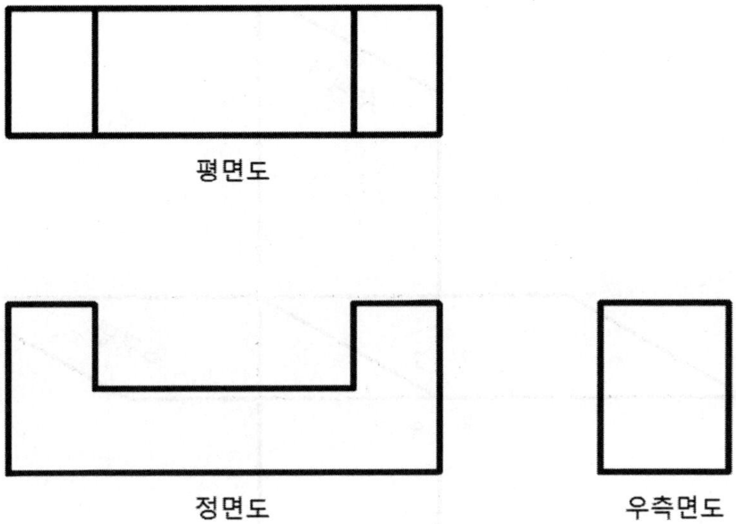

그림 2.3 정투상법

2.2 제3각 투상법과 제1각 투상법

3차원 형상을 가진 대상물을 입체도로 작성할 경우에는 등각 투상법과 경사 투상법을 사용하며 2차원 도면을 작성할 경우에는 정투상법을 사용한다. 기계제도에 사용하는 투상법은 물체의 모든 투시선은 평행하다고 가정하는 평행투상에 따르는 것을 원칙으로 하여 실제의 치수로 형상 및 크기를 표현한다. KS 제도규격은 투상법에 대하여 다음과 같이 규정한다.

- 투상법은 제3각법을 따르는 것을 원칙으로 한다.
- 제3각법과 제1각법의 구별이 필요할 경우에는 도면 내의 적당한 위치에 제3각법, 또는 제1각법의 표시기호 또는 문자를 표시한다.

그림 2.4는 수평면과 수직면의 2개 평면이 상호 90도로 교차하면서 만드는 4개의 공간을 나타낸다. 정투상법은 직교하는 2개의 평면이 상호 교차하여 만드는 4개의 공간에 도면을 작성하는 방법이다. 제1각의 공간을 기준으로 반시계방향으로 제2각, 제3각 및 제4각으로 구분한다. 제1각을 기준으로 수직면과 수평면에 물체를 투상하는 방법을 제1각 투상법이라 하고 제3각의 공간에 물체를 놓고 수직면과 수평면에 도형을 투상하는 것을 제3각 투상법이라고 한다. KS규격의 기계제도에서 정투상법은 제3각 투상법을 사용하는 것을 원칙으로 하고 있으나 필요한 경우에는 제1각 투상법을 사용할 수도 있다.

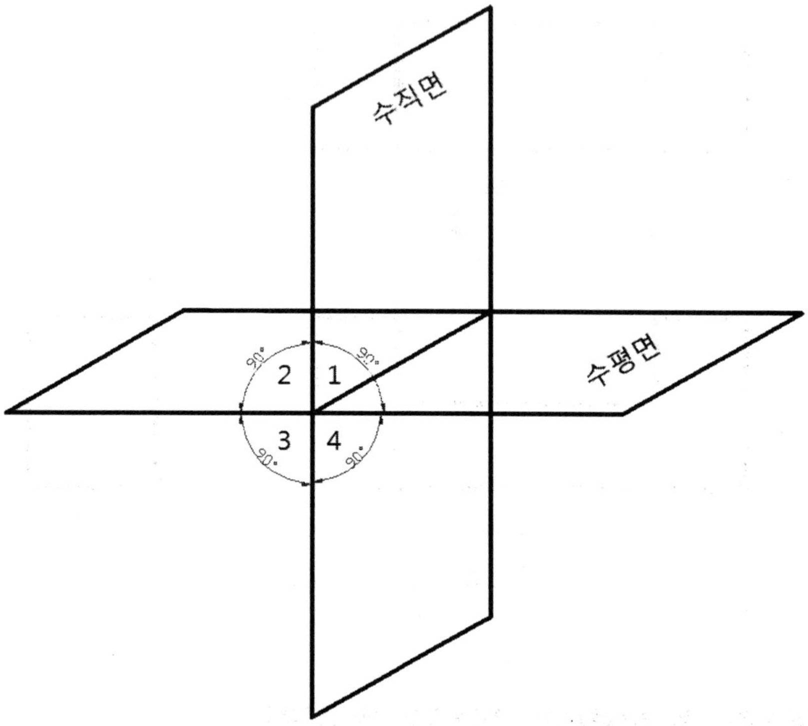

그림 2.4 2개의 평면으로 구성된 4개의 공간

그림 2.5는 제3각 투상법에 의한 물체의 투상도를 나타낸다. 수직면과 수평면이 교차하는 제3각의 공간에 물체를 놓으면 물체가 투상면에 싸여있게 된다. 수직면과 수평면을 투명한 유리로 가정하고 투명한 유리면을 통하여 물체가 보이는 형상을 수직면과 수평면에 작성한다.

평면도는 눈(화살표)과 물체 사이에 있는 투명한 수평면에 물체를 투영하여 작성하는 것이고 우측면도는 눈(화살표)과 물체 사이에 있는 투명한 수직면에 물체를 투영하여 작성한 것이다. 정면도는 눈(화살표)과 물체 사이에 수직면과 수평면으로 구성된 공간에 대하여 전면에 형성된 새로운 투영평면에 물체를 투영하여 작성하는 것이다. 즉, 제3각 투상법에서 정면도는 물체의 정면에서 본 것을 정면에 나타내고, 평면도는 물체의 위에서 본 것을 정면도의 위에 나타내며, 우측면도는 물체의 우측에서 본 것을 정면도의 우측에 나타낸다.

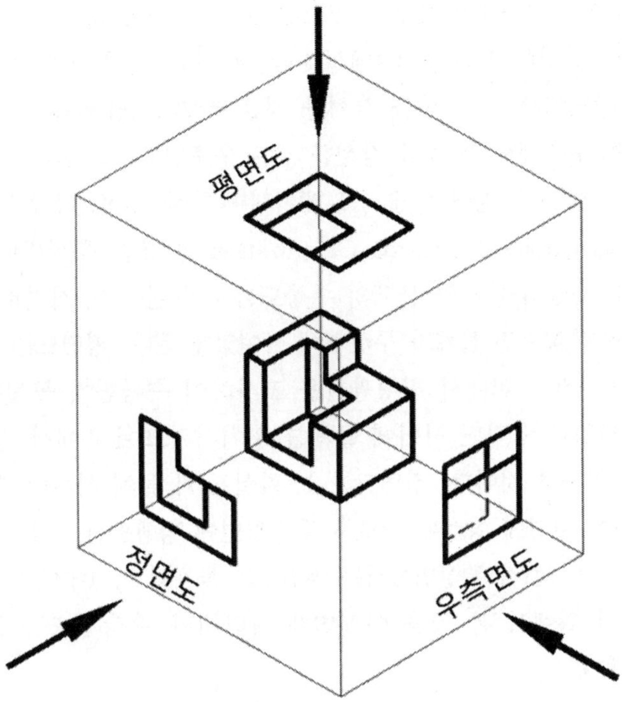

그림 2.5 제3각 투상법

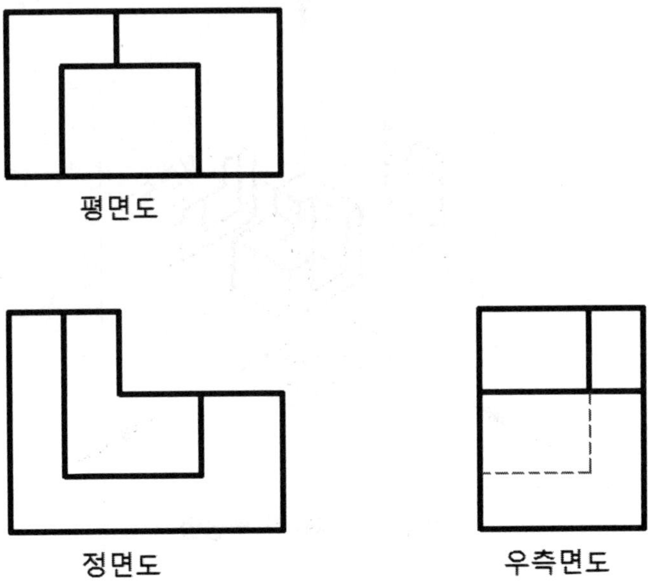

그림 2.6 제3각법에 의한 도면

그림 2.6은 제3각 투상법에 의한 2차원 평면도형을 나타낸다. 물체의 특징을 가장 잘 나타내는 방향을 정면으로 설정하여 그림 2.4에서 나타낸 제3각의 공간에 물체를 위치하게 하여 투영한다. 물체의 정면에서 본 형상을 작성한 것은 정면도, 물체의 위에서 본 것을 작성한 것은 평면도, 물체의 우측에서 본 것을 작성한 것은 우측면도라고 한다. 제3각 투영법에 의한 도면 작성은 눈 → 투상면 → 물체의 순서로 배치되며 한국, 일본, 미국 등에서 많이 사용되는 투상법이며 ISO(International Standards Organization)의 표준 투상법이다.

그림 2.7은 제1각 투상법에 의한 물체의 투상도를 나타낸다. 수직면과 수평면이 교차하는 제1각의 공간에 물체를 놓으면 물체가 투상면에 싸여있게 된다. 평면도는 눈(화살표)과 수평면 사이에 물체를 위치시키고 위에서 평행광선을 조사하여 수평면에 물체를 투영하는 것이고 우측면도는 눈(화살표)과 수직면 사이에 물체를 위치시키고 우측에서 평행광선을 조사하여 수직면에 물체를 투영하는 것이다. 정면도는 눈(화살표)과 물체 사이에 수직면과 수평면으로 구성된 공간에 대하여 뒷면에 형성된 새로운 투영평면에 평행광선을 조사하여 물체를 투영하여 작성하는 것이다. 즉, 제1각 투상법에서는 정면도는 물체의 정면에서 본 것을 뒷면에 나타내고, 평면도는 물체의 위에서 본 것을 아랫면에 나타내며, 우측면도는 물체의 우측에서 본 것을 좌측에 나타낸다.

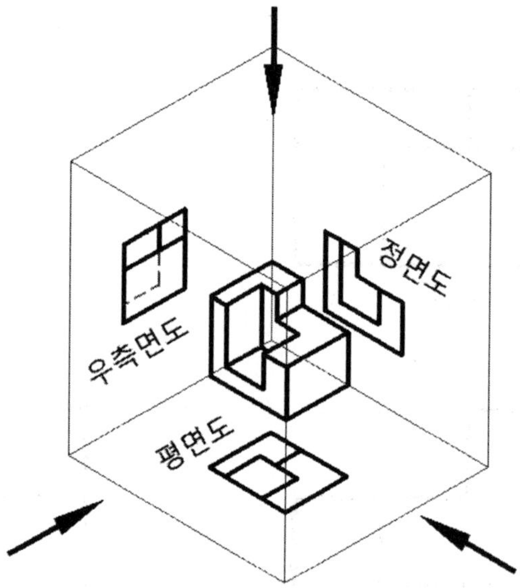

그림 2.7 제1각 투상법

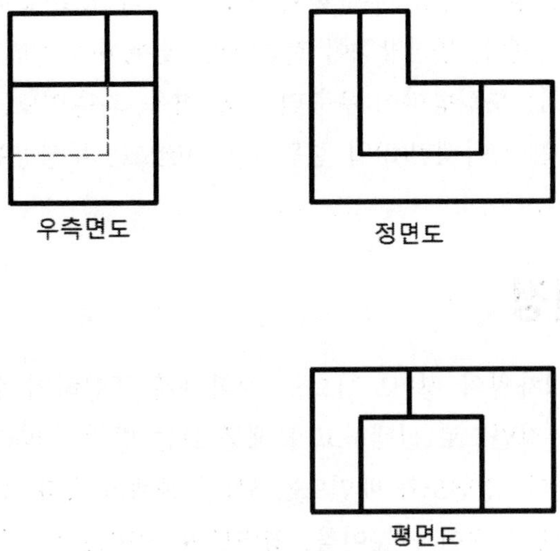

그림 2.8 제1각법에 의한 도면

그림 2.8은 제1각 투상법에 의한 2차원 평면도형을 나타낸다. 물체의 특징을 가장 잘 나타내는 방향을 정면으로 설정하여 그림 2.4에서 나타낸 제1각의 공간에 물체를 위치하게 하여 투영한다. 물체의 정면에서 보이는 형상을 뒷면에 작성한 것을 정면도, 물체의 위에서 보이는 것을 아랫면에 작성한 것이 평면도, 물체의 우측에서 보이는 것을 좌측면에 작성한 것을 우측면도라고 한다. 제1각 투영법에 의한 도면 작성은 눈 → 물체 → 투상면의 순서로 배치되며 영국, 독일, 유럽 등에서 많이 사용되는 투상법이다.

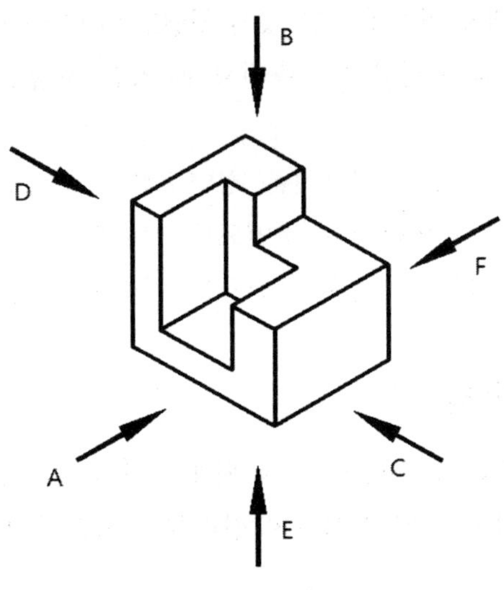

그림 2.9 투상도의 명칭

그림 2.9는 2차원 평면도형의 작성 시에 물체를 보는 시각 방향에 따라서 분류한 제3각법에 의한 투상도의 명칭을 나타낸다. 투상방향이 전면(A)일 경우에는 정면도, 평면도는 투상방향이 윗면(B)일 경우, 우측면도는 투상방향이 우측면(C)일 경우, 좌측면도는 투상방향이 좌측면(D)일 경우, 저면도는 투상방향이 아랫면(E)일 경우이고 배면도는 투상방향이 뒷면(F)일 경우이다.

2.3 투상도 선정

3차원 형상의 물체를 2차원의 평면도형으로 정확하게 표현하기 위해서는 물체의 형상을 가장 잘 나타내는 방향을 정면도로 선택하고 물체를 보는 방향에 따라서 또는 필요에 따라서 평면도와 측면도를 작성한다. 정면도와 배면도는 3차원 물체의 폭과 높이를 나타내고 우측면도와 좌측면도는 3차원 물체의 깊이와 높이를, 평면도와 저면도는 3차원 물체의 폭과 깊이를 표현한다. 제3각법을 사용하는 정투상법에서 정면도는 깊이를, 측면도는 폭을, 평면도는 높이를 표현할 수 없으므로 다음과 같은 규칙을 이용하여 투상도를 작성한다.

- 정면도와 평면도는 항상 수직으로 일직선상에 배치한다.
- 정면도와 측면도는 항상 수평으로 일직선상에 배치한다.
- 평면도와 측면도는 물체의 정면도를 쳐다본다.
- 평면도의 깊이는 측면도의 깊이와 같다.
- 평면도의 폭은 정면도의 폭과 같다.
- 측면도의 높이는 정면도의 높이와 같다.
- 제3각법에서 물체를 위치에서 본 것은 평면도이며 반드시 정면도의 위쪽에 배치한다.
- 제3각법에서 물체를 정면의 우측에서 본 것은 우측도이며 반드시 정면도의 오른쪽에 배치한다.
- 좌측면도와 우측면도의 외곽선은 정면도를 기준으로 대칭이다.
- 평면도와 저면도의 외곽선은 정면도를 기준으로 대칭이다.
- 정면도와 배면도의 외곽선은 측면도를 기준으로 대칭이다.

2.3.1 도형의 표시방법

도형의 표시는 도면을 사용하는 사람이 가장 쉽게 이해할 수 있도록 작성하여야 하며 제작공정이 쉽도록 작성하여야 하고 도면 작성자의 편리성을 고려하여야 한다. 도형작성의 원칙은 다음과 같다.

- 물체는 가능하면 그림 2.10과 같이 자연적이고 안정적인 상태로 나타낸다.
- 물체의 주요 투상면에 대하여 보조 투상면은 평행 아니면 수직으로 표시한다.
- 물체의 상태나 기능을 가장 잘 나타내는 면을 정면도로 선정한다.
- 정면도를 중심으로 좌/우 측면도, 평면도, 저면도, 배면도를 필요에 따라서 필요한 투상면을 작성한다.
- 링, 벨트 풀리, 기어 등과 같이 원형으로 표시되는 투상도는 정면도를 선택하지 않고 평면도 또는 측면도로 표시한다.
- 서로 관련된 도형은 숨은선을 사용하지 않고 끝나도록 한다. 단, 비교하는 것이 불편할 경우에는 숨은선을 사용한다.
- 제작도에는 물체의 가공량이 가장 많은 공정을 기준으로 그림 2.11과 그림 2.12에서 나타내는 것처럼 가공 상태와 같은 방향으로 도형을 작성한다.

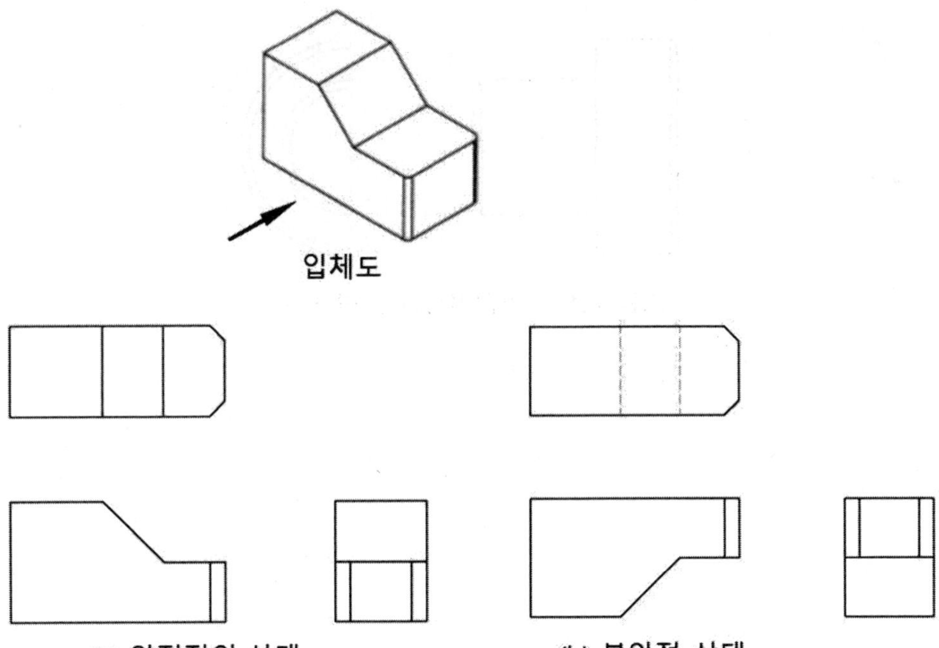

그림 2.10 물체의 안정적 상태 표현

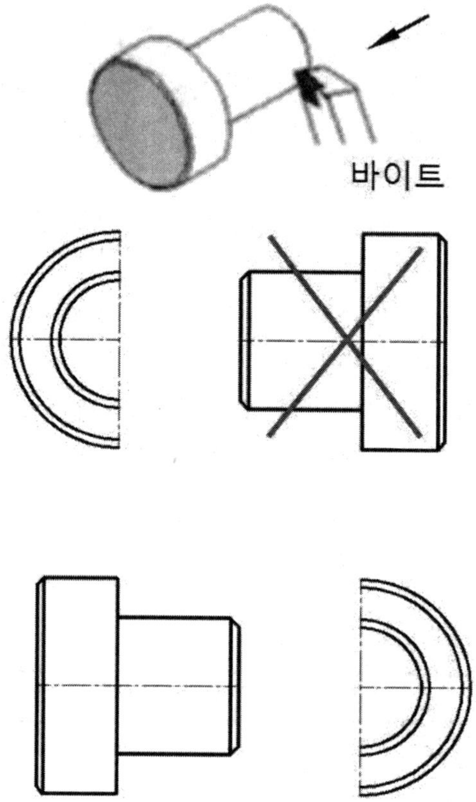

그림 2.11 가공방향과 도면 배치

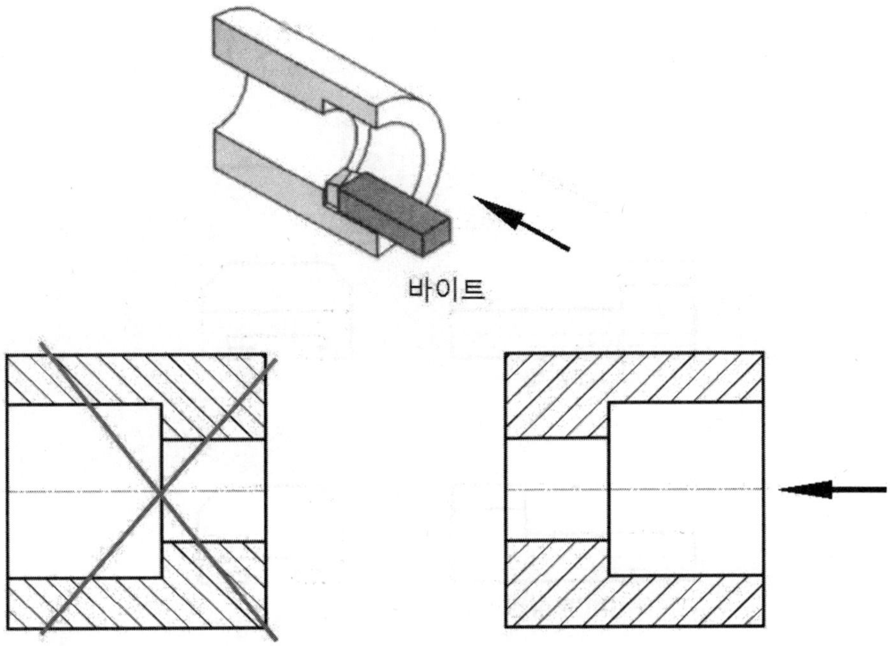

그림 2.12 가공방향을 고려한 도형 선택

2.3.2 정면도 선정

3차원 형상을 가진 물체를 2차원 도면으로 표현하는 정투상법을 이용하여 표현할 경우에는 정면도의 선정이 가장 중요하다. 정면도는 투상도의 기준이 되는 것이므로 물체의 특징 및 형상을 가장 명확하게 표현하며, 안정적인 길이 방향으로 선택하고 가급적이면 투상도에 숨은선이 많이 나타나지 않는 방향으로 선정한다.

그림 2.13은 물체의 특징이 가장 잘 표현되고 길이방향으로 안정적이며 숨은선이 많이 나타나지 않도록 정면도를 선정한 상태를 나타낸다. 화살표 방향으로 물체를 보는 방향이 정면도이다. 정면도와 측면도를 사용하면 물체의 특징 및 치수기입에 관련한 정보를 표현할 수가 있으므로 평면도는 별도로 작성할 필요가 없다.

그림 2.14는 물체의 특징이 잘 나타나지 않는 방향으로 정면도를 잘못 선정하여 도면을 작성한 상태를 나타낸다. 화살표 방향이 정면도이므로 물체의 특징을 알 수가 없으므로 도면해독이 어렵다.

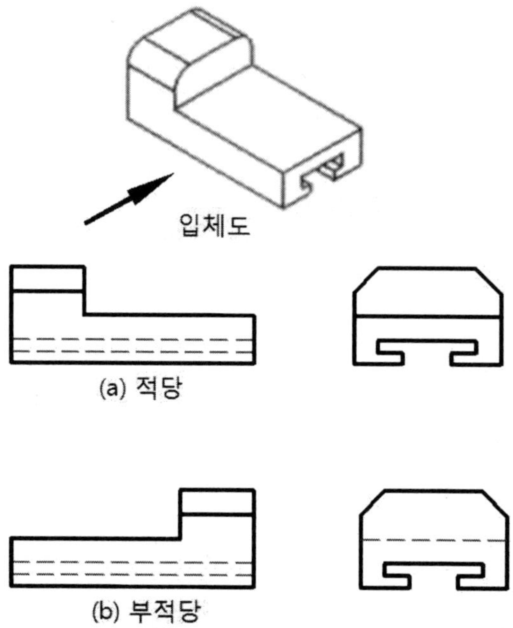

그림 2.13 특징을 잘 나타내는 정면도 선정

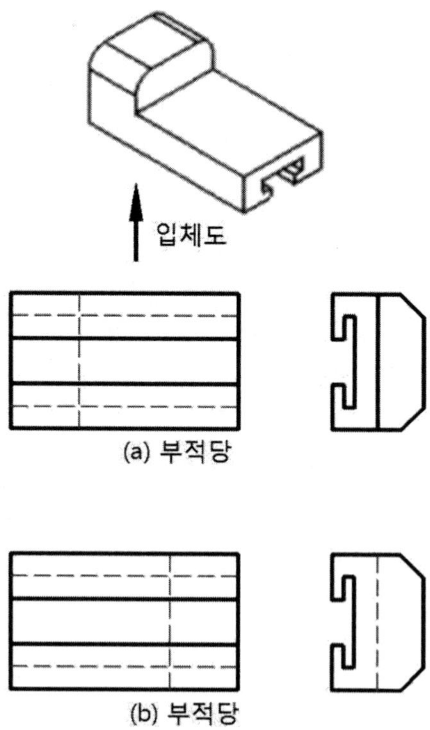

그림 2.14 특징이 부정확한 정면도

그림 2.15는 물체의 특징을 가장 잘 나타내고 투상도에 숨은선이 많이 표현되지 않는 방향으로 정면도를 선정하여 정면도, 평면도 및 측면도를 작성한 사례를 나타낸다. 화살표 방향으로 정면도를 선정하면 물체의 형상을 명확하게 파악할 수가 있고 길이 방향으로 안정적이다. 또한 우측면도 작성 시에 숨은선의 표현을 피할 수가 있으나 실제 도면 작성 시에는 정면도와 평면도만 있어도 물체의 크기에 관련한 치수를 전부 나타낼 수 있으므로 우측면도는 불필요하다.

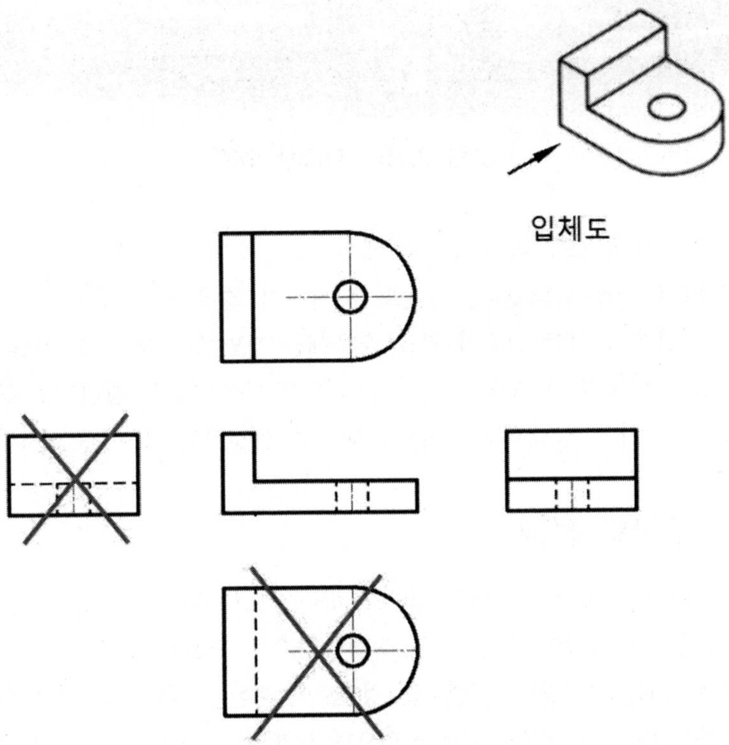

그림 2.15 숨은선을 고려한 도형 선택

그림 2.16 자동차 외관

그림 2.16은 정면에서 보는 것보다 측면에서 보는 것이 물체의 형상을 명확하게 표현할 수 있는 자동차의 외관을 나타낸다. 정면도를 선정할 경우에 주의할 사항은 자동차, 선박 및 항공기 등의 외관을 표시할 필요가 있을 경우에는 정면에서 보는 방향보다 측면에서 보는 방향으로 정면도를 선정하여야 특징을 가장 잘 나타낼 수가 있다. 정면도는 물체의 특징 표면 및 안정적이고 실제 사용 상태와 동일한 방향으로 선정하는 것이 중요하다.

2.3.3 보조 투상도 선정

보조 투상도는 물체의 표현에 있어서 정면도 하나만으로 물체의 형상을 정확하게 표현하기 어려울 경우, 정면도에 대하여 수평 또는 수직방향으로 필요한 투상도를 나타내는 것이다. 측면도는 정면도에 대한 수평방향, 평면도는 정면도에 대한 수직방향의 보조 투상도로서 2차원 도면의 작성 시에는 전부 다 작성할 필요는 없으며 물체의 형상에 대한 정보를 빠짐없이 표현이 가능한 최소한의 보조 투상도를 사용한다. 즉, 정면도와 우측면도, 정면도와 평면도만으로 물체를 표현할 수가 있다면 2개의 투상도를 사용하여 도면을 작성한다.

그림 2.17은 정면도와 측면도를 사용하여 표현하는 투상도를 나타낸다. 원통의 경우에는 정면도를 원통의 길이방향으로 설정하고 숨은선의 사용을 회피하기 위하여 전단면도로 작성하였다. 원통의 경우에는 형상의 특징을 잘 나타내기 위하여 우측면도를 작성하는 것이 좋은 도면이 된다.

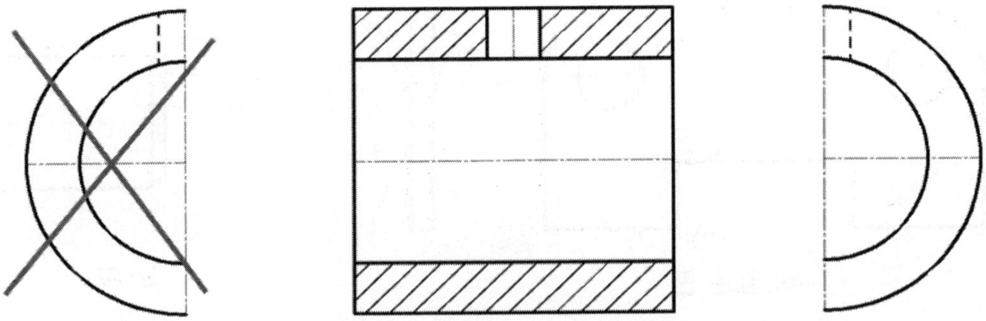

그림 2.17　2면도에 의한 원통 표현

그림 2.18은 길이방향으로 긴 형상을 가진 물체이며 홈이 파져있는 경우에 2면도로 표현한 투상도이다. 정면도는 길이와 높이를 나타내는 형상을 선택하고 평면도는 원과 홈이 잘 나타나도록 선정한다. 정면도와 평면도만으로 충분히 형상표현이 가능하므로 우측면도의 작성은 불필요하다.

그림 2.19는 1면도에 의한 형상표현을 나타내는 투상도이다. 얇은 판재의 경우에는 형상의 특징을 나타내는 방향으로 정면도를 선택하고 두께를 표시하면 우측면도를 작성할 필요가 없다. 축의 경우에는 정면도만으로 충분히 표현이 가능하다.

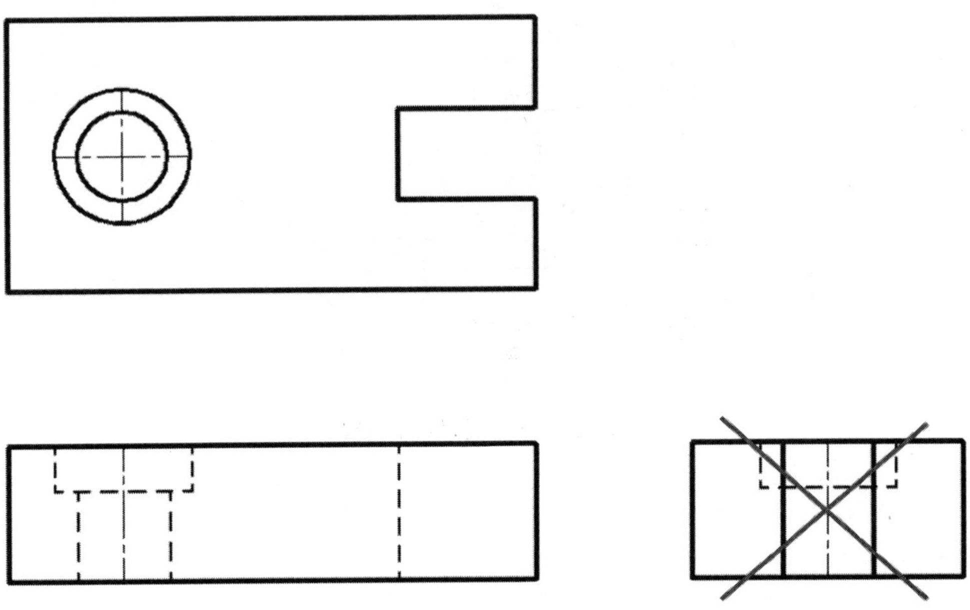

그림 2.18　2면도에 의한 형상 표현

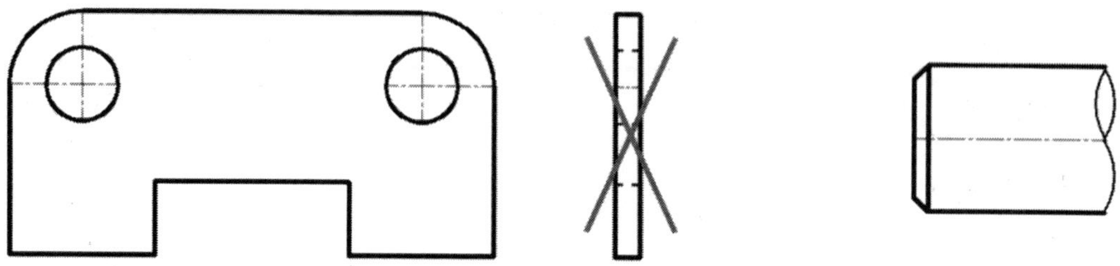

(a) 얇은 판 (b) 축

그림 2.19 1면도에 의한 형상 표현

2.4 치수표시와 투상도 배치

그림 2.20은 3차원 물체의 형상을 나타내기 위하여 경사 투상법을 사용하여 물체를 표시한 사례이다. 기계부품의 초기설계에서는 프리핸드 또는 3차원 형상의 표현이 가능한 3차원 CAD 소프트웨어를 사용하여 입체도를 작성한다. 3차원 물체의 형상에 필요한 각 부분의 치수를 기입하여 개념적 설계를 한다.

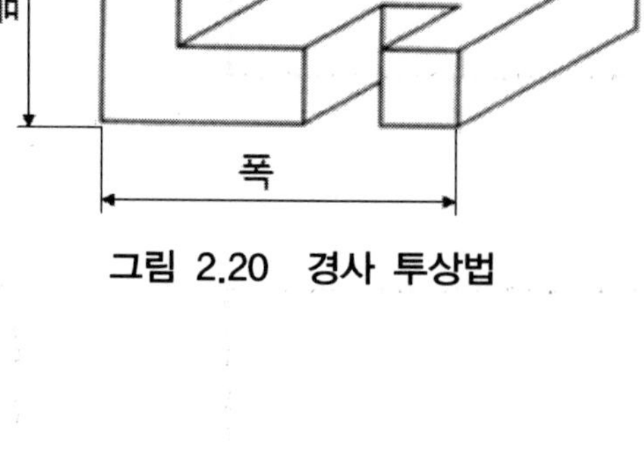

그림 2.20 경사 투상법

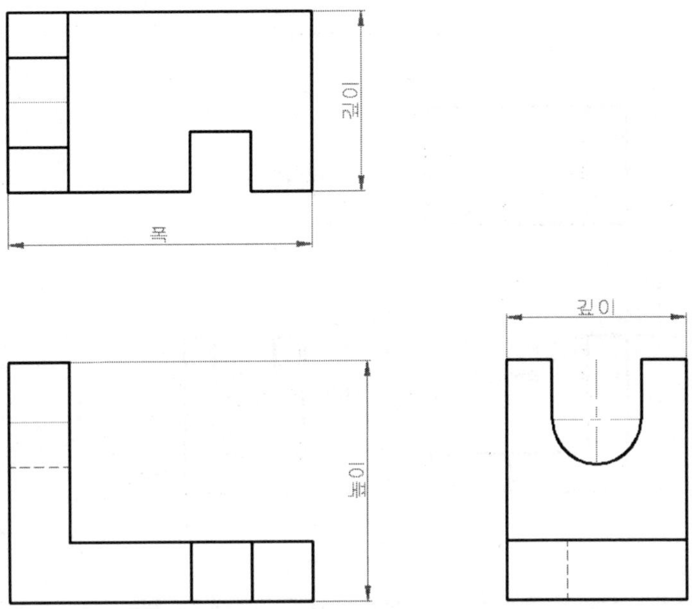

그림 2.21 정투상법에 의한 투상도 표현

그림 2.21은 그림 2.20에서 나타낸 경사 투상법에 의한 입체도를 정투상법으로 작성한 투상도를 나타낸다. 물체의 형상을 표현하는 정투상법을 사용하여 기계도면을 제작할 경우에는 물체의 형상에 대한 치수표시가 필수적이다. 치수표시는 정면도, 평면도 및 우측면도의 사이에 있는 공간에 필요한 치수를 기입한다. 치수기입의 우선 순위는 정면도에 우선적으로 치수를 표시하고 홈과 같은 특이 형상 부분 중심으로 기입한다.

그림 2.22는 기계제도를 위한 AutoCAD 소프트웨어를 사용할 경우에 모형공간에서 작성한 투상도를 플로트 또는 프린터에 출력하기 위하여 배치공간에 투상도를 배치하는 상태를 나타낸다. 기계부품 도면을 작성한 투상도의 수에 관계없이 기계부품의 크기와 투상도를 출력하는 용지의 크기에 맞는 템플릿(양식) 파일을 사용한다. 부품의 크기와 용지의 균형이 잘 맞도록 투상도를 배치공간에 배치하여 출력하면 좋은 도면이 된다. 정면도, 평면도 및 측면도 사이에 있는 공간에 치수를 기입하고 각 투상도에 표시되는 치수선 사이의 간격을 40[mm] 정도 유지하면 보기 좋은 도면이 될 것이다.

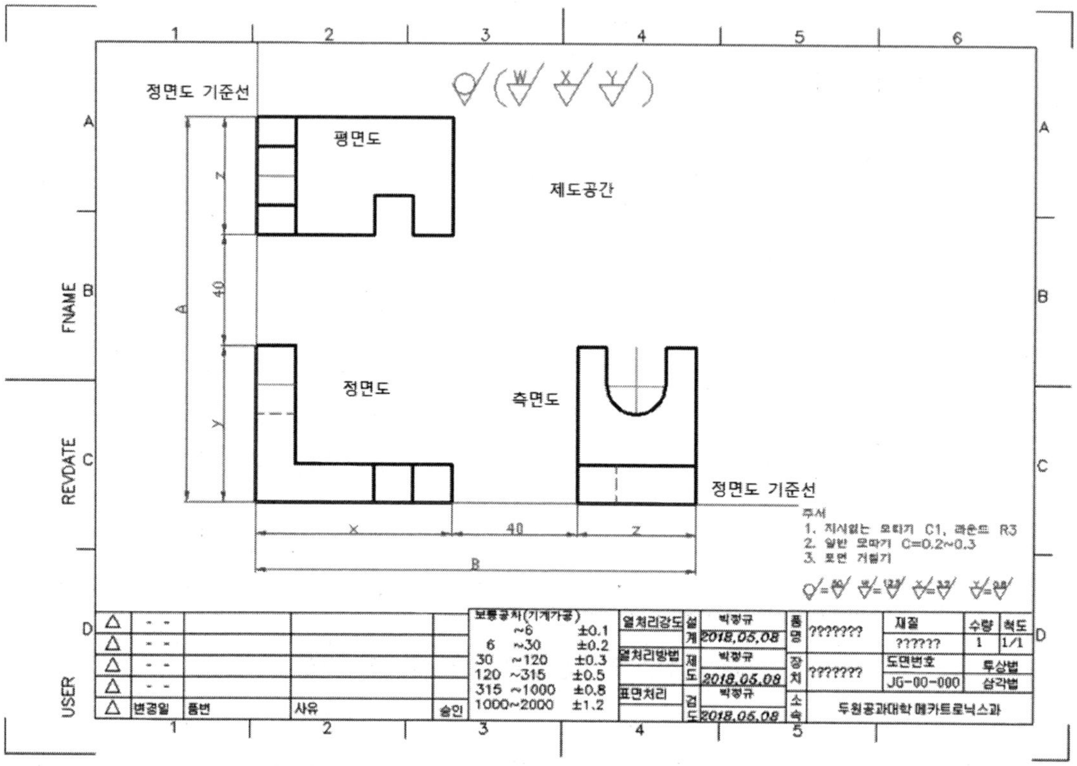

그림 2.22 투상도 배치

2.5 대각 보조선을 이용한 투상도 그리기

기계제도 도면을 작성하기 위해서는 가장 먼저 정면도를 완성하고 평면도 또는 측면도를 완성한다. 정면도에서 작성된 치수를 평면도와 측면도에 옮기는 방법으로서 수평선과 수직선을 사용하여 작성하는 보조선을 이용하는 것이 편리하다.

그림 2.23은 기계부품의 형상을 나타내기 위하여 등각 투상법으로 작성한 입체도이다. 이러한 부품은 정면도, 측면도 및 평면도를 전부 작성하는 3면도로 표현하여야 물체를 정확하게 인식할 수가 있다. 물체의 특징을 가장 잘 나타내는 방향을 정면도로 선정하므로 화살표 방향을 정면도로 선택하여 도면을 작성한다.

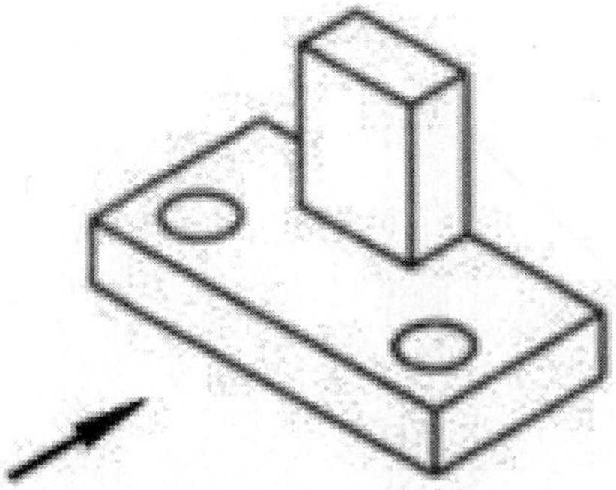

그림 2.23 입체도

그림 2.24는 45도의 대각 보조선을 사용하여 측면도를 완성하는 방법을 나타낸다. 그림 2.23의 입체도에서 화살표 방향을 정면도로 선정하여 정면도와 평면도를 완성한다. 1단계에서는 45도의 대각 보조선을 작성하고 평면도의 깊이를 나타내는 외형선에 대하여 수평으로 대각 보조선과 교차하는 보조선을 그린다. 다음으로 보조선과 대각 보조선이 교차하는 지점에서 정면도의 하부까지 내려오도록 충분한 거리를 가진 수직선을 작성한다.

2단계에서는 정면도의 높이를 나타내는 외형선에 대하여 수평으로 보조선을 작성하여 대각 보조선과 교차하도록 수평선을 작성한다. 2단계에서 잘라내기(Trim) 기능을 사용하여 측면도의 일부를 완성한다.

3단계에서는 평면도의 구멍에 대한 보조선을 대각 보조선과 교차하도록 작성하고 이 교차점에서 수직선을 작성하여 잘라내기 기능으로 구멍 부분을 완성한다.

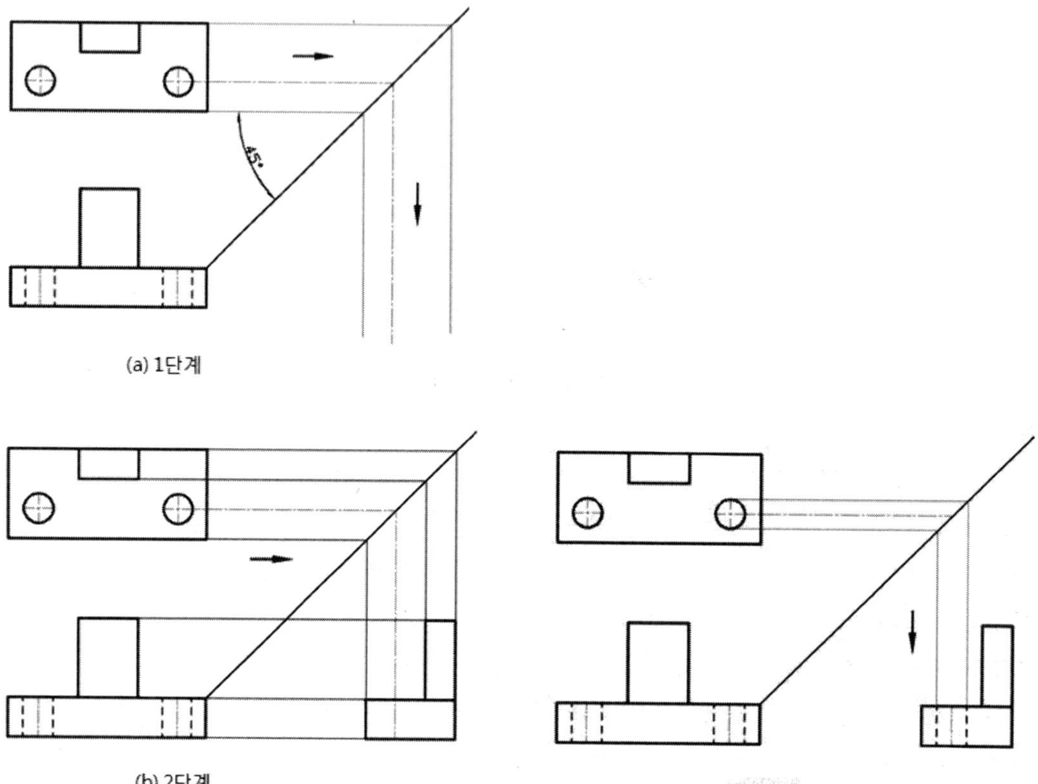

(a) 1단계

(b) 2단계

(c) 3단계

그림 2.24 측면도 작성하기

그림 2.25는 등각 투상법을 사용하여 작성한 입체도를 나타낸다. 길이가 길고 측면의 형상이 명확한 이 부품은 사용상태 및 안정성을 고려하여 길이방향을 나타내는 화살표 방향을 정면도로 선정한다. 물체의 형상과 정보를 정확하게 표현하기 위해서는 정면도, 평면도 및 측면도로 나타내는 3면도가 가장 적합하다.

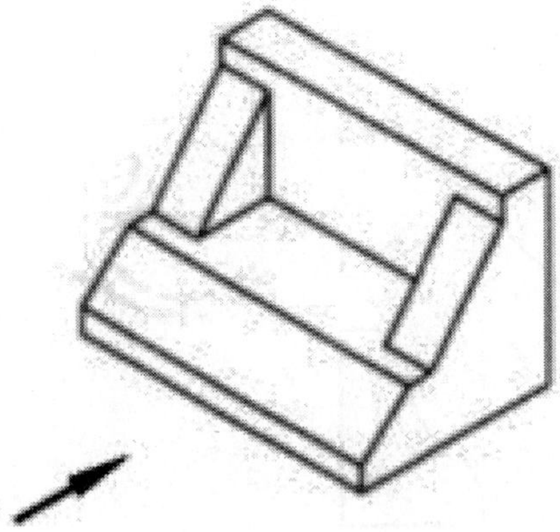

그림 2.25 입체도

그림 2.26은 정면도와 측면도를 완성한 상태에서 45도의 대각 보조선을 사용하여 평면도를 완성하는 사례를 나타낸다. 그림 2.25의 화살표 방향으로 정면도를 선정하고 정면도와 측면도를 먼저 완성한다.

1단계에서는 정면도와 측면도 사이에 45도의 대각 보조선을 작성한다. 다음으로 측면도의 외형을 나타내는 선에서 대각 보조선과 교차하도록 보조선을 작성한다. 대각 보조선과 교차한 지점에서 평면도의 방향으로 수평하게 보조선을 작성한다.

2단계에서는 정면도의 외형선에서 수직으로 보조선을 작성하여 대각 보조선에서 작성한 수평선과 교차하도록 한다. 잘라내기 기능을 사용하여 평면도의 외형을 완성한다.

3단계에서는 측면도의 내부에 있는 리브에 관련한 교점을 대각 보조선과 교차하도록 보조선을 작성한다. 대각 보조선의 교점에서 수평으로 평면도 방향으로 보조선을 작성한다. 정면도의 리브에 해당하는 외형선의 수직부분을 평면도 쪽으로 수직 보조선을 작성하여 대각 보조선의 교점에서 수평 보조선을 작성하여 교차하도록 한다. 잘라내기 기능을 사용하여 불필요한 부분을 잘라내면 평면도에서 리브 크기를 완성한다.

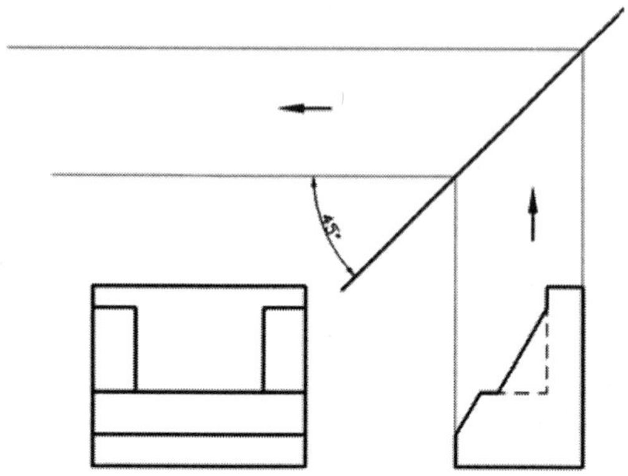

(a) 1단계

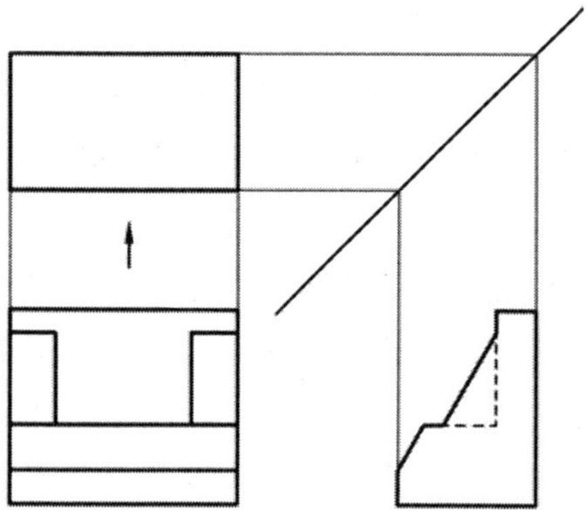

(b) 2단계

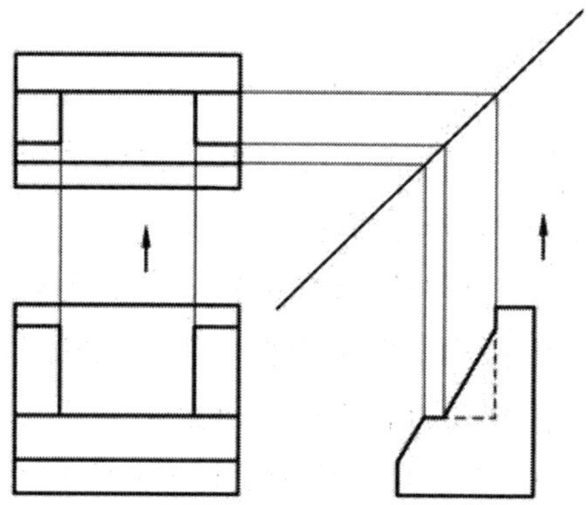

(c) 3단계

그림 2.26 평면도 그리기

그림 2.27은 구멍을 가진 물체의 투상도 작성에 보조선을 사용하는 사례를 나타낸다. 원을 가지는 물체의 투상도를 그리기 위해서는 가장 먼저 원을 작성한 후에 원과 중심선의 교점에서 보조선을 사용하여 물체의 구멍을 그리면 편리하다.

1단계는 원을 가진 부품에서 가장 먼저 원을 그리기 위하여 수평과 수직방향의 중심선을 작성한다.

2단계에서는 원 그리기 기능을 사용하여 중심선이 교차되는 중심점에서 주어진 반지름에 해당하는 원을 작성한다. 정면도를 작성하기 위하여 직선 그리기를 사용하여 수직방향을 선을 하나 작성한다.

3단계에서는 2단계에서 작성한 수직선을 간격 띄우기 기능을 사용하여 수직방향의 직선을 작성한다. 다음으로 측면도의 원과 중심선의 교차점을 이용하여 정면도 방향으로 수평 보조선을 작성하여 간격 띄우기로 작성한 수직선과의 교점을 만든다.

4단계에서는 잘라내기 기능을 사용하여 불필요한 선을 제거하여 정면도를 완성한다.

그림 2.28은 경사면에 구멍이 뚫려있는 물체를 등각 투상법으로 작성한 입체도를 나타낸다. 물체의 특징적인 형상과 안정성 및 숨은선이 많이 나타나지 않은 방향을 고려하여 화살표 방향을 정면도로 선정한다.

(a) 1단계 (b) 2단계

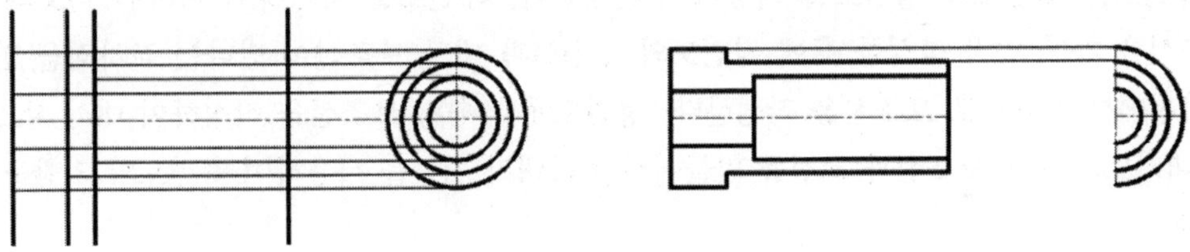

(c) 3단계 (d) 4단계

그림 2.27 보조선을 이용한 도면 완성

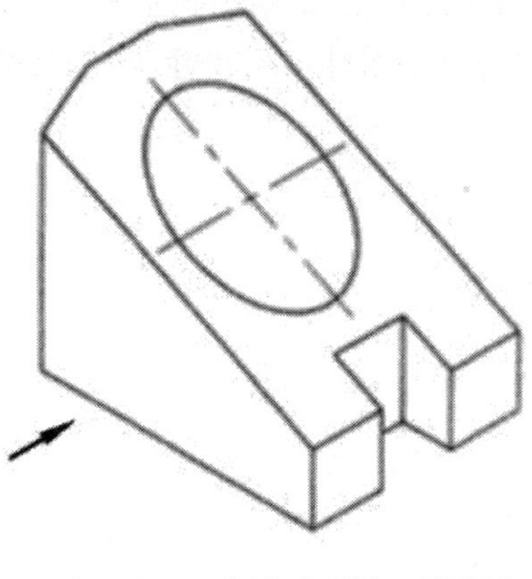

그림 2.28 경사면 있는 입체도

그림 2.29는 수직 보조선, 수평 보조선 및 대각 보조선을 사용하여 3면도를 완성하는 사례를 나타낸다. 구멍이 있는 물체이므로 평면도에 중심선을 먼저 작성한다. 정면도 작성에 수직 보조선을 사용하고 측면도 작성에 대각 보조선을 사용하여 도면을 작성한다. 평면도에서 원을 가장 먼저 작성하기 위하여 수평과 수직방향으로 중심선을 작성한다. 중심선에 의하여 만들어진 교차점을 중심으로 원을 그린다. 다음은 간격 띄우기를 사용하여 해당하는 거리만큼 중심선을 사용하여 간격을 띄우고 중심선 이외에 해당하는 선은 선의 특성을 외형선으로 바꾼다. 잘라내기 기능을 사용하여 평면도에서 불필요한 선을 제거하여 평면도를 완성한다.

정면도는 평면도의 원과 중심선으로 이루어지는 교차점을 이용하여 만든다. 정면도의 바닥면에 해당하는 수평선을 작성한 후에 평면도의 원과 중심선의 교점에서 정면도 방향으로 수직 보조선을 작성하고 바닥면의 수평선과 교차점을 만든다. 평면도의 외형선에서 정면도 방향으로 보조선을 작성하여 정면도의 외형 경계면을 만든다. 다음으로 정면도의 경사선을 작성한 후에 잘라내기 기능을 사용하여 정면도를 완성한다.

측면도는 평면도와 정면도를 사용하여 완성한다. 측면도를 작성하기 위하여 45도의 대각 보조선을 가장 먼저 작성한 후에 평면도의 수평선과 대각 보조선이 만나는 교차점을 만들고 교차점에서 수직으로 보조선을 작성한다. 정면도에서 수평 보조선을 작성하여 대각 보조선에서 내려오는 수직 보조선과 교점을 만들어서 잘라내기 기능을 사용하여 측면도의 외형을 완성한다.

정면도의 경사면에 있는 구멍은 측면도에서는 타원으로 나타나기 때문에 측면도의 타원을 작성하기 위하여 평면도의 구멍에서 수평 보조선을 작성하여 대각 보조선과 교점을 만들고 측면도에 수직 보조선을 작성한다. 정면도의 경사면에 있는 교점을 수평 보조선을 사용하여 측면도 방향으로 작성하여 대각 보조선에서 내려오는 수직 보조선과 교점을 만든다.

측면도에서는 구멍의 외형에 해당하는 2개의 교점과 중심선의 교점 1개가 만들어지므로 타원 그리기에서 중심점을 선택하여 중심점, 길이방향 끝점, 높이 방향 끝점을 차례로 선택하여 타원을 만든다.

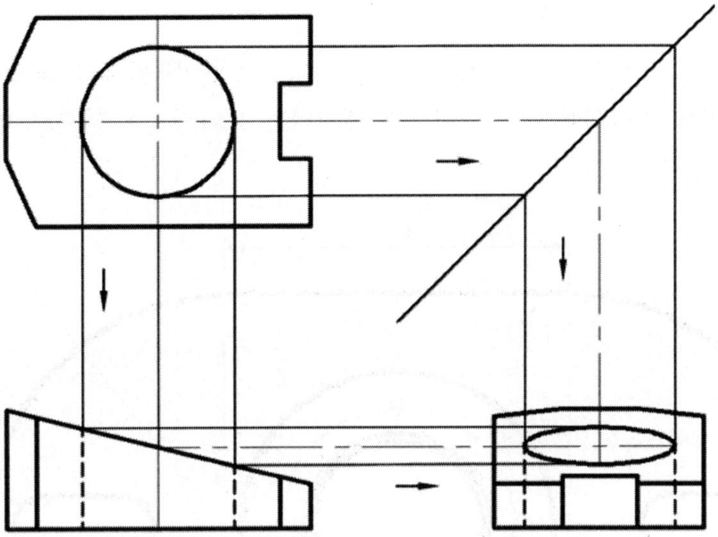

그림 2.29 보조선과 대각 보조선 활용하기

〈연습문제〉

2-1. 도면양식을 사용하여 모형공간에서 도면을 작성하고 배치공간에서 A4양식에 도면을 배치하고 플롯 미리보기를 실행하라. 도시하고 지시없는 모따기 C1, 라운드 R3이다.

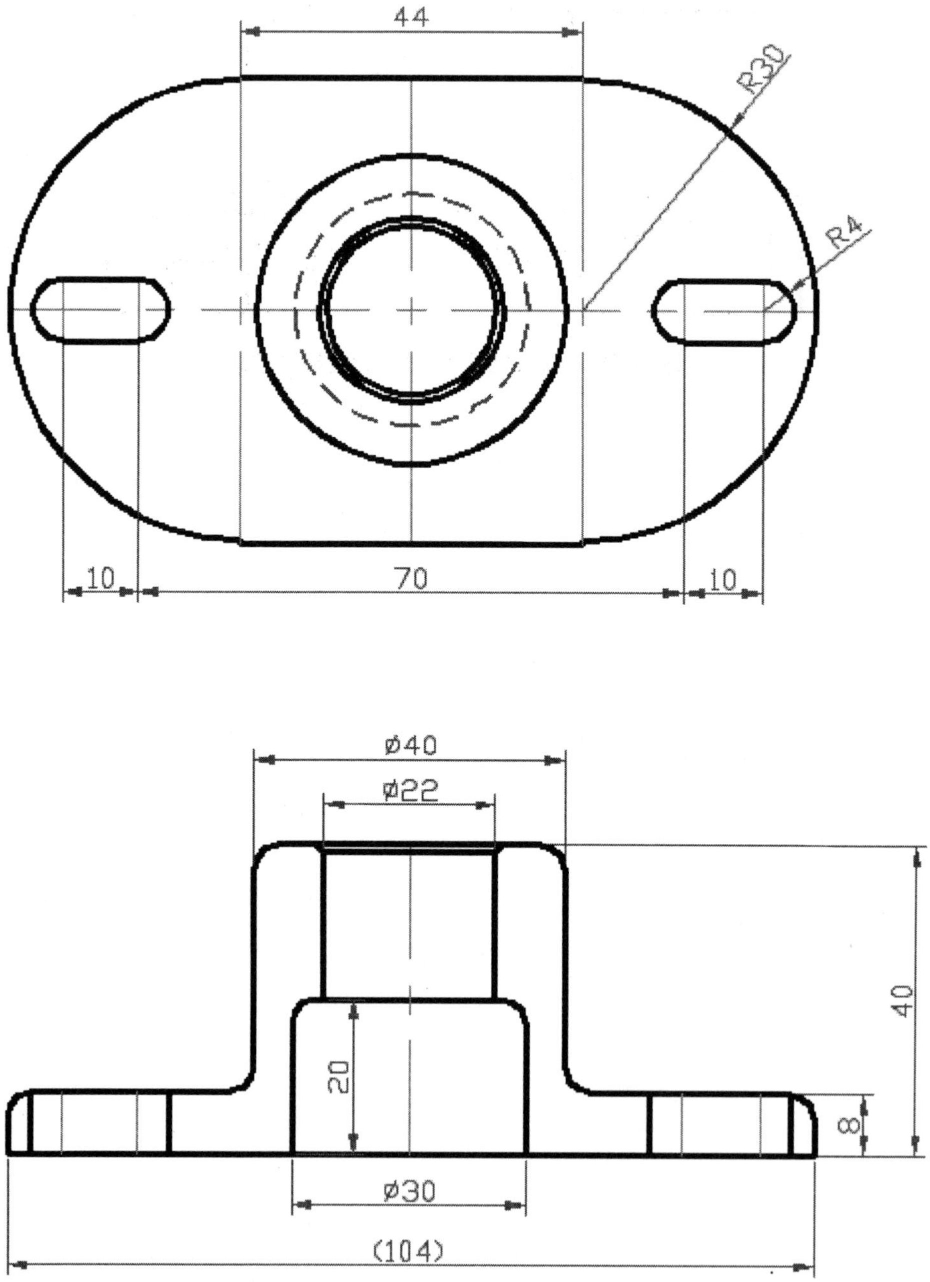

2-2. 도면양식을 사용하여 모형공간에서 도면을 작성하고 배치공간에서 A4양식에 도면을 배치하고 플롯 미리보기를 실행하라. 도시하고 지시없는 모따기 C1이다.

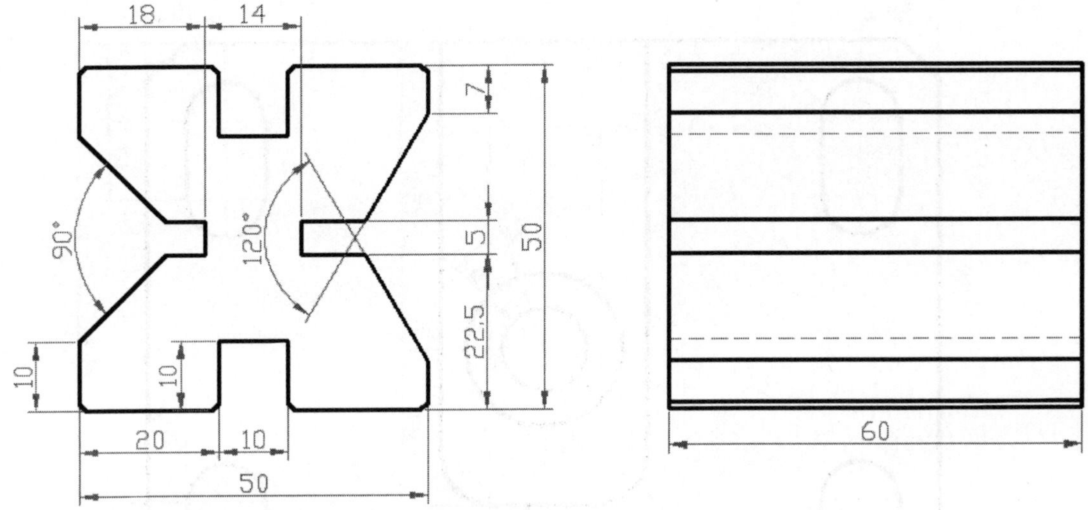

2-3. 도면양식을 사용하여 모형공간에서 도면을 작성하고 배치공간에서 A4양식에 도면을 배치하고 플롯 미리보기를 실행하라.

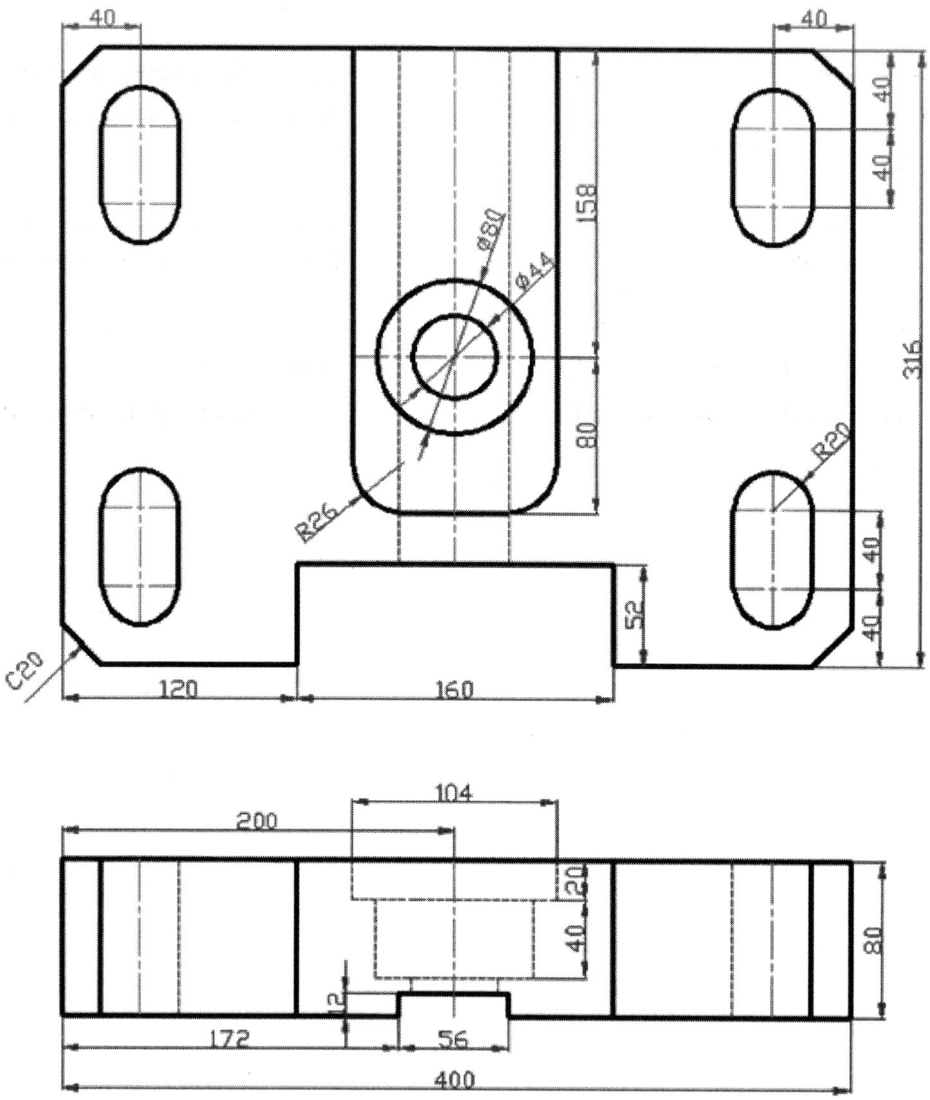

2-4. 도면양식을 사용하여 모형공간에서 도면을 작성하고 배치공간에서 A4양식에 도면을 배치하고 플롯 미리보기를 실행하라.

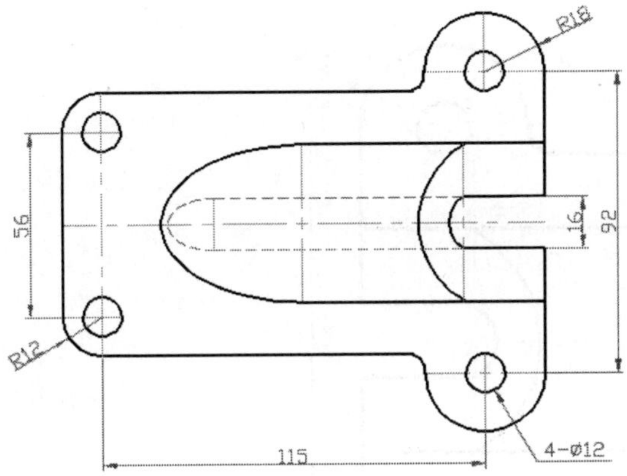

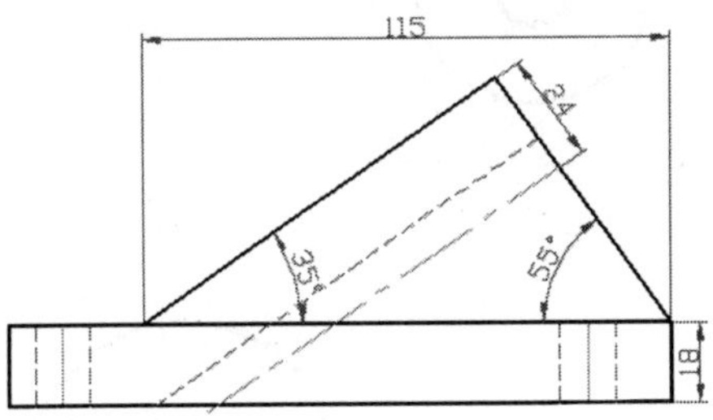

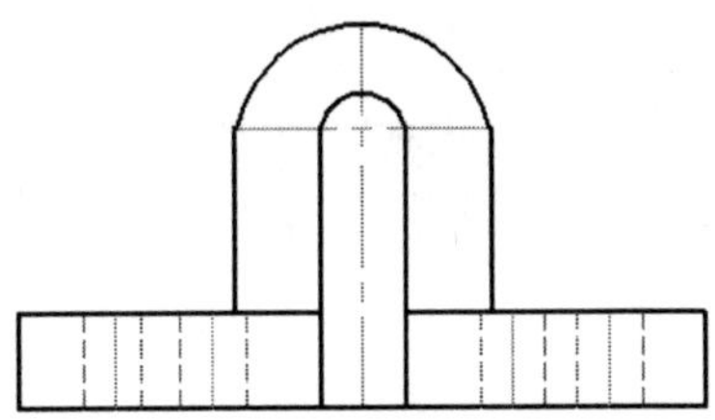

2-5. 도면양식을 사용하여 모형공간에서 도면을 작성하고 배치공간에서 A4양식에 도면을 배치하고 플롯 미리보기를 실행하라. 도시하고 지시없는 모따기 C1, 라운드 R3이다.

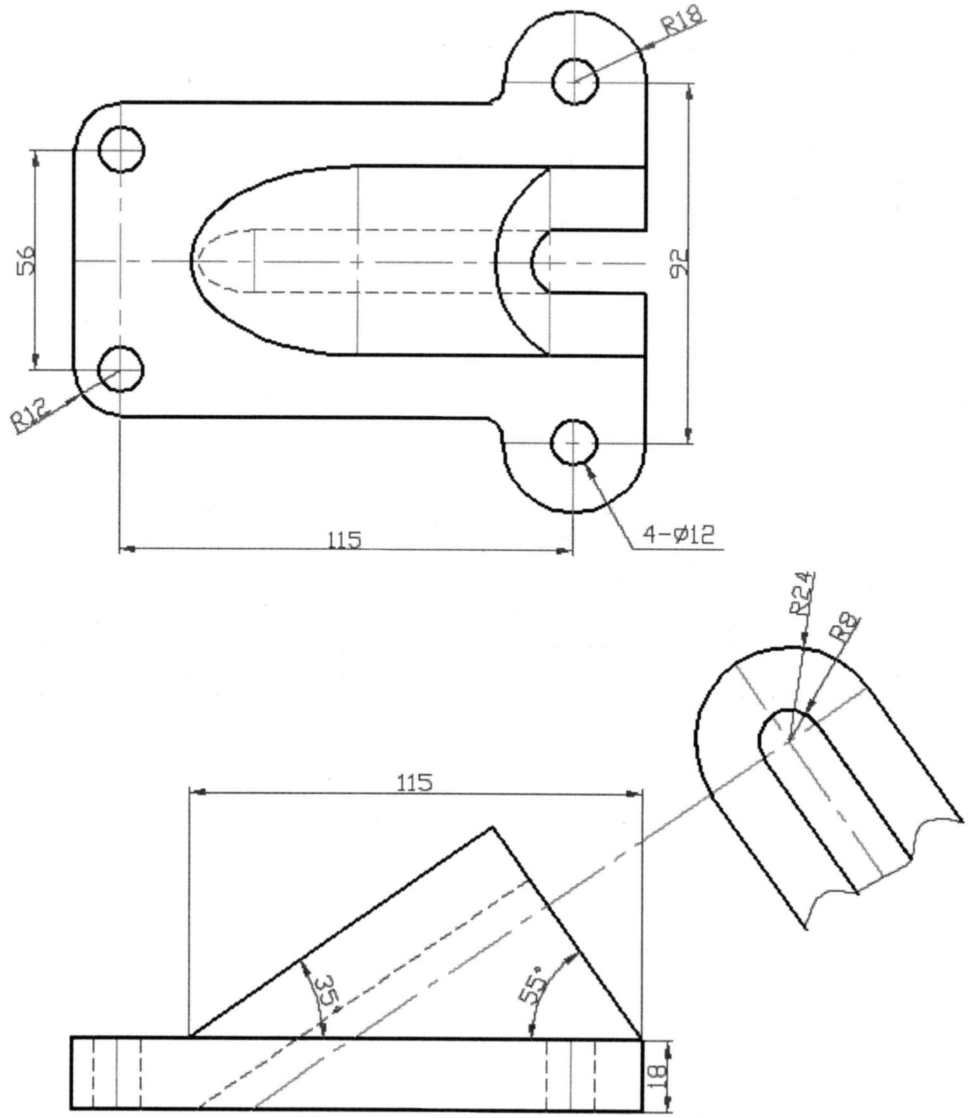

2-6. 도면양식을 사용하여 모형공간에서 도면을 작성하고 배치공간에서 A4양식에 도면을 배치하고 플롯 미리보기를 실행하라. 도시하고 지시없는 모따기 C1, 라운드 R3이다.

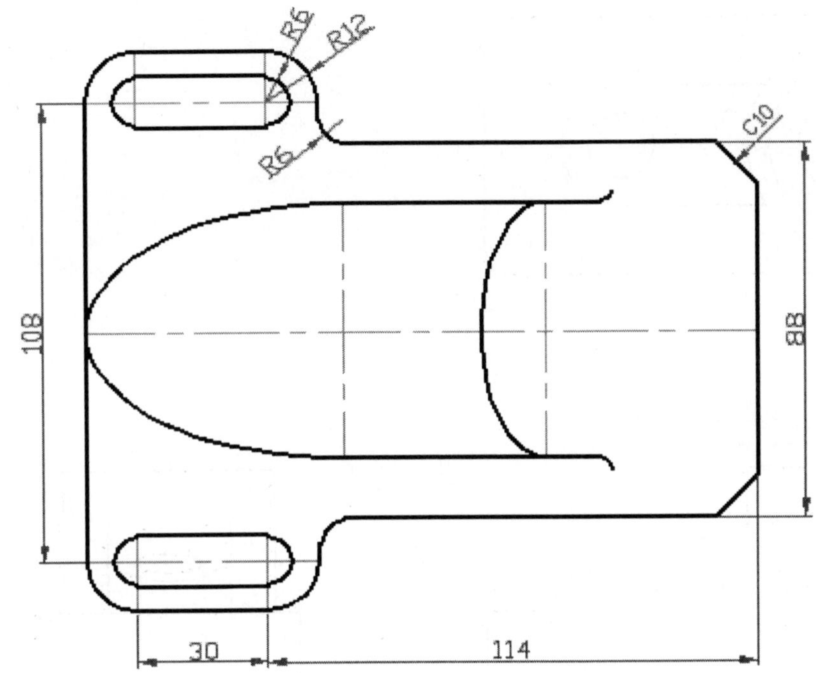

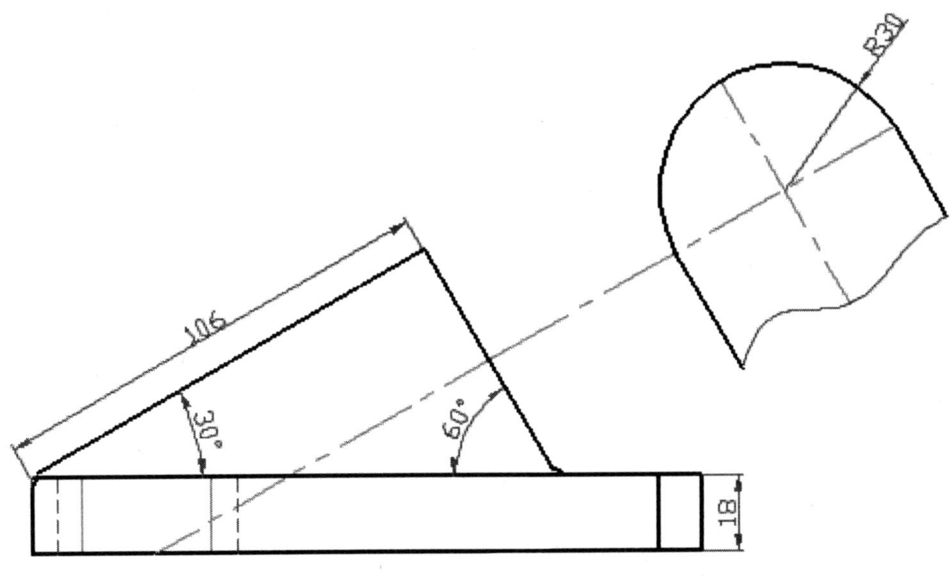

2-7. 도면양식을 사용하여 모형공간에서 도면을 작성하고 배치공간에서 A4양식에 도면을 배치하고 플롯 미리보기를 실행하라. 도시하고 지시없는 모따기 C1, 라운드 R3이다.

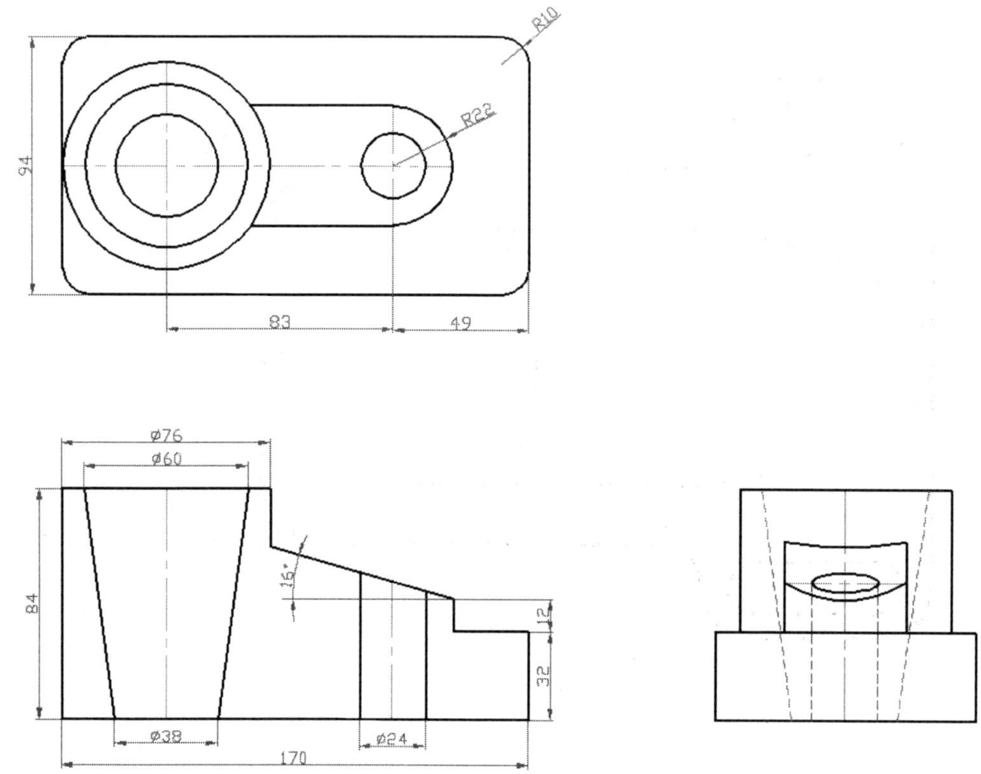

2-8. 도면양식을 사용하여 모형공간에서 도면을 작성하고 배치공간에서 A4양식에 도면을 배치하고 플롯 미리보기를 실행하라. 도시하고 지시없는 모따기 C1, 라운드 R3이다.

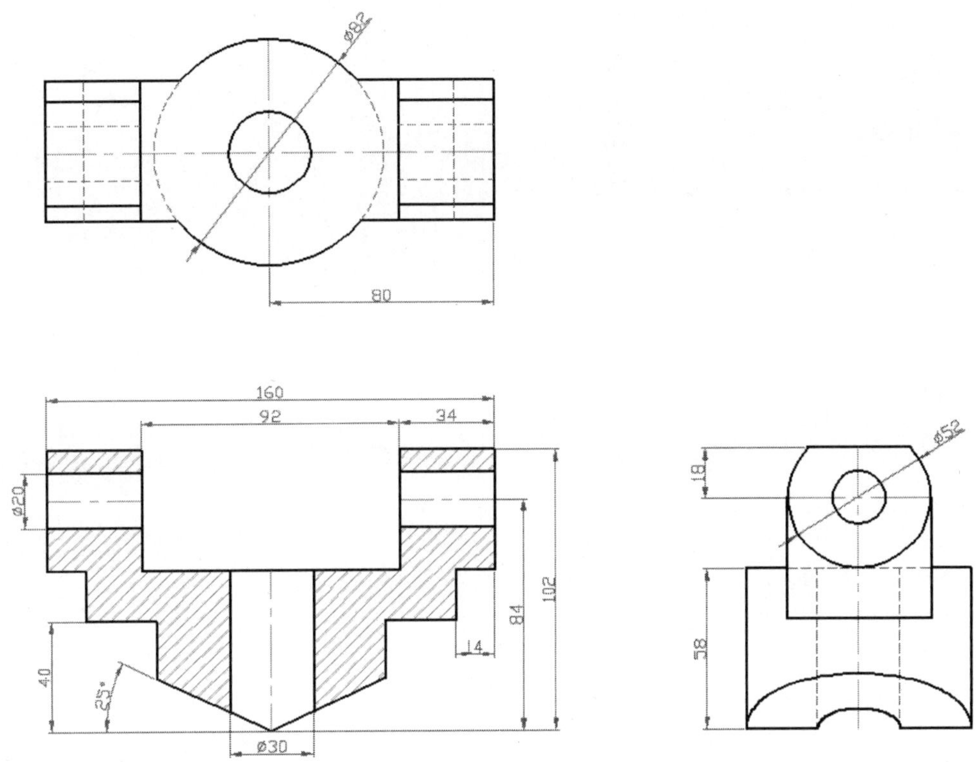

제3장

치수와 공차

목 차

3.1 치수

새로운 제품 및 기계를 설계하고 제작하기 위해서는 부품도 및 조립도를 작성하여야 하며 기계부품의 설계에는 부품을 생산하기 위한 부품도 도면이 필요하다. 부품도 및 조립도를 작성하기 위하여서는 3차원 물체의 형상을 표현하는 입체도 및 2차원 도면이 요구되며 각 부품의 형상 및 크기에 따른 실제 치수를 기입해야 한다. 생산현장의 작업자는 기계제도 도면에서 제공하는 모양, 크기 및 가공 정밀도 등의 정보를 사용하여 지시사항에 따라서 부품을 생산한다. 물체의 형상을 표현하는 치수기입의 원칙은 다음과 같다.

- 대상물의 기능, 제작, 조립을 고려하여 필요하다고 생각되는 치수를 명확하게 도면에 표기한다.
- 치수는 대상물의 크기, 자세 및 위치를 가장 명확하게 표시하는 곳에 표시한다.
- 도면에 나타내는 치수는 특별히 지시하지 않는 이상, 그 도면에 도시한 대상물의 다듬질 치수를 기입한다.
- 치수는 기능상 필요한 경우에 KS A 0108에 따라서 치수의 허용 한계를 지시한다. 단, 이론적으로 정확한 치수는 제외한다.
- 치수는 주투상도에 집중적으로 기입하며, 중복 기입을 피한다.
- 치수는 계산할 필요가 없도록 표기한다.
- 치수는 필요에 따라서 기준으로 하는 점, 선 및 면을 기준으로 기입한다.
- 관련된 치수를 한 곳에 모아서 기입한다.
- 치수는 공정마다 배열을 분리하여 기입한다.
- 참고치수는 괄호를 사용하여 표기한다.
- 반드시 전체 길이, 전체 높이 및 전체 폭에 관한 치수를 기입한다.

3.1.1 치수기입의 중요성

도면에 나타내는 도형은 대상물의 크기, 위치, 자세를 정량적으로 지시하기 위하여 치수를 사용한다. 치수는 대상물의 기하학적인 측정값을 나타내며, 대상물 사이의 거리 및 각도를 나타낸다. 치수는 대상물의 가공방법에 따라서도 기입하는 방식이 달라지므로 가공, 검사 및 조립 등을 고려하여 제품의 기능 및 품질에 적합한 치수를 선택하여야 한다. 또한 치수는 도면을 해석하는 사람에 따라서 작업능률에 큰 영향을 미치므로 알기 쉽고 명료하게 애매한 해석이 일어나지 않도록 표기하여야 한다.

예를 들어서, 그림 3.1과 그림 3.2는 동일한 부품이나 치수기입의 차이에 따라서 전혀 다른 부품으로 변화된다는 사례를 설명하기 위한 것이다. 치수기입의 방법 또는 가공공차의 부여에 따라 최종적인 다듬질 치수의 변화 및 가공비의 차이가 발생할 수 있으므로 치수기입의 중요성을 인식할 수 있다.

그림 3.1은 기준면에서 구멍과 다른 모서리면의 치수를 기입하는 사례를 나타낸다. 좌측면의 모서리 L을 기준면으로 25 [mm] 떨어진 지점에 구멍 A를 가공하고 구멍 A에서 50 [mm]의 거리에 구멍 B를 가공한다. 우측면의 모서리 R은 좌측면 모서리 L에서 100 [mm]의 거리에 가공한다. 기계제도 도면에서 부여하는 치수로서는 정확하게 25, 50, 100으로 부여하나 실제 부품가공에서는 오차를 가지고 있으므로 KS규격의 절삭가공 보통공차(KS B 0412)가 부여되어 있다. 절삭가공의 보통공차는 다음과 같다.

6 ~ 30 이하 [mm] =〉 ±0.2 [mm]
30 ~ 120 이하 [mm] =〉 ±0.3 [mm]

기준면 L에서 부여한 치수에 따라서 구멍 A, 구멍 B 및 모서리 R을 가공하는 치수영역의 범위는 절삭가공의 보통공차를 적용하여 표시하면 다음과 같다.

구멍 A =〉 24.8 ~ 25.2 [mm]
구멍 B =〉 74.5 ~ 75.5 [mm]
모서리 R =〉 99.7 ~ 100.3 [mm]

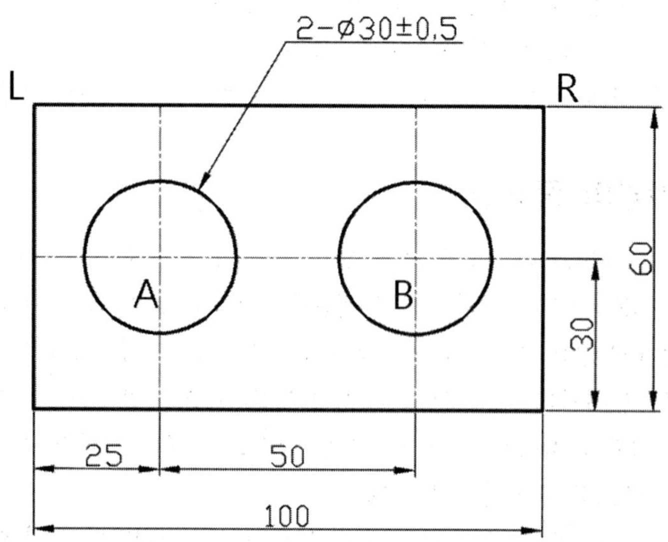

그림 3.1 기준면에서 모서리 치수기입

그림 3.2는 기준면에서 구멍 치수를 기입하고 구멍에서 다른 모서리의 가공치수를 기입하는 사례를 나타낸다. 좌측면의 모서리 L을 기준면으로 25 [mm] 떨어진 지점에 구멍 A를 가공하고 구멍 A에서 50 [mm]의 거리에 구멍 B를 가공한다. 우측면의 모서리 R은 구멍 B에서 25 [mm] 떨어진 거리에 모서리 가공을 한다.

기계제도 도면에서 부여하는 치수로서는 정확하게 25, 50으로 부여하나 실제 부품가공에서는 가공오차를 가지고 있으므로 KS규격의 절삭가공 보통공차(KS B 0412)의 범위에 만족하도록 가공한다. 기준면 L에서 부여한 치수에 따라서 구멍 A, 구멍 B 및 모서리 R을 가공하는 치수영역의 범위는 절삭가공의 보통공차를 적용하여 표시하면 다음과 같다.

구멍 A =〉 24.8 ~ 25.2 [mm]
구멍 B =〉 74.5 ~ 75.5 [mm]
모서리 R =〉 99.3 ~ 100.7 [mm]

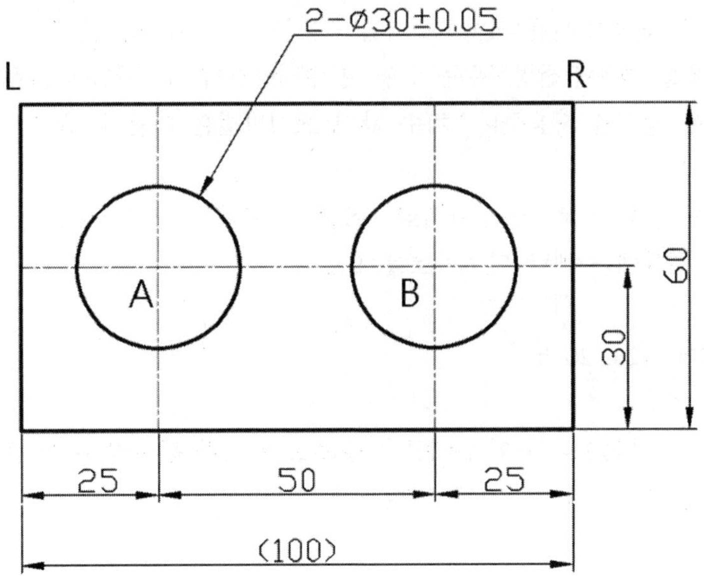

그림 3.2 구멍에서의 모서리 치수기입

위에서 살펴본 것처럼 동일한 부품에서 동일한 기준면 L을 사용하여 치수를 다르게 기입하였을 경우에 최종적으로 가공되는 모서리 R의 가공치수는 그림 3.1에서는 99.7 ~ 100.3 [mm]의 범위에 들어오면 만족하나 그림 3.2의 경우에는 99.3 ~ 100.7 [mm]의 오차범위를 가지게 된다. 치수기입의 방법에 따라서 최종적인 끝단부의 가공치수가 변화하므로 여러 개의 부품이 조립될 경우에는 누적공차에 기인한 조립 불가능, 또는 틈새가 발생하는 치명적인 오류를 범할 수가 있다. 치수기입 시에는 이러한 누적공차가 발생하지 않도록 부품의 조립관계를 고려하여 치수기입에 주의하여야 한다.

지금까지는 위치에 관계하는 치수기입의 중요성을 고찰하였고, 다음은 구멍의 크기에 부여하는 가공공차의 영향에 대하여 살펴본다. 그림 3.1에서는 30±0.5 [mm], 그림 3.2 에서는 30±0.05 [mm]으로 구멍의 가공공차를 부여하였다. 구멍의 치수공차 ±0.5[mm]는 숙련된 기능공이 줄을 사용하여 다듬질하면 충분히 만족시킬 수 있는 공차이나 ±0.05 [mm]의 가공공차는 공작기계를 사용하여 정밀하게 가공해야 만족한 공차를 얻을 수 있다.

구멍의 크기에 부여하는 가공공차에 따라서 가공방법이 결정되므로 가공비 또한 크게 달라질 수 있으므로 치수기입은 부품의 제작순서, 제작방법 및 제작비를 결정하는 중요한 작업이다.

3.1.2 치수 기입법

도면에 나타내는 도형은 대상물의 크기, 위치 및 자세를 정량적인 수치로 지시하기 위하여 치수를 사용한다. 도형에 사용되는 치수기입의 3가지 기본요소는 선형, 반지름 및 각도이고 AutoCAD를 사용할 경우에 선형치수는 수평 및 수직방향의 치수기입에 유효하고 경사진 면에 대한 치수기입은 정렬을 사용한다. 치수 값의 표시방법은 다음과 같다.

- 길이의 치수는 원칙적으로 [mm] 단위로 기입하고 단위는 붙이지 않는다. 단, [mm] 이외의 단위를 사용할 경우에는 해당 단위기호를 붙인다.

  ■ 보기 : 20, 20 ft

- 각도의 치수는 일반적으로 도의 단위를 사용하고 필요한 경우에 분 및 초를 병용한다. 도, 분, 초는 치수의 오른쪽에 °, ′, ″ 를 기입한다.

  ■ 보기 : 20°, 30°20′30″

- 치수의 소수점은 아래쪽의 점으로 표시하고 치수의 숫자가 많을 경우에는 세자리마다 숫자 사이를 적당히 띄운다.

  ■ 보기 : 20.05, 20 500, 123 560

그림 3.3은 기계제도에서 도형을 완성한 후에 치수기입을 위한 방법을 나타낸다. 도형의 수평방향에 대한 치수기입은 우측에서 좌측방향으로 입력하고 수직방향의 치수기입은 아래쪽에서 위쪽으로 치수를 기입한다. 외형선으로부터 첫 번째에 있는 치수선은 10~15 [mm]의 간격을 띄워서 위치시키고 그 다음부터는 8~10 [mm]의 간격으로 균일하게 치수선을 작성한다. 치수 보조선은 통상적으로 치수선보다 2~3 [mm] 정도 지나도록 연장한다. 치수문자는 도형의 크기에 따라서 다르게 설정한다.

구멍 및 나사와 같은 형상에 치수를 기입하기 위해서 지시선을 사용한다. 지시선은 수평 및 수직선에 대하여 60도의 각도를 유지하도록 작성하는 것이 바람직하며 원형의 경우에는 원의 외형선과 화살표가 접하도록 작성하며 화살표를 연장하면 원의 중심을 지나도록 방향을 결정한다.

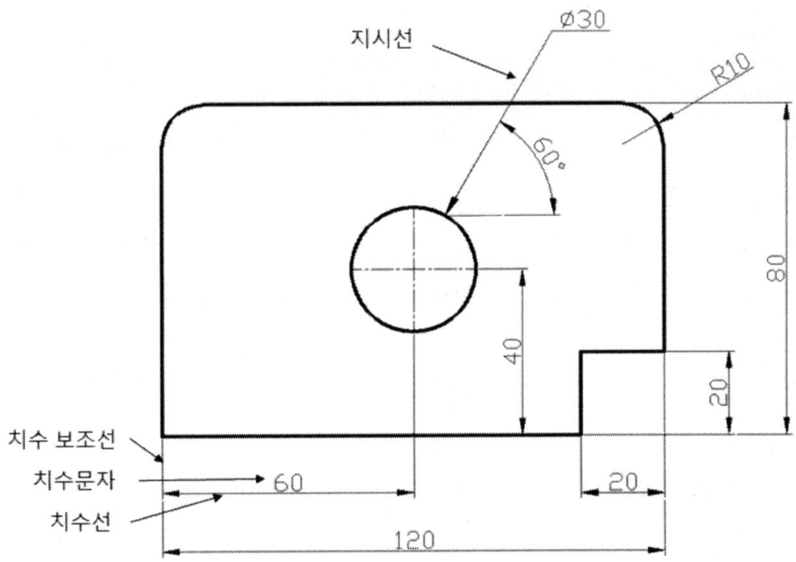

그림 3.3 도형의 치수표시

표 3.1 ISO 6428에 의한 문자의 최소높이

	A0	A1	A2	A3	A4
서체 A(h=15d)	5.0	5.0	3.5	3.5	3.5
서체 B(h=10d)	3.5	3.5	2.5	2.5	2.5

표 3.1은 기계제도 도면의 작성에 사용하는 치수문자의 최소높이를 나타낸다. ISO 6428의 규격에 의하면 용지의 크기에 따라서 문자높이는 5 [mm], 3.5 [mm], 2.5 [mm]으로 구분하고 있다. 도형을 완성한 후에 치수기입을 하기 위해서 외형선으로부터 10 ~15 [mm]의 간격이 되도록 치수선을 정렬하는 방법도 있으나 문자높이의 약 2배 정도의 간격을 유지하도록 치수선을 작성하면 일정한 간격으로 치수를 기입할 수 있다.

표 3.2는 치수기입에 사용하는 보조기호의 종류와 그 용도를 나타낸다. AutoCAD를 사용하여 도형 제작을 완성한 후에 기본적인 크기에 해당하는 형상 및 위치의 치수를 입력한다. 도형의 형상에 따라서 원, 구, 사각형 및 모따기 등으로 구분되며 해당기호를 치수문자 앞에 보조기호로서 입력한다.

표 3.2 치수기입에 사용되는 보조기호

구분	기호	읽기	사용법
지름(Diameter)	∅	파이	지름치수의 치수숫자 앞에 붙임
반지름(Radius)	R	알	반지름 치수의 치수숫자 앞에 붙임
구(Sphere)의 지름	S∅	에스파이	구의 지름 치수숫자 앞에 붙임
구의 반지름	SR	에스알	구의 반지름 치수 숫자 앞에 붙임
정사각형(Square)의 변	□	사각	정사각형의 한 변의 치수숫자 앞에 붙임
판의 두께(Thickness)	t	티	판두께의 치수숫자 앞에 붙임
원호의 길이	⌒	원호	원호의 길이 치수숫자 앞에 붙임
45°의 모따기(Chamfer)	C	시	45° 모따기 치수숫자 앞에 붙임
이론적으로 정확한 치수	□	테두리	이론적으로 정확한 치수숫자를 둘러쌈
참고치수	( )	괄호	참고치수의 치수숫자를 둘러쌈

그림 3.4는 치수문자 앞에 보조기호를 입력하기 위하여 치수문자를 편집하는 방법을 나타낸다. AutoCAD의 풀 다운 메뉴에서 수정 =〉 객체 =〉 문자 =〉 편집을 차례대로 선택한다.

그림 3.5는 치수문자를 편집하기 위하여 풀 다운 메뉴에서 수정을 선택한 후에 그림 3.4의 과정을 거치고 해당하는 치수문자를 선택한 상태를 나타낸다. 편집하고자하는 치수문자를 선택하면 문자형식의 대화상자가 나타나고 @마크를 선택하면 특수기호가 나타낸다. 도형에서 원의 지름을 표시하기 위해서는 지름을 선택하면 치수문자 앞에 ∅의 기호가 입력된다.

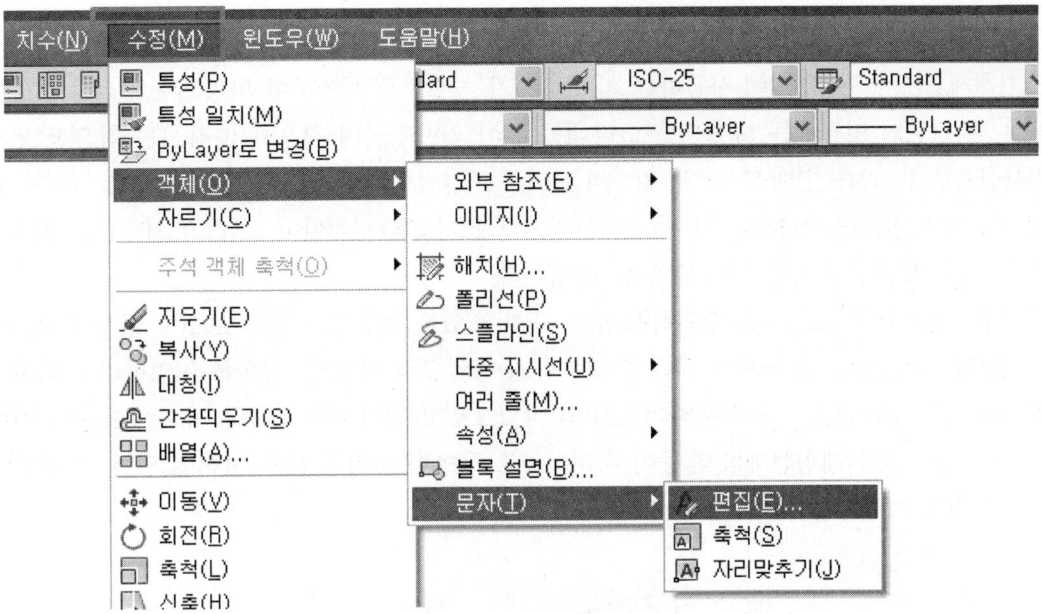

그림 3.4 치수문자의 편집

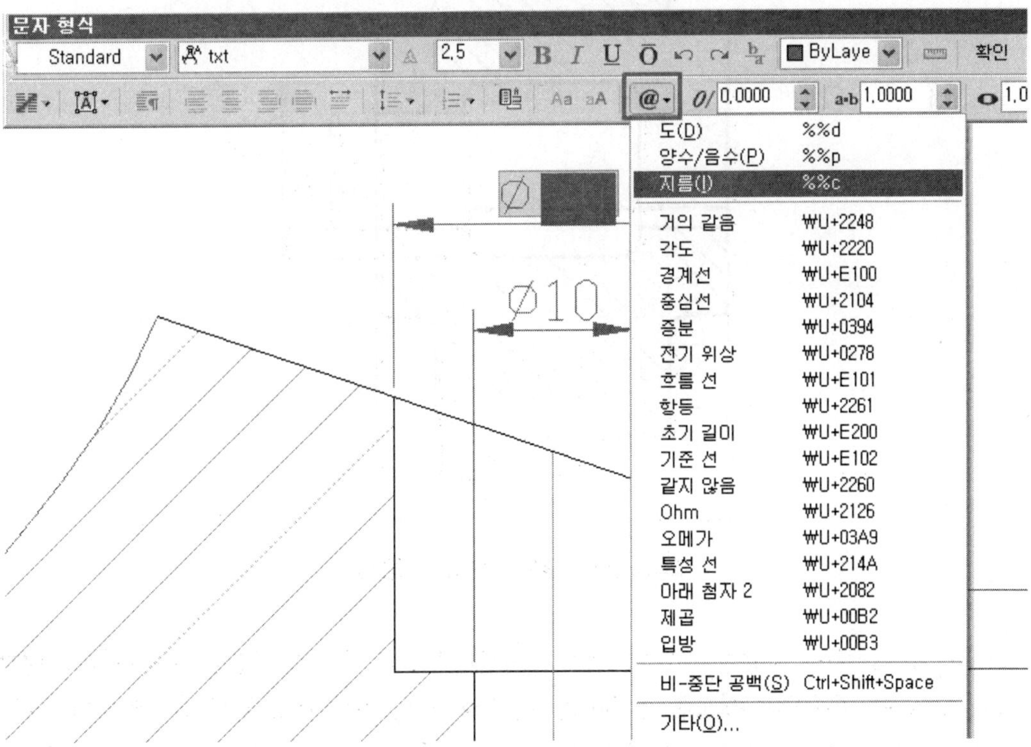

그림 3.5 치수문자에 보조기호를 입력방법

3.1.3 치수기입의 일반형식

기계제도에서 치수기입에 사용하는 치수선은 가는 실선을 사용하여 외형선과 확실하게 구분한다. 치수선의 양끝에는 화살표를 나타내는 것이 일반적이며 경우에 따라서는 작은점 또는 경사선으로 표기하는 경우도 있다. 치수의 표시는 기본적으로 치수선, 치수 보조선 및 치수문자로 구성되며, 도형의 형상에 따라서 치수문자의 보조기호를 병기한다. 그리고 치수선은 원칙적으로 치수 보조선을 사용하여 치수를 기입한다.

그림 3.6은 치수 보조선을 생략하고 도형 내부에 있는 외형선을 치수 보조선 대신에 사용하는 경우를 나타낸다. 도면에서 나타낸 것처럼 구멍의 간격에 대한 치수를 기입하기 위해서는 원칙적으로 치수 보조선을 사용하여 도형의 바깥으로 끄집어내어야 하나 치수 보조선의 길이가 길어지는 것과 해칭선과의 혼동이 우려되므로 구멍과 구멍의 간격 사이에 있는 빈 공간에 치수문자를 기입하는 것이 알기 쉽다.

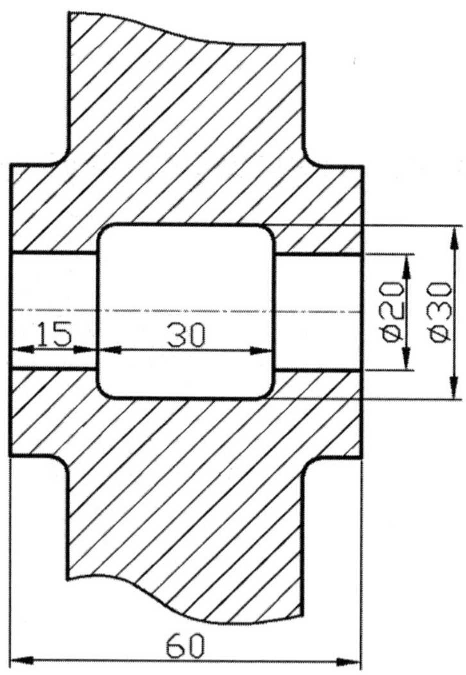

그림 3.6 치수 보조선 생략

그림 3.7은 도형에 일정한 각도가 있을 경우에 각도의 치수를 기입한 사례를 나타낸다. 각도를 기입하는 치수선은 각도를 구성하는 2변 사이 또는 치수 보조선 사이에 원호를 그려서 각도를 표시한다. (a)는 중심선의 양쪽에 기울기를 가진 2변이 있으므로 원통의 기울기를

나타내는 각도를 치수 보조선을 사용하여 나타낼 수가 있다. 치수문자가 축의 중심선과 겹쳐서 애매한 해석이 될 수 있으므로 치수문자를 약간 이동시켜서 확실하게 표시한다.

(b)는 모따기를 나타내는 각도를 표시하기 위한 것으로서 상하 대칭 도형이므로 한쪽 부분만 도형을 나타내고 있다. 모따기 부분의 각도를 나타내기 위해서는 각도를 구성하는 2변이 있어야하나 대칭 도형이므로 한쪽을 생략하였기에 모따기 1변만 도시되었으므로 각도를 표기할 수가 없다. 이러할 경우에는 중심선과 평행하게 보조선을 작성하여 각도를 이루는 2변을 만들어서 각도를 표시한다.

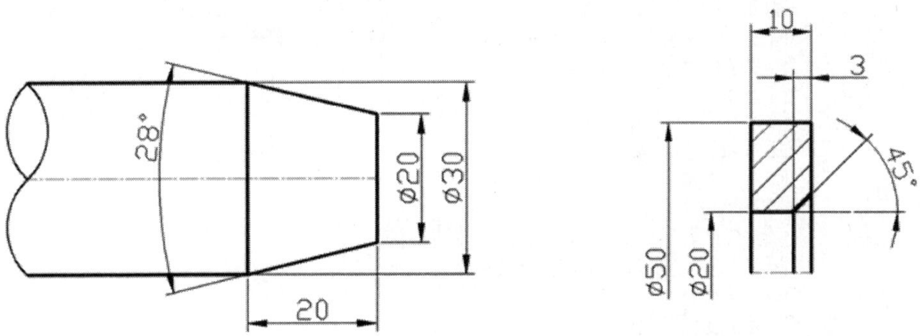

(a) 각도치수　　(b) 각도와 대칭치수

그림 3.7 각도와 대칭도형의 치수기입

상하 또는 좌우의 대칭도면을 작성할 경우에는 중심선을 대칭선으로 한쪽의 도형을 생략할 수가 있다. 도형에 치수 및 각도를 기입하기 위해서는 필수조건으로 2변이 있어야하며 2변 사이에 치수 또는 각도를 기입할 수 있다. 대칭선을 중심으로 한쪽의 도형을 생략하여 도면을 작성하고 치수를 기입하기 위해서는 도형을 생략하기 전에 치수를 기입하고 도형을 삭제한다. 도형을 삭제하고 나면 불필요한 치수선과 치수 보조선이 남게 되므로 이들을 제거하고 치수문자, 한쪽의 치수선과 치수 보조선이 남도록 치수의 스타일을 수정한다.

그림 3.8은 대칭 도형에서 한쪽을 생략한 경우에 치수선 및 치수 보조선 등과 같은 치수의 특성을 수정하기 위한 방법을 나타낸다. 치수선과 치수 보조선을 제거하기 위해서는 해당하는 치수를 더블 클릭하여 치수특성의 대화상자를 호출한다. 도형에 치수를 기입하기 위해서 2변 중에서 가장 먼저 선택한 모서리가 치수 보조선 1로 설정되고 2번째 선택한 모서리는 치수 보조선 2로 설정된다. 치수선과 치수 보조선의 감추기 위해서는 특성의 켜기 및 끄기 중에서 끄기를 선택하면 치수선과 치수 보조선이 감추어져서 도면에 나타나지 않는다. 선 및 화살표의 특성을 설정하는 아이템에서 치수선 2를 끄기로 설정하고 치수 보조선 2의 특성을 끄기로

설정하면 중심선 이하의 부분에 있는 치수선 2와 치수 보조선 2는 감춰지고 치수문자는 변화 없이 그대로 위치한다.

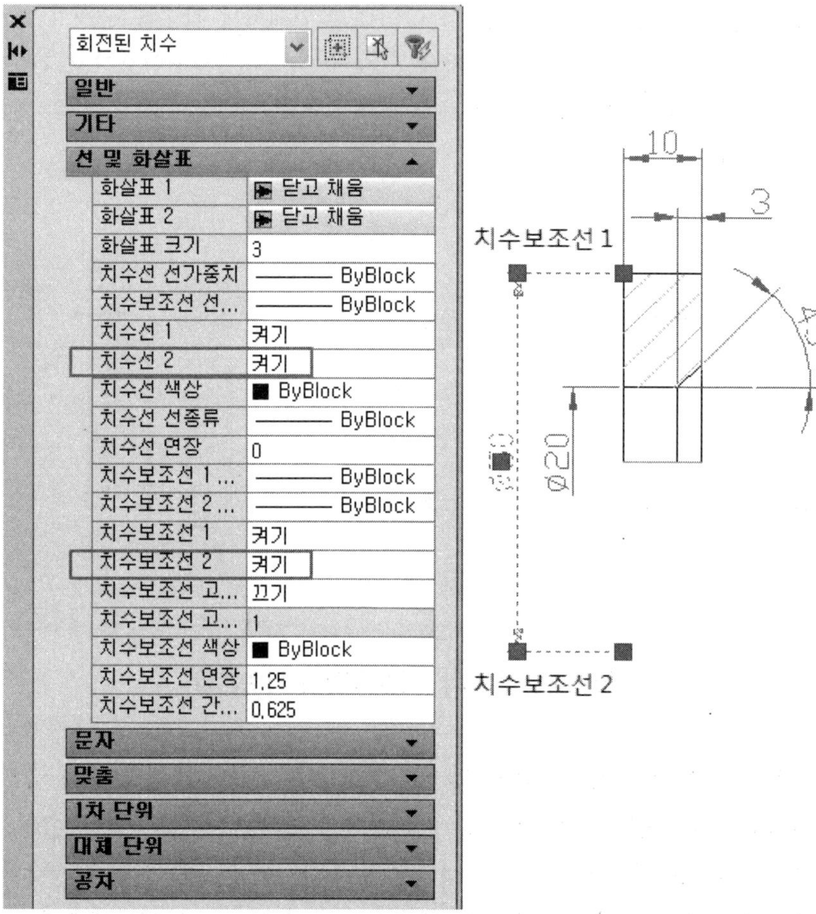

그림 3.8 대칭 도형의 치수 기입법

그림 3.9는 도형의 크기 및 위치를 기입하는 치수문자의 표현법을 나타낸다. 치수문자는 수평방향의 치수선에 대하여서는 도면의 아랫면으로부터, 수직방향의 치수선에 대하여서는 도면의 오른쪽 면으로부터 기입한다. 치수문자는 치수선의 중간을 중단하지 않고 연결하여 치수선보다 약간 위쪽에 띄워서 기입한다. 치수문자는 가능하면 치수선의 중앙에 위치하도록 설정하며 다른 선과 겹쳐서 애매한 해석이 있을 경우에는 치수문자를 이동시켜서 표현한다.

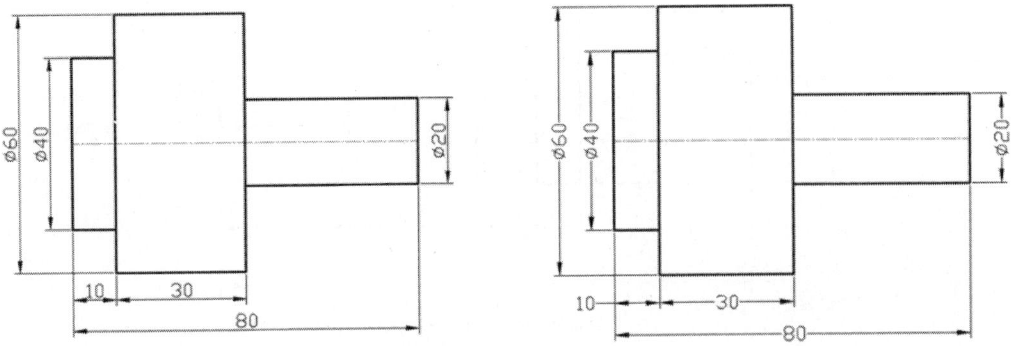

(a) 적당 (b) 부적당

그림 3.9 치수문자의 위치

그림 3.10은 도형의 좁은 공간에 치수를 기입하는 사례를 나타낸다. 공간이 좁을 경우에는 확대도를 작성하여 치수를 표현하는 방법과 경사선 또는 작은 점을 사용하여 화살표를 사용하지 않고 표현하는 방법이 있다. 좁은 공간에 치수 보조선을 작성하고 치수특성을 설정하는 대화상자에서 화살표를 선택하여 기울기를 선택하면 화살표 대신에 (a)에서 나타낸 것처럼 경사선으로 표현되고 작은 점을 선택하면 (b)에서 나타낸 것처럼 작은 점이 화살표를 대신한다. 치수문자를 표현하기에 공간이 좁으면 지시선을 사용하여 치수문자를 표현할 수도 있고 치수문자의 위치를 이동시켜 표현할 수도 있다.

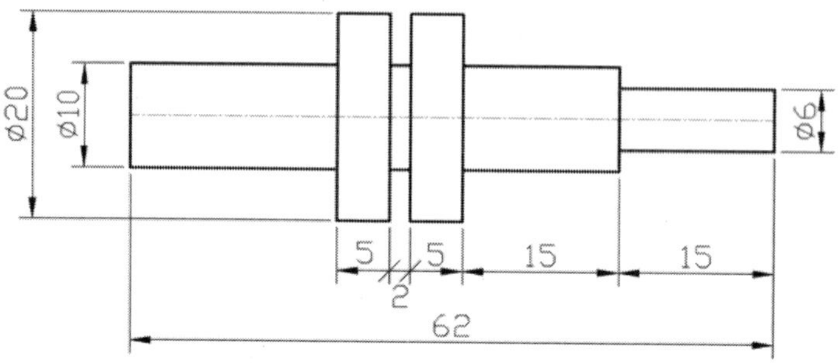

(a) 경사선 표시

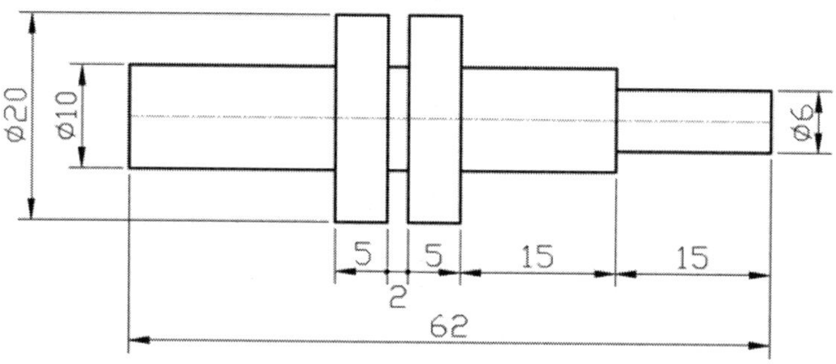

(b) 작은 점 표시

그림 3.10 좁은 공간에서의 치수표시

3.1.4 선택적인 치수기입

도면을 작성한 후에 치수를 어느 부분에 기입해야하는지를 선택하여야한다. 치수를 기입하기 위해서는 도형의 어디에서부터 치수 보조선을 끄집어내야 좋은지 결정하여야 하므로 주의가 필요하다. 치수의 기입방법에 따라서 부품의 제작방법 및 제작순서가 결정되기 때문에 치수는 형상 표현이 가장 잘되는 부분에 기입하여야 하며 중복되는 치수기입은 회피한다.

ㅁ 기준에 의한 치수기입

그림 3.11은 부품의 가공방법에 따라서 기준면이 필요한 경우에 치수기입을 하는 방법이다. 원통형 부품의 절삭작업은 대부분이 선반이라고 하는 공작기계에서 이루어지므로 좌측의 직경 10 [mm]이 있는 부분을 조(Jaw)를 사용하여 잡은 상태에서 우측을 도면과 같이 가공한다. 다음으로 우측의 가공이 완료되면 직경 16 [mm]을 조에 고정시키고 직경 10 [mm]과 직경 6 [mm]이 있는 좌측 부분의 가공을 완성한다. 이와 같이 절삭가공을 하는 공작기계의 가공기준이 되는 면을 기준으로 잡아서 치수를 기입하는 방법과 조립 또는 측정을 위한 기준면을 잡아서 치수를 기입하면 해당 작업을 실시하는 사람이 쉽게 도면을 해독할 수가 있다.

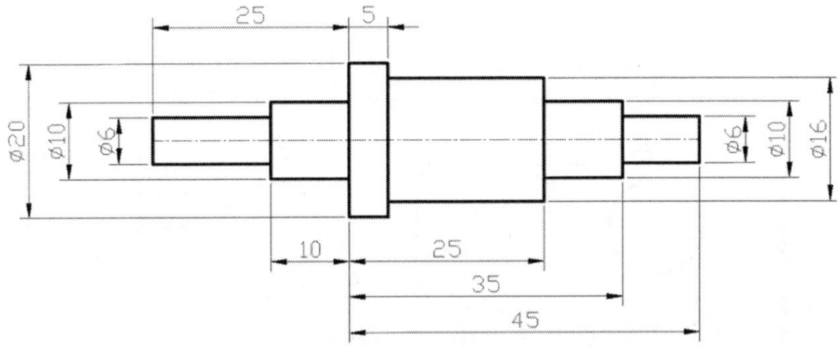

그림 3.11 기준면에 의한 치수기입

그림 3.12는 측정 또는 조립을 위한 기준 모서리에 대한 치수기입을 나타낸다. 수평방향의 치수는 도면의 우측 수직방향 모서리를 기준으로 구멍과 홈의 위치, 좌측 끝단의 모서리 치수를 기입한다. 수직방향의 치수는 상부의 기준 모서리를 기준으로 홈과 구멍의 위치, 하부의 모서리면 치수를 기입한다. 도면과 같이 특별히 기준이 필요한 경우에는 지시선을 사용하여 "기준"이라고 기입하여 놓으면 도면해독이 용이하다.

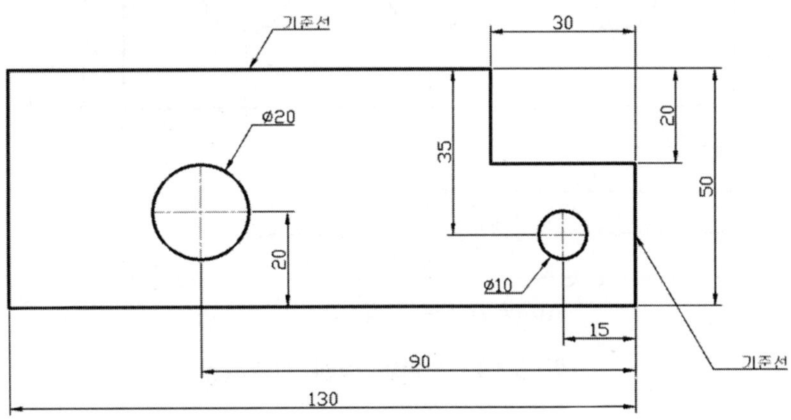

그림 3.12 기준선에 의한 치수기입

□ 직렬, 병렬 및 좌표 치수기입

그림 3.13은 도형의 치수기입에 있어서 직렬방법과 병렬방법을 나타낸다. 직렬방법은 직렬로 나란히 연결된 치수를 연속적으로 기입하는 것으로서 누적공차가 발생하여도 제품의 기능 및 품질에 영향을 미치지 않을 경우에 사용한다.

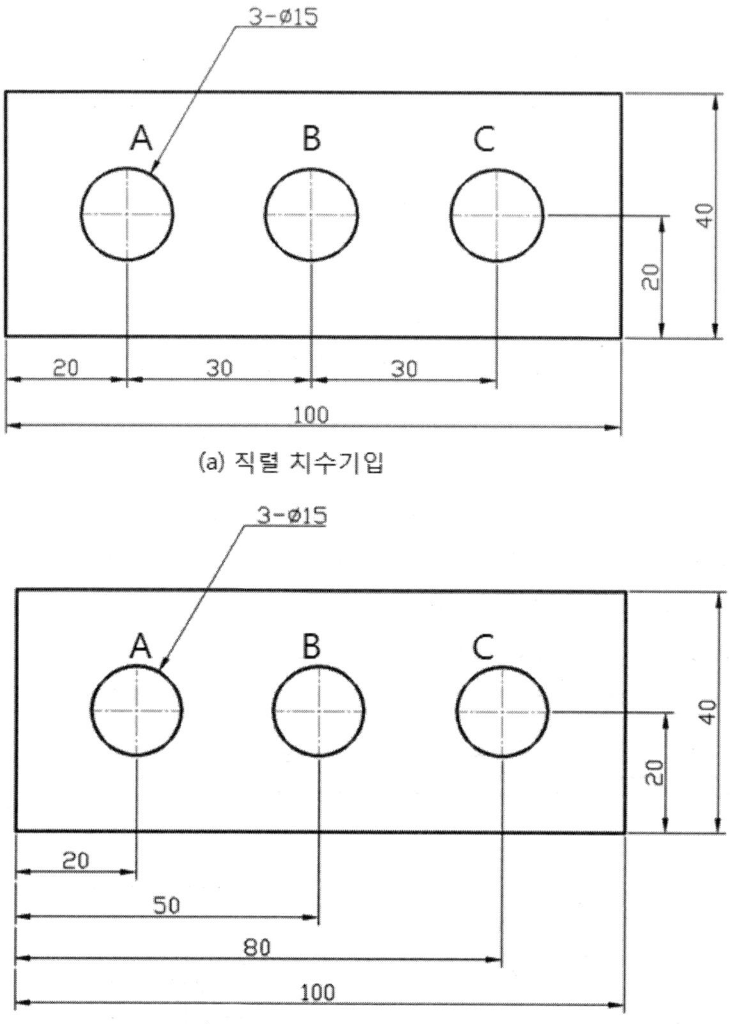

(a) 직렬 치수기입

(b) 병렬 치수기입

그림 3.13 직렬과 병렬 치수기입

KS규격(KS B 0412)의 절삭가공 보통급의 치수공차는 6~30 [mm] 이하의 경우 ± 0.2 [mm], 30~120 [mm] 이하의 경우 ± 0.3 [mm]이다. 도형의 왼쪽 모서리부터 각 구멍이 위치하는 수평방향의 실제 가공범위는 직렬 치수기입으로 치수를 입력하면 다음과 같다.

- A구멍 : 19.8 ~ 20.2 [mm]
- B구멍 : 49.5 ~ 50.5 [mm]
- C구멍 : 79.2 ~ 80.8 [mm]

병렬 치수기입은 기준면에서부터 각각의 치수를 기입하는 것으로서 치수공차는 다른 치수공차에 영향을 주지 않으므로 각각의 치수에 부여된 치수공차가 제품의 기능과 품질에 직접적인 영향을 주는 부분에는 병렬 치수기입을 사용한다. 도형의 왼쪽 모서리부터 각 구멍이 위치하는 수평방향의 실제 가공범위는 병렬 치수기입으로 치수를 입력하면 다음과 같다.

- A구멍 : 19.8 ~ 20.2 [mm]
- B구멍 : 49.7 ~ 50.3 [mm]
- C구멍 : 79.7 ~ 80.3 [mm]

이상에서 살펴본 것처럼 직렬방법으로 치수를 기입하면 누적공차에 의하여 B구멍은 ± 0.5 [mm], C구멍은 ± 0.8 [mm]의 공차범위를 가지게 되므로 이 부품과 다른 부품과의 조립 시에 문제가 발생할 수가 있다. 반면에 병렬방법으로 치수를 기입하면 B구멍은 ± 0.3 [mm], C구멍은 ± 0.3 [mm]의 공차범위를 가지게 되므로 다른 부품과의 조립 시에도 별 문제없이 작업 수행이 가능하다.

그림 3.14는 좌표를 사용하여 구멍의 위치 치수를 기입하는 것이다. 도면과 같이 여러 종류의 구멍 크기가 여러 위치에 있을 경우에 각 구멍마다 위치와 크기의 치수를 기입하면 복잡하기 때문에 좌표를 사용하여 위치와 크기를 표현하면 도면해독이 용이하다. 수평방향을 X축, 수직방향을 Y축으로 설정하고 좌하단부를 원점으로 구멍의 위치를 기입한다. 좌표를 사용한 치수기입은 원점에서부터 각 구멍까지의 위치를 표현하고 있으므로 병렬 치수기입에 해당한다. 따라서 각 구멍의 가공공차는 누적공차의 발생이 없으므로 다른 부품과의 조립 시에 별도의 문제발생이 없다.

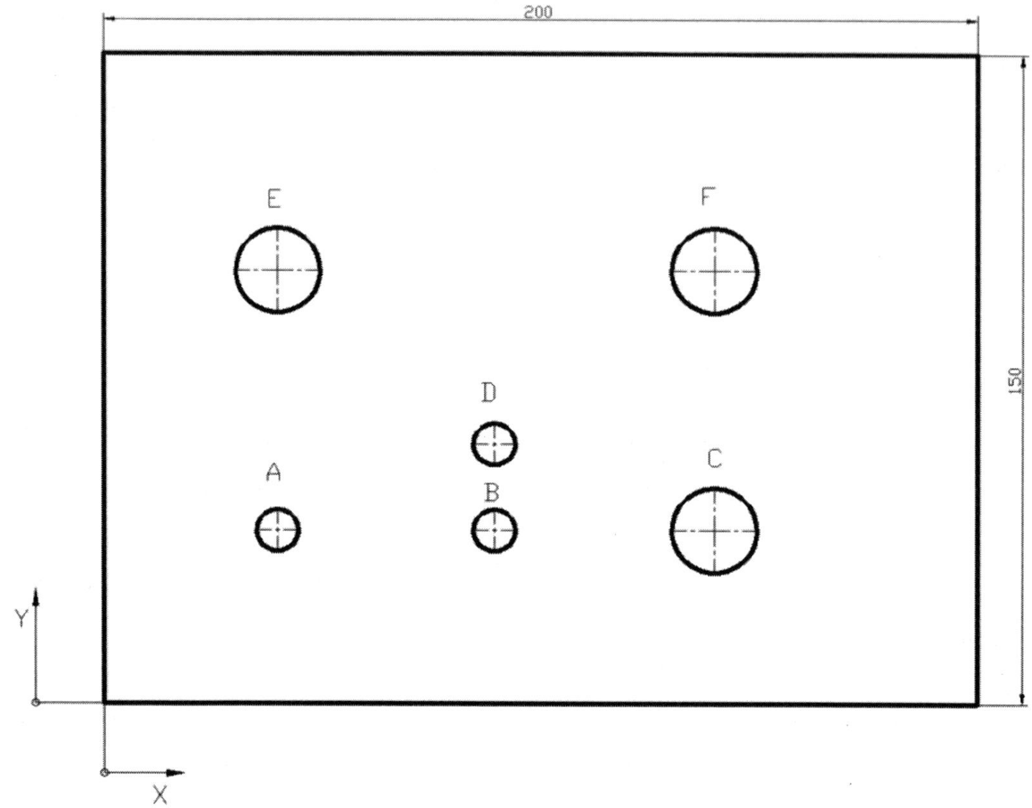

그림 3.14 좌표에 의한 치수기입

표 3.3은 그림 3.14의 구멍 위치와 그 크기를 X, Y좌표로 나타낸 것이다. 수평방향의 위치와 수직방향의 위치, 그리고 각 구멍의 크기를 표로 나타내기 때문에 기계제도 도면은 단순하고 명료하게 나타난다.

표 3.3 좌표에 의한 치수표현

	A	B	C	D	E	F
X	40	90	140	90	40	140
Y	40	40	40	60	100	100
직경	10	10	20	10	20	20

ㅁ 정사각형과 구멍 치수기입

그림 3.15는 원통과 같은 도형의 고정에 사용할 수 있는 평면 또는 정사각형을 표현할 수 있는 기호를 나타낸다. 도형의 형상에 따라서 치수문자 앞에 부가하는 보조기호로서 정사각형은 ㅁ 기호를 사용한다. 그리고 원통형의 부품 표면을 평면으로 가공한다면 가는 실선으로 대각선 표시로서 평면을 표시한다. 하기와 같은 부품은 직경 40 [mm]의 축을 가공하여 한 변이 20 [mm]인 정사각형을 길이 40 [mm]가 되도록 가공하라는 지시이다.

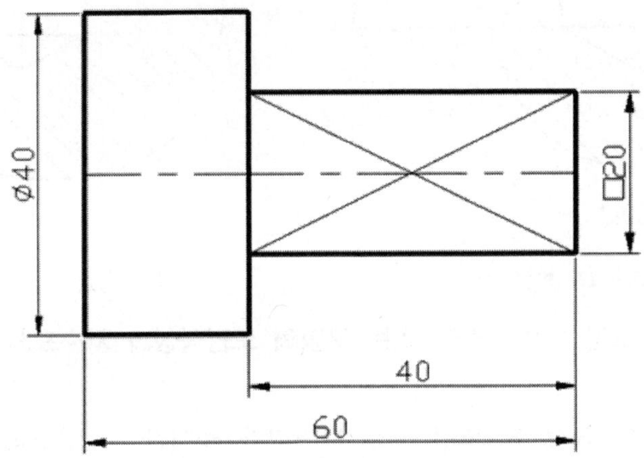

그림 3.15 정사각형 치수기입

그림 3.16은 일정한 깊이를 가지고 있는 구멍의 도면작성 및 치수표시 방법을 나타낸다. 일반적으로 드릴을 사용하여 구멍을 가공할 경우의 치수표시는 구멍이 관통할 경우에는 구멍의 직경만 표시하고 관통되지 않고 일정한 깊이를 가지는 경우에는 구멍의 깊이를 표시할 필요가 있다. 드릴을 사용하여 구멍을 가공하면 드릴의 끝부분은 드릴의 공구각이 118도이므로 118도로 구멍의 끝부분을 표시하는 도면작성이 필요하나 실제 도면에서는 120도로 구멍의 끝부분을 표시한다. 구멍의 깊이는 드릴의 호칭지름이 완성되는 위치까지를 의미하며 공구각에 의해 형성되는 구멍의 끝부분은 깊이 치수와 무관하다. 구멍의 치수를 (a) 와 같이 직접 표시할 수도 있으나 (b)에서 나타낸 것처럼 지시선을 사용하여 치수를 표기한다.

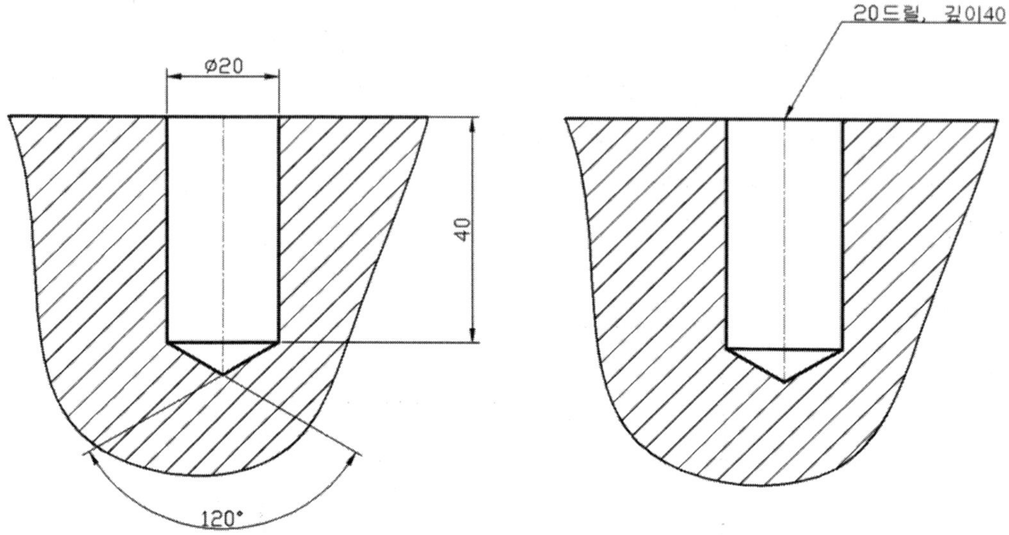

(a) 구멍의 도면 표시방법 (b) 구멍의 치수 표시방법

그림 3.16 깊이 있는 구멍의 도면작성과 치수표시

그림 3.17은 원판에 육각 홈 붙이 볼트의 머리가 들어갈 수 있도록 자리파기를 실시한 치수기입이다. 평면도는 대칭을 나타내고 있으므로 반쪽만 표시하고 정면도는 단면도로 작성한 것이다. 구멍과 깊은 자리파기의 치수 표시로서 "8-5드릴, 10깊은 자리파기5" 으로 표시된 것은 구멍의 개수가 8개이고 직경 10 [mm]를 깊이 5 [mm]가 되도록 가공하고 구멍의 직경 5 [mm]는 원판을 관통하도록 가공하는 치수이다. 구멍은 직경 60 [mm]의 위치에 각도 45도로 8등분한 중심선과의 교차점에 작성한다.

자리파기의 표시방법은 자리파기의 지름을 나타내는 치수 다음에 "자리파기"라고 표기하고 자리파기를 표시하는 도형은 나타내지 않는다. 자리파기는 볼트, 너트 등을 고정하기 위한 자리를 좋게 하기 위한 것으로서 일반적으로 흑피를 제거하는 수준 정도이므로 깊이를 지시할 필요가 없다.

볼트의 머리를 완전히 잠기게 하는 것으로서는 깊은 자리파기가 있다. 깊은 자리파기의 표시방법은 깊은 자리파기의 지름을 나타내는 치수문자 다음에 "깊은 자리파기"라고 표기하고, 깊은 자리파기의 깊이를 표시할 경우에는 깊은 자리파기 다음에 치수문자를 기입하여 깊이를 표시하는 방법과 "(깊이5)"를 기입하는 방법이 있다.

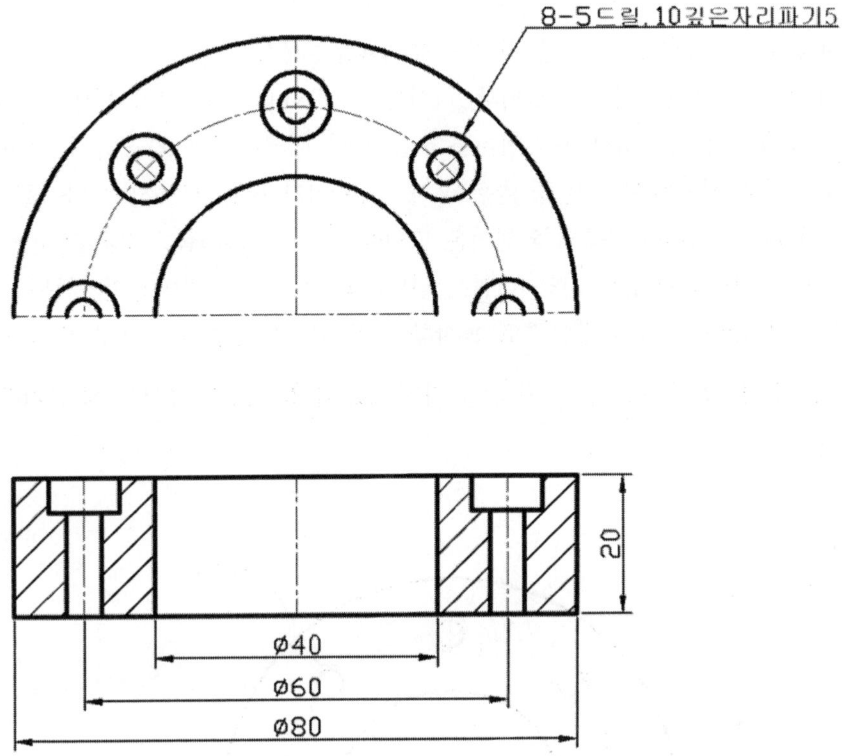

그림 3.17 구멍과 자리파기 치수기입

표 3.4는 구멍의 가공방법에 따라서 표시되는 지시방법을 나타낸다. 구멍은 코어 구멍, 펀칭 구멍, 드릴 구멍으로 구분하며 다듬질이 필요한 경우에는 리머를 사용한다. 구멍의 가공방법에 의하여 구멍을 나타낼 필요가 있을 경우에는 원칙적으로 구멍을 가공하는 공구의 호칭치수 또는 기준치수를 사용하여 치수를 표기한다.

표 3.4 가공방법에 따른 구멍 지시방법

가공방법	간략 지시	영문 지시
주조한 대로	코어	core
프레스 펀칭	펀칭	punching
드릴로 구멍 뚫기	드릴	drilling
리머 다듬질	리머	reaming

그림 3.18은 원판에 볼트를 사용하여 체결이 가능하도록 암나사를 가공하도록 지시한 것이다. 지시선을 사용하여 8-M6으로 표시한 치수는 암나사를 8개소에 가공하며 나사의 호칭지름 6 [mm]로서 미터나사를 가공하라는 지시이다. 나사는 직경 60 [mm]의 위치에 각도 45도로 8등분한 중심선과의 교차점에 작성하며 호칭지름 6 [mm]의 미터나사를 가공하기 위해서는 지름 4.8 [mm]의 드릴을 사용하여 구멍을 뚫은 후에 6 [mm]의 탭을 사용하여 나사를 가공한다. 정면도의 나사표현 부위에서 안쪽의 외형선은 드릴에 의하여 가공되는 직경 4.8 [mm], 즉 암나사의 안지름을 의미하고 바깥의 가는 실선은 암나사의 골지름의 의미하며 지름 6 [mm]이다.

일반적으로 나사표현에서 외형선으로 표시하는 안지름과 가는 실선으로 표시하는 골지름 사이의 간격은 호칭지름의 $\frac{1}{10} \sim \frac{1}{8}$의 값을 가지므로 나사의 도면 작성 시에 암기하여 사용하면 편리하다.

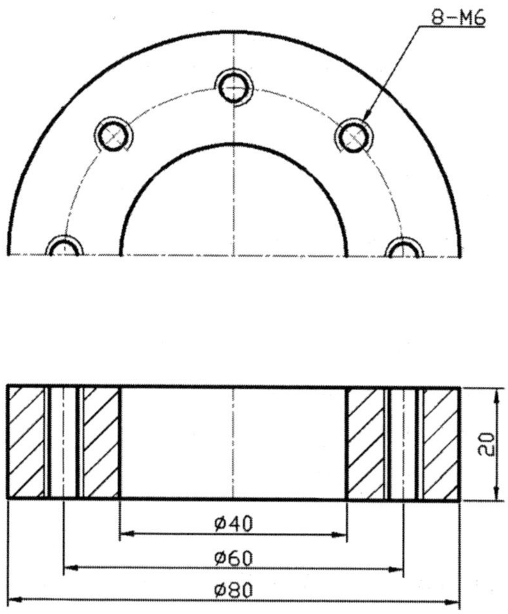

그림 3.18 나사의 치수기입

그림 3.19는 지시선을 사용하여 경사면에 대한 구멍과 깊은 자리파기를 실시한 치수표현을 나타낸다. 경사면에 구멍을 가공하기는 쉬운 일이 아니다. 경사면의 구멍 중심점에 펀칭과 같은 공구를 사용하여 사전에 위치를 정확하게 마킹한 상태에서 주어진 각도로 면을 기울여서 구멍 가공을 한다. 경사면의 구멍 치수 표현은 (a)와 같이 지시선을 사용하여 구멍의 지름 및 깊이를 표시하고 별도로 구멍의 각도를 표시한다. 구멍의 깊이는 구멍의 중심선과 경사면이

만나는 교점에서 표시한다. 호칭지름 20 [mm]의 드릴을 사용하여 깊이 50 [mm]의 구멍을 75도의 각도로 가공한다.

(b)에서 나타낸 것처럼 경사면에 깊은 자리파기를 실시하는 경우에는 중심점을 마킹하고 직경 10 [mm]의 구멍을 가공한 후에 직경 20 [mm]의 깊은 자리파기를 실시한다. 치수 기입은 지시선을 사용하여 직경의 크기는 부여할 수 있으나 깊은 자리파기의 깊이 표현이 어렵기 때문에 직경 10 [mm]의 길이를 표시하여 깊은 자리파기 깊이를 지정한다.

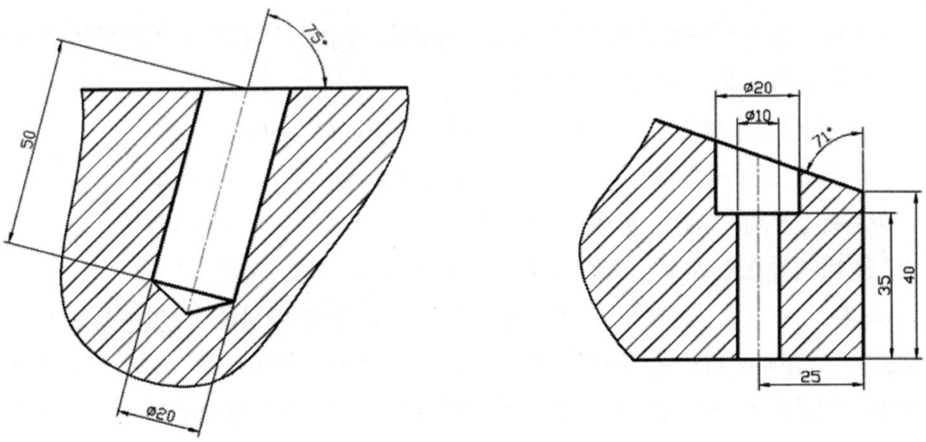

(a) 경사 구멍의 치수기입 (b) 경사 구멍의 자리파기 치수기입

그림 3.19 경사 구멍의 치수기입

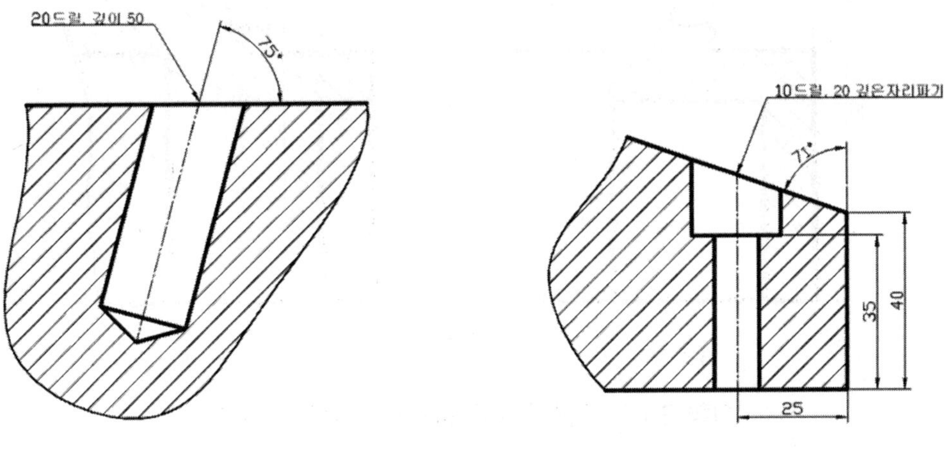

(a) 경사 구멍의 치수기입 (b) 경사 구멍의 자리파기 치수기입

그림 3.20 경사 구멍에 직접 치수기입

그림 3.20은 경사 구멍과 경사면에 작성한 깊은 자리파기를 가진 구멍의 치수를 직접 표현한 방법을 나타낸다. 가능하면 직접 치수를 기입하는 것보다는 지시선을 사용하여 치수를 기입하는 것이 좋다.

3.1.5 치수 기입 시 일반적인 주의사항

기계제도 도면의 형상을 작성한 후에 치수를 기입하기 위하여서는 다음의 순서대로 치수를 빠짐없이 기입한다.

① 대칭면과 비대칭면을 구분하고 대칭면에 치수를 기입하고 기준면은 가공면 또는 물체의 특성을 고려하여 정한다.

② 정면도와 평면도의 길이에 관련한 치수를 기입한다.

③ 정면도와 측면도의 높이 및 폭에 관련한 치수를 기입한다.

④ 특성부위, 지름, 반지름, 모따기 등과 같은 치수를 기입한다.

⑤ 마지막으로 표면 거칠기, 공차, 주서 등을 기입한다.

그림 3.21은 치수기입의 순서대로 치수를 기입하는 도중에 발생할 수 있는 치수문자의 겹침을 나타낸다. 그림에서 나타낸 것처럼 치수문자와 치수선이 겹치는 경우에는 치수문자의 해독이 애매하여 정확한 숫자로 읽기 어렵다. 따라서 이러한 경우가 발생하면 치수문자가 겹치지 않도록 다른 방향으로 치수를 기입하도록 해야 한다.

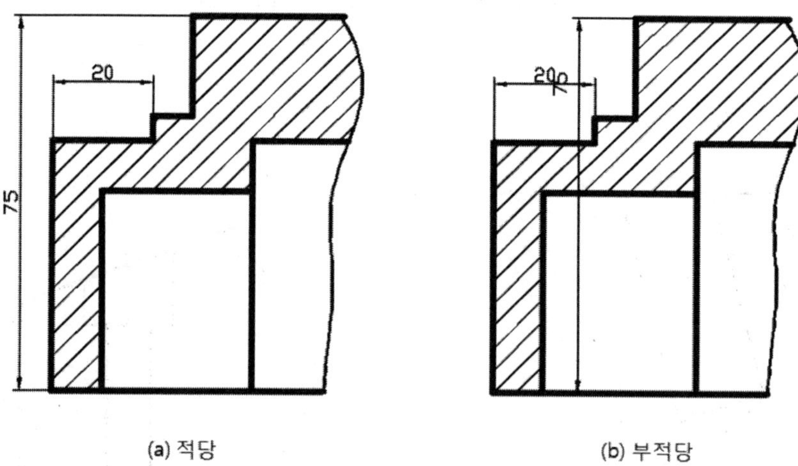

그림 3.21 치수문자가 치수선과 겹치는 경우

그림 3.22는 구멍과 같이 연속된 치수를 기입하는 사례를 나타낸다. 지름의 치수가 대칭 중심선의 방향에 몇 개 늘어선 경우에 각 치수선은 일정한 간격으로 작성하고 작은 치수를

안쪽에 기입하고 지름이 큰 쪽은 바깥에 기입한다. (a)는 치수선 간격이 충분한 경우를 나타내며, 치수선은 일정한 간격으로 가지런히 표시하고 치수문자는 치수선의 중앙에 위치하도록 한다. (b)는 도면 크기의 형편에 따라서 치수선 간격이 불충분할 경우에 치수를 기입하는 방법을 나타내며, 치수문자는 양끝 쪽으로 지그재그 형태로 표시하여 치수문자의 복잡성을 회피하여 해독이 용이하게 한다.

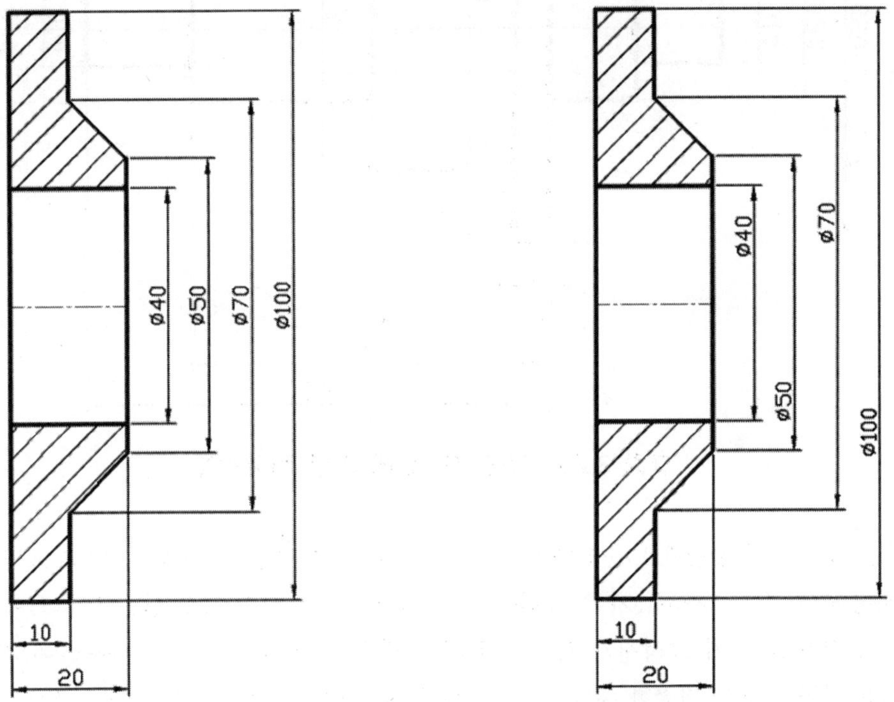

(a) 치수선 간격 충분 (b) 치수선 간격 불충분

그림 3.22 연속된 대칭치수의 기입

그림 3.23은 가공면을 기준으로 치수를 기입하는 사례를 나타낸다. 지름 60 [mm], 길이 5[mm]의 부분을 경계로 우측부분을 먼저 가공하고 뒤집어서 좌측부분을 가공하여 부품을 완성하는 공정을 가진 선반 가공부품이다. 우측면을 먼저 가공하기 위해서 길이 24 [mm]에 해당하는 부분을 선반의 척에 고정하고 우측의 지름 60[mm], 40[mm], 20[mm], 10[mm]를 차례대로 가공한다. 우측면의 가공이 완료되면 지름 40[mm]의 부분을 선반의 척에 고정하여 좌측의 지름 20[mm], 10[mm]를 차례대로 가공하여 완성한다. 따라서 선반에서 가공하는 순서에 맞추어서 치수를 기입하면 작업자가 계산할 필요 없이 효율적으로 선반작업을 수행할 수가 있다.

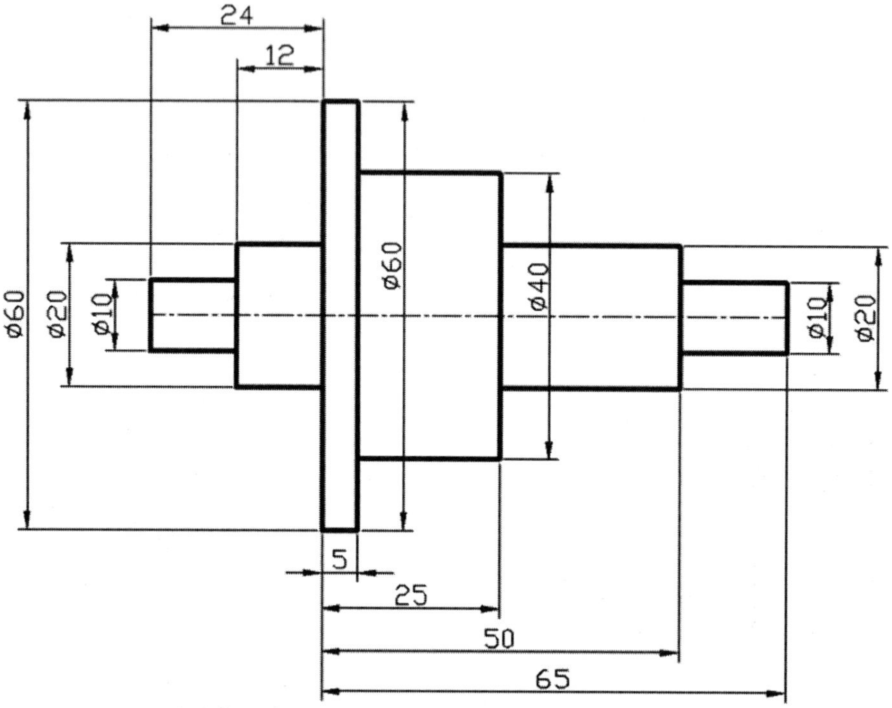

그림 3.23 가공 기준면에 의한 치수기입

그림 3.24는 가공 공정별로 분리하여 치수를 기입하는 사례를 나타낸다. 밀링과 같은 공작기계를 사용하여 길이 64[mm]가 되도록 양면을 가공한다. 다음으로 선반에서 좌측의 지름 68[mm]의 부분을 척에 고정시키고 지름이 가장 작은 24[mm]를 드릴을 사용하여 가공한다. 가장 작은 관통 구멍을 가공한 후에 지름 32[mm], 36[mm]을 차례대로 가공한다. 우측의 내면가공이 완료되면 부품을 뒤집어서 지름 52[mm]를 선반의 척에 고정시키고 지름 36[mm], 40[mm]를 차례대로 가공하여 작업을 종료한다. 따라서 치수기입을 할 경우에는 부품의 가공공정을 고려하여 치수를 기입하는 것이 좋은 도면이다.

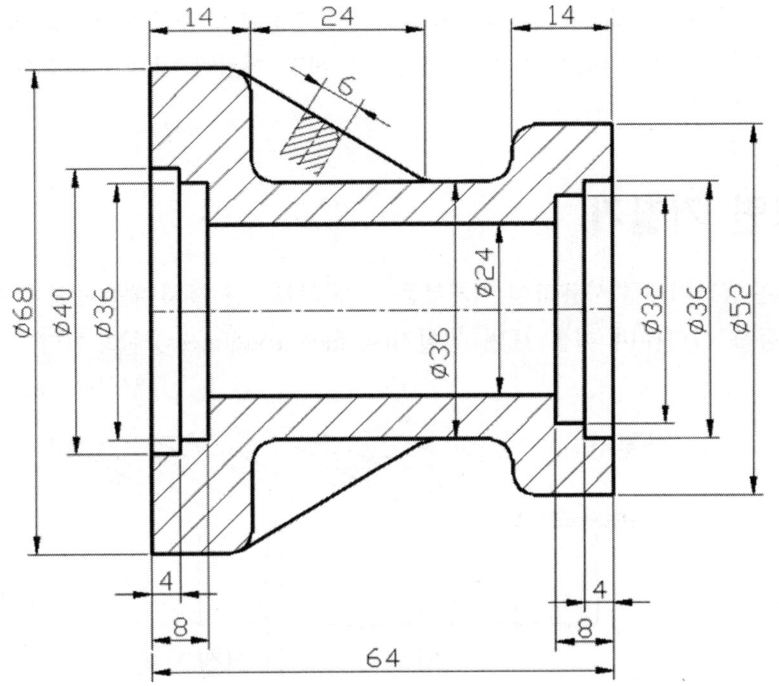

그림 3.24 가공공정별 치수기입

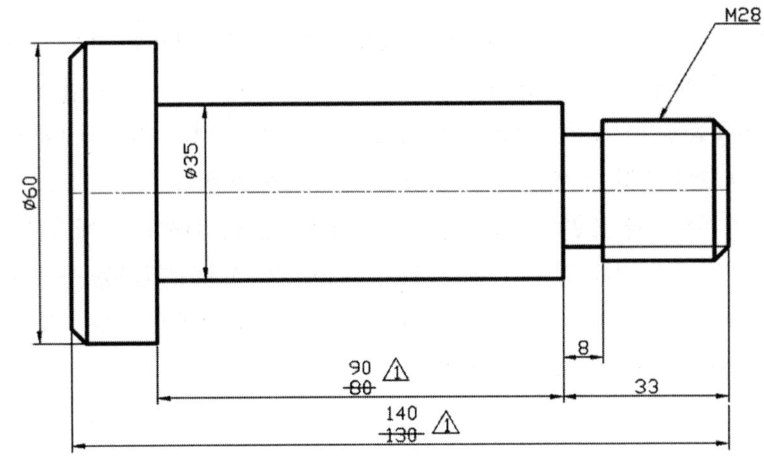

그림 3.25 도면 변경이 있는 경우의 표시방법

그림 3.25는 도면을 작성하고 출도 후에 실제 길이의 표시가 잘못된 것을 발견하거나 변경이 필요한 경우에 수정하는 방법을 나타낸다. 치수가 변경되는 부분에는 치수문자에 가로질러 선을 작성하여 변경된다는 표시를 하고 그 치수문자 위에 새롭게 변경된 치수문자를 기입하며, 변경전

의 도형이나 치수 등은 그대로 보존한다. 변경되는 치수문자의 옆에는 삼각형 내부에 변경되는 횟수를 나타내는 숫자를 기입한 기호를 병기하고 변경 연월일 및 변경사유를 기록한다.

3.2 표면 거칠기

그림 3.26은 공작기계를 사용하여 기계부품을 가공하고 난 후의 제품표면에 가공 흔적이나 무늬, 요철 등을 나타내며 이를 표면 거칠기(surface roughness)라고 한다.

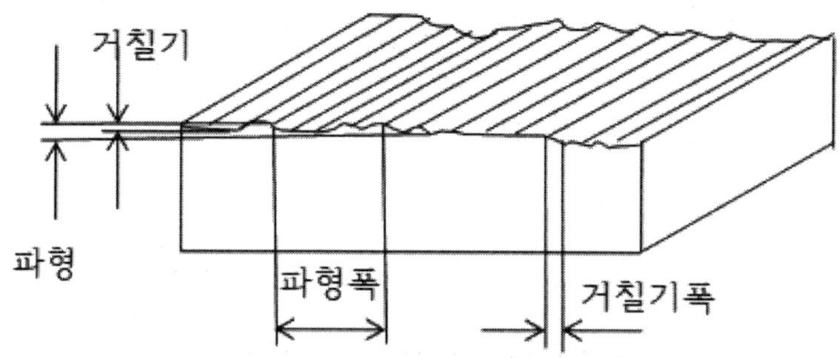

그림 3.26 공작물의 가공표면

공작물의 표면 거칠기는 필요에 따라서 다듬질을 해야 하며 필요로 하는 곳에 필요로 하는 거칠기로 다듬질의 여유를 두고 가공을 해야 한다. 다듬질의 여유는 가공법 및 다듬질 정도에 따라 다르며, 가공공구 및 숫돌 등에 의해 가공된 다듬질 표면은 기계의 마멸 및 부식 등을 고려하여 적합한 거칠기를 선택하며 가급적 고정밀도는 피한다.

그림 3.27은 기계부품의 표면에 나타나는 표면 거칠기를 나타낸다. 기계가공 표면에서 발생하는 표면 거칠기는 공작기계 공구의 휨, 진동 및 기계 각 부분의 헐거움 등에 의해 발생하며, 가공표면에는 기준선을 중심으로 상하의 진동폭을 나타내며 전체적으로는 저주파수와 고주파수 형태의 표면 거칠기로 구분할 수 있다.

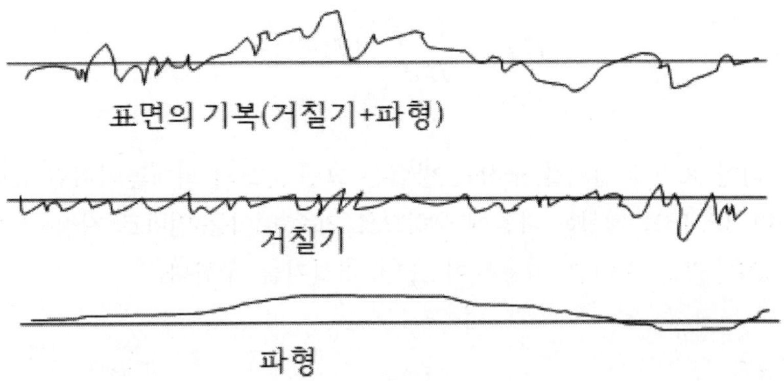

그림 3.27 표면 거칠기

3.2.1 표면 거칠기의 종류

그림 3.28은 표면 거칠기의 종류로서 최대높이로 표현하는 Rmax법, 10점의 평균으로 표현하는 Rz법, 중심선을 기준으로 상하 오차의 절대값을 적분하여 기준 길이로 나누어 표시하는 Ra법이 있으며, 표면 거칠기의 단위는 μ=0.001 [mm]으로 나타낸다.

최대높이(maximum height roughness, Rmax)는 가공단면곡선의 가장 높은 봉우리에서 가장 깊은 골짜기까지의 수직거리를 표면 거칠기로 사용하며, 도면에서 표면 거칠기를 지정할 때 사용하는 최대높이의 표준 값을 나타낸 것이다.

10점 평균 거칠기(ten point median height, Rz)는 가공단면곡선에서 가장 높은 봉우리 5개의 평균높이와 가장 깊은 골짜기 5개의 평균깊이의 차를 표면 거칠기로 사용하며, 가공단면곡선에서 구한 기준 길이 부분의 평균선에 평행한 직선 가운데서 높은 쪽의 3번째와 낮은 쪽의 3번째를 지나는 선을 선택하여 2개의 직선간의 간격을 측정하여 그 값을 표면 거칠기로 나타내고 다음과 같은 식으로 계산한다.

$$Rz = \frac{R1 + R2 + R3 + R4 + R5}{5} - \frac{R6 + R7 + R8 + R9 + R10}{5}$$

중심선 평균 거칠기(arithmetical average roughness, Ra)는 일반적으로 많이 사용되고 있는 표면 거칠기로서 거칠기 곡선에서 기준 길이 전체에 걸쳐 평균선으로부터 벗어나는 모든 봉우리와 골짜기의 편차 평균값을 표면 거칠기로 사용하며, 거칠기 곡선을 $y = f(x)$으로 표시했을 때에 기준 길이 L을 사용하여 다음의 식으로 주어지는 값으로 표시한다.

$$Ra = \frac{1}{L}\int_{0}^{L} |f(x)|\, dx$$

최대높이에 의한 표면 거칠기를 구하는 방법은 그림 3.28의 최대높이처럼 표현하기 위해서는 기준 길이 L1, L2, L3를 지정한 다음에 구하므로 기준 길이를 얼마로 지정하느냐가 중요하므로 표 3.5와 같은 기준 길이를 적용하여 표면 거칠기를 구한다.

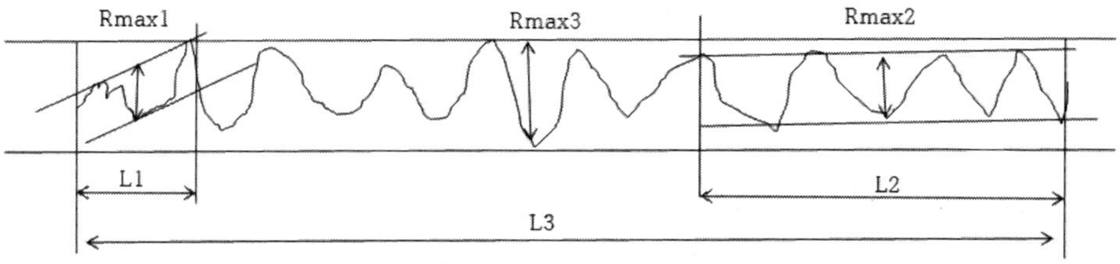

(a) 최대높이(Rmax)

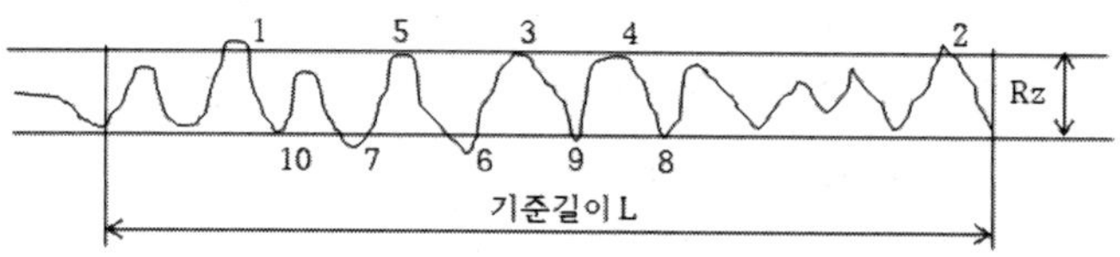

(b) 10점 평균 거칠기(Rz)

$$Ra = \frac{1}{L}\int_{0}^{L} |f(x)|\, dx$$

(c) 중심선 평균 거칠기(Ra)

그림 3.28 표면 거칠기의 표현 종류

표 3.5 기준 길이

최대높이의 범위		기준길이[mm]
초과	이하	
	0.8μ Rmax	0.05
0.8μ Rmax	6.3μ Rmax	0.80
6.3μ Rmax	25.0μ Rmax	2.5
25.0μ Rmax	100.0μ Rmax	8.0

표 3.6 표면 거칠기의 구분값

Rmax, Rz				Ra		
(0.05)	1.6	25	(140)	(0.013)	0.4	12.5
0.1	3.2	(35)	200	0.025	0.8	25
0.2	6.3	50	(280)	0.05	1.6	(50)
0.4	12.5	(70)	400	0.1	3.2	(100)
0.8	(18)	100	(560)	0.2	6.3	

표 3.6은 표면 거칠기의 구분값을 나타내며 구분값을 간단하기 표현하기 위해서 로마자의 기호를 사용하고 최대높이 Rmax는 간단하게 S로, 10점 평균 거칠기 Rz는 Z로, 중심선 평균 거칠기 Ra는 a로 표현한다. ()안의 값은 특별한 경우가 아니면 사용하지 않는다.

3.2.2 표면 거칠기의 기호표시

그림 3.29는 표면 거칠기를 표시하기 위하여 사용되는 표면기호 또는 다듬질 기호를 표시하는 방법을 나타낸다. 표면기호는 표면 거칠기 구분값, 기준길이 또는 컷오프값, 가공방법, 가공모양으로 구성되며, 특별히 필요하지 않은 경우에는 생략이 가능하다.

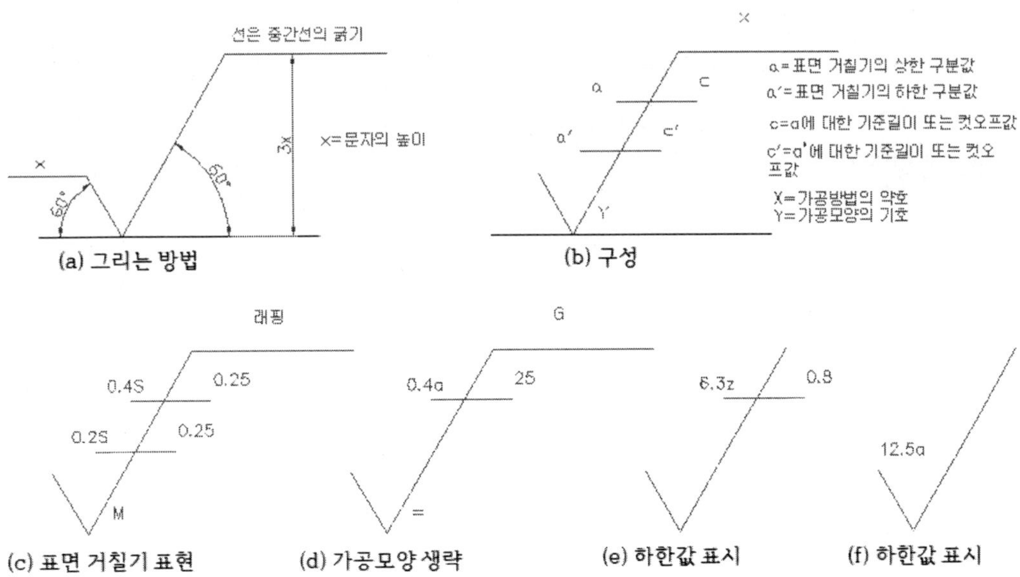

그림 3.29 표면 거칠기 표시법

표 3.7은 기계부품의 가공에 사용되고 있는 공작기계와 가공방법을 나타내는 것으로 가공방법의 약호는 로마자 기호 또는 가공기를 표시한다. 로마자 기호는 KS B 0107에 따라서 표시한다. 기계가공 부품은 그 사용 목적과 기능에 따라 적절하게 다듬어져야 하며, 요철의 크기와 형태는 가공방법이나 가공조건에 따라 다르고 선반에서 가공한 표면은 가공조건에 의해서 결정되는 요철이 형성된다. 연삭 가공한 표면은 숫돌입자에 의해 깎인 미세한 흔적이 남으며, 매끄럽게 다듬질한 표면은 높은 치수 정밀도를 얻을 수 있으므로 내마모성이나 내식성에서도 뛰어나다.

표 3.7 가공방법의 약호

가공방법	약호		가공방법	약호	
	로마자	가공기		로마자	가공기
선삭	L	선반	호닝가공	GH	호닝
드릴가공	D	드릴	액체호닝 다듬질	SPL	액체호닝
보링머신가공	B	보링	배럴 연마가공	SPBR	배럴
밀링가공	M	밀링	버프 다듬질	FB	버프
평삭가공	P	평삭	블라스트 다듬질	SB	블라스트
형삭가공	SH	형삭	래프 다듬질	FL	래프
브로치가공	BR	브로치	줄 다듬질	FF	줄
리머가공	FR	리머	스크레이퍼 다듬질	FS	스크레이퍼
연삭가공	G	연삭	페이퍼 다듬질	FCA	페이퍼
벨트샌딩가공	GB	천연마	주조	C	주조

표 3.8 표면가공 모양표시

기호	의미	설명도
=	가공으로 생긴 가공선의 방향이 기호를 기입한 그림의 투상도에 평행 (예 : 세이핑면)	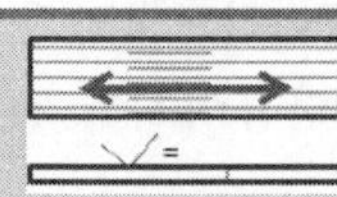
⊥	가공으로 생긴 가공선의 방향이 기호를 기입한 그림의 투상도에 직각 (예 : 세이핑면, 선삭, 원통 연삭면)	
×	가공으로 생긴 가공선이 두 방향으로 서로 교차(예 : 호닝 다듬질면)	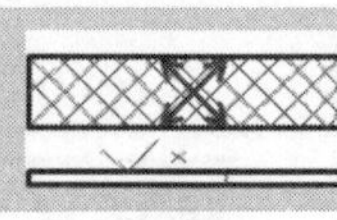
M	가공으로 생긴 가공선의 방향이 다방면으로 교차 또는 무방향(예 : 래핑 다듬질 면, 수퍼 피니싱면, 앤드밀 절삭면)	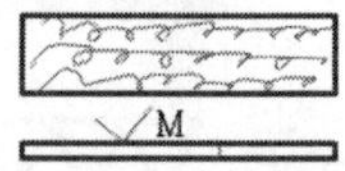
C	가공으로 생긴 가공선의 방향이 거의 동심원 (예 : 끝면 절삭면)	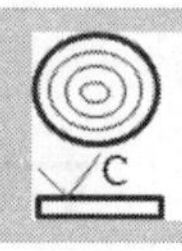
R	가공으로 생긴 가공선의 방향이 거의 방사상	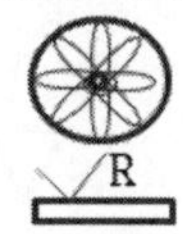

표 3.8은 공작기계를 사용하여 기계부품을 가공한 표면의 모양을 나타내며, 표면 거칠기를 표시할 경우 부품의 표면가공 모양을 표시한다.

기계부품의 표면가공 상태를 나타내는 다듬질 기호는 아래와 같이 삼각기호와 파형기호를 사용하여 표시한다. 삼각기호는 60도의 정삼각형으로 제거가공을 실시하는 면에 사용하고 파형기호는 제거가공을 하지 않은 면에 사용한다. 지시한 표면 거칠기의 범위가 다른 구분에 걸칠 경우에는 삼각형의 수는 표면 거칠기의 상한 값에 맞추어서 지시한다.

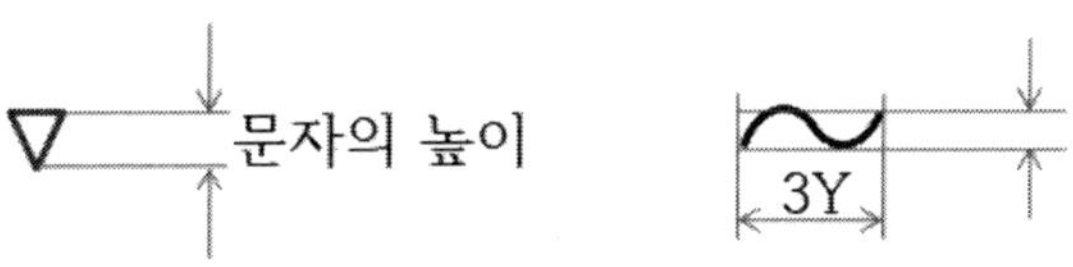

표 3.9는 기계부품의 표면가공 상태를 나타내는 다듬질 기호와 표면 거칠기의 값을 나타낸다. 이전에는 역삼각형의 기호를 사용하였으나 현재는 역삼각형과 W, X, Y를 같이 병용하여 사용하고 있다.

표 3.10은 기계부품의 표면가공 상태를 나타내는 다듬질 기호의 사용 사례를 나타낸다.

정밀하게 다듬질한 기계부품의 가공표면은 언뜻 평탄하게 보여도 요철이 있으며, 요철이 없는 이상적인 표면을 갖도록 기계부품을 제작하는 것은 불가능하며, 필요 이상으로 표면을 매끄럽게 다듬는 것도 비경제적이다. 따라서 기계가공 및 주조부품은 사용목적과 기능에 따라 적절하게 다듬어져야 한다.

표 3.9 다듬질 기호와 표면 거칠기

다듬질 기호		표면 거칠기의 구분값(0.001mm)		
과거 기호	현재 기호	Rmax	Rz	Ra
▽▽▽▽		0.8S	0.8Z	0.2a
▽▽▽		6.3S	6.3Z	1.6a
▽▽	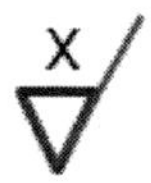	25S	25Z	6.3a
▽		100S	100Z	25a
～		별도로 규정하지 않음		

표 3.10 다듬질 기호의 사용 사례

번호	다듬질 기호	의미
1	∼	제거가공을 하지 않는다.
2	100 s ∼	기준길이 8 [mm]에서 100μ Rmax 보다 고운 주조와 같은 면을 가공한다.
3	50 z ▽	기준길이 8 [mm]에서 최대 50μ Rz의 제거 가공을 한 면으로 표시한다.
4	▽▽▽	다듬질 기호로 제한하는 표면 거칠기의 범위에 들어가는 제거가공을 한 면(예: 6.3s, 6.3z, 1.6a)을 표시한다.
5	0.8 a ▽▽▽	기준길이 0.8에서 최대 0.8μ Ra의 제거가공을 한 면을 표시한다.
6	G ▽▽▽	다듬질 기호로 제한하는 표면 거칠기의 범위에 들어가는 연삭가공을 한 면(예: 6.3s, 6.3z, 1.6a)을 표시한다.
7	G 1.6a ▽▽▽	기준길이 2.5 [mm]에서 최대 1.6μ Ra의 연삭가공을 한 면을 표시한다.

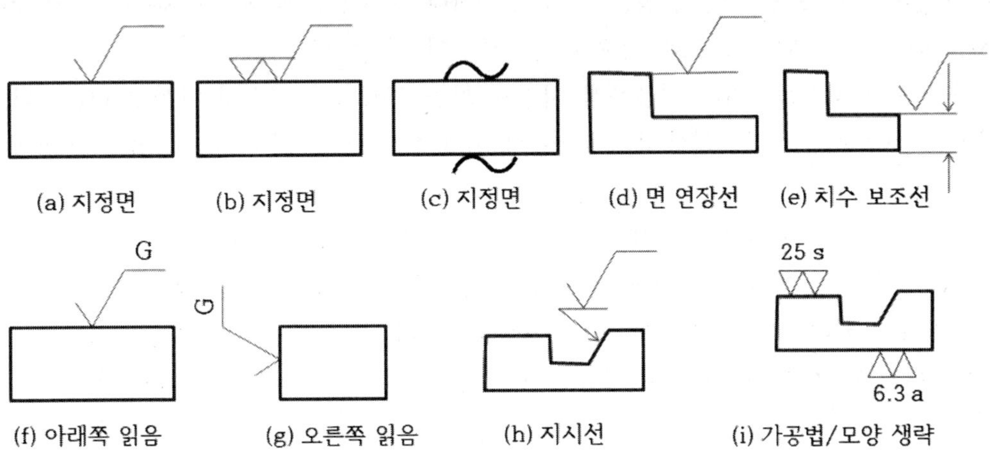

그림 3.30 다듬질 기호와 표면기호 지시법

그림 3.30은 다듬질 기호와 가공표시 기호를 지정한 면, 면의 연장선 및 면의 치수 보조선에 접하도록 지시하는 방법을 나타내고 있으며, 다듬질 기호는 물체의 외측에 기입하고 도면의 아래쪽 또는 오른쪽에서 읽을 수 있는 방향으로 기입한다. 필요할 경우에는 지정면의 연장선을 향한 지시선 위에 기입할 수 있으며, 한 지정면에 2개소 이상의 기호를 기입하지 않도록 주의한다.

3.3 치수공차

기계의 정의는 2개 이상의 부품이 조립되어 일정한 제한운동을 하는 것을 말하며, 치수공차는 정확한 도면의 치수대로 가공이 불가능하므로 얼마간의 가공오차가 발생하는 것을 의미하고 끼워 맞춤은 기계부품이 조립되면서 기계부품의 상호간에 끼워 맞춤의 관계가 성립하므로 기계의 기능 및 조립성을 고려하여 끼워 맞춤의 부품에 적당한 치수공차를 부여하는 것이 중요하므로 끼워 맞춤 공차의 부여는 숙련이 필요한 작업이다.

3.3.1 치수공차의 용어(KS B 0401)

치수공차는 기계부품을 형상에 맞도록 기계가공 작업 시에 기계도면의 치수대로 오차 없이 정확하게 가공하는 것은 현실적으로 불가능하므로 기계부품의 용도와 경제성을 고려하여 가장 알맞은 가공정도 및 오차의 범위를 정해주는 것을 의미한다.

그림 3.31은 기계부품 가공 시에 표현할 수 있는 치수공차의 용어를 나타낸다. 기준치수(basic dimension)는 치수를 허용할 수 있는 한계의 기본이 되는 치수로서 도면상에 기입된 치수를 말하며, 축 또는 구멍의 지름크기로 표시한다. 기준선은 허용한계 치수나 끼워 맞춤을 지시할 때 기준이 되는 선으로 치수 허용차가 0인 직선이다.

- 공차(치수 허용차)는 최대 허용한계 치수와 최소 허용한계 치수의 차이로 나타낸다.
- 최대 및 최소 허용치수는 실제 표시된 치수에 대하여 허용되는 최대(a) 및 최소(b) 허용치수를 의미한다.
- 치수 허용차는 허용한계 치수에서 기준치수(c)를 뺀 값으로 나타낸다.
- 윗 및 아래 치수 허용차는 최대 및 최소 허용치수에서 기준치수를 뺀 값으로 표시한다.
- 치수공차는 최대 허용치수(a)와 최소 허용치수(b)와의 차이로 표시한다.
- 허용범위는 윗 치수 허용차(d)와 아래 치수 허용차(e)를 표시하는 선 사이의 영역으로 표시한다.

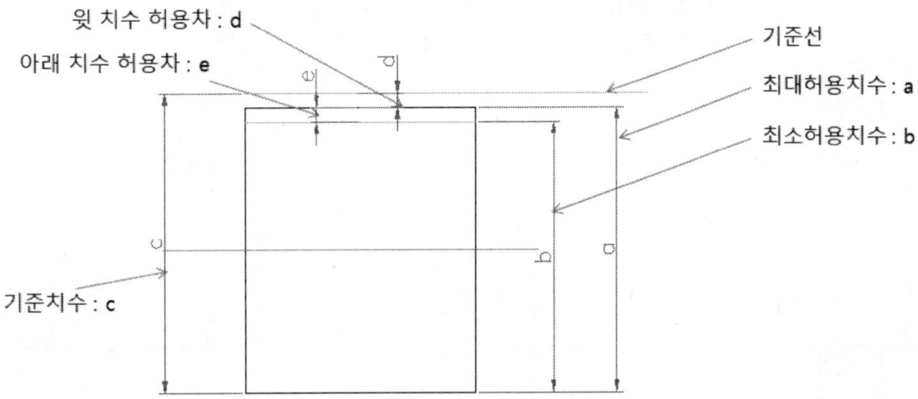

그림 3.31 치수공차의 용어 표현

표 3.11은 절삭가공에서의 보통치수 허용차(단위 : mm)를 나타낸다. 기계도면에 기입되는 치수에는 치수 허용차를 기입하는 것이 원칙이고 보통치수 허용차는 끼워 맞춤 상대가 없는 부품(단조, 주조, 프레스 등) 및 구조상 다른 물체에 치수의 제한을 받지 않는 부품은 도면에 일괄적으로 치수 허용차를 기재하여 기계도면 제도의 편리함을 부여한다.

표 3.11 보통치수 허용차

호칭의 구분	허용차		
	정밀급(±)	중급(±)	거친급(±)
0.5 이상 ~ 6.0 이하	0.05	0.1	0.2
6.0 이상 ~ 30.0 이하	0.1	0.2	0.5
30.0 이상 ~ 120.0 이하	0.15	0.3	0.8
120.0 이상 ~ 315.0 이하	0.2	0.5	1.2
315.0 이상 ~ 1000.0 이하	0.3	0.8	2.0

3.3.2 치수공차의 사례

그림 3.32는 두 개의 기계부품이 조립된 상태에서 구멍과 축의 허용한계 치수를 나타낸다. 실제 치수는 기계부품을 가공할 시에 사용되는 치수이고 허용한계 치수는 실제 치수가 어떤 범위 내에 있도록 대소 두 허용한계를 표시하는 것이다. 구멍의 최대 허용치수와 축의 최소 허용치수는 다음과 같이 표현한다.

$$\text{구멍의 최대 허용 치수} = 60.05 - 60.0 = 0.05$$
$$\text{축의 최소 허용치수} = 60.0 - 59.95 = 0.05$$

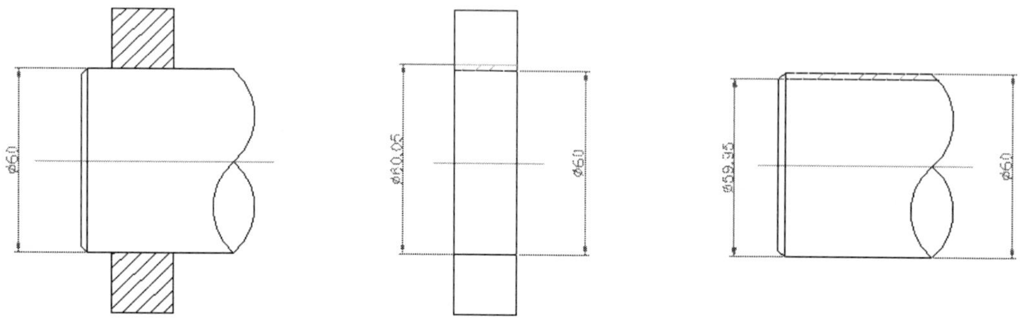

(a) 조립 상태　　(b) 최대 허용한계치수　　(c) 최소 허용한계치수

그림 3.32 허용한계 치수

그림 3.33은 기준치수 C = 60.0 [mm]에 대한 구멍을 기준으로 축이 조립되는 치수공차의 사례를 나타낸다. (a) 축 기준에서 최대 허용치수 a = 59.975 [mm], 최소 허용치수 b = 59.950 [mm]일 경우에 윗 치수 허용차 d와 아래 치수 허용차 e는 다음과 같이 구한다.

$$\text{윗 치수 허용차}\, d = a - c = 59.975 - 60.0 = -0.025$$
$$\text{아래 치수 허용차}\, e = b - c = 59.950 - 60.0 = -0.050$$

(b) 구멍 기준에서 최대 허용치수 A = 60.034 [mm], 최소 허용치수 B = 60.009 [mm]일 경우에 윗 치수 허용차 D와 아래 치수 허용차 E는 다음과 같이 구한다.

$$\text{윗 치수 허용차}\, D = A - C = 60.034 - 60.0 = 0.034$$
$$\text{아래 치수 허용차}\, E = B - C = 60.009 - 60.0 = 0.009$$

(c) 축 기준에서 최대 허용치수 a = 60.015 [mm], 최소 허용치수 b = 59.990 [mm]일 경우에 윗 치수 허용차 d와 아래 치수 허용차 e는 다음과 같이 구한다.

$$\text{윗 치수 허용차}\, d = a - c = 60.015 - 60.0 = 0.015$$
$$\text{아래 치수 허용차}\, e = b - c = 59.990 - 60.0 = -0.010$$

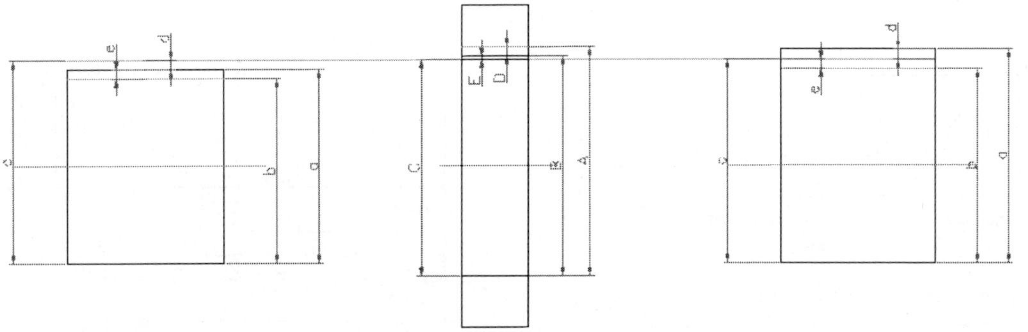

(a) 축 기준 (b) 구멍 기준 (c) 축 기준

그림 3.33 치수공차의 사례

그림 3.34는 가로 200 [mm], 세로 60 [mm]의 판에 기준면에서 25±0.1 [mm] 떨어지고 세로측의 중심선에 구멍 20 [mm]를 제작한 후에 50±0.1 [mm] 간격으로 3개를 제작한 기계부품에 대한 구멍위치의 누적공차 사례를 나타낸다. 기준면에서 구멍위치까지의 길이 치수에 치수공차를 기입하면 각 구멍의 위치는 구멍위치의 허용치수가 최대일 경우와 최소일 경우로 구분하여 누적공차가 발생한다.

구멍위치의 치수가 최대일 경우에는 각 위치의 + 오차를 고려하면 25.1 [mm], 50.1 [mm], 50.1 [mm], 50.1 [mm]의 위치이므로 구멍위치는 25.1 [mm], 75.2 [mm], 125.3 [mm], 175.4 [mm]의 위치에 구멍이 제작된다. 구멍위치의 치수가 최소일 경우에는 각 위치의 - 오차를 고려하면 24.9 [mm], 49.9 [mm], 49.9 [mm], 49.9 [mm]의 위치이므로 구멍위치는 24.9 [mm], 74.8 [mm], 124.7 [mm], 174.6 [mm]의 위치에 구멍이 제작된다. 따라서 최종적인 구멍위치는 0.8 [mm]의 위치오차가 발생할 수 있다.

구멍위치의 누적공차를 피하기 위해서는 기준면을 사용하여 구멍위치의 치수를 병렬로 기입하면 최종적인 구멍의 위치는 0.2 [mm]의 누적공차가 발생한다. 기준면은 치수측정 및 가공이 편리한 곳을 선택해서 정밀한 가공으로 실시한다.

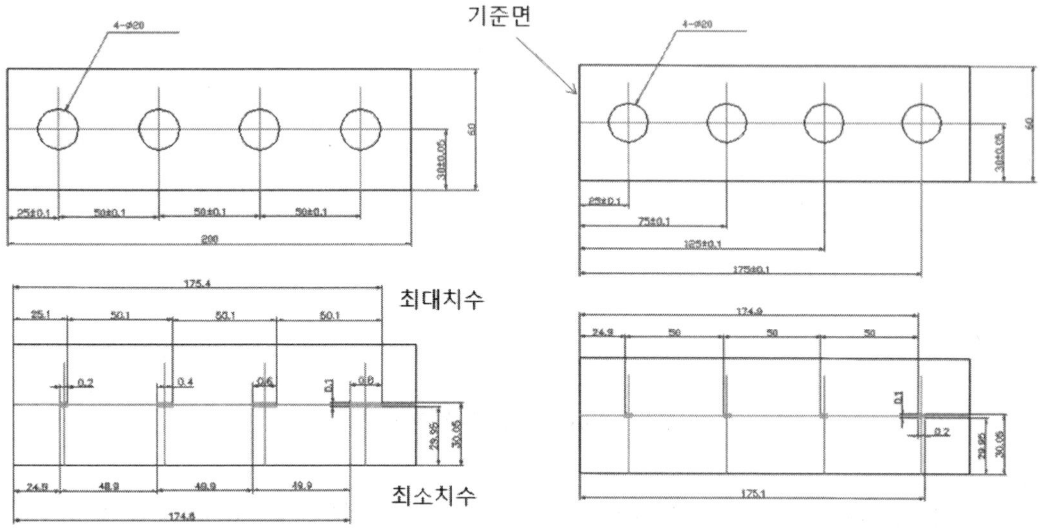

(a) 치수공차 누적 (b) 기준면에서 치수 기입

그림 3.34 누적공차

3.4 끼워 맞춤

3.4.1 끼워 맞춤의 종류

그림 3.35는 틈새와 죔새를 나타낸다. 끼워 맞춤은 2개의 부품이 적당한 틈새 또는 죔새를 가지고 끼워지는 관계를 나타내는 것으로 틈새는 구멍의 치수가 축의 치수보다 클 경우에 발생하고 죔새는 구멍의 치수가 축의 치수보다 작을 경우에 발생한다. 틈새와 죔새에 의하여 발생하는 끼워 맞춤의 종류는 헐거운 끼워 맞춤, 중간 끼워 맞춤 및 억지 끼워 맞춤이 있다.

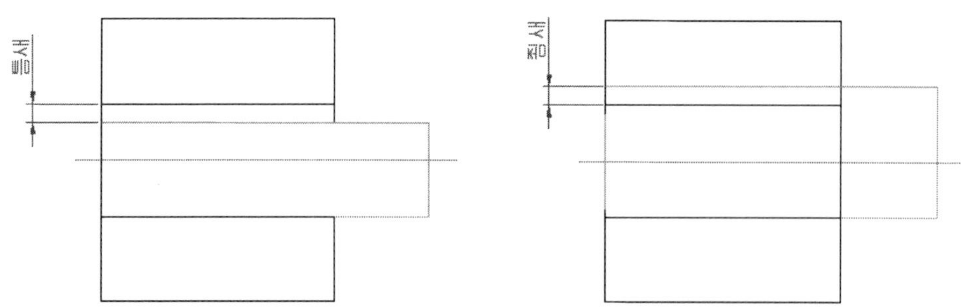

그림 3.35 틈새와 죔새

헐거운 끼워 맞춤은 항상 틈새가 생기는 끼워 맞춤이고 중간 끼워 맞춤은 허용한계 치수 안에서 다듬질한 구멍과 축의 끼워 맞춤에서 발생하며 경우에 따라서 틈새와 죔새가 발생한다. 억지 끼워 맞춤은 항상 죔새가 발생하는 끼워 맞춤이다.

3.4.2 끼워 맞춤의 사례

□ 헐거운 끼워 맞춤

그림 3.36은 헐거운 끼워 맞춤을 나타낸다. 헐거운 끼워 맞춤은 구멍을 기준으로 끼워 맞춤을 실시하는 것으로서 축이 구멍치수보다 항상 작아서 틈새가 생기는 끼워 맞춤이다. 기준치수는 직경 50 [mm]이고 구멍의 최대 허용치수 A는 50.025 [mm], 구멍의 최소 허용치수 B는 50.000 [mm]이다. 축의 최대 허용치수 a는 49.975 [mm]이고 축의 최소 허용치수 b는 49.950 [mm]일 경우에 발생하는 최대 틈새와 최소 틈새는 다음과 같다.

최대 틈새 = A - b = 0.075 [mm]

최소 틈새 = B - a = 0.025 [mm]

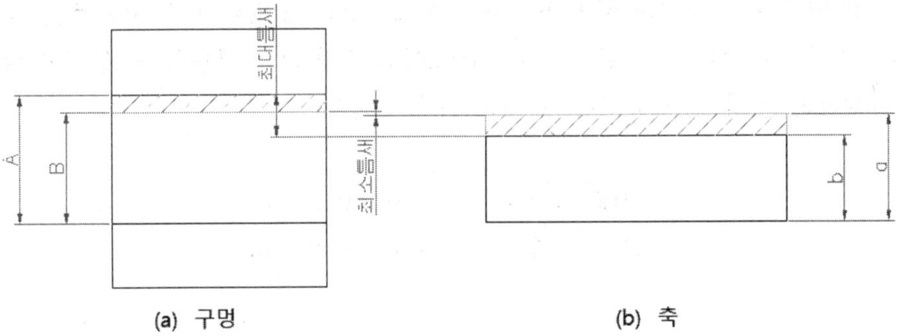

그림 3.36 헐거운 끼워 맞춤

□ 중간 끼워 맞춤

그림 3.37은 중간 끼워 맞춤을 나타낸다. 중간 끼워 맞춤은 구멍을 기준으로 끼워 맞춤을 실시하는 것으로서 허용한계 치수 안에서 다듬질한 구멍과 축의 끼워 맞춤 시에 발생하며, 경우에 따라서는 틈새와 죔새가 발생한다. 기준치수는 직경 50 [mm]이고 구멍의 최대 허용치수 A는 50.025 [mm], 구멍의 최소 허용치수 B는 50.000 [mm]이다. 축의 최대 허용치수 a는 50.011 [mm]이고 축의 최소 허용치수 b는 49.995 [mm]일 경우에 발생하는 최대 틈새와 최소 틈새는 다음과 같다.

최대 죔새 = a - B = 0.011 mm
최대 틈새 = A - b = 0.030 mm

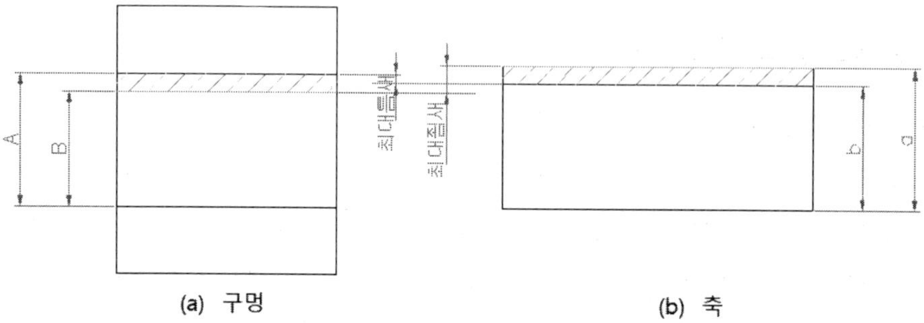

그림 3.37 중간 끼워 맞춤

ㅁ 억지 끼워 맞춤

그림 3.38은 억지 끼워 맞춤을 나타낸다. 억지 끼워 맞춤은 구멍을 기준으로 끼워 맞춤을 실시하는 것으로서 구멍이 축보다 작아서 항상 죔새가 발생하는 끼워 맞춤이다. 기준치수는 직경 50 [mm]이고 구멍의 최대 허용치수 A는 50.025 [mm], 구멍의 최소 허용치수 B는 50.000 [mm]이다. 축의 최대 허용치수 a는 50.050 [mm]이고 축의 최소 허용치수 b는 50.034 [mm]일 경우에 발생하는 최대 죔새와 최소 죔새는 다음과 같다.

최대 죔새 = a - B = 0.050 mm
최소 죔새 = b - A = 0.009 mm

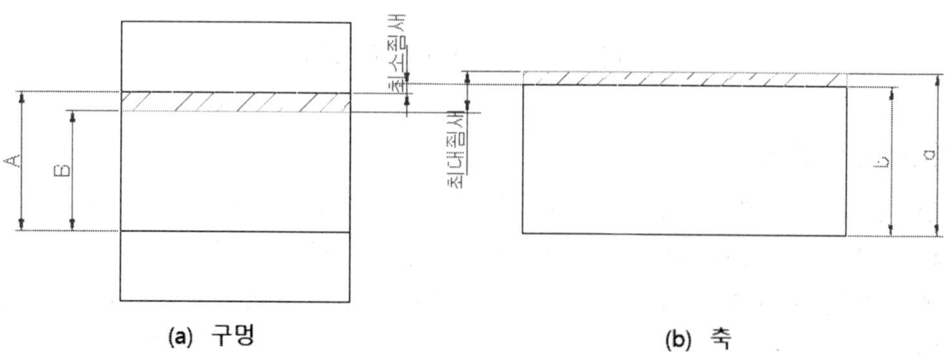

그림 3.38 억지 끼워 맞춤

3.4.3 끼워 맞춤의 방식

끼워 맞춤의 방식은 구멍 기준과 축 기준으로 구분하며, 통상적으로는 끼워 맞춤 시에 발생할 수 있는 수정 가공을 고려하여 구멍 기준으로 끼워 맞춤을 한다. 구멍의 표시에는 로마문자 대문자로 표시하고 축은 소문자를 사용하여 구멍과 축을 구분한다. 구멍 기준은 H5 ~ H10의 6종을 기준 구멍으로 하고 기준 구멍에 축을 끼워 맞춤하며 아래 치수 허용차가 0인 구멍을 사용하고 축 기준은 h4 ~ h9의 6종을 기준 축으로 하고 기준 축에 구멍을 끼워 맞춤하며 윗 치수 허용차가 0인 축을 사용한다.

표 3.12는 단계별 기준치수를 나타낸다. 끼워 맞춤의 방식은 기준치수가 0 ~ 3150 [mm]까지의 구멍과 축에 적용하며 기준치수는 21단계로 구분한다.

표 3.12 단계별 기준치수

단계	치수길이	단계	치수길이	단계	치수길이
1단계	0 ~ 3	8단계	80 ~ 120	15단계	630 ~ 800
2단계	3 ~ 6	9단계	120 ~ 180	16단계	800 ~ 1000
3단계	6 ~ 10	10단계	180 ~ 250	17단계	1000 ~ 1250
4단계	10 ~ 18	11단계	250 ~ 315	18단계	1250 ~ 1600
5단계	18 ~ 30	12단계	315 ~ 400	19단계	1600 ~ 2000
6단계	30 ~ 50	13단계	400 ~ 500	20단계	2000 ~ 2500
7단계	50 ~ 80	14단계	500 ~ 630	21단계	2500 ~ 3150

ㅁ IT 기본공차

IT(ISO Tolerance) 공차는 국제규격을 채용하고 있는 공차를 의미하며, IT 기본공차는 기준치수의 구분에 대응하여 01급에서 16급까지 18등급으로 구분하며, 끼워 맞춤에는 IT5 ~ IT10급이 사용된다.

표 3.13은 끼워 맞춤에 사용되는 기준치수와 IT 기본공차의 관계를 나타낸다. 예를 들어서, 기준치수가 15 [mm]인 경우에는 IT6급을 사용하면 기본공차는 0.011 [mm]가 된다.

표 3.13 IT 기본공차

(단위 : 0.001 mm)

치수(mm) 초과	등급 이하	IT5(5급)	IT6(6급)	IT7(7급)	IT8(8급)	IT9(9급)	IT10(10급)
0	3	4	6	10	14	25	40
3	6	5	8	12	18	30	48
6	10	6	9	15	22	36	58
10	18	8	11	18	27	43	70
18	30	9	13	21	33	52	84
30	50	11	16	25	39	62	100
50	80	13	19	30	46	74	120
80	120	15	22	35	54	87	140
120	180	18	25	40	63	100	160
180	250	20	29	46	72	115	185
250	315	23	32	52	81	130	210
315	400	25	36	57	89	140	230
400	500	27	40	63	97	155	250

ㅁ 끼워 맞춤의 기호표시

그림 3.39는 구멍 기준과 축 기준의 치수 허용차를 나타낸다. 끼워 맞춤에서 사용되는 기호로서 구멍 기준은 로마문자의 대문자를 사용하고 로마문자가 A에 가까워질수록 기초가 되는 아래 치수 허용차 값이 + 가 되고 그 값이 점차 커지므로 헐거운 끼워 맞춤이 되고 Z에 가까워질수록 구멍이 작아져서 억지 끼워 맞춤이 된다. 축 기준은 로마문자의 소문자를 사용하여 표시하며, 로마문자 a에 가까워질수록 기초가 되는 윗 치수 허용차 값이 - 가 되고 그 값이 작아지므로 축은 헐거워지고 Z에 가까워질수록 축이 커져서 억지 끼워 맞춤이 된다.

표 3.14는 구멍 기준의 끼워 맞춤에 사용되는 기초치수에 따른 치수 허용차를 나타낸다. 아래 치수 허용차는 F, FG, G, H를 사용할 수 있으며 윗 치수 허용차는 J, K, M, N, P를 사용할 수 있고 사용 가능한 IT등급은 제한적이다.

표 3.15는 축 기준의 끼워 맞춤에 사용되는 기초치수에 따른 치수 허용차를 나타낸다. 윗 치수 허용차는 f, fg, g, h를 사용할 수 있으며 아래 치수 허용차는 j, k, m, n, p를 사용할 수 있고 사용 가능한 IT등급은 제한적이다.

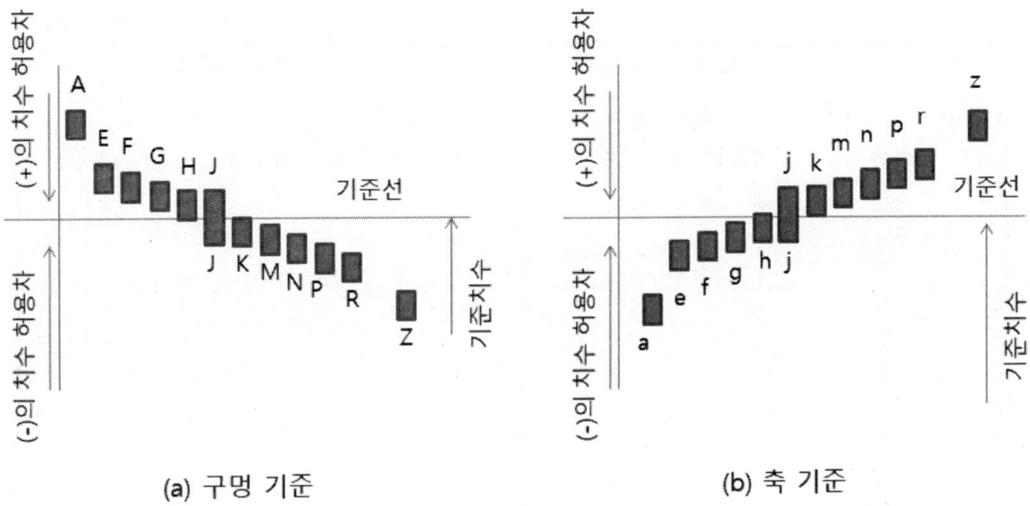

그림 3.39 끼워 맞춤의 기준

표 3.14 구멍기준의 치수 허용차

(단위 : 0.001 mm)

기초 치수		아래 치수 허용차				-	윗 치수 허용차						
치수(mm)	종류	F	FG	G	H	JS	J			K	M	N	P
초과	이하	IT등급 01~ 16				기초가 되는 치수 허용차 없음	6	7	8	3~8	3~8	3~8	1~16
0	3	+6	+4	+2	0		+2	+4	+6	0	-2	-4	-6
3	6	+10	+6	+4	0		+5	+6	+10	-1+Δ	-4	-8	-12
6	10	+13	+8	+5	0		+5	+8	+12	-1+Δ	-6	-10	-15
10	18	+16	-	+6	0		+6	+10	+15	-1+Δ	-7	-12	-18
18	30	+20	-	+7	0		+8	+12	+20	-2+Δ	-8	-15	-22
30	50	+25	-	+9	0		+10	+14	+24	-2+Δ	-9	-17	-26
50	80	+30	-	+10	0		+13	+18	+28	-2+Δ	-11	-20	-32
80	120	+36	-	+12	0		+16	+22	+34	-3+Δ	-13	-23	-37
120	180	+43	-	+14	0		+18	+26	+41	-3+Δ	-15	-27	-43
180	250	+50	-	+15	0		+22	+30	+47	-4+Δ	-17	-31	-50
250	315	+56	-	+17	0		+25	+36	+55	-4+Δ	-20	-34	-56
315	400	+62	-	+18	0		+29	+39	+60	-4+Δ	-21	-37	-62
400	500	+68	-	+20	0		+33	+43	+66	-5+Δ	-23	-40	-70

표 3.15 축 기준의 치수 허용차

(단위 : 0.001 mm)

기초 치수		윗 치수 허용차				-	아래 치수 허용차						
치수(mm) \ 종류		f	fg	g	h	js	j		k		m	n	p
초과	이하	IT등급 01~ 16					5,6	7	4~7	8~16	01~16		
0	3	-6	-4	-2	0	기초가 되는 치수 허용차 없음	-2	-4	0	0	+2	+4	+6
3	6	-10	-6	-4	0		-2	-4	0	0	+4	+8	+12
6	10	-13	-8	-5	0		-2	-5	+1	0	+6	+10	+15
10	18	-16	-	-6	0		-3	-6	+1	0	+7	+12	+18
18	30	-20	-	-7	0		-4	-8	+2	0	+8	+15	+22
30	50	-25	-	-9	0		-5	-10	+2	0	+9	+17	+26
50	80	-30	-	-10	0		-7	-12	+2	0	+11	+20	+32
80	120	-36	-	-12	0		-9	-15	+3	0	+13	+23	+37
120	180	-43	-	-14	0		-11	-18	+3	0	+15	+27	+43
180	250	-50	-	-15	0		-13	-21	+4	0	+17	+31	+50
250	315	-56	-	-17	0		-16	-26	+4	0	+20	+34	+56
315	400	-62	-	-18	0		-18	-28	+4	0	+21	+37	+62
400	500	-68	-	-20	0		-20	-32	+5	0	+23	+40	+70

3.4.4 끼워 맞춤 공차의 표시법

□ 구멍 기준의 끼워 맞춤

구멍 기준의 끼워 맞춤에서 기초가 되는 치수 허용차는 아래 치수 허용차이므로 ∅12G7과 ∅12F6의 아래 치수 허용차는 표 3.14의 기초치수 12에서 G와 F의 값을 읽으면 다음과 같다.

∅12G7의 아래 치수 허용차 = 0.006 [mm]

∅12F6의 아래 치수 허용차 = 0.016 [mm]

윗 치수 허용차는 위의 식에서 구한 아래 치수 허용차와 표 3.13의 IT 기본공차에서 치수 12의 6급과 7급을 사용하면 다음과 같다.

윗 치수 허용차 = 아래 치수 허용차 + IT 기본공차

∅12G7의 윗 치수 허용차 = 0.006 + 0.018 = 0.024 [mm]

∅12F6의 윗 치수 허용차 = 0.016 + 0.011 = 0.027 [mm]

ㅁ 축 기준의 끼워 맞춤

축 기준의 끼워 맞춤에서는 기초가 되는 치수 허용차는 윗 치수 허용차이므로 ∅12g7과 ∅12f6의 윗 치수 허용차는 표 3.15에 의하면 다음과 같다.

∅12g7의 아래 치수 허용차 = - 0.006 [mm]
∅12f6의 아래 치수 허용차 = - 0.016 [mm]

아래 치수 허용차는 윗 치수 허용차와 IT 기본공차를 사용하여 다음과 같이 구한다.

아래 치수 허용차 = 윗 치수 허용차 - IT 기본공차
∅12g7의 아래 치수 허용차 = - 0.006 - 0.018 = - 0.024 [mm]
∅12f6의 아래 치수 허용차 = - 0.016 - 0.011 = - 0.027 [mm]

ㅁ 끼워 맞춤의 공차결정

그림 3.40은 구멍을 기준으로 축을 끼워서 조립하는 끼워 맞춤의 공차를 표시한 것이다. 끼워 맞춤의 기초가 되는 구멍치수는 직경이 12 [mm]이고 구멍의 기호와 등급이 ∅12G7, ∅12F6으로 주어지고 구멍에 끼워지는 축의 기호와 등급이 ∅12g6, ∅12f7으로 주어졌을 경우, 구멍에 축을 조립하는 끼워 맞춤의 공차를 결정하는 방법을 살펴보자.

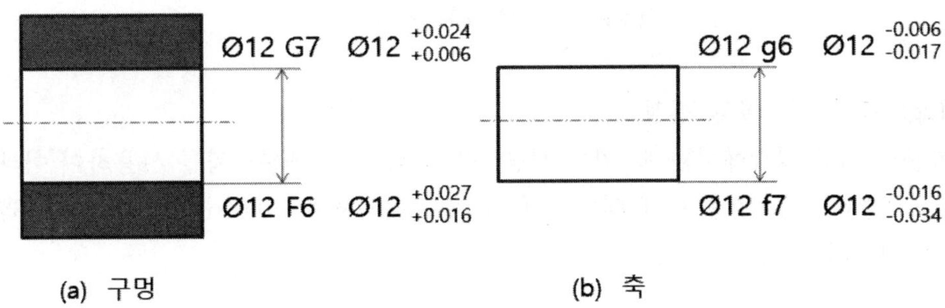

그림 3.40 구멍 기준 끼워 맞춤

가장 먼저 표 3.13에 나타내는 IT등급에서 치수 12의 IT6급과 IT7급의 기본공차를 구하면 다음과 같다.

IT6등급의 기본공차 : 0.011 [mm]
IT7등급의 기본공차 : 0.018 [mm]

1) ∅12G7 구멍의 치수공차 결정

구멍 기준의 끼워 맞춤에서는 아래 치수 허용차를 구하고 IT 기본공차를 사용하여 윗 치수 허용차를 구한다. 기준치수 12에 대한 G의 아래 치수 허용차는 0.006 [mm]이므로 윗 치수 허용차는 다음과 같다.

$$\text{윗 치수 허용차} = 0.006 + 0.018 = 0.024 \text{ [mm]}$$

따라서, ∅12G7의 치수공차는 다음과 같이 결정된다.

$$\varnothing 12\,^{+0.024}_{+0.006}$$

2) ∅12F6 구멍의 치수공차 결정

구멍 기준의 끼워 맞춤에서는 아래 치수 허용차를 구하고 IT 기본공차를 사용하여 윗 치수 허용차를 구한다. 기준치수 12에 대한 F의 아래 치수 허용차는 0.016 [mm]이므로 윗 치수 허용차는 다음과 같다.

$$\text{윗 치수 허용차} = 0.016 + 0.011 = 0.027 \text{ [mm]}$$

따라서, ∅12F6의 치수공차는 다음과 같이 결정된다.

$$\varnothing 12\,^{+0.027}_{+0.016}$$

3) ∅12g6 축의 치수공차 결정

축 기준의 끼워 맞춤에서는 윗 치수 허용차를 구하고 IT 기본공차를 사용하여 아래 치수 허용차를 구한다. 기준치수 12에 대한 g의 윗 치수 허용차는 - 0.006 [mm]이므로 아래 치수 허용차는 다음과 같다.

$$\text{아래 치수 허용차} = -0.006 - 0.011 = -0.017 \text{ [mm]}$$

따라서, ∅12g6의 치수공차는 다음과 같이 결정된다.

$$\varnothing 12\,^{-0.006}_{-0.017}$$

4) ∅12f7 축의 치수공차 결정

축 기준의 끼워 맞춤에서는 윗 치수 허용차를 구하고 IT 기본공차를 사용하여 아래 치수 허용차를 구한다. 기준치수 12에 대한 f의 윗 치수 허용차는 - 0.016 [mm]이므로 아래 치수 허용차는 다음과 같다.

$$\text{아래 치수 허용차} = -0.016 - 0.018 = -0.034\ [\text{mm}]$$

따라서, ∅12f7의 치수공차는 다음과 같이 결정된다.

$$\varnothing 12\,^{-0.016}_{-0.034}$$

3.4.5 상용 끼워 맞춤 공차의 표시법

제품의 성질과 회사의 기술실정을 고려하여 적당한 공차의 등급을 설정할 필요가 있으며, 치수공차를 작게 결정하면 생산비가 급증하므로 주의할 필요 있다. 끼워 맞춤은 축 또는 구멍 기준 어느 한쪽을 기준으로 정하며, 구멍 기준은 반드시 H로 표시하고 아래 치수 허용차가 0이다. 축 기준은 반드시 h로 표시하고 윗 치수 허용차가 0이다.

표 3.16과 표 3.17은 KS규격에서 추천되고 있는 상용 끼워 맞춤의 사례로서 구멍 기준과 축 기준의 나타낸다.

표 3.18과 표 3.19는 기계부품의 상용 끼워 맞춤의 사례를 나타내고 있으므로 기계부품 설계 시에 참조할 필요가 있다.

표 3.16 구멍 기준의 상용 끼워 맞춤

기준구멍	헐거운 끼워맞춤						중간 끼워맞춤				억지 끼워맞춤						
	b	c	d	e	f	g	h	js	k	m	n	p	r	s	t	u	x
H5						4	4	4	4	4							
H6						5	5	5	5	5							
					6	6	6	6	6	6	6*	6*					
H7				(6)	6	6	6	6	6	6	6	6*	6*	6	6	6	6
				7	7	(7)	7	7	(7)	(7)	(7)	(7)*	(7)*	(7)	(7)	(7)	(7)
H8					7		7										
				8	8		8										
			9	9													
H9			8	8			8										
		9	9	9			9										
H10	9	9	9														

- * 표시는 치수의 구분에 따라서 예외가 발생
- () 를 사용한 것은 가능한 사용하지 않는다.

표 3.17 축 기준의 상용 끼워 맞춤

기준구멍	헐거운 끼워맞춤						중간 끼워맞춤				억지 끼워맞춤						
	B	C	D	E	F	G	H	JS	K	M	N	P	R	S	T	U	X
h4							5	5	5	5							
h5							6	6	6	6	6*	6					
h6					6	6	6	6	6	6	6	6*					
				(7)	7	7	7	7	7	7	7	7*	7	7	7	7	7
h7				7	7	(7)	7	(7)	(7)	(7)	(7)	(7)	7*	(7)			
					8		8										
h8			8	8	8		8										
			9	9			9										
h9			8	8			8										
		9	9	9			9										
	10	10	10														

- * 표시는 치수의 구분에 따라서 예외가 발생
- () 를 사용한 것은 가능한 사용하지 않는다.

표 3.18 기계부품의 상용 끼워 맞춤 사례

<table>
<tr><th colspan="2">부품명 혹은 조건</th><th>구분</th><th>기호</th><th>적용 예</th></tr>
<tr><td colspan="2">전동기의 축</td><td>상대내경
전동기 축</td><td>H6
m6</td><td>커플링, 풀리
치차 등</td></tr>
<tr><td rowspan="3">KEY
부착 축</td><td>일반의 경우</td><td>내경
상대 축</td><td>H6
m6~n5</td><td></td></tr>
<tr><td>웜 휠</td><td>내경
상대 축</td><td>H6
h6</td><td></td></tr>
<tr><td>분할형 커플링</td><td>내경
상대 축</td><td>H7
h6</td><td></td></tr>
<tr><td colspan="2">일체형 BUSH</td><td>BOSS 내경
BUSH 압입후
상대 축</td><td>H7
H8
d8</td><td>ROPE SHEAVE
차륜</td></tr>
<tr><td colspan="2">분할형 BUSH</td><td>BOSS 내경
BUSH 외경
BUSH 내경
상대 축</td><td>H7
h6
H7
d8</td><td></td></tr>
<tr><td rowspan="5">구름베어링
관련 맞춤</td><td>내륜 회전</td><td>내경
상대 축</td><td>H6
k6</td><td></td></tr>
<tr><td>외륜회전
(경부하)</td><td>내경
상대 축</td><td>J6
h6</td><td></td></tr>
<tr><td>외륜회전
(중부하)</td><td>내경
상대 축</td><td>K6
h6</td><td></td></tr>
<tr><td>베어링용 Collar</td><td>상대 축</td><td>d8</td><td></td></tr>
<tr><td>SHEAVE용 중공축</td><td>상대 축</td><td>f7</td><td></td></tr>
<tr><td rowspan="2">Collar 와의
끼워 맞춤</td><td>축의공차가 +경우</td><td>칼러 내경</td><td>E7</td><td></td></tr>
<tr><td>일반의 경우</td><td>내경
상대 축</td><td>H7
h6</td><td></td></tr>
<tr><td rowspan="2">오일 씰과의
끼워 맞춤</td><td>BOSS 내경</td><td>내경</td><td>H7</td><td></td></tr>
<tr><td>축 혹은 칼라</td><td>외경</td><td>d8</td><td></td></tr>
<tr><td rowspan="2">Pin 과
Pin Hole</td><td>일반의 경우</td><td>내경
상대 축</td><td>H8
d8</td><td></td></tr>
<tr><td>큰 틈이 필요한
경우</td><td>내경
상대 축</td><td>H10
d8</td><td></td></tr>
<tr><td colspan="2">미끄럼운동부</td><td>내경
상대 축</td><td>H7
f7</td><td></td></tr>
</table>

표 3.19 상용하는 구멍기준의 끼워 맞춤 사례

기준 구멍	끼워 맞춤의 종류		구멍, 축 가공법	조립, 분해작업 및 틈새의 상태	적용 사례
6급 구멍	H6/n6	억지	연삭, 래핑, 슈퍼피니싱, 극정밀가공	프레스, 잭 등으로 가벼운 압입	각종 기계, 엔진 및 그 부속품, 고급 공작기계, 베어링, 기타 정밀기계의 주요 부분
	H6/k5 H6/k6 H6/j5 H6/j6	중간		손망치 등으로 때려 박음	
	H6/h5 H6/h6	헐거움		윤활유 사용으로 쉽게 이동 가능	
7 · 8급 구멍	H7/u6 ~ 7/r6	억지	연삭, 또는 정밀가공	수압기 등에 의한 강력 압입, 수축 끼워 맞춤	차륜과 타이어, 축과 바퀴, 회전체와 축의 결합부분
	H7/t7 ~ 7/p6			수압기, 프레스 등의 가벼운 압입	주찰 차륜, 청동부시, 베어링용 라이닝을 끼울 때
	H7/m6 H7/n6	중간		쇠망치로 때려 박음, 뽑아내기	자주 분해하지 않은 축과 기어, 플랜지 이음, 볼 베어링의 끼워 맞춤
	H7/j6			나무망치, 납망치로 때려 박음	키, 볼베어링의 끼워 맞춤, 축 칼라, 변속기어의 축
	H7/h6	헐거움		윤활유를 공급하면 손으로도 움직임	긴 축에 끼는 키, 고정 풀리와 축 칼라
	H7/g6			틈새가 근소하고 윤활유 사용으로 서로 운동	연삭기의 스핀들 베어링, 정밀공작기계의 주축과 베어링
	H7/f7			작은 틈새, 윤활유 사용으로 서로 운동	크랭크 축, 크랭크 핀과 베어링
	H8/e8			조금 큰 틈새	다소 하급인 베어링과 축, 소형엔진의 축과 베어링
8 · 9급 구멍	H8/h8		보통가공	쉽게 끼고 빼고 미끄러짐	축, 칼라, 풀리와 축, 소형엔진의 축과 베어링
	H8/t8			작은 틈새, 윤활유 사용으로 서로 운동	크랭크 베어링, 원심펌프, 송풍기 등의 베어링과 축
	H8/td9			큰 틈새, 윤활유 사용으로 서로 운동	차량 베어링, 요동 베어링, 아이들 휠과 축
	H9/c9 H9/d8			대단히 큰 틈새, 윤활유 사용으로 서로 운동	

예제 3.1]

그림 3.41은 스퍼 기어의 도면을 나타내며 주서에는 하기와 같이 표시되어 있다. 구멍 기준의 끼워 맞춤 공차가 주어진 ø15H7, 17.3H11, 5JS9의 치수공차를 구하라.

주서

- 일반공차 가공부 KS B 0412 보통급
- 일반공차 주조부 KS B 0411 보통급
- 도시하고 지시 않은 모따기 C1, 라운딩 R3
- 도시되지 않은 일반 모따기 C0.2~0.5

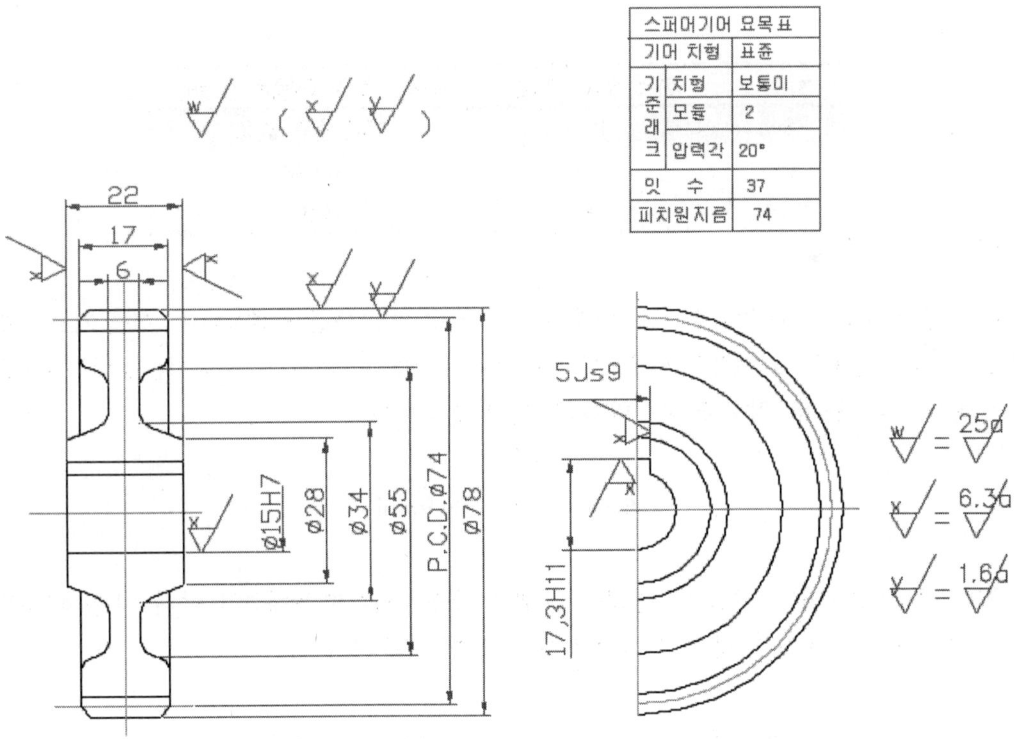

그림 3.41 스퍼 기어

풀이]

끼워 맞춤의 기호가 주어진 각 치수에 대한 IT 기본공차는 다음과 같다.

치수	IT등급	공차 [mm]
5	9	0.030
15	7	0.018
17.3	11	0.110

구멍 기준의 끼워 맞춤이므로 각 치수에 주어진 기초치수인 아래 치수 허용차는 다음과 같다.

치수	끼워 맞춤 기호	아래 치수 허용차 [mm]
5	JS	기초치수 없음
15	H	0.000
17.3	H	0.000

- 구멍기준 5JS9의 치수공차 결정을 위해서는 윗 치수 허용차를 구해야하며, JS는 기초치수가 없으므로 치수공차는 IT 기본공차에 ±를 사용하여 결정한다. 치수 5의 IT 기본공차는 IT9급으로 0.030 [mm]이므로 치수공차는 다음과 같이 결정한다.

$$5JS9 = 5 \pm 0.015 \text{ [mm]}$$

- 구멍기준 ø15H7의 치수공차 결정을 위해서 치수 15의 기초치수인 아래 치수 허용차와 IT 기본공차를 사용하여 윗 치수 허용차를 구하면 다음과 같다.

$$\text{윗 치수 허용차} = 0.000 + 0.018 = 0.018 \text{ [mm]}$$

따라서, 구멍기준의 치수 15의 치수공차는 다음과 같다.

$$Ø15H7 = Ø15^{+0.018}_{\ 0.0}$$

- 구멍기준 17.3H11의 치수공차 결정을 위해서 치수 17.3의 기초치수인 아래 치수 허용차와

IT 기본공차를 사용하여 윗 치수 허용차를 구하면 다음과 같다.

$$\text{윗 치수 허용차} = 0.000 + 0.110 = 0.110\ [\text{mm}]$$

따라서, 구멍기준 치수 17.3의 치수공차는 다음과 같다.

$$17.3\text{H11} = 17.3^{+0.110}_{0.0}$$

예제 3.2]

그림 3.42는 베어링 몸체의 도면을 나타내며 주서에는 하기와 같이 표시되어 있다. 구멍기준의 끼워 맞춤 공차가 주어진 ø35H7, 47H7n6, ø65g6의 치수공차를 구하라.

주서
- 일반공차 가공부 KS B 0412 보통급
- 일반공차 주조부 KS B 0411 보통급
- 도시하고 지시 않은 모따기 C1, 라운딩 R3
- 도시되지 않은 일반 모따기 C0.2~0.5

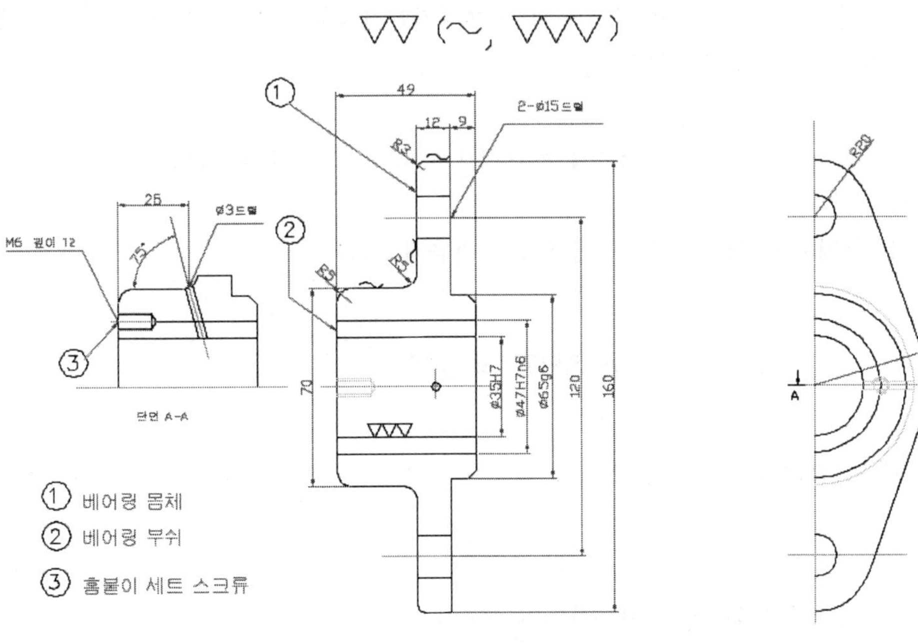

그림 3.42 베어링 몸체

풀이]

끼워 맞춤 공차가 주어진 각 치수에 대한 IT 기본공차는 다음과 같다.

치수	IT등급		공차 [mm]	
35	7		0.025	
47	6	7	0.016	0.025
65	6		0.019	

구멍 기준의 끼워 맞춤은 아래 치수 허용차를 기초치수로, 축 기준의 끼워 맞춤은 윗 치수 허용차를 기초치수로 사용하므로 각 치수의 허용차는 다음과 같다.

치수	끼워 맞춤 기호		윗/아래 치수 허용차 [mm]	
35	H		0.000	
47	n	H	0.017	0.000
65	g		- 0.010	

- 구멍 기준 ø35H7의 치수공차 결정을 위해서는 윗 치수 허용차를 구해야하며, 치수 35의 아래 치수 허용차는 0.000 [mm]이고 IT 기본공차는 IT7급으로 0.025 [mm]이므로 윗 치수 허용차는 다음과 같이 결정한다.

윗 치수 허용차 = 0.000 + 0.025 = 0.025 [mm]

따라서, 구멍기준 치수 35의 치수공차는 다음과 같다.

$$\text{ø}35H7 = \text{ø}35^{+0.025}_{0}$$

- 구멍 기준 47H7의 치수공차 결정을 위해서 치수 47의 윗 치수 허용차를 구하면 다음과 같다.

윗 치수 허용차 = 0.000 + 0.025 = 0.025 [mm]

따라서, 구멍기준 치수 47의 치수공차는 다음과 같다.

$$47H7 = 47^{+0.025}_{0}$$

- 축 기준 47n6의 치수공차 결정을 위해서 기초치수인 아래 치수 허용차 0.017 [mm]와 IT 기본공차 0.016 [mm]를 사용하여 치수 47의 윗 치수 허용차를 구하면 다음과 같다.

윗 치수 허용차 = 0.017 + 0.016 = 0.033 [mm]

따라서, 축 기준 치수 47의 치수공차는 다음과 같다.

$$47n6 = 47^{+0.033}_{+0.017}$$

- 축 기준 ø65g6의 치수공차 결정을 위해서 치수 65의 아래 치수 허용차를 구하면 다음과 같다.

아래 치수 허용차 = - 0.010 - 0.019 = - 0.029 [mm]

따라서, 축 기준 치수 65의 치수공차는 다음과 같다.

$$ø65g6 = ø65^{-0.010}_{-0.029}$$

3.5 기하공차

기하공차(Geometric Dimensioning and Tolerancing, GD&T)는 공학설계 및 3D 솔리드설계(CAD)에 기본치수와 허용 가능한 편차를 나타내는 기호언어를 의미하며, 일반적으로 GD&T로 많이 사용된다. 또한 기하공차는 기계부품이나 조립품의 기본치수를 정의하기 위하여 사용되며, 각 형상의 크기나 허용 가능한 편차를 정의하여 기계부품의 조립성에 관계한다.

치수, 공차 및 기하공차는 각각 다른 의미를 가지고 있다. 치수는 설계하려는 대상물의 기본치수를 나타내며, 공차는 각 형상이 허용 가능한 편차를 나타내는 것이고 기하공차는 주로 공학설계에 사용되며 기계부품의 모양을 구성하는 형상, 자세 및 위치에 대하여 정밀한 공차를 부여하는 것으로서 설계자가 요구하는 기하학적인 공차 범위로 가공하게 하기 위한 규정(KS B 0608)이다.

3.5.1 기하공차의 종류

□ 데이텀 표시법

기계부품의 형상, 자세, 위치 및 흔들림에 대하여 기하공차를 지시하는 경우, 이들을 측정하기 위한 기하학적인 기준이 되는 선 혹은 면을 데이텀이라고 한다. 데이텀은 삼각기호 △ 또는 ▲로 표시되고 부품의 기능을 고려하여 필요한 경우에는 복수의 선 혹은 면을 데이텀으로 설정할 수 있다.

그림 3.43은 데이텀을 도시한 형태를 나타낸다. 데이텀은 기하공차의 영역을 규제하기 위하여 설정된 이론적으로 정확한 기하학적 기준을 의미하고 데이텀의 삼각기호는 까맣게 칠해도 되고 칠하지 않아도 된다.

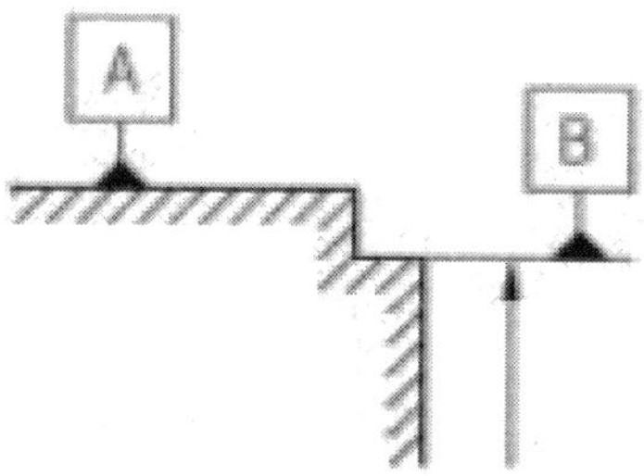

그림 3.43 데이텀의 표시방법

□ 치수 및 공차의 적용 원칙

기하공차의 실제 목적은 기계부품과 조립품의 치수 요구조건을 더 정확하게 정의하고자 하는 것으로 모든 기계부품이 허용치수로 생산되었을 때, 조립품도 허용치수 범위 내로 조립되어 기능적인 요구조건을 모두 만족할 수 있어야 하므로 치수 및 공차를 적용하기 위한 기본원칙은 다음과 같다.

- 모든 기계부품의 치수는 공차가 명시되어야 하고 모든 제조부품은 편차가 있으므로 허용가능한 편차의 한계 값이 명시되어 있어야한다.
- 치수와 공차는 기본치수와 허용편차를 적용하는데 쓰이고 거리측정과 확대, 축소는 특정한 경우를 제외하고 허용되지 않는다.
- 공학설계는 제품의 최종결과에 대한 정의이므로 모든 치수와 공차는 최종결과에 표시되어야 한다.
- 치수는 형상에 적용되어야 하며 형상의 기능을 표시할 수 있도록 정렬되어야 한다.
- 치수는 특정 생산방법을 의미하는 것이 아니라 제품에 대한 조건일 뿐이므로 생산방법에 대한 표기는 피해야한다.

- 모든 치수와 공차는 읽기 편하도록 지시되어야 하며, 보이는 선으로 가이드가 되어 있어야 한다.
- 치수가 검사도구의 크기에 영향을 받을 경우 치수는 검사도구의 삽입방향이 표기되어있어야 한다.
- 치수와 공차는 별도로 지시하지 않으면, 20 [℃]의 온도에서 적용됨을 의미한다.
- 치수와 공차는 전체 형상의 폭, 길이, 깊이에 적용된다.

□ 기하공차의 종류 및 도시방법

표 3.20은 기계부품의 형상설계에 사용되고 있는 기하공차의 종류와 기호를 나타낸다. 기하공차는 모양공차, 자세공차, 위치공차 및 흔들림 공차로 구분되며, 모양공차에는 진직도, 평면도, 진원도, 원통도, 선의 윤곽도 및 면의 윤곽도 공차로 구분된다. 자세공차는 평행도, 직각도 및 경사도 공차로 구분하고 위치공차는 위치도, 동축도(동심도) 및 대칭도 공차로 구분되며 흔들림 공차는 원주 흔들림과 온 흔들림 공차로 구분한다.

표 3.20 기하공차의 종류와 기호표시

공차의 종류		기호
모양 공차	진직도 공차	⏤
	평면도 공차	⏥
	진원도 공차	○
	원통도 공차	⌭
	선의 윤곽도 공차	⌒
	면의 윤곽도 공차	⌓
자세 공차	평행도 공차	//
	직각도 공차	⊥
	경사도 공차	∠
위치 공차	위치도 공차	⌖
	동축도(동심도) 공차	◎
	대칭도 공차	⌯
흔들림 공차	원주 흔들림 공차	↗
	온 흔들림 공차	⌰

그림 3.44는 기하공차의 도시방법을 나타낸다. 기하공차를 기계도면에 도시할 경우에는 도면에 지정하는 대상물의 모양, 자세, 위치의 편차 및 흔들림의 허용 값에 대해서는 원칙적으로 기하공차에 의하여 도시한다. 기하공차는 기능상의 요구 및 호환성 등에 의거하여 필요 불가결한 곳에 만 지정하고 형상에 지정한 치수의 허용한계는 특별한 지시가 없는 한 기하공차를 규제하지 않는다. 기하공차의 표시 방법으로는 기하공차의 종류 기호, 공차값, 데이텀(기준)을 지시하는 문자기호로 표시하며, 복수의 데이텀을 사용하거나 생략하는 경우도 있다. 또한 6구멍과 같이 형상의 공차에 연관시켜 지시할 경우도 있으며 1개의 형상에 2개 이상의 공차 표시를 한 경우도 있다.

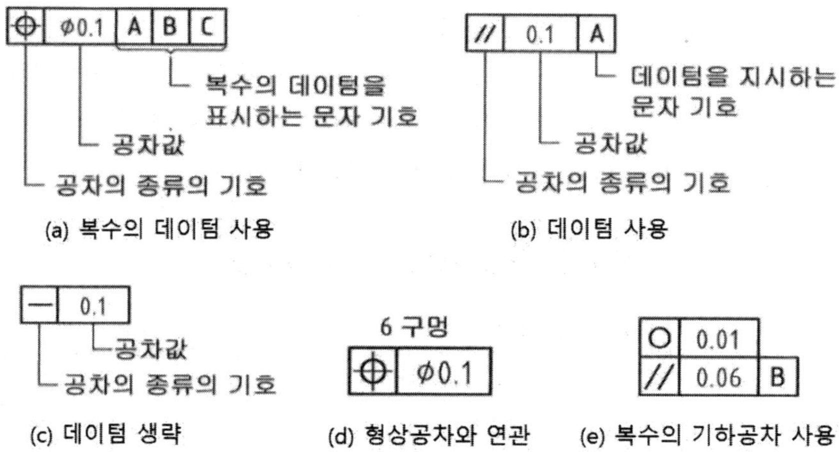

그림 3.44 기하공차 도시방법

3.5.2 기하공차의 정의와 해석

□ 진직도의 정의와 해석

그림 3.45는 진직도의 정의와 도시방법을 나타낸다. 진직도 공차역은 기계부품의 표면 요소로서 지정된 방향의 절단면 내에서 t만큼 떨어진 2개의 평행한 직선 사이에 있는 영역이다. 지시선의 화살표로 나타낸 면은 공차 기입란을 표시한 도형의 투상면에 평행한 평면으로 절단했을 때, 절단면에 나타난 선은 0.1 [mm]만큼 떨어진 2개의 평행한 직선 사이에 있어야 한다.

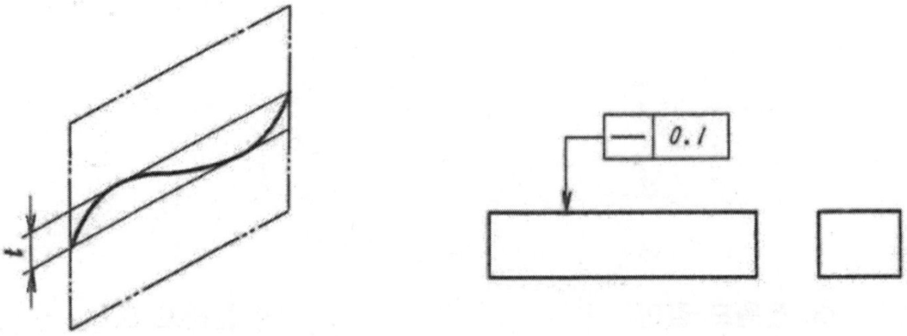

(a) 진직도 정의 (b) 진직도 도시

그림 3.45 진직도 도시방법

□ 평면도의 정의와 해석

그림 3.46은 평면도의 정의와 도시방법을 나타낸다. 평면도의 공차역은 t만큼 떨어진 2개의 평행한 평면 사이에 있는 영역이고 평면도 공차가 지시되고 있는 기계부품의 표면은 0.08 [mm]만큼 떨어진 2개의 평행한 평면 사이에 있어야 한다.

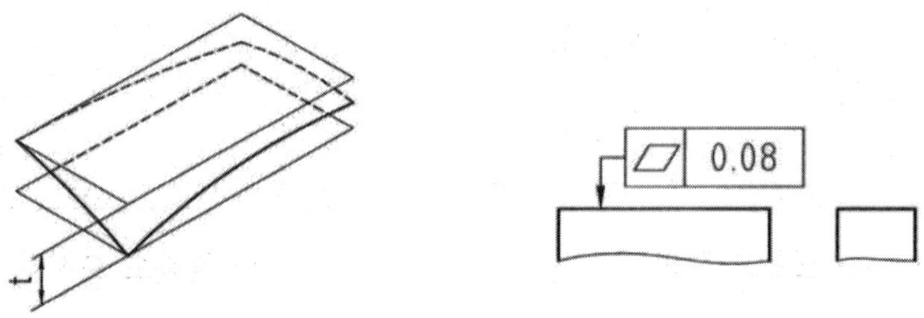

(a) 평면도 정의 (b) 평면도 도시

그림 3.46 평면도 도시방법

□ 진원도의 정의와 해석

그림 3.47은 진원도의 정의와 도시방법을 나타낸다. 대상으로 하는 평면 내에서의 진원도 공차역은 t만큼 떨어진 2개의 동심원 사이의 영역이고 바깥지름의 면은 임의의 축 직각 단면에서 바깥둘레와 동일한 평면 위에서 0.03 [mm]만큼 떨어진 2개의 동심원 사이에 있어야 한다.

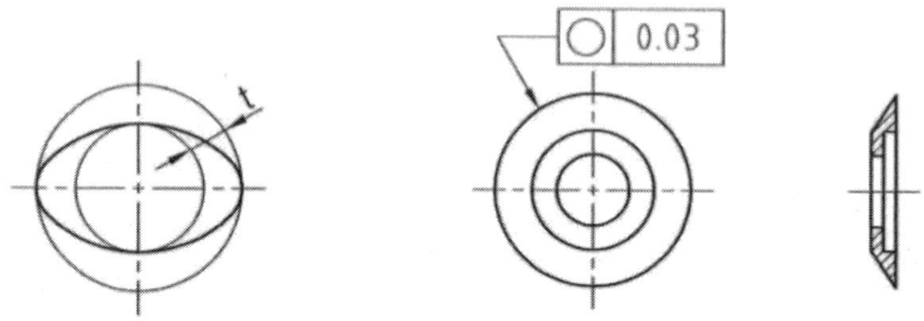

(a) 진원도 정의 (b) 진원도 도시

그림 3.47 진원도 도시방법

□ 원통도의 정의와 해석

그림 3.48은 원통도의 정의와 도시방법을 나타낸다. 원통도의 공차역은 t만큼 떨어진 2개의 동축 원통면 사이의 영역이고 대상으로 하고 있는 면은 0.1 [mm]만큼 떨어진 2개의 동축 원통면 사이에 있어야 한다.

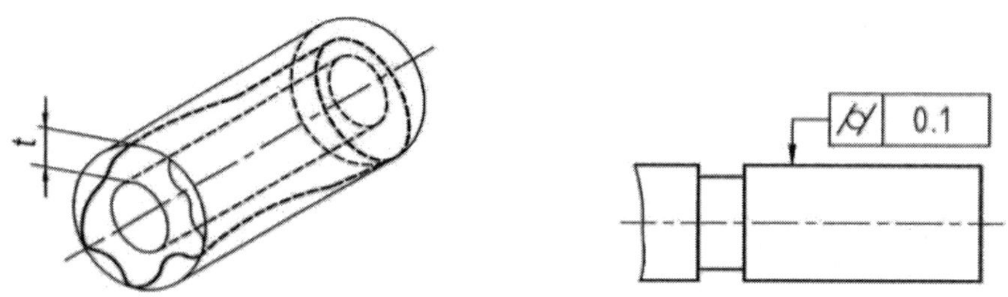

(a) 원통도 정의 (b) 원통도 도시

그림 3.48 원통도 도시방법

□ 평행도의 정의와 해석

그림 3.49는 평행도의 정의와 도시방법을 나타낸다. 데이텀 직선에 대한 선의 평행도 공차역은 1개의 평면에 투상되었을 때에는 데이텀 직선에 평행하고, t만큼 떨어진 2개의 평행한 직선 사이에 있는 영역이다. 평행도 지시선의 화살표로 나타내는 지름 0.1 [mm]의 축선은 데이텀의 축 직선 A에 평행한 지름 0.1 [mm]의 원통 안에 있어야 한다.

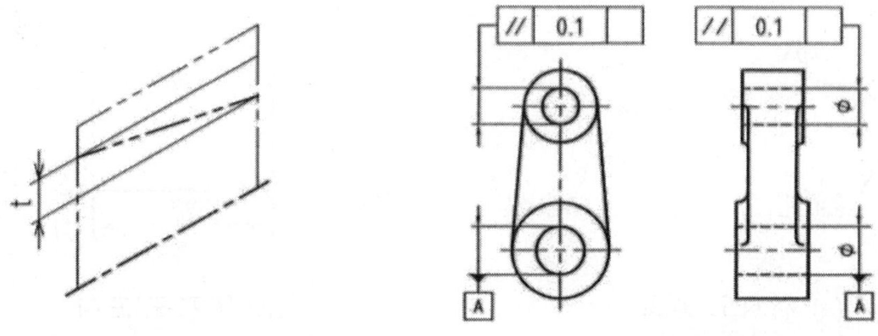

(a) 평행도 정의 (b) 평행도 도시

그림 3.49 평행도 도시방법

□ 직각도의 정의와 해석

그림 3.50은 직각도의 정의와 도시방법을 나타낸다. 직각도 공차역은 데이텀의 평면에 대한 선의 직각도 공차이고 원통의 축선은 데이텀 평면에 수직하고, 또한 직각도 지시선의 화살표 방향으로 0.2 [mm] 만큼 떨어진 2개의 평행한 평면 사이에 있어야 한다.

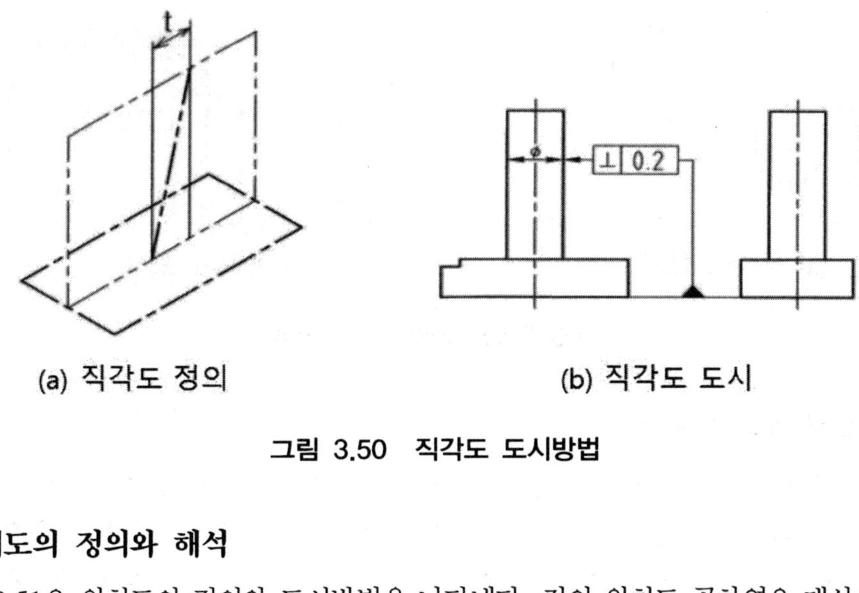

(a) 직각도 정의 (b) 직각도 도시

그림 3.50 직각도 도시방법

□ 위치도의 정의와 해석

그림 3.51은 위치도의 정의와 도시방법을 나타낸다. 점의 위치도 공차역은 대상으로 하고 있는 점의 정확한 위치(이하 진위치라고 한다)를 중심으로 하는 지름 t의 원 또는 구의 안쪽 영역이다. 위치도 지시선의 화살표로 나타낸 점은 데이텀 직선 A로부터 15 [mm], 데이텀 직선 B로부터 25 [mm] 떨어진 위치를 중심으로 하는 지름 0.03 [mm]의 원 안쪽에 있어야 한다.

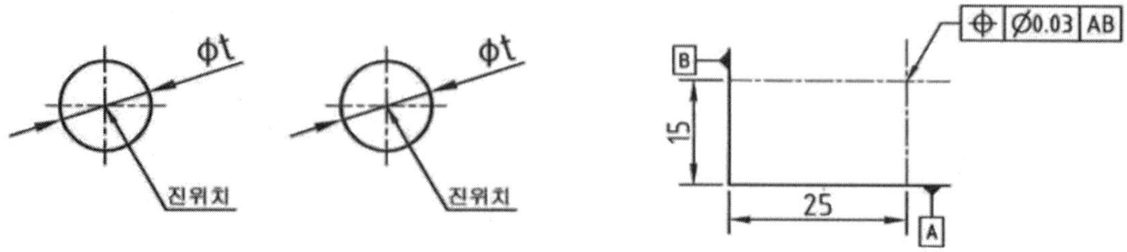

(a) 위치도 정의 (b) 위치도 도시

그림 3.51 위치도 도시방법

□ 동축도의 정의와 해석

그림 3.52는 동축도의 정의와 도시방법을 나타낸다. 동축도 공차역은 공차를 나타내는 수치 앞에 기호 Ø가 붙어있는 경우, 이 공차역은 데이텀의 축 직선과 일치한 축선을 가지는 지름 t인 원통안의 영역이다. 동축도 지시선의 화살표로 나타낸 축선은 데이텀의 축 직선 A-B를 축선으로 하는 지름 0.08 [mm]인 원통 안에 있어야 한다.

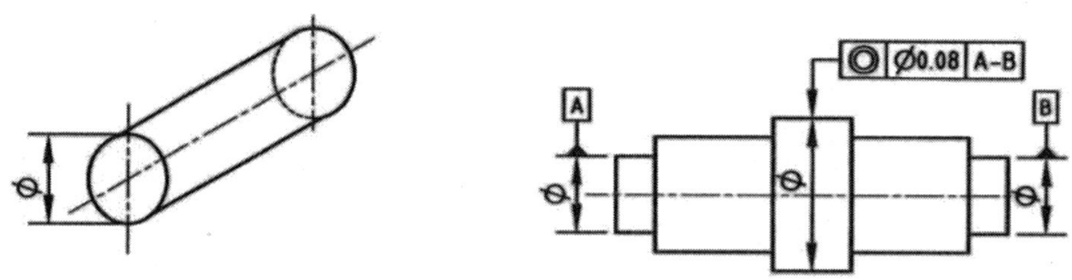

(a) 동축도 정의 (b) 동축도 도시

그림 3.52 동축도 도시방법

□ 대칭도의 정의와 해석

그림 3.53은 대칭도의 정의와 도시방법을 나타낸다. 데이텀의 중심 평면에 대한 선의 대칭도 공차역은 공차의 지정이 한 방향에만 있는 경우, 이 공차역은 데이텀의 중심 평면에 대하여 대칭으로 배치되고, 서로 t만큼 떨어진 2개의 평행한 평면 사이에 있는 영역이다. 대칭도 지시선의 화살표로 나타낸 축선은 데이텀의 중심 평면 A-B에 대칭으로 0.08 [mm]의 간격을 갖는 평행한 2개의 평면 사이에 있어야 한다.

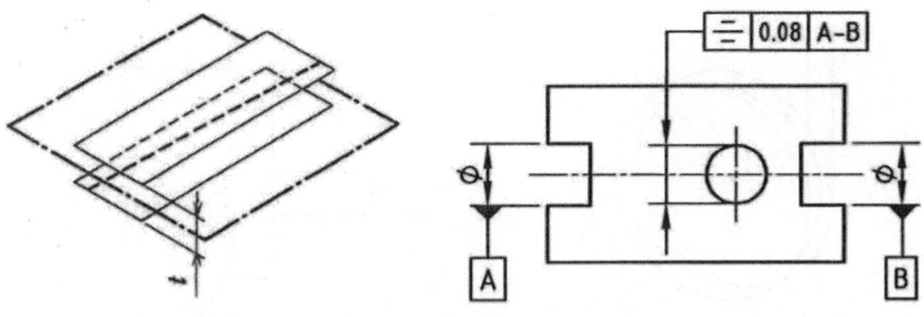

(a) 대칭도 정의 (b) 대칭도 도시

그림 3.53 대칭도 도시방법

□ 원주 흔들림 공차의 정의와 해석

그림 3.54는 원주 흔들림 공차의 정의와 도시방법을 나타낸다. 축 방향의 원주 흔들림 공차역은 임의의 반지름 방향의 위치에 있어서 데이텀의 축 직선과 일치하는 축선을 가지는 측정 원통 위에 있고, 축 방향으로 t만큼 떨어진 2개의 원 사이에 낀 영역이다. 원주 흔들림 공차 지시선의 화살표로 나타낸 원통 측면의 축 방향 흔들림은 축 직선 A에 대하여 1회전할 때 0.1 [mm]를 초과하면 안 된다.

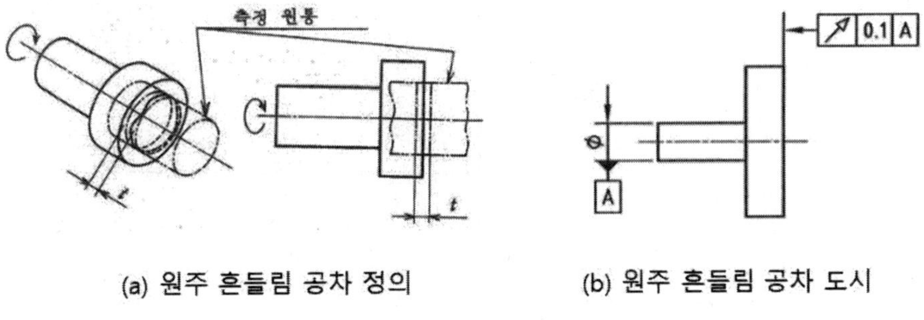

(a) 원주 흔들림 공차 정의 (b) 원주 흔들림 공차 도시

그림 3.54 원주 흔들림 공차 도시방법

□ 온 흔들림 공차의 정의와 해석

그림 3.55는 온 흔들림 공차의 정의와 도시방법을 나타낸다. 축 방향 온 흔들림 공차역은 데이텀의 축 직선에 수직하고 데이텀의 축 직선 방향으로 t만큼 떨어진 2개의 평행한 평면 사이에 있는 영역이다. 온 흔들림 공차 지시선의 화살표로 나타낸 원통측 방향의 온 흔들림은 데이텀의 축 직선 A에 대하여 원통 측면을 회전시켰을 시에 원통 측면 위의 임의의 점에서 0.1 [mm]를 초과해서는 안 된다.

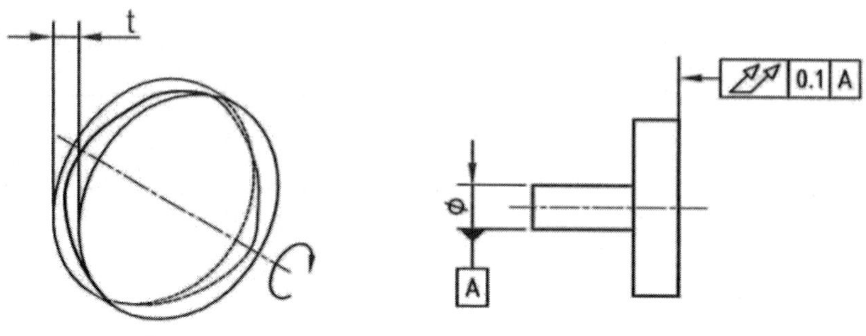

(a) 온 흔들림 공차 정의 (b) 온 흔들림 공차 도시

그림 3.55 온 흔들림 공차 도시방법

〈연습문제〉

3-1. 도면양식을 사용하여 모형공간에서 도면을 작성하고 배치공간에서 A4양식에 도면을 배치하고 플롯 미리보기를 실행하라. 도시하고 지시없는 모따기 C1, 라운드 R3이다.

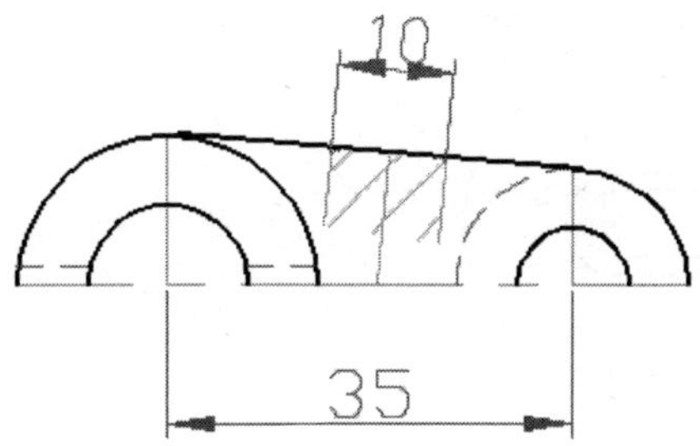

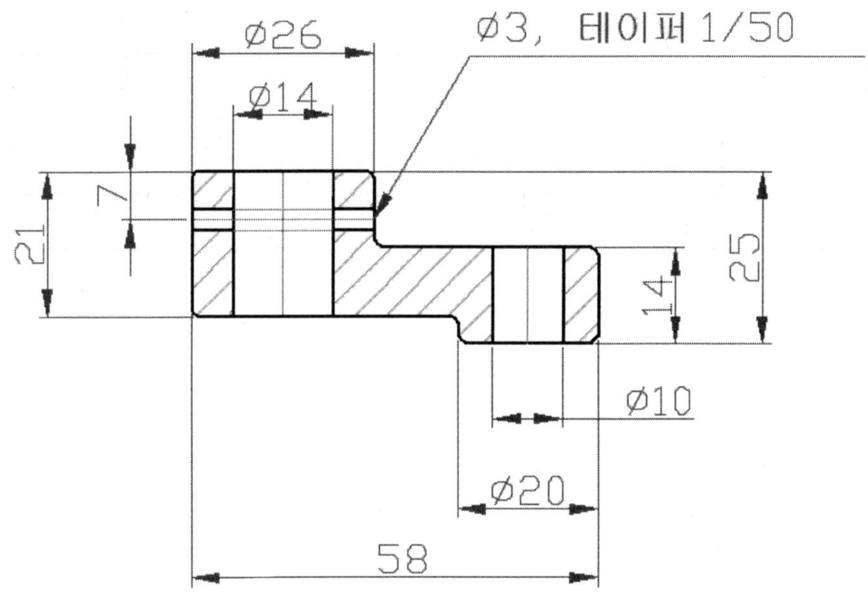

3-2. 도면양식을 사용하여 모형공간에서 도면을 작성하고 배치공간에서 A4양식에 도면을 배치하고 플롯 미리보기를 실행하라. 도시하고 지시없는 모따기 C1, 라운드 R3이다.

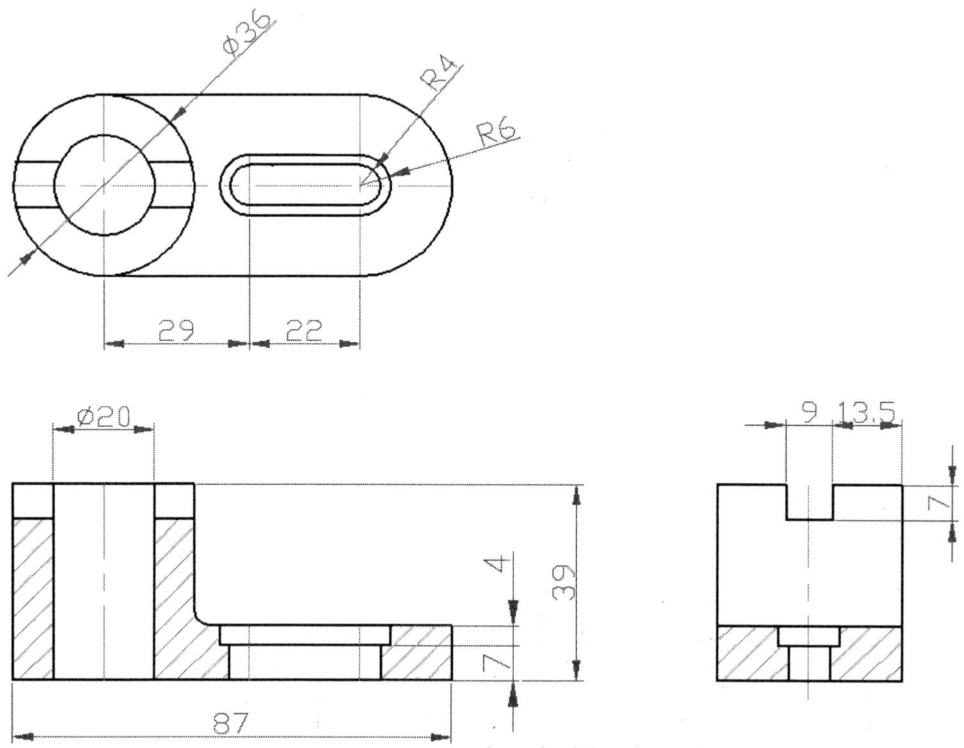

3-3. 도면양식을 사용하여 모형공간에서 도면을 작성하고 배치공간에서 A4양식에 도면을 배치하고 플롯 미리보기를 실행하라. 도시하고 지시없는 모따기 C1, 라운드 R3이다.

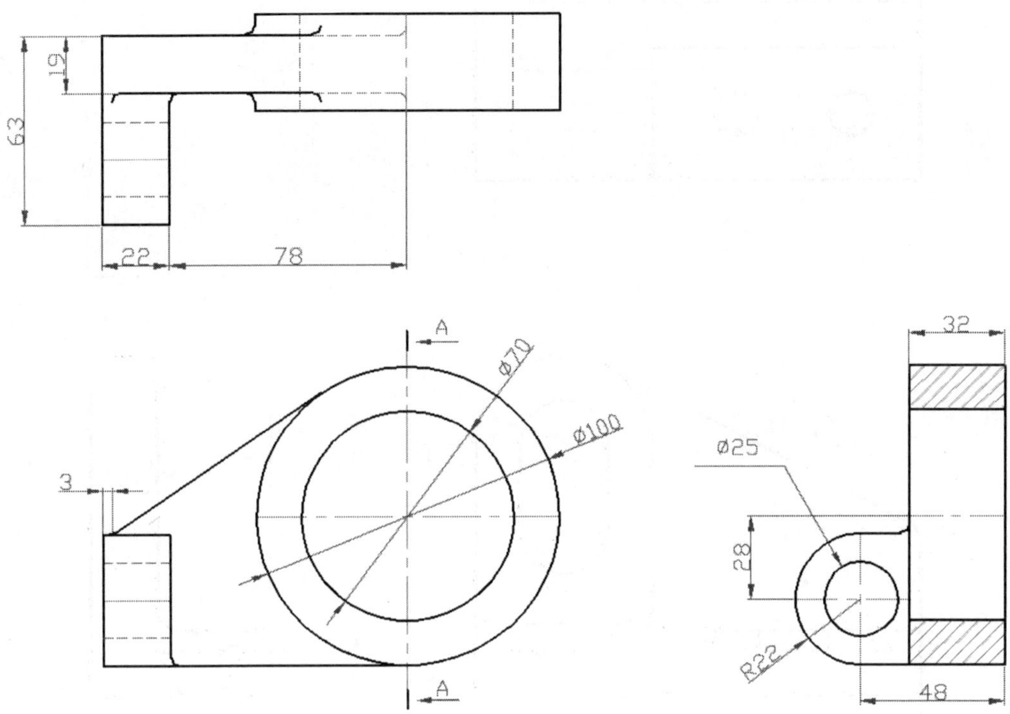

3-4. 도면양식을 사용하여 모형공간에서 도면을 작성하고 배치공간에서 A4양식에 도면을 배치하고 플롯 미리보기를 실행하라. 도시하고 지시없는 모따기 C1, 라운드 R3이다.

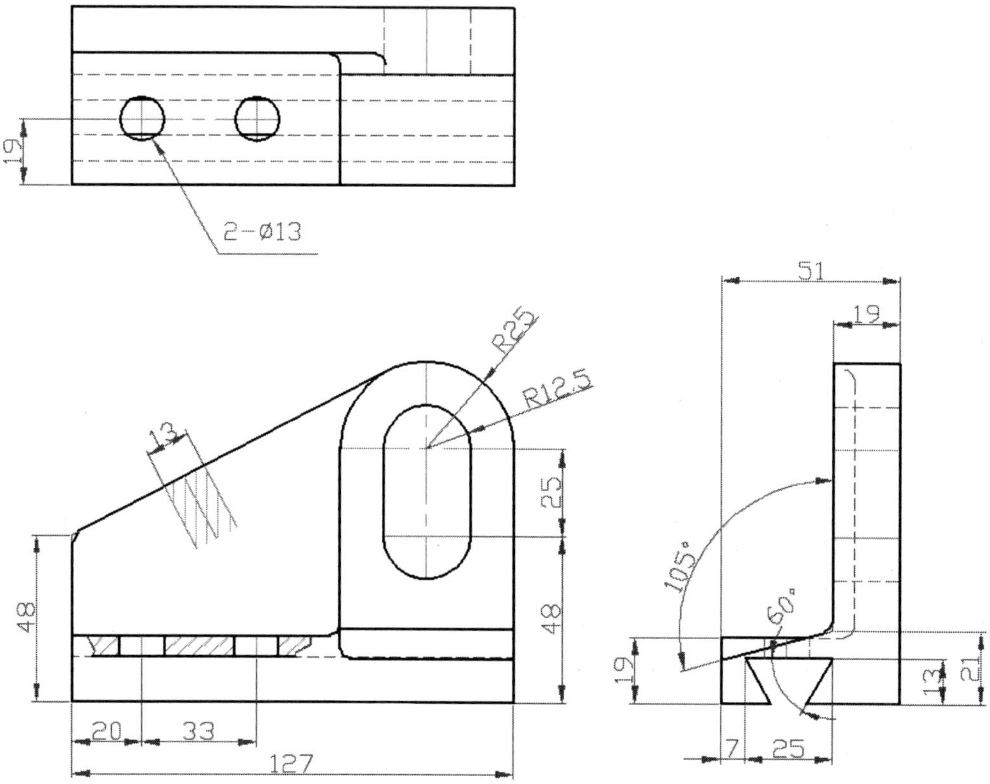

3-5. 도면양식을 사용하여 모형공간에서 도면을 작성하고 배치공간에서 A4양식에 도면을 배치하고 플롯 미리보기를 실행하라. 도시하고 지시없는 모따기 C1, 라운드 R3이다.

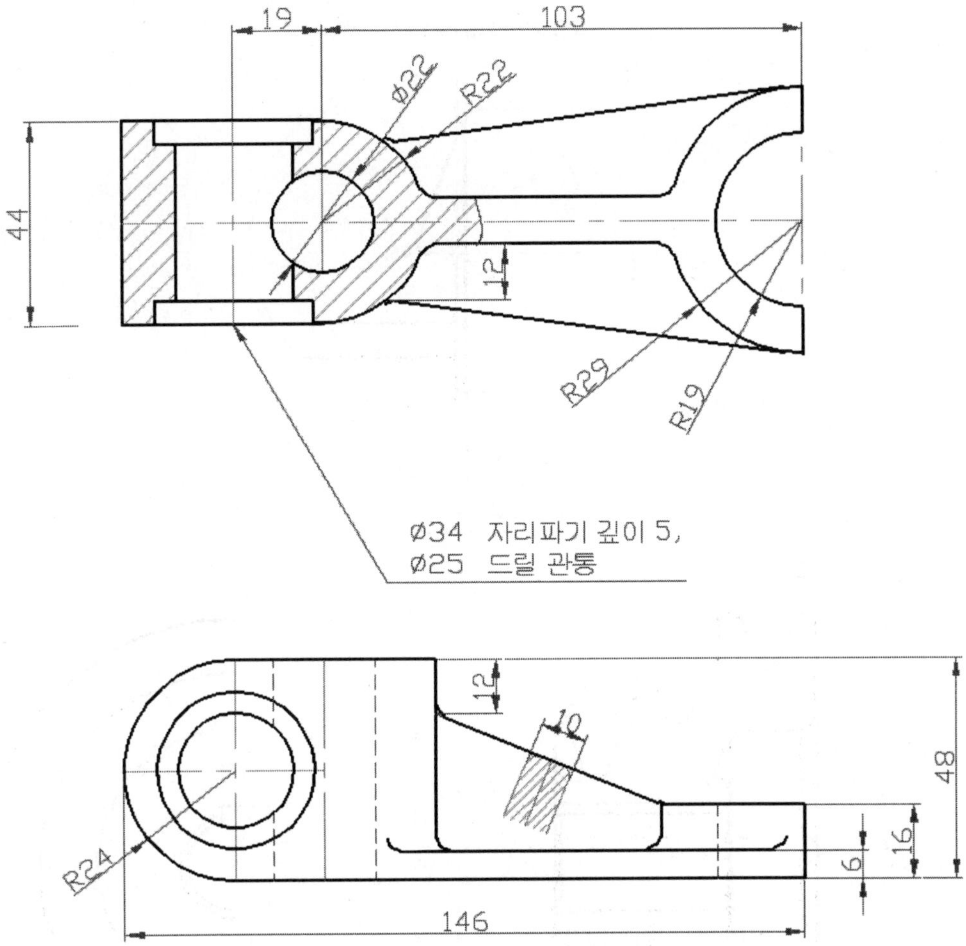

3-6. 도면양식을 사용하여 모형공간에서 도면을 작성하고 배치공간에서 A4양식에 도면을 배치하고 플롯 미리보기를 실행하라. 도시하고 지시없는 모따기 C1, 라운드 R3이다.

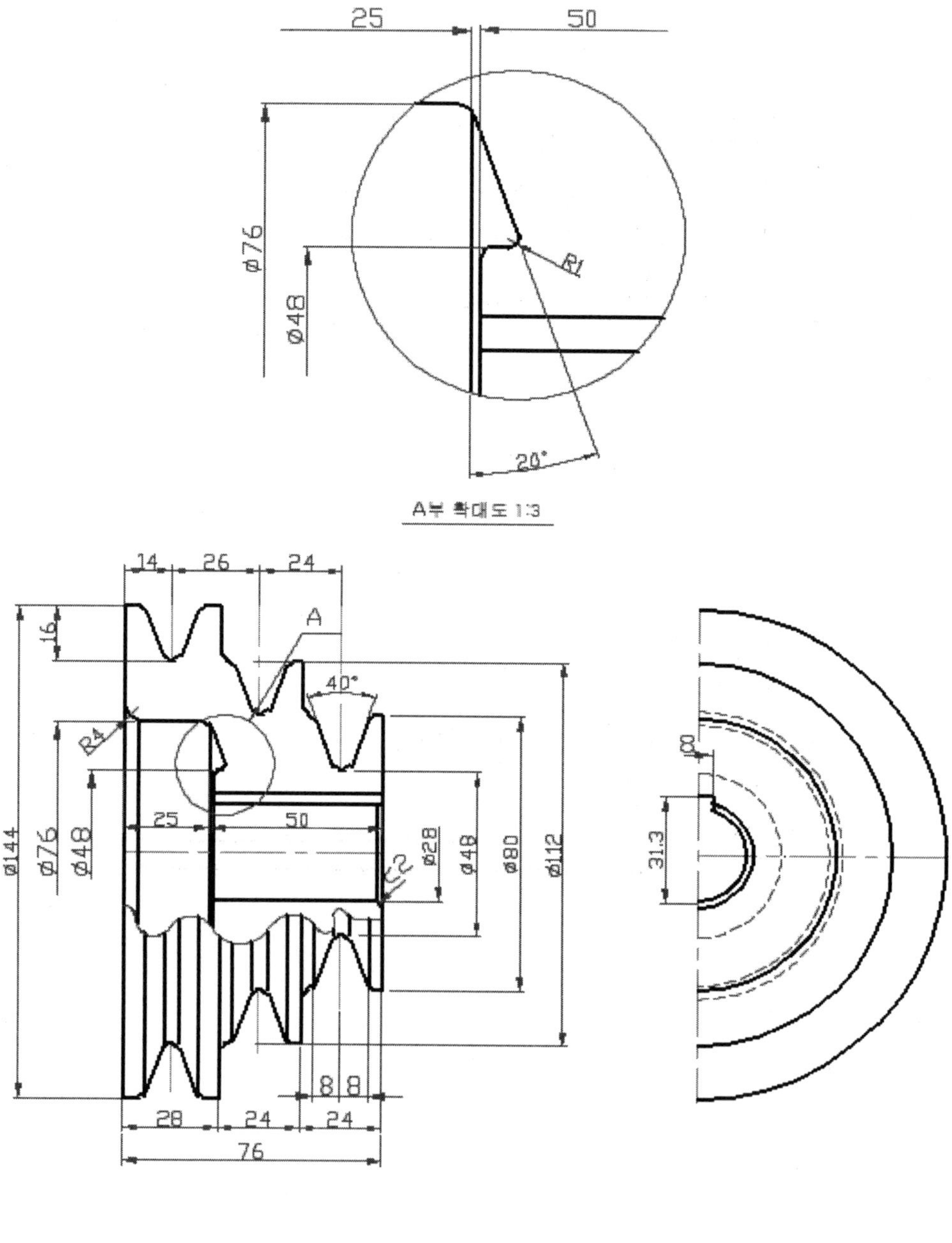

3-7. 도면양식을 사용하여 고정부시를 작성하고 끼워 맞춤 공차와 기하공차를 기입하고 공차를 해석하라. 도시하고 지시없는 모따기 C1, 라운드 R1이다.

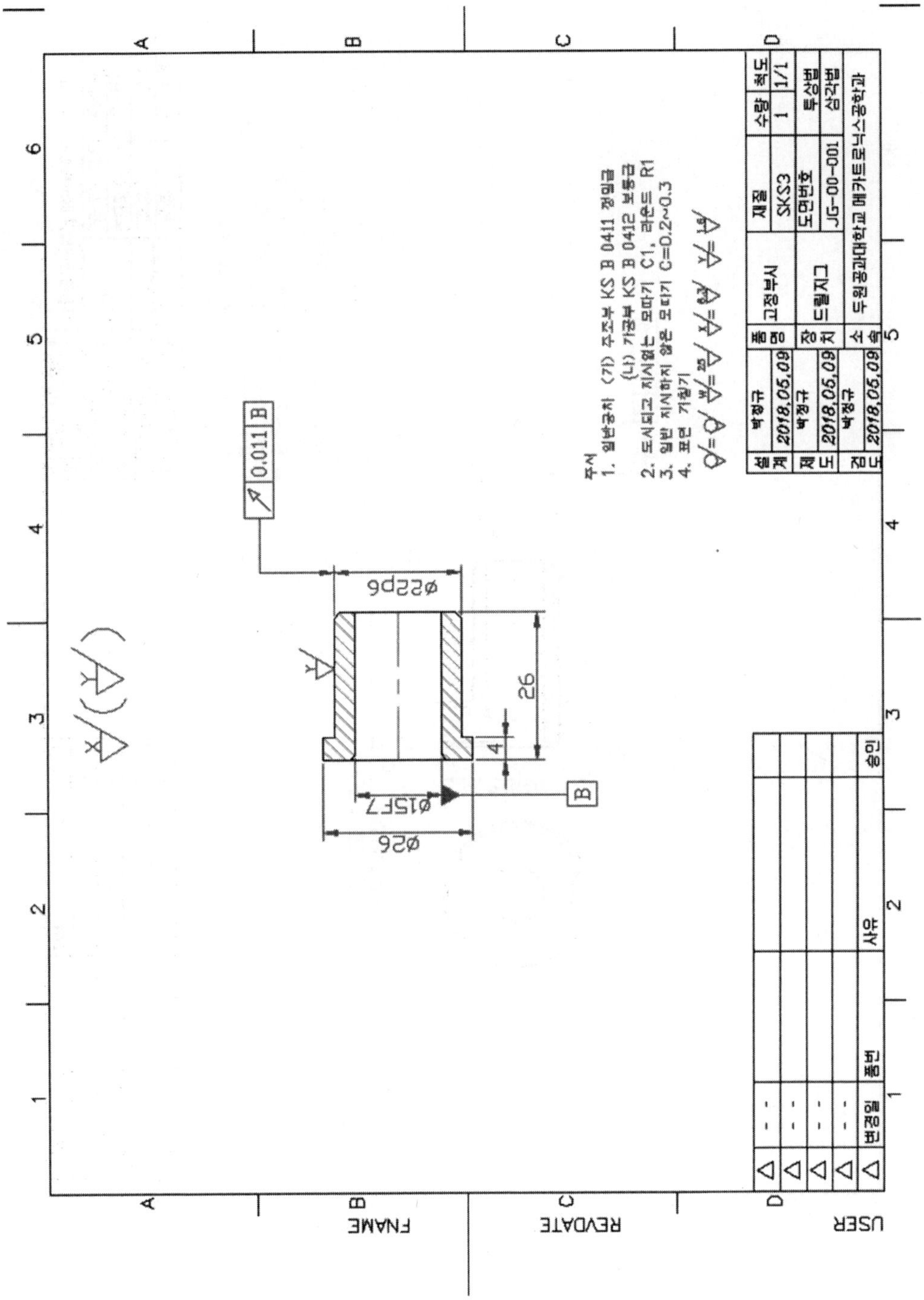

3-8. 도면양식을 사용하여 고정부시를 작성하고 끼워 맞춤 공차와 기하공차를 기입하고 공차를 해석하라. 도시하고 지시없는 모따기 C1, 라운드 R1이다.

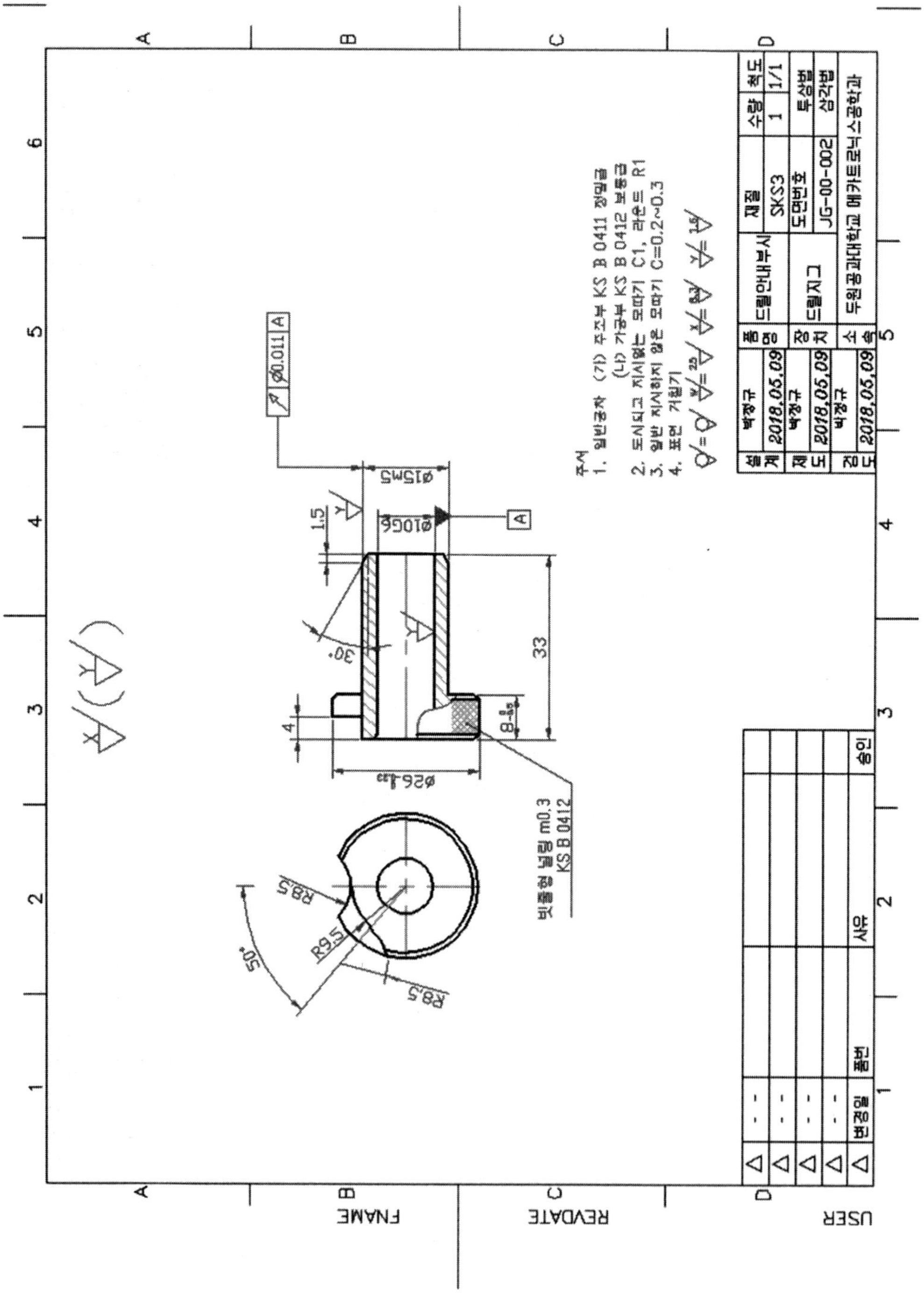

3-9. 도면양식을 사용하여 고정부시를 작성하고 끼워 맞춤 공차와 기하공차를 기입하고 공차를 해석하라. 도시하고 지시없는 모따기 C1, 라운드 R1이다.

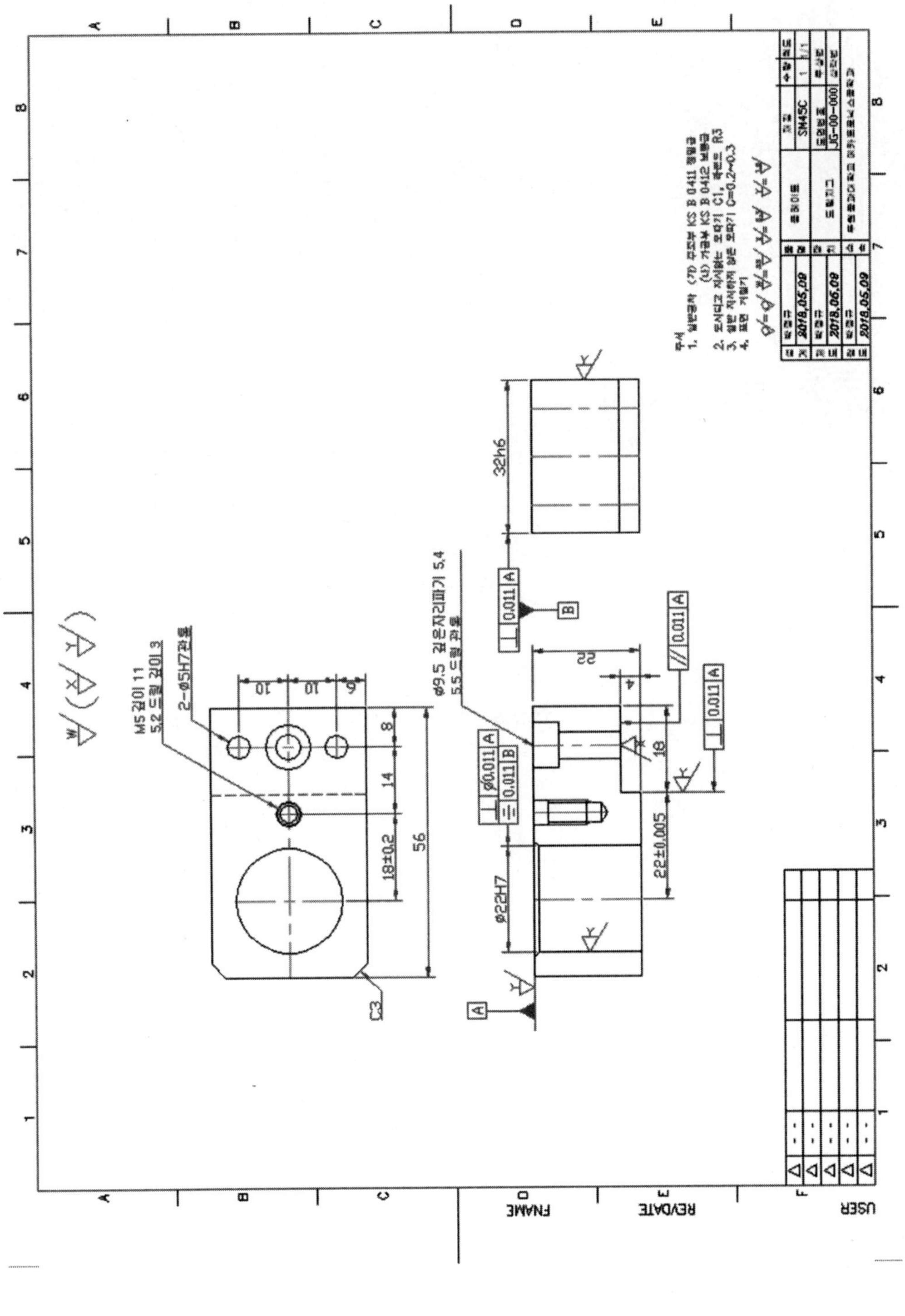

제4장

도형의 표시법

목　차

3차원 물체를 2차원 평면으로 도형을 투상하기 위하여서는 물체의 보이는 부분을 나타내는 외형선, 물체의 숨은 부분을 나타내는 숨은선, 치수 및 중심을 나타내는 가는선의 조합으로 물체의 형상 및 크기를 표시하고 치수를 기입한다.

그림 4.1은 3차원 형상의 원통물체를 2차원 도면화한 상태를 나타낸다. 원통형의 물체는 정면도와 측면도로서도 충분히 물체의 형상을 표현할 수가 있다. 원통의 내면 구멍과 고정을 위한 구멍 부분은 외부에서 보면 보이지 않는 부분이므로 숨은선을 사용하여 표현한다. 숨은선을 사용하면 형상의 표현은 가능하나 숨은선이 여러 개 겹치는 경우가 발생하므로 도면해독을 방해한다. 또한 원통내부의 구멍에 대한 크기와 깊이를 표현하기 위하여 치수기입은 숨은선을 사용하여야 한다. 숨은선에 치수를 기입하는 것은 가급적 피해야 하는 사항이므로 바람직하지 않다.

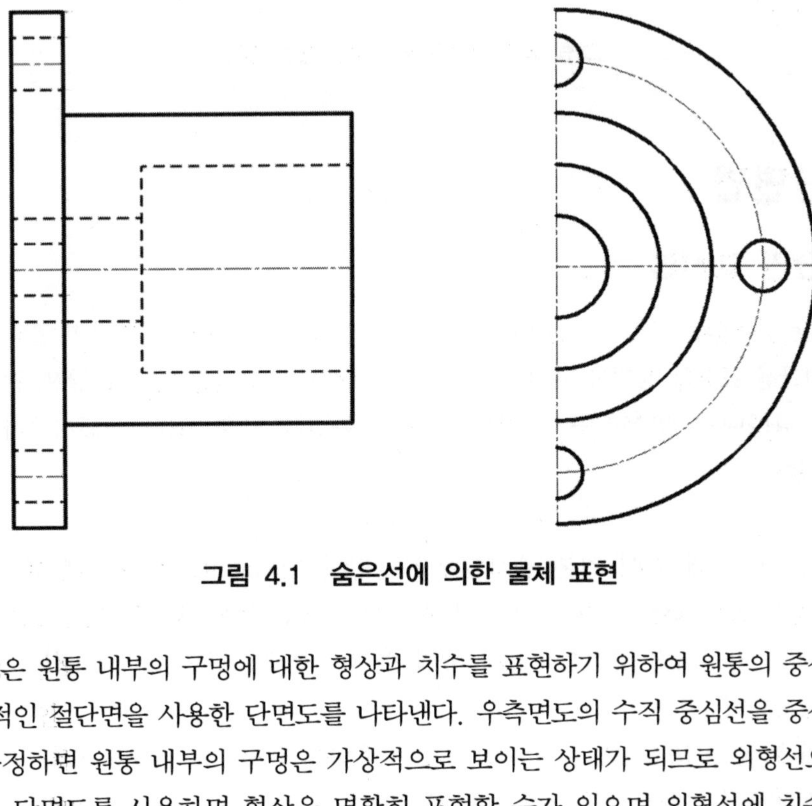

그림 4.1 숨은선에 의한 물체 표현

그림 4.2은 원통 내부의 구멍에 대한 형상과 치수를 표현하기 위하여 원통의 중심선을 중심으로 가상적인 절단면을 사용한 단면도를 나타낸다. 우측면도의 수직 중심선을 중심으로 절단한 것을 가정하면 원통 내부의 구멍은 가상적으로 보이는 상태가 되므로 외형선으로 표현할 수가 있다. 단면도를 사용하면 형상을 명확히 표현할 수가 있으며 외형선에 치수를 기입할 수 있으므로 도면 해독이 용이하다.

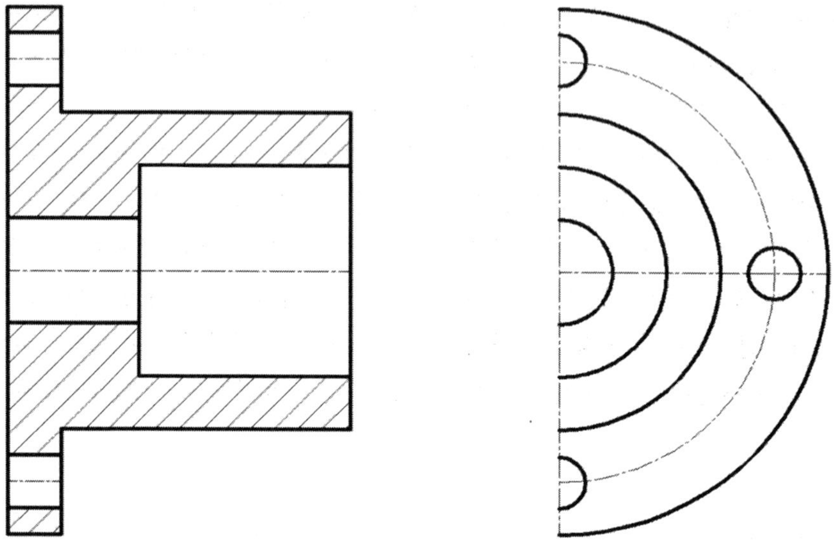

그림 4.2 단면에 의한 형상 표현

4.1 단면법

4.1.1 단면 표시법

그림 4.3은 숨어있는 형상을 표현하기 위하여 단면도를 작성하기 위하여 단면의 표시부위를 나타내는 절단선 표시와 방향을 나타낸다. 단면을 표시하는 방법은 다음과 같은 원칙에 따라서 단면부위를 나타내는 절단면 표시, 절단선 표시, 화살표 방향, 절단면 표시문자 및 해칭선 등을 기입한다.

☑ 단면은 그림 4.2와 같이 기본 중심선에서 절단한 면으로 표시하며 절단선은 생략한다.
☑ 필요한 경우에는 그림 4.3과 같이 기본 중심선이 아닌 곳에 절단한 면을 표시해도 좋다. 단, 절단위치는 가는 1점 쇄선으로 표시하며 양 끝부분과 표시방향이 바뀌는 곳에는 굵은 실선으로 표시한다.
☑ 절단면의 표시는 절단선을 작성하고 양 끝부분에서 절단면을 바라본 방향으로 화살표를 표시하고 절단부위를 대문자의 영문자로 표시한다.
☑ 단면도의 표시는 위쪽이나 아래쪽으로 통일하여 절단한 곳에 A-A와 같이 영문자를 기입한다.
☑ 표시문자는 단면도의 방향에 관계없이 모두 위쪽으로 명확하게 표시한다.
☑ 절단선, 화살표 및 표시문자를 표시하지 않아도 절단면을 명확하게 하는 부분에서는 생략해도 좋다.

☑ 단면을 나타내는 부분은 해칭선으로 단면부위를 표시한다.

☑ 단면도에서 절단된 뒷부분의 보이지 않는 형상은 숨은선으로 형상표시를 하지 않는다. 단, 조립도에서는 관례적으로 숨은선을 사용하기도 한다.

☑ 단면도에서 떼어낸 절단부 앞부분의 형상을 표현하고자 할 경우에는 2점 쇄선으로 표현할 수 있다.

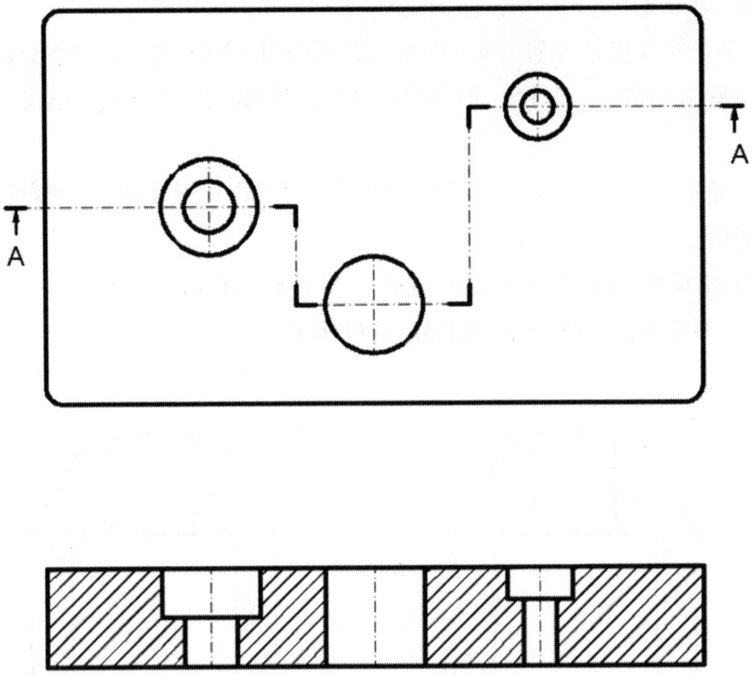

그림 4.3 절단면 표시법

4.1.2 해칭 표시법

복잡한 형상을 가진 물체의 보이지 않는 부분은 숨은선을 사용하여 표시하며 숨은선이 겹치게 되면 도면의 해독이 불가능해진다. 도면해독을 용이하게 하게 위하여 복잡한 형상의 숨은 부분은 가상적으로 절단하여 보이는 형상으로 외형선을 사용하여 표현한다. 복잡하게 절단하는 경우에는 절단선을 사용하여 단면부위를 표시하며 단면도 부분은 해칭선을 사용하여 단면표시를 한다. 단면부위를 나타내는 해칭선의 기본은 45도의 가는 실선이며 해칭선의 표시법은 다음과 같다.

☑ 해칭선은 기본 중심선 또는 기선에 대하여 45도(또는 30도, 60도)의 가는 실선을 2~3 [mm]의 간격으로 작성한다. ISO규격에서는 단면이 클 경우에 주변만 해칭한다.

☑ 경사면에 해칭선을 나타낼 경우에는 그림 4.4와 그림 4.5와 같이 경사면에 대하여 일정한 기울기를 가지도록 경사각을 변경하여 표시한다. 해칭선은 외형선과 평행하지 않은 것이 좋으며 평행할 경우에는 해칭선의 각도를 30도, 60도 및 75도로 변경한다.

☑ 동일한 부품의 절단면 상에 나타나는 해칭선의 방향은 그림 4.3과 같이 동일한 방향의 경사선으로 해칭한다.

☑ 조립도와 같이 여러 부품의 단면을 표시할 경우에는 그림 4.6과 같이 해칭선의 방향, 간격 및 해칭모양을 변경하여 다름 부품을 구분한다.

☑ 여러 개의 부품이 조립된 조립도에서는 동일한 부품의 단면들이 서로 떨어져 있어도 동일한 해칭으로 단면을 표시한다. 만약에 해칭방향, 해칭간격 및 해칭모양이 다르면 다른 부품으로 인식한다.

☑ 해칭선의 내부에 문자 및 기호를 표시할 경우에는 해칭을 중단하여 문장 및 기호를 명확하게 표현하도록 한다.

☑ 기계부품의 제작에 사용되는 재료에 따라서 재질을 나타내는 모양으로 정해진 방법으로 단면의 표시에 사용하는 해칭으로 재료를 표시한다.

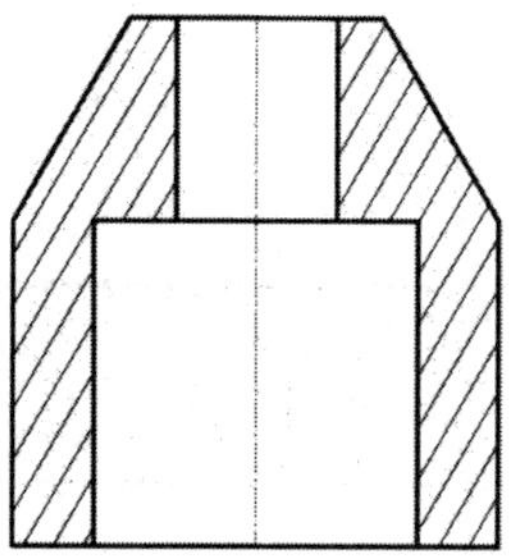

(a) 나쁜 사례

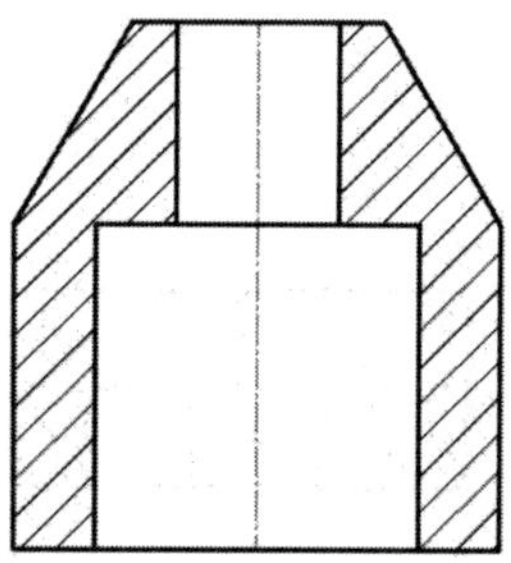

(b) 좋은 사례

그림 4.4 경사진 단면에 대한 해칭방향

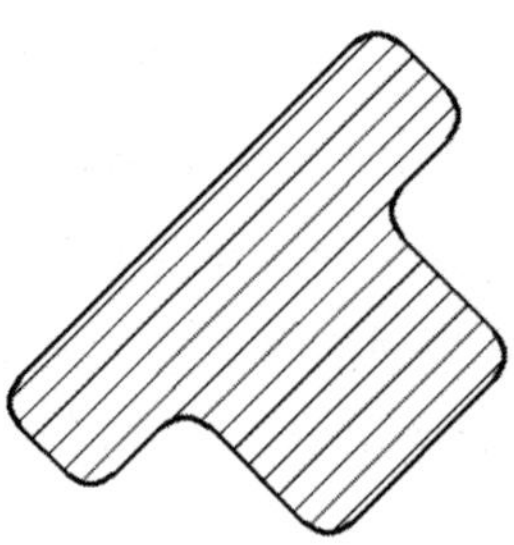

(a) 나쁜 사례

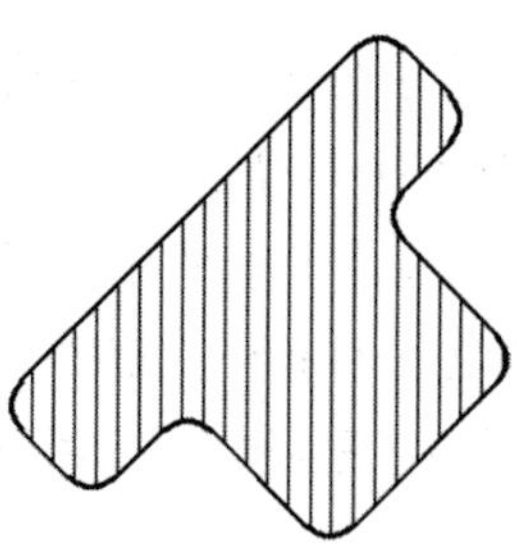

(b) 좋은 사례

그림 4.5 경사면 해칭

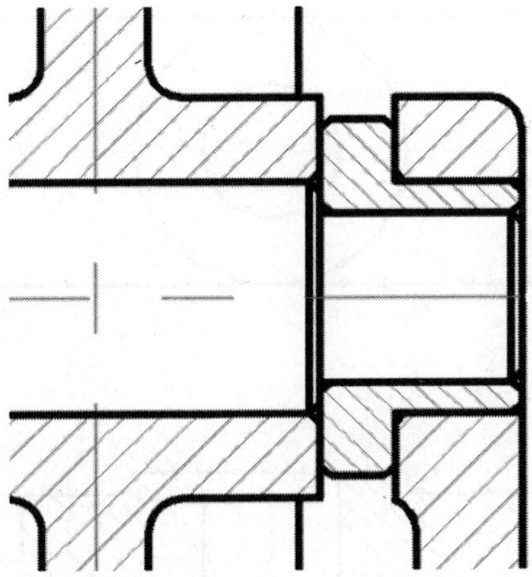

그림 4.6 해칭에 의한 부품 구분

4.1.3 단면도의 종류

기계부품의 단면을 표시하는 방법으로서 대칭형상의 단면은 기본 중심선으로 절단하는 것을 원칙으로 한다. 그러나 기계부품에는 여러 형상을 복잡하게 설계하는 경우가 발생하므로 필요에 따라서 단면부위를 부분적으로 나타내거나 반쪽만 나타내기도 한다. 따라서 단면은 필요에 따라서 절단면의 위치가 다를 수 있으므로 이에 따른 단면도의 종류는 다른 이름으로 불린다.

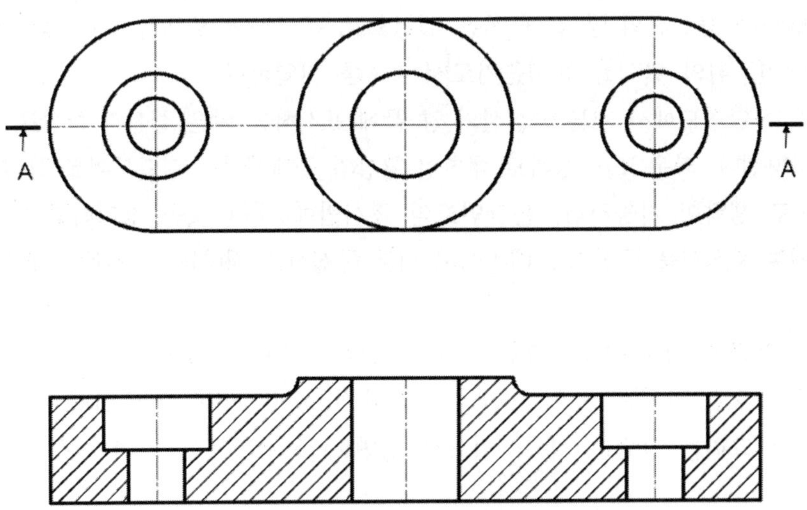

그림 4.7 온단면도 표시

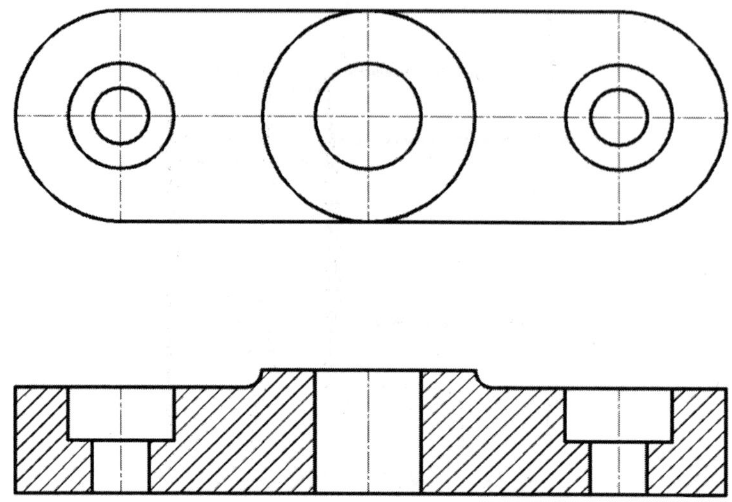

그림 4.8 절단 표시의 생략

■ 온단면도(Full Section)

온단면도는 하나의 물체를 2개로 절단하여 표시한 것이며 전단면도라고도 한다. 절단면은 투상도에 평행하고 기본 중심선을 지나는 것이 원칙이며 경우에 따라서는 기본 중심선을 지나지 않을 수도 있다.

그림 4.7은 온단면도에서 기본 중심선을 중심으로 대칭형상을 가진 물체의 절단면을 표시한 것이다. 평면도는 중심선의 양 끝에 굵은 실선으로 표시하고 물체를 보는 방향을 화살표로 표시한다. 단면부위의 위치를 표시문자로서 A-A를 기입한다.

그림 4.8은 온단면도에서 기본 중심선의 양 끝에 표시하는 굵은 실선과 화살표 등을 생략하는 경우를 나타낸다. 좌우 또는 상하로 대칭인 형상의 물체에서는 절단부위를 확실하게 이해할 수가 있으므로 생략이 가능하다. 온단면도의 표시법에 대한 것을 정리하면 다음과 같다.

☑ 단면이 기본 중심선을 중심으로 대칭이고 기본 중심선을 지나는 경우에는 절단선을 생략해도 좋다.

☑ 숨은선은 가급적 생략하며 필요한 경우, 필요한 곳에만 기입한다.

☑ 절단면 앞쪽으로 보이는 선은 도면의 이해에 도움이 안되면 생략한다.

☑ 온단면도를 그리는 방법은 정투상법으로 정면도(측면도 또는 평면도)를 그리는 방법과 동일하다.

☑ 절단면 뒤쪽에 보이는 외형선은 빠짐없이 작성한다.

■ 한쪽 단면도(Half Section)

그림 4.9는 평면도에서 기본 중심선을 중심으로 상하 대칭이고 수직 중심선을 중심으로 좌우 대칭인 형상에 대하여 정면도 작성에서 한쪽 단면도(반 단면도)를 작성한 사례이다. 상하 및 좌우 대칭의 경우에는 물체의 1/4만 제거하는 형태의 절단면을 사용하여 단면도를 표시하고 절단면을 사용하지 않은 나머지 부분은 외부에서 보이는 형상을 외형선으로 나타낸다. 한쪽 단면도는 다음의 사항을 따라 작성한다.

☑ 대칭축의 상하 또는 좌우의 어느 한쪽의 면을 절단면으로 취급한다.
☑ 외형도 및 단면도에서 숨은선은 가능한 생략한다.
☑ 절단면의 절단선은 중심선과 중복되므로 생략한다.
☑ 한쪽 단면도를 명확하게 이해할 수 있으면 절단표시의 생략이 가능하다.

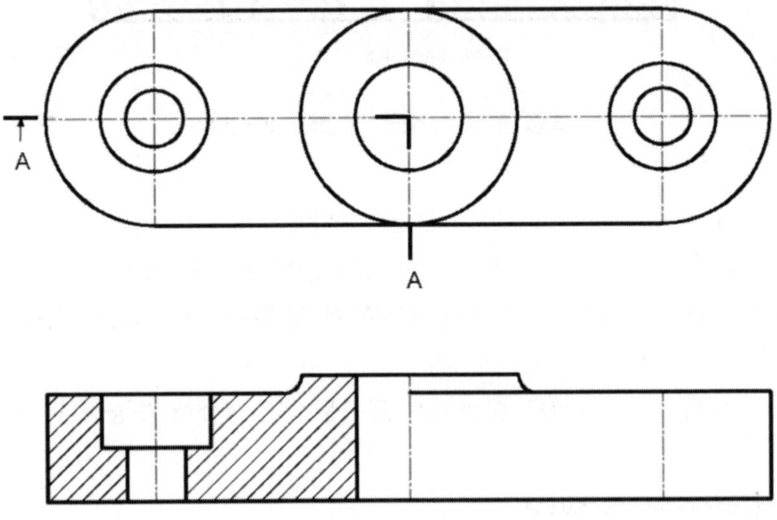

그림 4.9 한쪽 단면도의 표시법

■ 계단 단면도(Offset Section)

그림 4.10은 평면도에서 나타낸 여러 위치의 구멍 내부 형상을 표현하기 위하여 각각의 구멍 중심선을 절단선으로 사용하여 정면도에 단면을 나타낸 사례이다. 절단면의 시작과 종료를 나타내는 양 끝부분에는 굵은 실선으로 표시하고 물체를 바라본 방향으로 화살표를 나타내며 절단선의 각도변화 부분에는 굵은 실선과 표시문자를 기입한다. 그리고 정면도에는 절단면의 나타내는 표시문자를 사용하여 단면표시를 한다. 계단 단면도의 작성은 다음과 같이 실시한다.

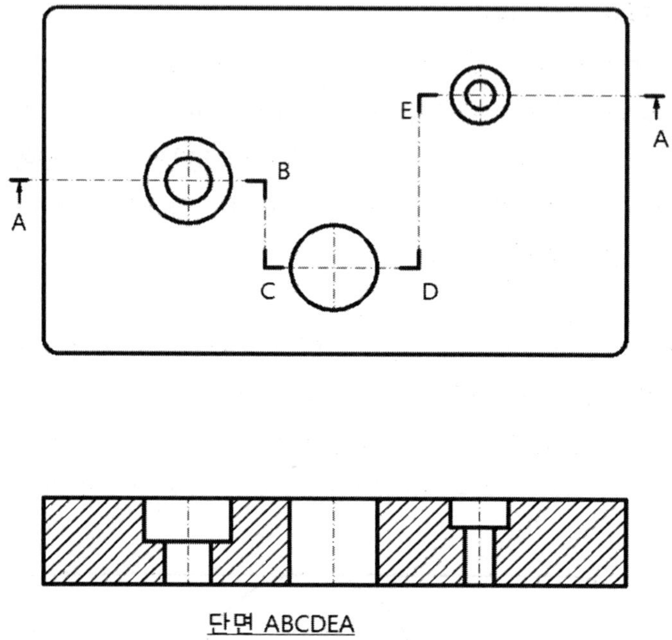

그림 4.10 계단 단면도 표시법

☑ 수직 절단면의 선은 가상면의 선이 되므로 표시하지 않는다.

☑ 해칭은 동일한 물체의 단면이므로 온단면도와 같이 동일한 해칭을 한다.

☑ 절단한 위치는 절단선으로 표시하고 양 끝부분과 굴곡부분에는 굵은 실선과 기호를 사용한다.

☑ 절단면을 나타내는 표시문자와 단면도의 표시문자는 생략이 가능하다.

■ 부분 단면도(Local Section)

그림 4.11은 물체의 일부분만 단면도를 나타내는 부분 단면도 사례이다. 물체의 일부를 절단하는 부분은 파단선으로서 가는 실선으로 나타내며 일반적으로 외형선 굵기의 1/2정도의 굵기를 사용한다. 파단선은 프리핸드(Free hand)로 그리며 직선에 가깝게 그리는 것은 피해야 하며 보기 좋게 하기 위해서는 스플라인(Spline)선을 사용하는 것이 좋다. 부분 단면도는 작은 나사와 같이 단면 표시부분이 작을 경우에 조립상태 표현에 유리하다. 부분 단면도는 단면 이외의 부분은 정상적인 투상도이므로 숨은선을 생략하면 안 된다.
부분 단면도는 다음과 같은 경우에 사용한다.

☑ 단면으로 표시할 범위가 작거나 좁을 경우
☑ 키, 핀, 나사 등과 같이 길이방향으로 절단하지 않는 부품의 특수 부위의 형상을 나타낼 경우
☑ 단면의 경계가 혼동되기 쉬운 경우

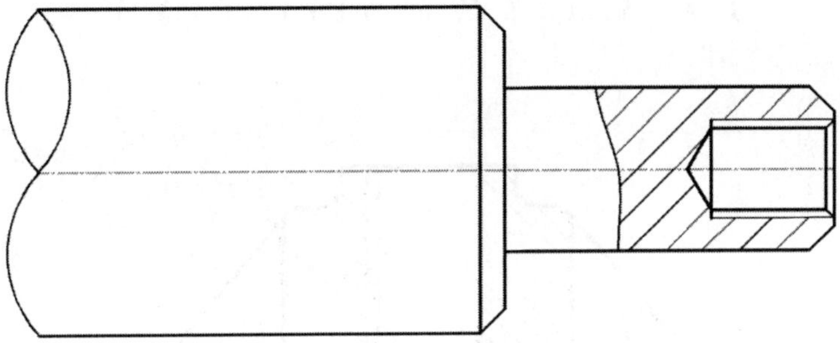

그림 4.11 부분 단면도 표시법

■ 회전 단면도(Revolved Section)

그림 4.12는 길이가 긴 원통 지지대를 보강하는 리브의 단면을 표시하는 회전 단면도의 사례를 나타낸다. 정면도 상에 있는 중앙 부분의 구멍에는 길이가 긴 축이 고정되는 것이므로 축을 베이스에 고정하여 수직으로 지지하기 위해서는 지지대를 보강한 필요가 있으므로 지지대의 4개소에 리브(Rib)를 설치하여 보강한다. 리브의 두께를 정면도에 표시하기 위하여 90도 회전한 회전 단면도를 작성하고 리브의 두께를 표시한다. 리브의 단면 형상 표시는 가는 2점 쇄선으로 표시한다.

그림 4.13은 길이가 긴 암(Arm)의 단면형상을 나타내기 위하여 회전단면도를 사용한 사례이다. 암의 단면형상을 나타내기 위하여 암의 일부분을 파단선으로 절단하고 그 사이에 90도 회전한 암의 단면도를 작성한다.

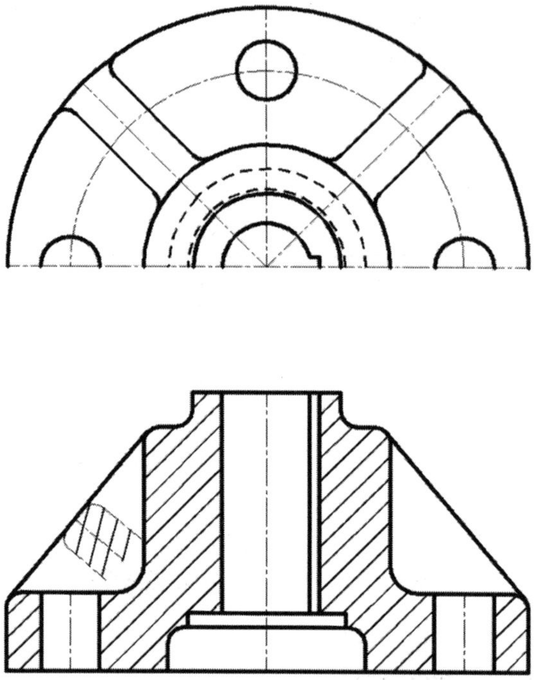

그림 4.12 리브의 회전 단면도

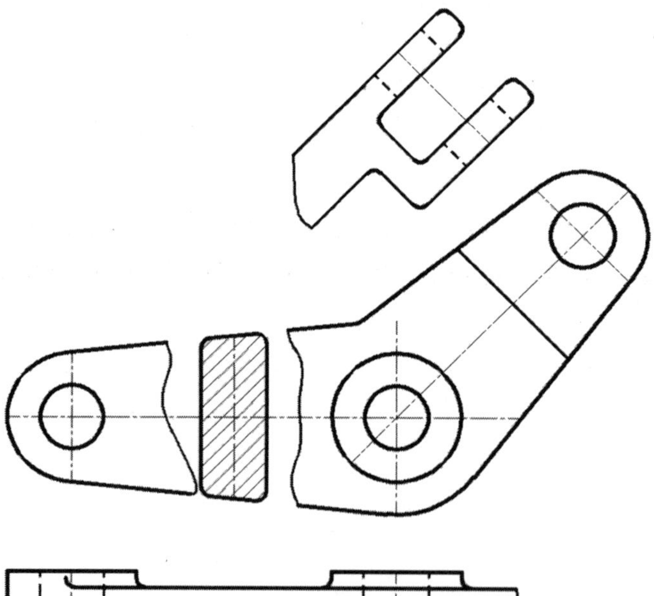

그림 4.13 암의 회전 단면도

회전 단면도는 핸들(Handle), 바퀴의 암(Arm), 리브(Rib) 및 후크(Hook) 등의 단면을 표시하기 좋은 방법으로서 물체를 축에 수직한 단면으로 절단하여 90도 회전한 형태로 단면을 작성한다. 회전 단면도는 다음의 사항에 따라서 작성한다.

☑ 회전 단면도 내에는 어떠한 선도 지나가서는 안되며 도형의 내부에 직접 회전한 형상을 작성한다.
☑ 파단선을 사용하여 절단부를 끊고 그 사이에 회전 단면도를 작성한다.
☑ 도형의 공간이 좁아서 회전 단면도의 형상을 나타내기 어려울 경우에는 절단선을 연장하여 그 연장선 위에 90도 회전한 단면도를 작성한다. 이것을 인출 회전 단면도라고도 부른다.
☑ 파단선을 사용하지 않고 도형 내부에 중심선으로 절단부위를 표시하고 가는 실선으로 90도 회전한 단면의 형상을 나타낸다.

■ 조합에 의한 단면도

그림 4.14는 대칭형에 가까운 대상물을 기본 중심선의 경계로 한쪽을 평행하게 절단하고 다른 쪽을 투상면과 일정한 각도로 절단한 조합 단면도를 나타낸다. 절단면의 양 끝부분과 절단면의 각도가 변화하는 부분에는 굵은 실선으로 표시하고 절단면을 보는 방향을 화살표로 표시하여 단면을 작성한다. 정면도는 동일한 물체의 단면을 나타내므로 동일한 간격과 동일한 방향의 해칭선으로 단면을 나타낸다.

이와 같이 조합 단면도는 회전 단면도와 계단 단면도의 개념을 활용하여 2개 이상의 절단면에 의한 단면도를 조합하여 단면을 도시하는 것이다. 조합 단면도는 필요에 따라서 단면을 보는 방향을 화살표와 문자기호로 단면을 나타내며 다음의 사항에 따라서 도면을 작성한다.

☑ 대칭형에 가까운 대상물을 조합 단면도로 나타내기 위하여서는 대칭의 중심선을 경계로 그 한쪽의 투상면을 평행하게 절단하고 다른 쪽의 투상면을 일정한 각도를 이루는 방향으로 절단한다. 일정한 각도의 투상면으로 절단한 단면도는 그 각도만큼 회전하여 단면도를 작성한다.
☑ 조합 단면도는 평행한 2개 이상의 평면에서 절단한 단면도의 필요 부분만을 합성시켜서 동일한 평면으로 나타낼 수 있다. 절단선을 사용하여 물체의 절단위치를 나타내고 조합에 의한 단면도라는 것을 나타내기 위하여 2개 이상의 절단선을 임의의 위치에서 이어지게 한다.
☑ 구부러진 관의 단면을 표시하기 위하여서는 관의 구부러진 중심선을 따라서 절단하고 그와 평행하게 형상을 투상하여 단면도를 작성한다.
☑ 조합 단면도는 필요에 따라서 계단식 또는 원호 형태의 절단선을 사용하여 절단부를 표시하고 그와 평행하게 단면도를 작성할 수 있다.

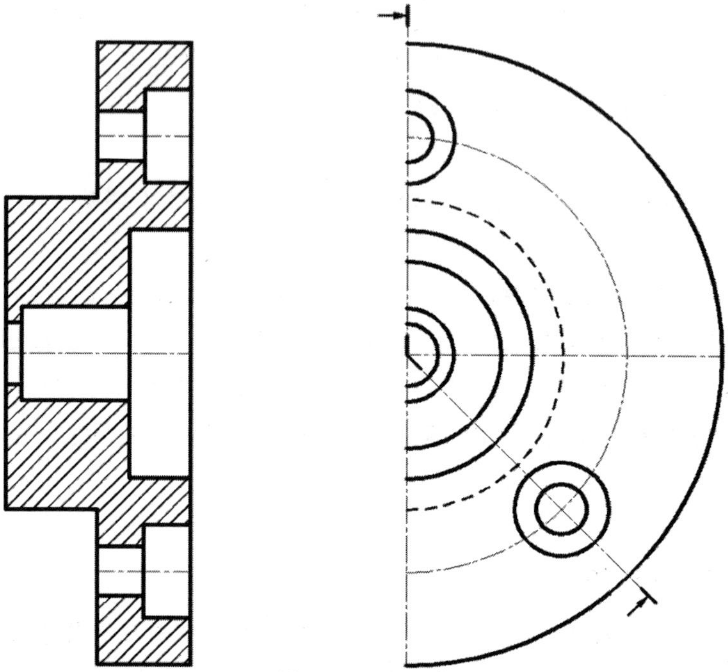

그림 4.14 조합 단면도의 사례

■ 다수의 절단선을 포함하는 단면도

그림 4.15는 축에 구성되어 있는 키 홈의 단면 형상을 나타내기 위하여 키 홈이 형성되어 있는 부분에 절단선을 사용하여 절단면을 표시하고 그 단면도를 작성한 사례이다. 키 홈의 단면 형상을 표시하고 치수를 기입하기 위하여 키 홈이 형성되어 있는 축의 중심선에 대하여 직각방향으로 절단선을 작성하고 양 끝부분에 굵은 실선으로 표시하고 화살표와 문자표시로 단면표시를 한다. 절단선을 연장하여 단면도를 작성하고 문자기호로 단면도를 나타낸다. 다수의 단면도는 다음의 사항에 따라서 작성한다.

☑ 복잡한 형상의 대상물을 표시하는 경우에는 필요에 따라서 다수의 단면도를 임의로 작성할 수 있다. 다수의 단면도는 문자로 단면도의 위치를 나타내어 도면해독을 용이하게 한다.
☑ 다수의 단면도는 치수기입과 도면해독의 용이성을 부여하기 위하여 투상의 방향에 맞추어서 단면도를 작성한다. 절단선의 연장선 또는 대상물의 주요 중심선상에 단면도를 배치한다.
☑ 대상물이 서서히 변화하는 경우, 즉 프로펠러의 날개 등과 같은 대상물은 다수의 단면으로 형상을 표현한다.

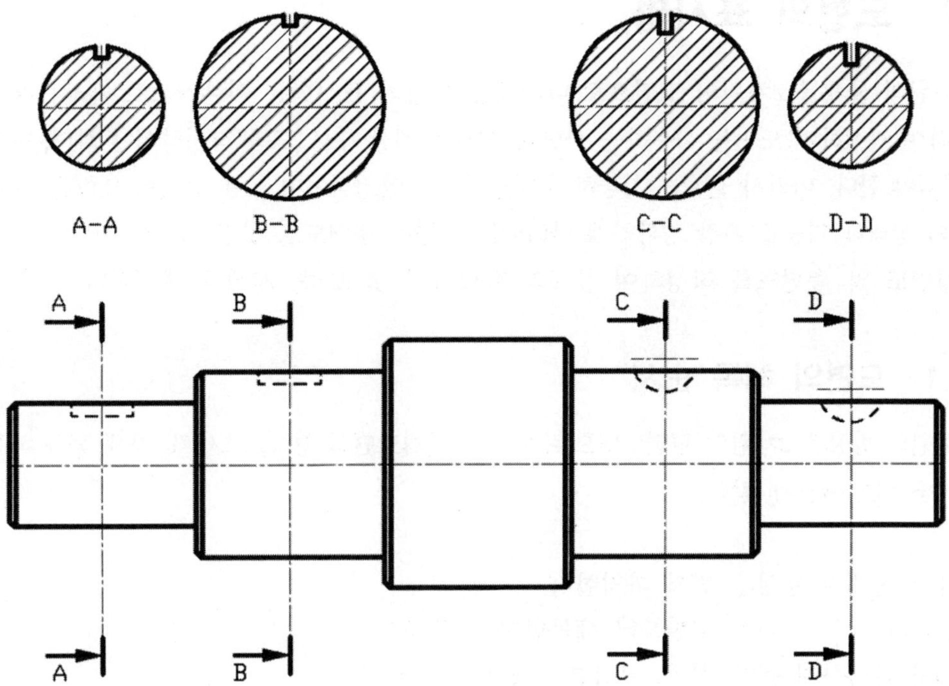

그림 4.15 다수의 단면도

■ 길이방향으로 절단하지 않는 부품

보이지 않는 부분의 형상을 나타내기 위하여 작성하는 단면도에서 절단하여 단면을 작성하여도 의미가 없거나 절단함으로써 도면해독을 방해하는 부품은 원칙적으로 길이방향으로 절단하지 않고 도면을 작성한다. 예를 들어서 리브(Rib), 바퀴 암(Arm), 기어의 이(Tooth), 축(Shaft), 핀(Pin), 볼트(Bolt), 너트(Nut), 와셔(Washer), 작은 나사(Set Screw), 리벳(Rivet), 키(Key), 강구(Ball) 및 원기둥 롤러(Roller) 등과 같은 부품은 길이방향으로 절단하여 단면도를 작성하지 않는다. 단, 조립도를 작성할 경우에는 조립상태를 나타내기 위하여 부분 단면도를 작성한다.

■ 절단선 그리는 법

KS규격에서 절단선을 그리는 방법은 다음과 같이 규정되어 있다. "절단선은 가는 1점 쇄선으로 그리며, 끝부분 및 방향이 변화하는 부분은 굵은 실선으로 표시한다. 단, 다른 용도와 혼용할 염려가 없을 때에는 끝부분 및 방향이 변화하는 부분을 굵게 표시할 필요가 없다."

4.2 도형의 표시법

3차원의 물체를 2차원의 도면으로 나타내는 도형의 표시법은 기본적으로 제3각 투영법을 사용하여 작성하며 도면을 사용하는 사람이 쉽게 이해할 수 있도록 작성하여야 하며, 제작공정이 쉬워야 한다. 따라서 물체는 가능하면 자연적이고 안정적이며 사용 상태로 도형을 표시한다. 물체의 상태나 기능을 가장 명확하게 나타내는 방향을 정면도로 선정하여 이 정면도를 중심으로 평면도 및 측면도를 작성하여 물체의 형상크기 및 모양, 자세를 표현한다.

4.2.1 도면의 해독 순서

3차원의 형상을 2차원의 평면도면으로 투영한 기계도면의 형상, 크기 및 자세 등을 해독하기 위한 순서는 다음과 같다.

☑ 물품 전체의 형상을 먼저 파악한다.
☑ 간단하고 알기 쉬운 도면부터 해독한다.
☑ 미처 파악하지 못한 형상, 복잡한 도면을 해독한다.
☑ 정면도, 평면도 및 측면도 등 서로 관련된 투영도를 보고 물체의 각 부분의 관계를 파악한다.
☑ 처음 보았을 때에 이해하지 못한 도면을 다시 살펴본다. 도면을 다시 관찰할 경우에 주의할 사항은 다음과 같다.

- 1면도와 2면도만으로 형상을 쉽게 파악하지 말고 전체 도면을 주의 깊게 관찰하여 판단한다.
- 2개의 접촉 도면은 동일 평면이 아니고 서로 직각이다.
- 숨은선은 서로 겹쳐서 잘못 해독하기 쉬우므로 주의하여 살핀다.
- 이해하기 어려운 도면은 입체도를 그리거나 고무 또는 점토와 같은 것으로 모델을 만들어서 생각하는 것도 좋은 방법이다.

4.2.2 특수 투상도

기계부품의 도면을 작성하다 보면 3차원의 물체를 2차원의 평면도형으로 작성하는 제3각법에 의한 물체 투영만으로 표현이 어려울 경우가 발생한다. 제3각법에서는 정면도를 우선 선정한 후에 필요에 따라서 평면도 및 우측면도를 작성하고 다른 방향에서의 형상표현이 필요하면 배면도, 저면도 및 좌측면도를 작성하기도 한다. 이러한 투상법을 사용하여 물체를 표현하면 도면 작성의 시간이 많이 소요되거나 도면의 사용 공간이 넓을 경우에는 일부분만 투영하는 특수 투상도를 작성한다.

■ 부분 투상도

그림 4.16은 암의 단면 형상을 나타내는 회전 단면법과 암의 끝부분의 형상을 표현하기 위한 부분적인 투영을 나타낸 사례이다. 평면도에 표시된 암이 일정한 기울기를 가지고 있으므로 이를 정면도에 나타내면 도면 해독이 어려운 형상으로 나타날 수가 있으므로 기울어진 경사각에 대하여 수평으로 평행 이동하여 부분적인 투상도를 작성한다. 도면의 일부분을 도시하는 것으로 충분히 필요 부분을 표현할 수가 있으면 부분 투상도를 채택한다. 이러한 경우에는 생략하는 부분과의 경계선은 파단선으로 나타내지만 명확한 경우에는 파단선을 생략해도 좋다.

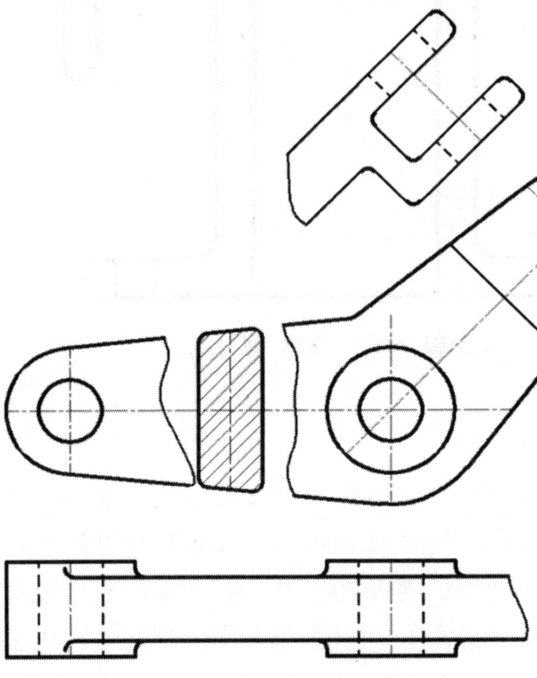

그림 4.16 부분 투상도

■ 국부 투상도

그림 4.17은 정면도에 나타낸 도형에 있어서 구멍과 같이 홈이 있는 부분만의 형상을 별도로 표현하는 사례를 나타낸다. 원통 형태의 형상을 가진 물체에 대하여서는 좌우 또는 상하 대칭형으로 나타나며 이러한 경우에는 정면도와 평면도 또는 정면도와 측면도의 2면도로 표현이 가능하다. 정면도의 일부분에 구멍 및 홈 등과 같이 극히 일부분만 다른 형태를 가지고 있다면 일부분만 형상을 표현함으로써 도면의 작성시간 및 도면작성 공간을 절약할 수가 있으므로 국부 투상도를 채택한다. 구멍 및 홈 등을 나타내는 국부 투상도는 투상관계를 나타내는 원칙으로 주 투상도에 중심선, 기준선, 치수 보조선 등으로 연결한다.

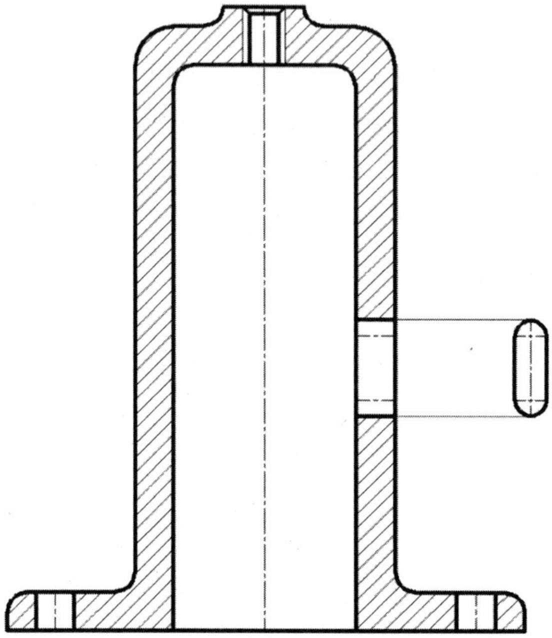

그림 4.17 국부 투상도

■ 회전 투상도(Aligned View)

그림 4.18은 투상면이 어느 정도 기울기를 가지고 있는 형상을 수직 또는 수평방향으로 회전시켜서 도면을 작성하는 회전 투상도의 사례를 나타낸다. 일정한 각도를 가진 암과 같은 형상을 제3각법으로 도면을 작성하면 투상면이 각도를 가지고 있으므로 그 실제의 형상과 크기를 표시하지 못할 경우가 발생한다. 이러할 경우에는 기울기를 가진 부분을 수직 또는 수평방향으로 회전하여서 실제의 형태로 도시할 수가 있다. 회전 투상도를 작성하였을 경우에 도면을 잘못 해독할 우려가 예상되면 회전 작도에 사용한 선을 남기도록 한다. 손잡이(Lug), 보강판(Rib) 및 암(Arm)이 부착된 부품의 투상도를 그릴 때에 회전 투상도를 사용하여 도면을 작성하면 도면이 간략하고 보기 좋아지는 경우가 많다.

■ 부분 확대도

그림 4.19는 도면의 특정 부분이 너무 작아서 형상을 이해하기 어렵거나 치수기입이 어려운 경우에 그 부분만 확대하여 상세한 도시 및 치수를 기입하는 확대도의 사례를 나타낸다.

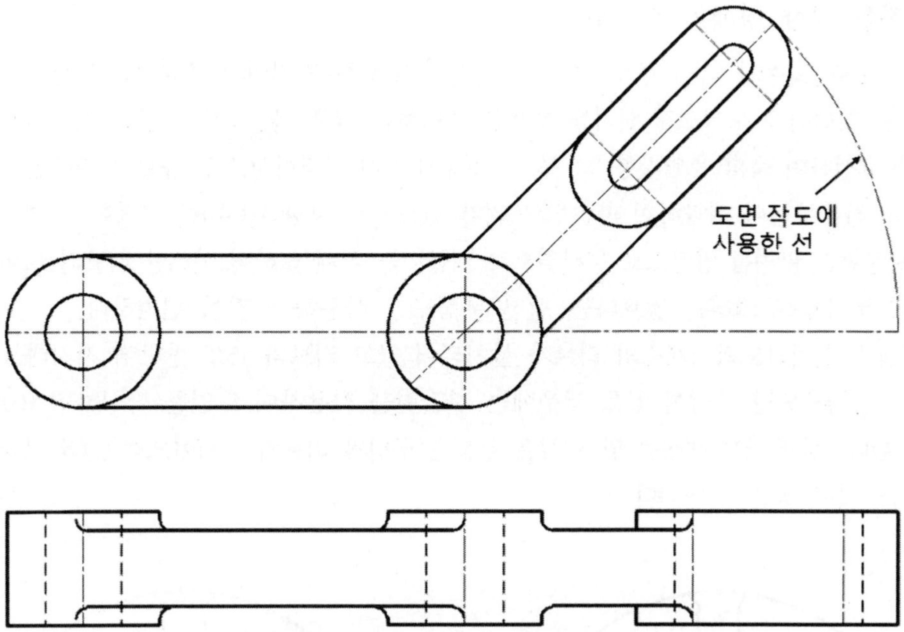

그림 4.18 회전 투상도

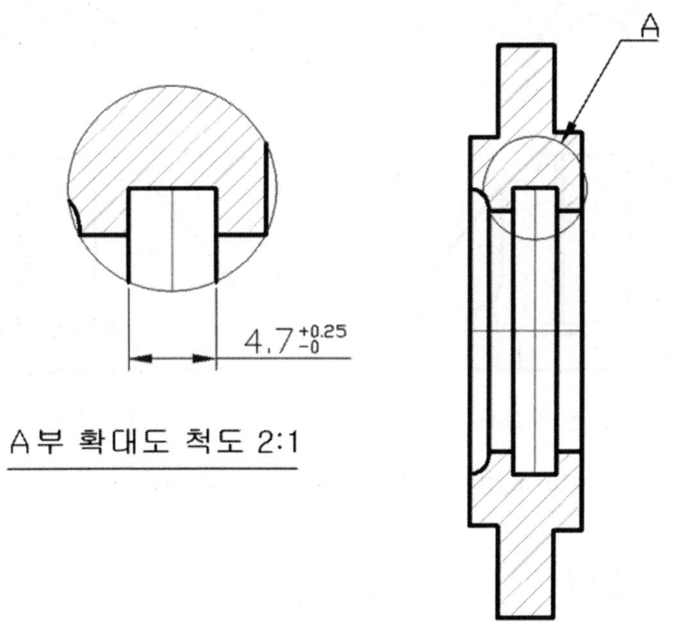

그림 4.19 부분 확대도

■ **반지름 방향 형체의 투상도**

그림 4.20은 길이가 있는 원기둥의 축을 지지하기 위한 지지대의 보강판을 투영하는 사례를 나타낸다. 평면위에 수직으로 원기둥 부품을 조립하는 경우에는 그림과 같은 지지대를 사용하여 축을 고정하며 축의 측면방향, 즉 축 중심에 대하여 직각방향으로 하중이 작용할 경우에는 지지대의 하부부분이 취약하여 파손될 우려가 있으므로 보강판(Rib)를 일정한 간격으로 보강한다. 보강판은 반지름 방향으로 등간격으로 덧붙이는 설계를 하며 이러한 리브의 도면 작성에는 실제 투상도를 그리는 것보다는 회전 투상도를 사용하는 것이 편리하다.

중심선과 일치하도록 4개소의 리브가 설치되어 있고 리브의 45도 방향에 지지대를 평면에 고정하기 위한 드릴 구멍이 있을 경우에는 전단면을 사용하여 도면을 작성하면 (b)와 같은 표현이 된다. 실제 단면 형상을 알고 싶은 부분은 구멍과 리브의 두께이므로 (a)와 같이 도면을 작성하는 것이 좋은 도면이다.

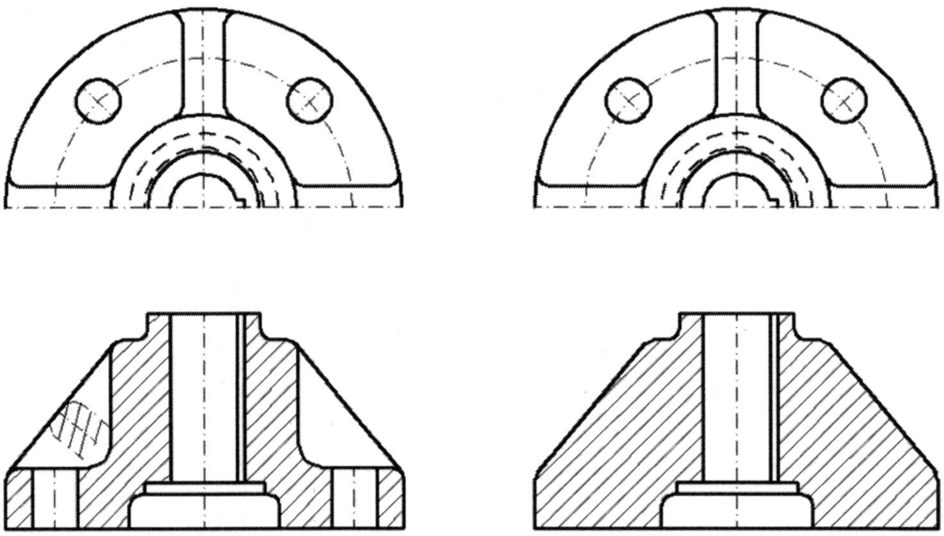

(a) 좋은 투상도 (b) 나쁜 투상도

그림 4.20 반지름 방향의 리브에 대한 투상도

4.2.3 도형의 생략

■ **대칭도형의 생략**

도형이 대칭일 경우에는 도형의 대칭성을 명확하게 파악한 후에 도면작성 시간 및 도면작성 공간을 줄이기 위하여 기본 중심선을 중심으로 어느 한쪽을 생략할 수가 있다. 대칭도형을 작성하였다면 대칭기호를 사용하여 대칭도형을 표시하는 경우, 대칭기호를 생략하고 약 3 [mm]정도 생략부분을 길게 연장하는 경우와 기본 중심선 또는 외형선으로 끝나는 부분에서 생략하는 방법이 있다.

그림 4.21은 기계부품의 도면을 작성하는 과정에서 좌우 또는 상하 대칭의 형상을 가진 부품의 도면 작성을 간단하게 하기 위하여 한쪽부분을 생략하는 도면 작성법을 나타낸다.

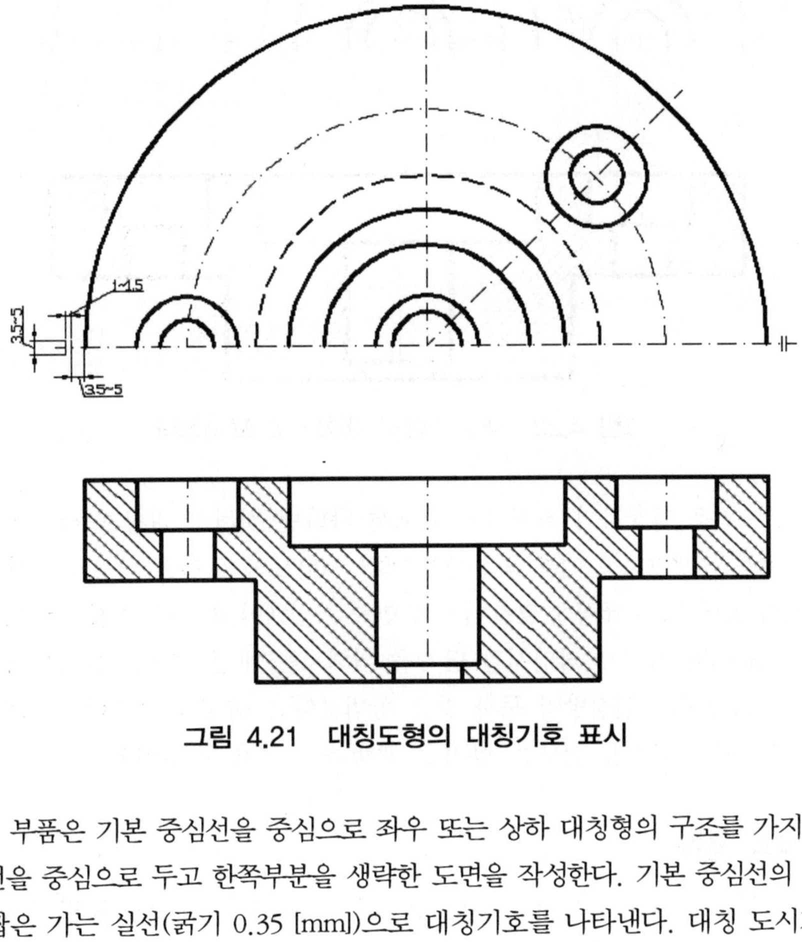

그림 4.21 대칭도형의 대칭기호 표시

원통형의 부품은 기본 중심선을 중심으로 좌우 또는 상하 대칭형의 구조를 가지고 있으므로 기본 중심선을 중심으로 두고 한쪽부분을 생략한 도면을 작성한다. 기본 중심선의 양 끝부분에는 2개의 짧은 가는 실선(굵기 0.35 [mm])으로 대칭기호를 나타낸다. 대칭 도시기호는 길이 3.5~5 [mm]의 가는 실선으로 간격 1~1.5 [mm]으로 나란히 작성하는 것으로서 도형의 바깥을 나타내는 외형선으로부터 3.5~5 [mm] 정도 위치에 작성하도록 한다.

그림 4.22는 대칭도형의 대칭 도시기호를 사용하지 않고 도형의 생략부분을 기본 중심선을 약간 지나도록 연장하여 나타내는 방법을 표시한 대칭도형의 도면작성 사례이다.

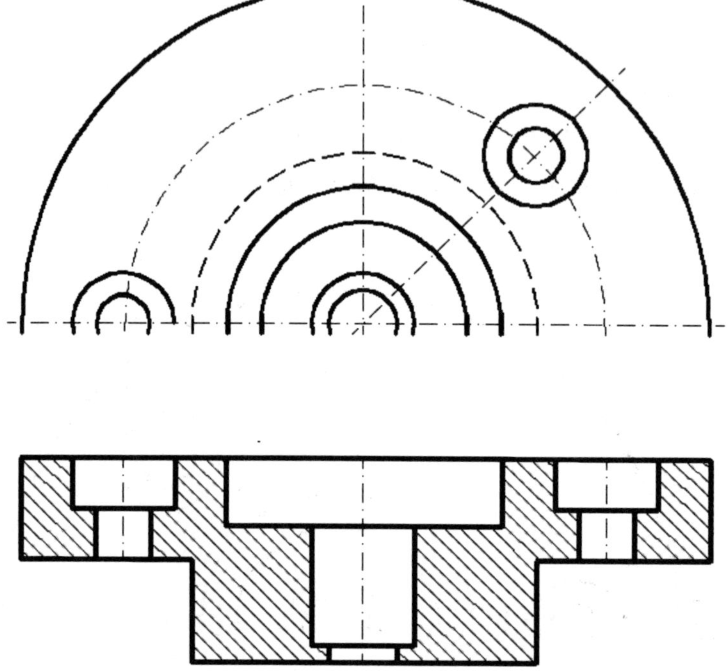

그림 4.22 대칭도형의 대칭기호 표시생략

대칭도형의 도면을 작성하기 위해서는 위에서 나타낸 것처럼 대칭 도시기호를 사용하는 방법과 한쪽 부분을 생략하고 기본 중심선을 약간 지나도록 도형을 작성하는 방법이 있으나 이러한 2가지의 방법 모두 규격에 맞추어서 도면을 작업해야 하므로 대칭기호 표시에 별도로 작업시간이 소요된다. 따라서 작업시간 단축을 위해서는 대칭도형이 명확할 경우에는 대칭 도시기호 및 생략부분의 연장방법 등과 같은 방법보다는 대칭을 나타내는 기본 중심선 및 외형선의 끝부분에서 도형을 끝내는 방법을 채택하는 것이 편리하다.

■ 반복도형의 생략

기계부품 중에는 동일한 구멍이 일정한 간격으로 형성되는 경우가 많이 발생한다. 특히 동일한 리벳 구멍, 볼트 구멍, 지주 및 사다리 등과 같이 동일한 받침봉의 사용 등과 같이 동일한 모양 및 크기를 가진 것이 연속적으로 반복할 경우에는 일부의 모양과 크기를 작성하고 나머지 부분은 생략하여 도면을 작성하는 것이 좋다.

그림 4.23은 평면 내에 일정한 간격으로 동일한 구멍이 연속적으로 가공되는 도면의 작성 사례를 나타낸다. 연속된 구멍의 중심위치만 표현을 하고 구멍의 형상은 생략해도 좋다. 구멍의 개수와 크기는 지시선을 사용하여 표현하면 된다.

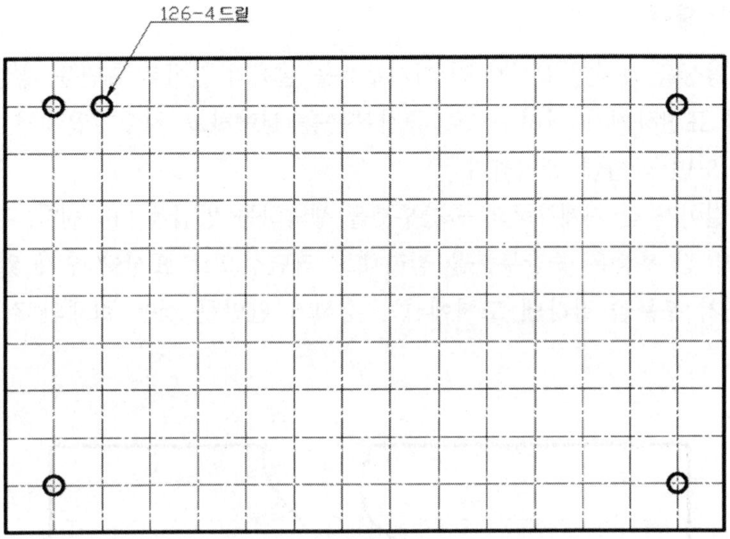

그림 4.23 일정한 간격으로 동일한 구멍의 연속

그림 4.24는 원판 형태의 부품에 일정한 각도의 간격으로 연속적인 구멍을 가공하는 사례를 나타낸다. 구멍이 형성되는 지름의 크기와 각도를 사용하여 구멍의 중심 위치를 표현하고 각 구멍 중심의 위치에 구멍 전부를 작성할 필요 없이 생략하고 지시선을 사용하여 구멍의 개수와 크기를 지시한다. 12개의 구멍의 360도 원주 상에 위치하므로 각 구멍 사이의 각도는 30도이며 구멍의 지름은 8 [mm]이다. 경우에 따라서는 구멍의 형상을 표현하지 않고 구멍의 중심위치만 표현하여도 무방하다.

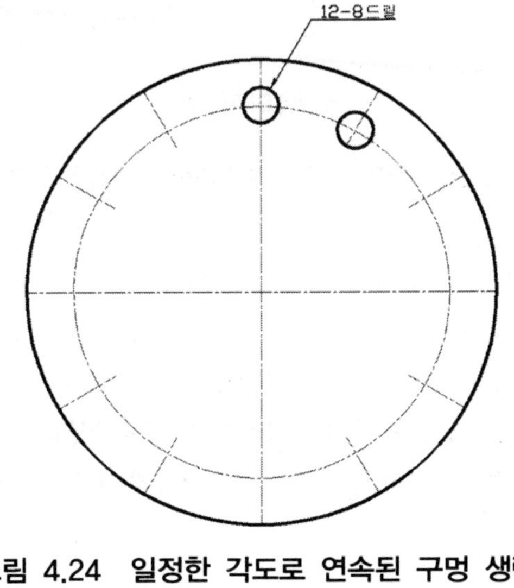

그림 4.24 일정한 각도로 연속된 구멍 생략

■ 중간부분의 생략

동일한 단면 형상을 가지며 길이가 긴 기계부품을 실제의 길이로 도면을 작성하면 작업공간이 너무 길어서 표현하기가 어려우므로 중간부분을 생략하고 치수기입에서 실제의 치수를 기입하는 것이 도면 작업에 유리하다.

그림 4.25는 길이가 긴 기계부품의 중간부분을 생략하는 방법을 나타낸다. 같은 단면, 같은 모양으로 길이가 긴 부품은 중간부분을 잘라내고 파단선으로 표시할 수가 있다. 긴 테이퍼 부분 또는 기울기 부분을 잘라낸 도시에서는 경사가 완만한 것은 실제의 각도로 표현하지 않아도 된다.

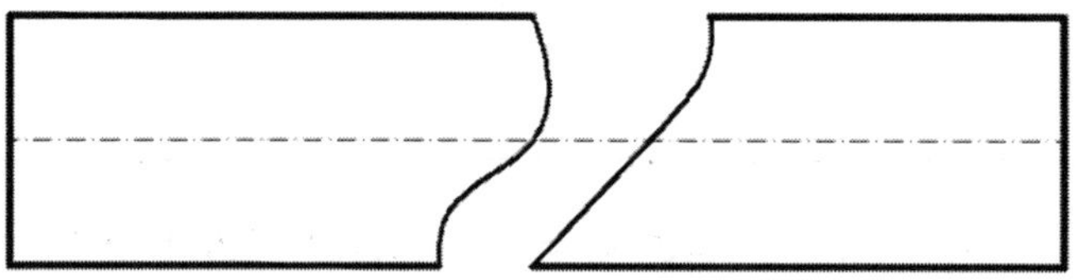

(a) 원통 축

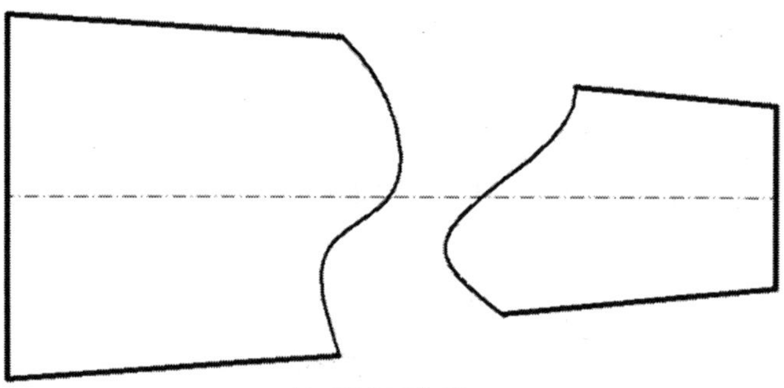

(b) 테이퍼 축

그림 4.25 길이가 긴 기계부품의 중간 부분 생략

그림 4.26은 원기둥 형태인 축의 중간 부분을 생략한 상태를 나타낸다. 기계제도에서 원기둥 모양의 물체(둥근 막대) 중간부분을 생략할 경우에는 파단선을 사용하여 8자 형태로 표시한다. 축, 둥근 막대 및 원통관 등의 중간부분을 생략할 경우에는 대상물의 반지름에 대한 3R/4의 크기를 가진 반지름으로 호를 만들어서 8자 모양으로 생략부분을 표시한다. 파단면에 해당하는 부분은 단면을 나타내는 해칭을 하거나 해칭을 생략하여도 무방하다.

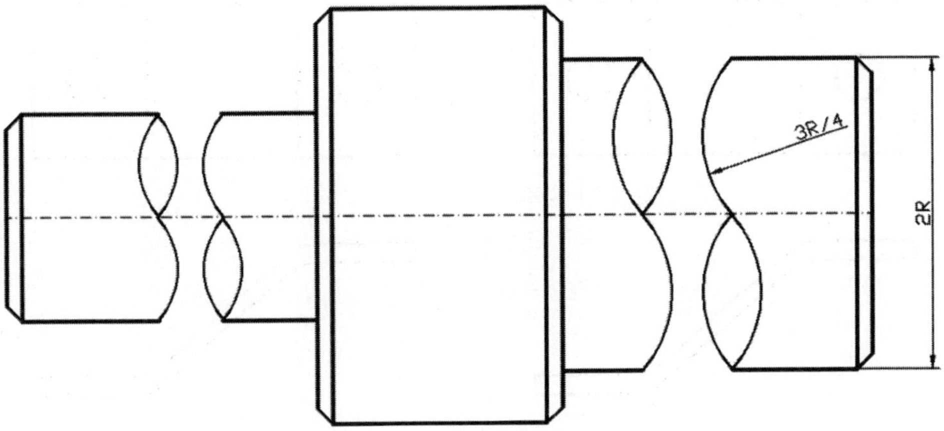

그림 4.26 축의 중간부분 생략

4.2.4 특별한 도형 표시법

■ 라운드선 표시법

얇은 판을 구부리거나 주물을 사용하여 형상을 만들 경우에는 모서리 부분을 라운드(Round) 처리를 한다. 라운드 처리부분은 실제 외부에서 보면 라운드의 반경방향은 선으로 보이지 않고 반경의 크기를 나타내는 방향은 선으로 나타낼 수가 있다.

그림 4.27은 얇은 판을 구부렸을 경우에 판의 형상에 나타나는 라운드 부분의 외형선 처리방법을 나타낸다. 정면도에서는 라운드의 크기를 나타내는 형상이 보이기 때문에 그 형상을 외형선으로 표시하고 수평선과 경사선의 교점을 가는 실선으로 보조선을 작성한다. 보조선의 교점에서 수직방향으로 보조선을 작성하여 평면도 상에 라운드선을 표시한다. 실제적으로는 평면도에서는 라운드에 대한 선을 보이지 않으나 외형선으로 라운드선을 표시하면 물체의 형상인식에 도움이 된다. 라운드선의 처리는 외형선과 교점으로 처리하는 방법과 외형선과 라운드선 사이를 약 3 [mm]정도의 간격으로 띄우는 방법이 있다.

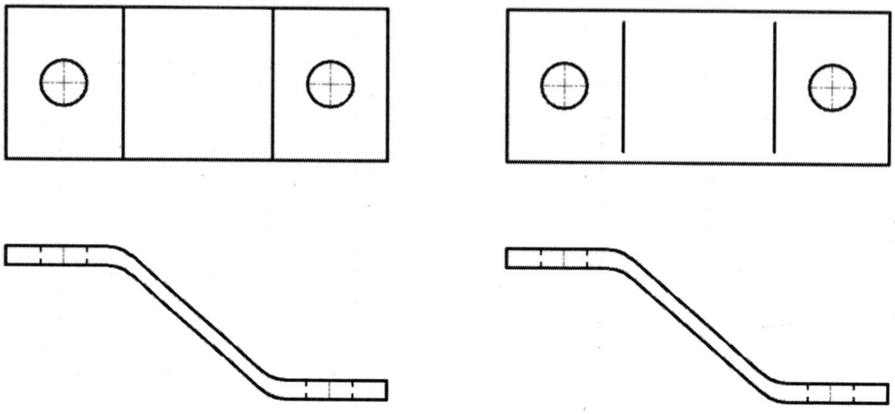

(a) 라운드선 표시의 연결 (b) 라운드선 표시의 절단

그림 4.27 라운드선 표시법

■ 라운드있는 리브 표시법

리브를 표시하는 선의 끝부분 처리는 직선을 그대로 멈추는 방법, 끝부분을 안쪽으로 오므리는 라운드 처리하는 방법과 끝부분을 바깥쪽으로 벌리는 라운드 처리방법으로 구분한다.

그림 4.28은 리브와 평면이 만나는 끝부분의 라운드 처리방법에서 리브의 폭을 나타내는 평면도에서 끝부분을 외형선 그대로 멈추는 방법을 나타낸다. 리브가 평면에 대하여 수직으로 접하고 있는 면의 라운드 R2와 리브 경사면의 라운드 R1의 반경 크기를 비교하여 R1=R2를 만족하면 리브의 끝부분은 외형선 그대로 멈춘다.

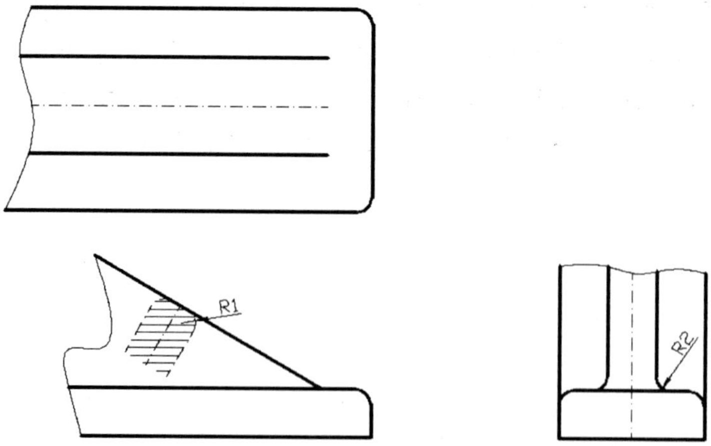

그림 4.28 리브 끝부분 표시(R1=R2의 경우)

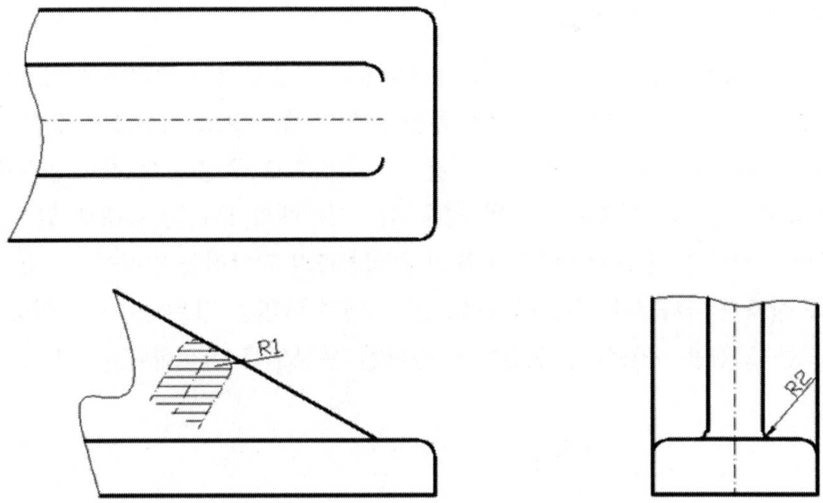

그림 4.29 리브 끝부분 표시(R1〉R2의 경우)

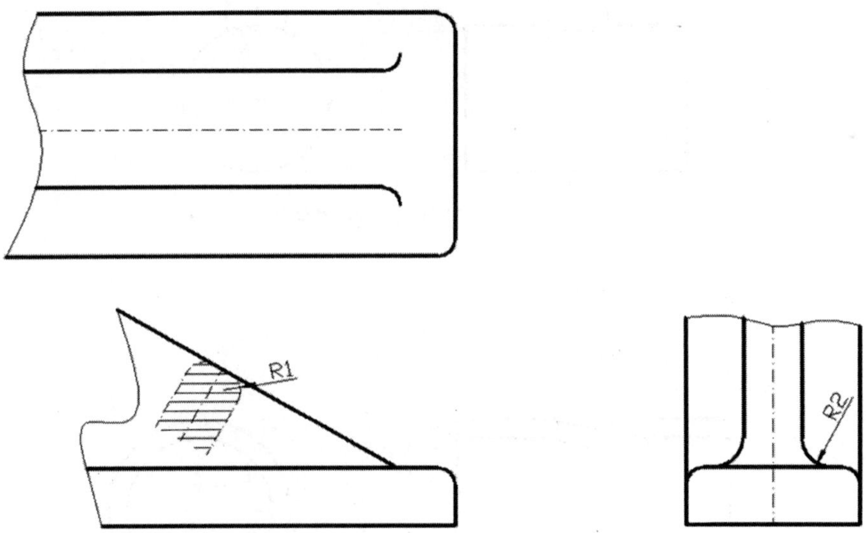

그림 4.30 리브 끝부분 표시(R1〈R2의 경우)

그림 4.29는 라운드 R1〉R2일 경우에 평면도에서 리브의 끝부분을 안쪽으로 오므리는 방법을 나타낸다. 원호는 원의 1/8크기로 작성한다.

그림 4.30은 라운드 R1〈R2를 만족하고 있으므로 리브의 끝부분을 바깥으로 벌리는 형상의 라운드 처리를 하여서 리브와 평면의 접촉을 나타낸다. 원호는 원의 1/8크기로 작성한다.

■ 곡면과 평면 교차 표시법

원통과 수직으로 또 다른 원통이 접속할 경우에는 접속부위를 정확하게 표현하기나 별로 중요성을 나타내지 않는 부분에는 정확한 투상도를 그리지 않고 직선으로 표시하기도 한다.

그림 4.31은 원통에 수직으로 접속하는 원통과 수직으로 구멍이 뚫리는 경우에 대한 도면 작성을 나타낸다. 원통과 원통이 접속할 경우에는 외부에서 보이는 형태로 원호를 사용하며 우측면도에서 보조선을 사용하여 수직 원통의 중심점과의 교차점을 만들어서 3점 호 그리기로 표면의 접속 상태를 나타낸다. 원통에 수직으로 구멍이 뚫리는 경우에도 우측면도의 원통면과 구멍이 만드는 교점을 사용하여 정면도의 정확한 투상도를 작성한다.

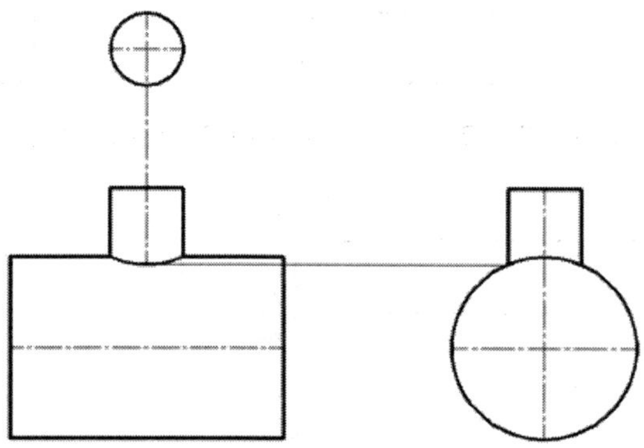

(a) 상호 수직으로 원통이 접하는 경우

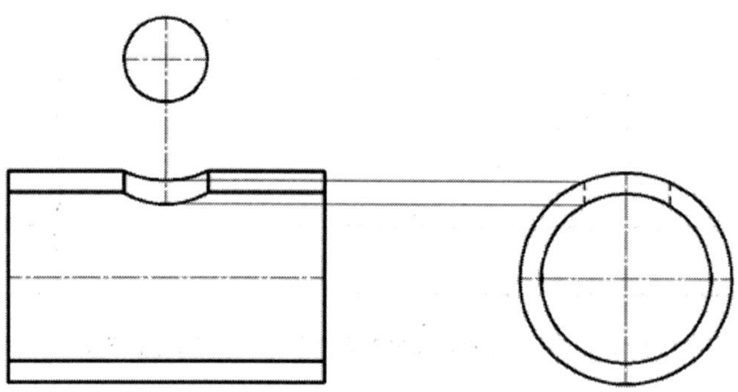

(b) 원통에 구멍이 있는 경우

그림 4.31 곡면과 평면 교차

■ 원통면의 곡면 표시법

그림 4.32는 원기둥의 표면에 평면을 형성하는 도면작성을 나타낸다. 도형 내에서 특정부위의 평면은 부품의 조립 시에 조립 공구를 사용할 수 있는 면을 만드는 것으로서 가는 실선으로 대각선 표시로 평면을 나타낸다. 끝부분의 평면은 축을 조립 공구를 사용하여 잡을 수 있도록 평면을 만든 것이고 중간 부위의 평면 역시 잡을 수 있는 면을 나타낸다.

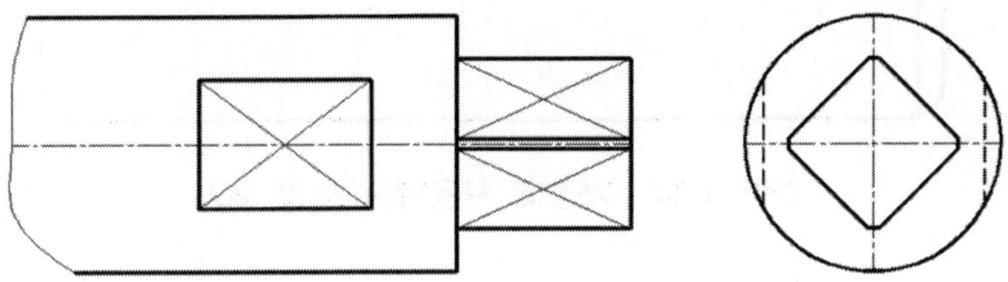

그림 4.32 원통에서의 평면 표시

■ 가공 전의 모양 표시법

그림 4.33은 가공 전의 모양을 2점 쇄선으로 나타낸 것이다. 세트 스크류를 고정시키기 위해서 평면 모양을 가진 부분을 조립 공구를 사용하여 고정시킨 후에 평면 부분을 제거하는 경우로서 한번 고정 후에 분해할 필요가 없을 경우에 사용한다. 가공 전 또는 가공 후의 모양을 도시하는 방법은 다음과 같다.

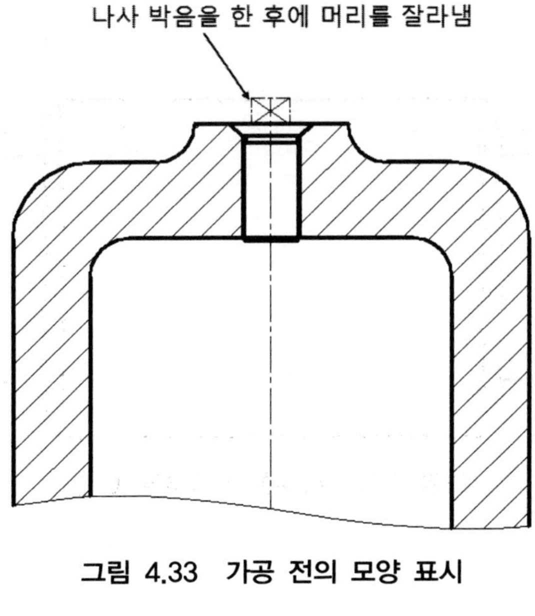

그림 4.33 가공 전의 모양 표시

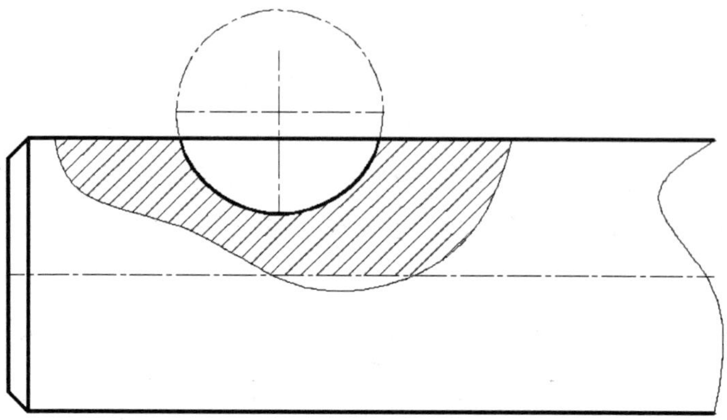

그림 4.34 가공에 사용되는 모양 표시

☑ 가공 전의 모양을 표시하는 경우에는 가는 2점 쇄선으로 도시한다.

☑ 가공 후의 모양, 조립 후의 모양을 표시하는 경우에는 가는 2점 쇄선으로 도시한다.

그림 4.34는 축에 반달 키의 홈을 가공하는 모양을 나타낸다. 반달 키의 가공에 사용되는 공구의 모양을 가는 2점 쇄선으로 나타낸다.

■ 특수한 가공부분 표시법

그림 4.35는 대상물의 일부분에 특수한 가공을 하는 경우에 특수가공 범위를 지정하는 방법을 나타낸다. 축의 부품에 표면 열처리를 하기 위하여 외형선과 평행하게 굵은 1점 쇄선으로 열처리 범위와 그 방법을 지시한다.

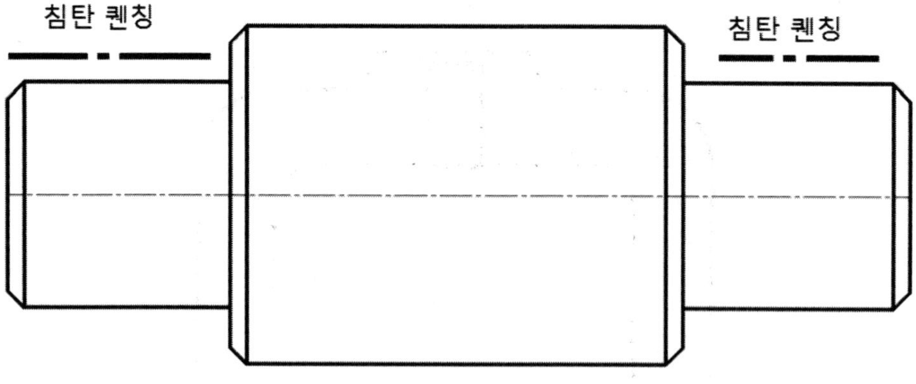

그림 4.35 특수한 가공부분 표시

■ 보조 투상도 표시법

그림 4.36은 경사면이 있는 부분을 정투상법을 사용하여 도면을 작성한 사례를 나타낸다. 정투상법을 사용하여 표시하므로 경사면의 표현은 실제 형상과 다르게 표현될 수 있으므로 도면 해독이 어렵다. 예를 들어서 경사면에 있는 구멍은 평면도와 측면도에서 타원 형태의 모양으로 표현된다. 따라서 이러한 경우에는 보조 투상도를 사용하여 경사면을 실제의 평면으로 표시하는 것이 도면 해독이 용이하다.

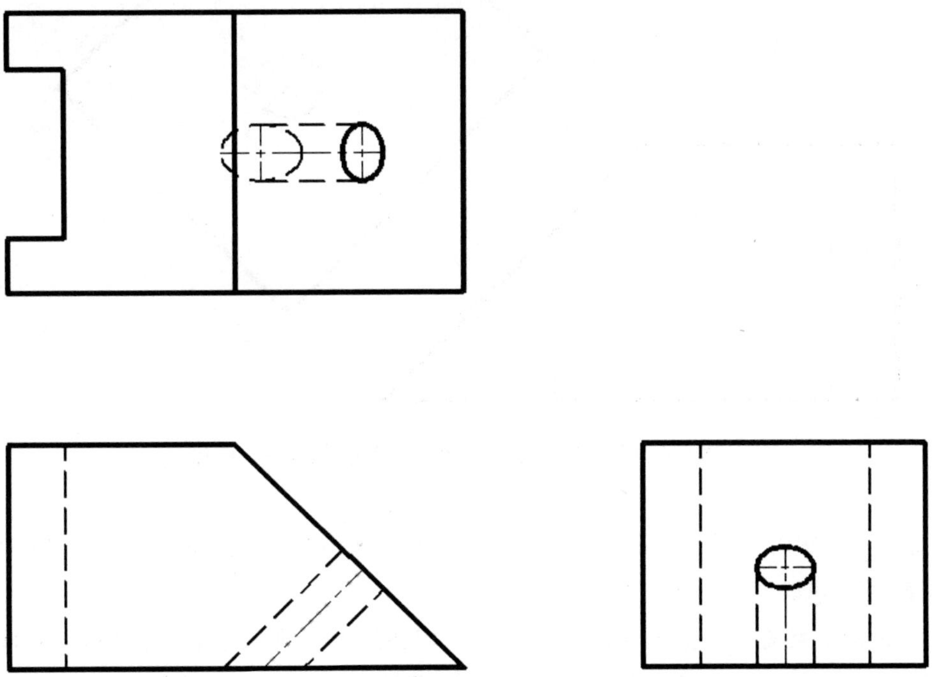

그림 4.36 정투상법에 의한 경사면 표시

그림 4.37은 보조 투상도를 사용하여 경사면을 표현한 사례이다. 보조 투상도를 사용하여 경사면을 표시하는 방법은 경사면의 실제 평면 표시가 가능하며 구멍 또한 실제의 구멍 크기로 표현할 수가 있다. 평면도에서도 평면으로 보이는 부분만 표현하므로 도면 해독이 용이하다.

경사면이 있는 대상물에서 그 경사면의 실제 형태를 표시할 필요가 있는 경우에는 다음 사항을 고려하여 보조 투상도를 표시한다.

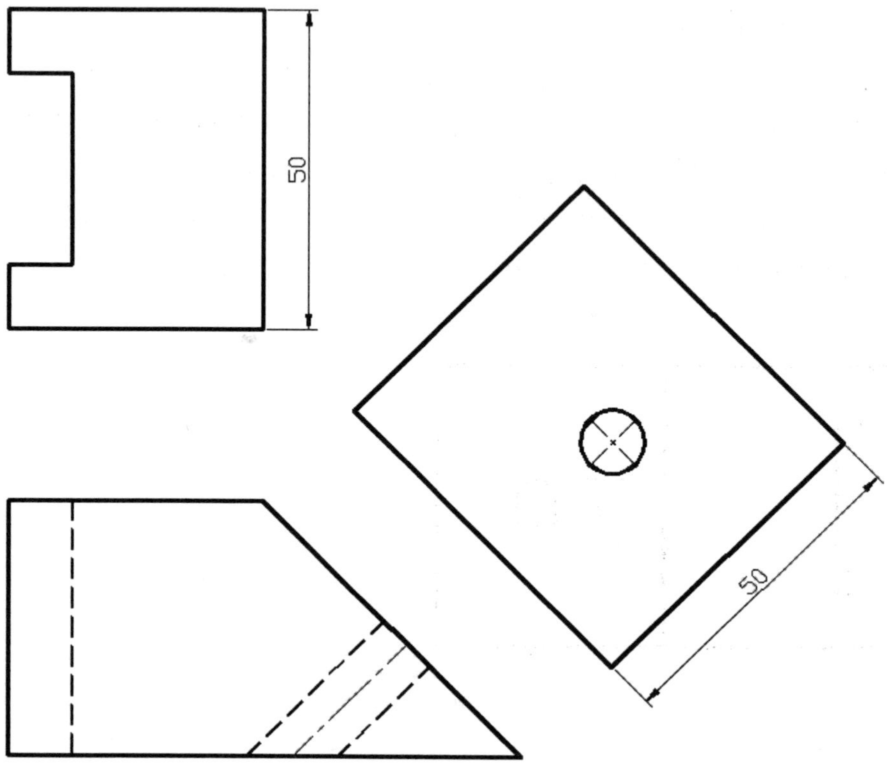

그림 4.37 보조 투상도를 이용한 경사면 표시

☑ 대상물 경사면의 실형을 도시할 필요가 있을 경우에는 그 경사면과 맞서는 위치에 보조 투상도를 표시한다.

☑ 큰 도면에서 보조 투상도의 배치관계를 알기 어려운 경우에는 구분기호를 사용하며, 보조 투상도가 그려진 도면의 구역은 구분기호와 화살표를 사용하여 표시한다.

☑ 보조 투상도는 필요한 부분에만 그리는 것이 좋다.

☑ 경사면이 직선으로 투상되는 투상면에서 투상된 직선에 수직으로 보조선을 그려서 보조 투상도를 그린다.

〈연습문제〉

4-1. 도면양식을 사용하여 모형공간에서 도면을 작성하고 배치공간에서 A4양식에 도면을 배치하고 플롯 미리보기를 실행하라. 도시하고 지시없는 모따기 C1, 라운드 R3이다.

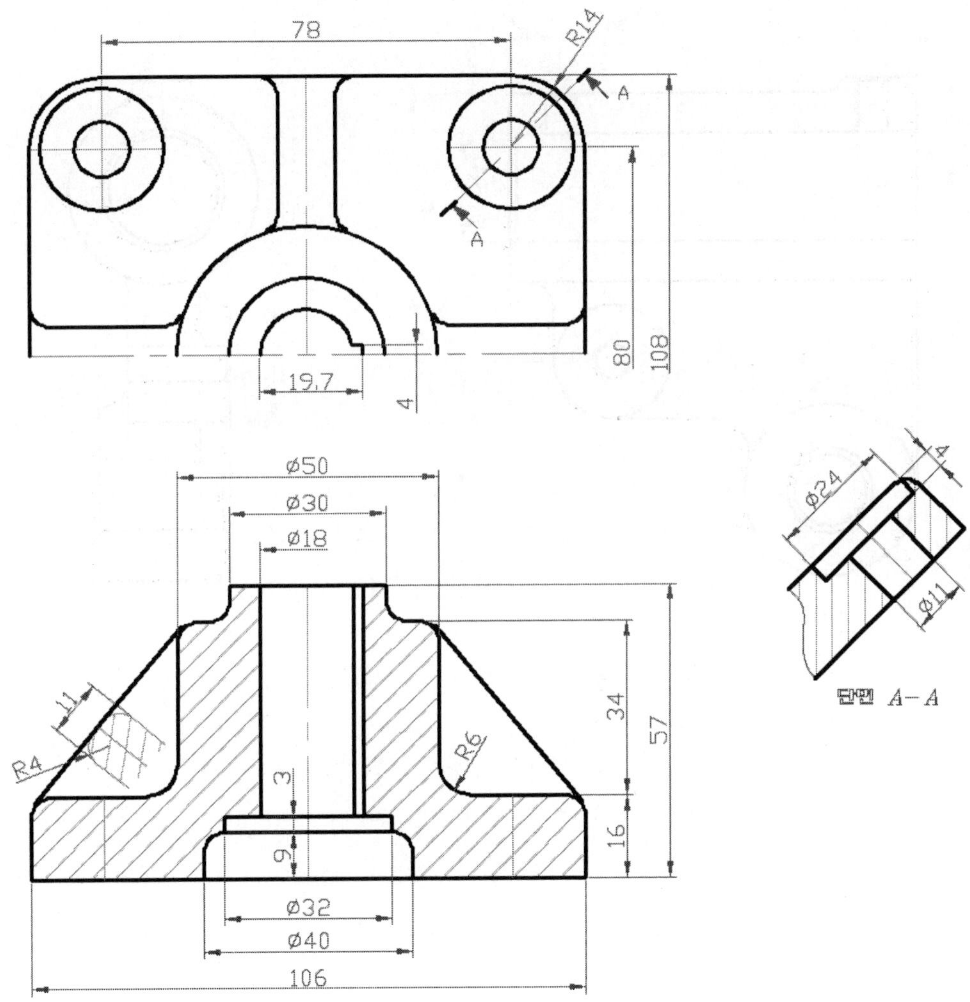

단면 A－A

4-2. 도면양식을 사용하여 모형공간에서 도면을 작성하고 배치공간에서 A4양식에 도면을 배치하고 플롯 미리보기를 실행하라. 도시하고 지시없는 모따기 C1, 라운드 R3이다.

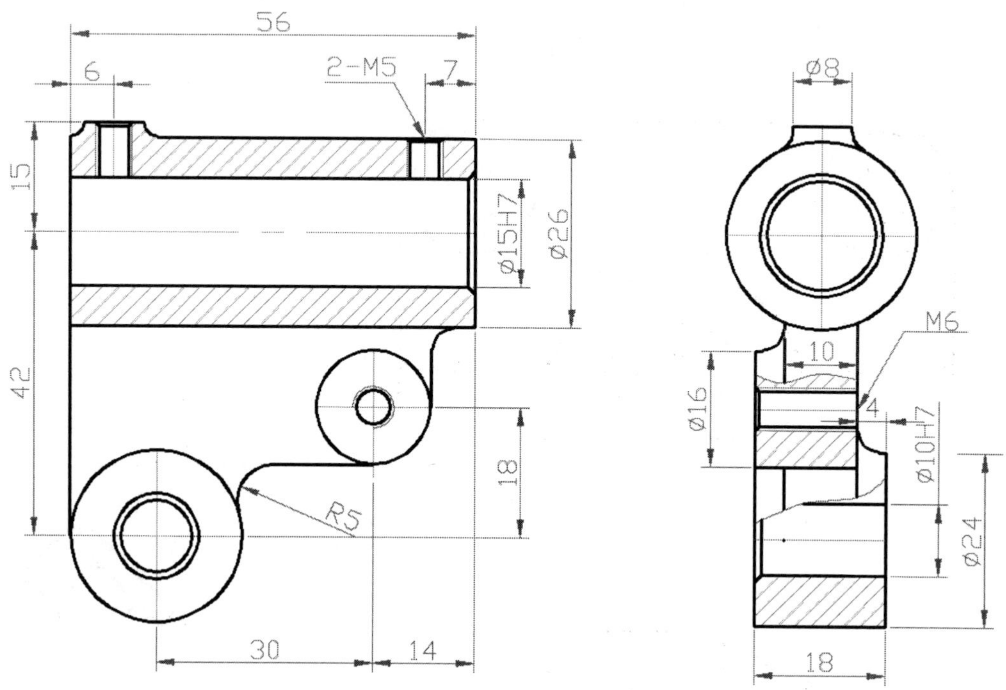

4-3. 도면양식을 사용하여 모형공간에서 도면을 작성하고 배치공간에서 A4양식에 도면을 배치하고 플롯 미리보기를 실행하라. 도시하고 지시없는 모따기 C1, 라운드 R3이다.

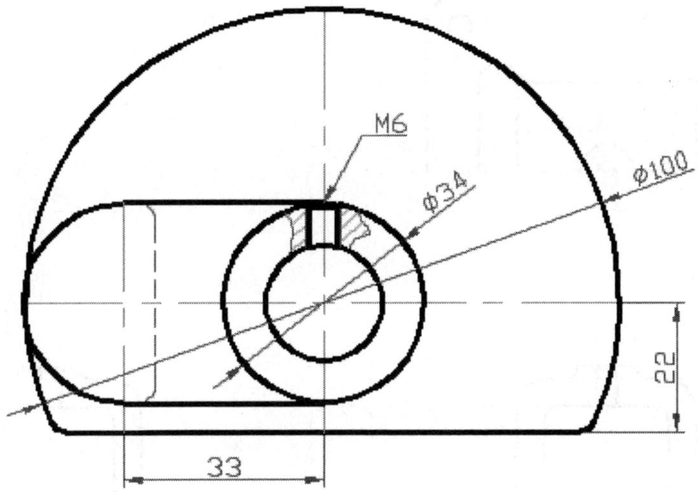

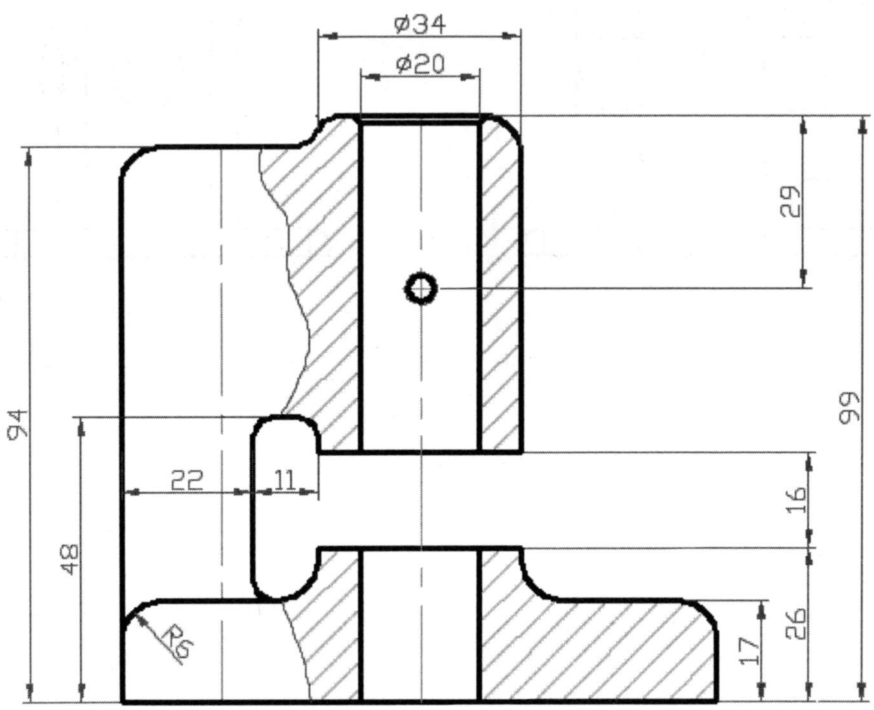

4-4. 도면양식을 사용하여 모형공간에서 도면을 작성하고 배치공간에서 A4양식에 도면을 배치하고 플롯 미리보기를 실행하라. 도시하고 지시없는 모따기 C1, 라운드 R3이다.

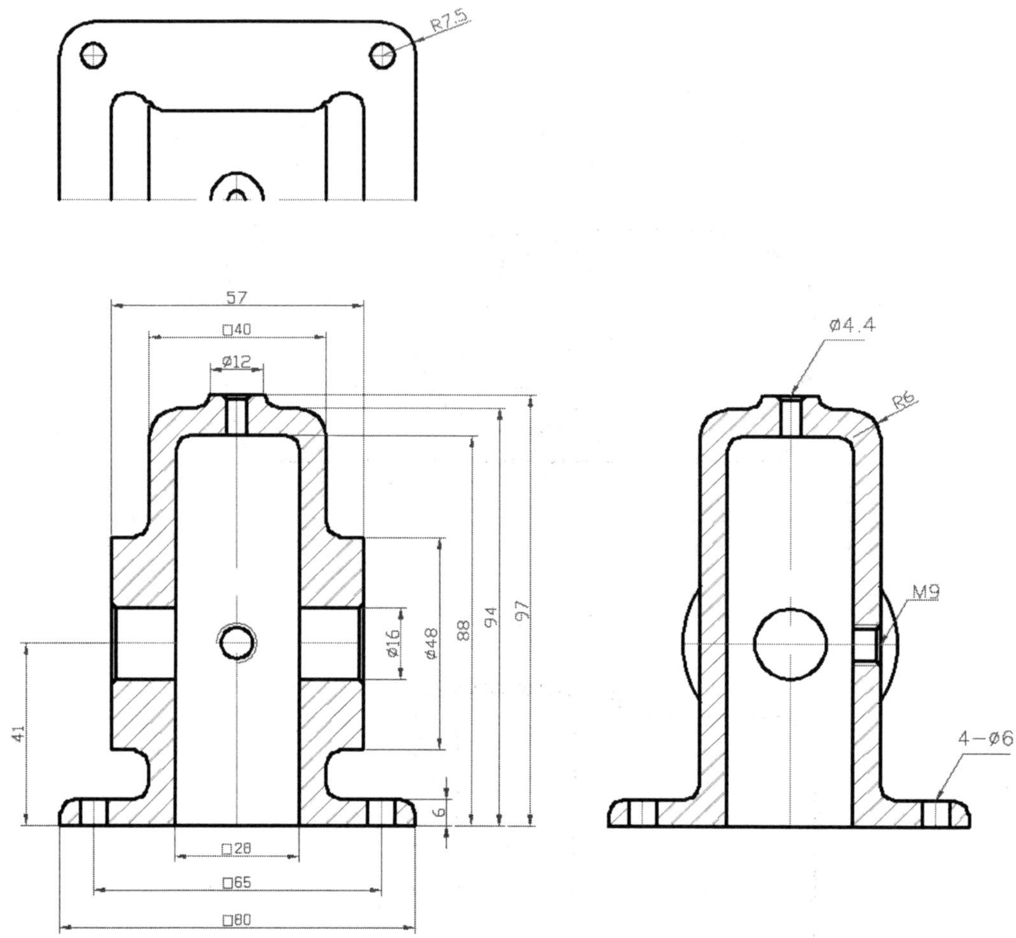

4-5. 도면양식을 사용하여 모형공간에서 도면을 작성하고 배치공간에서 A4양식에 도면을 배치하고 플롯 미리보기를 실행하라. 도시하고 지시없는 모따기 C1, 라운드 R3이다.

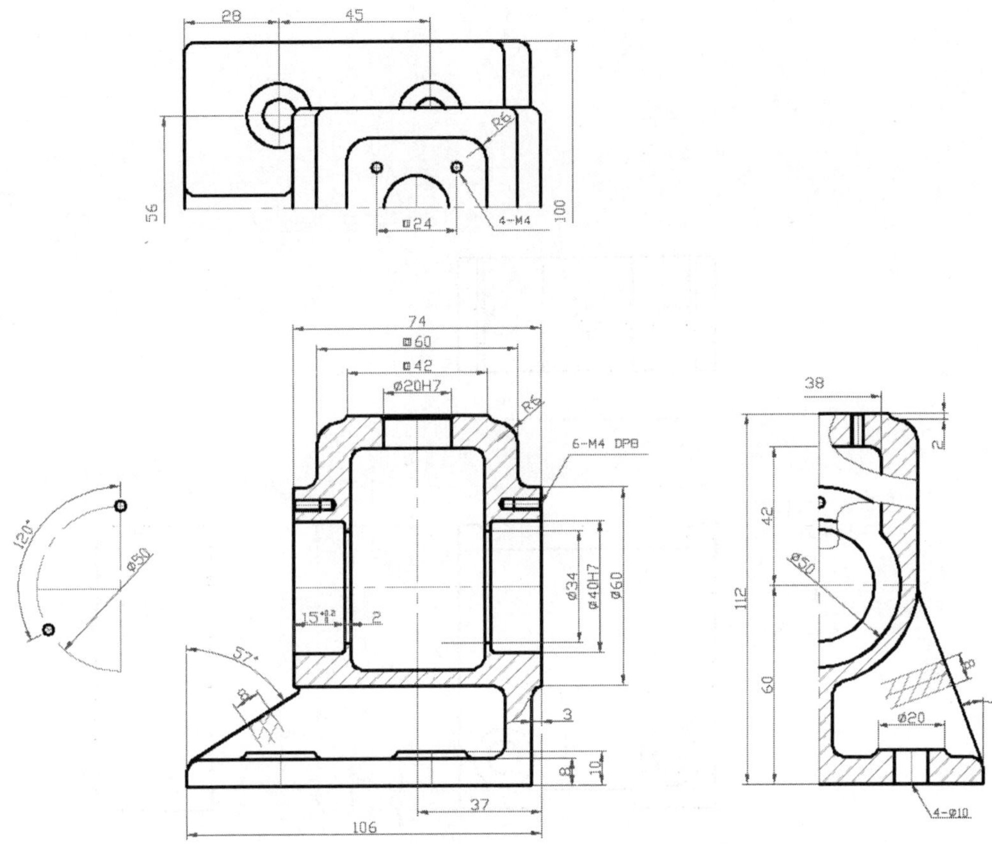

4-6. 도면양식을 사용하여 모형공간에서 도면을 작성하고 배치공간에서 A4양식에 도면을 배치하고 플롯 미리보기를 실행하라. 도시하고 지시없는 모따기 C1, 라운드 R1이다.

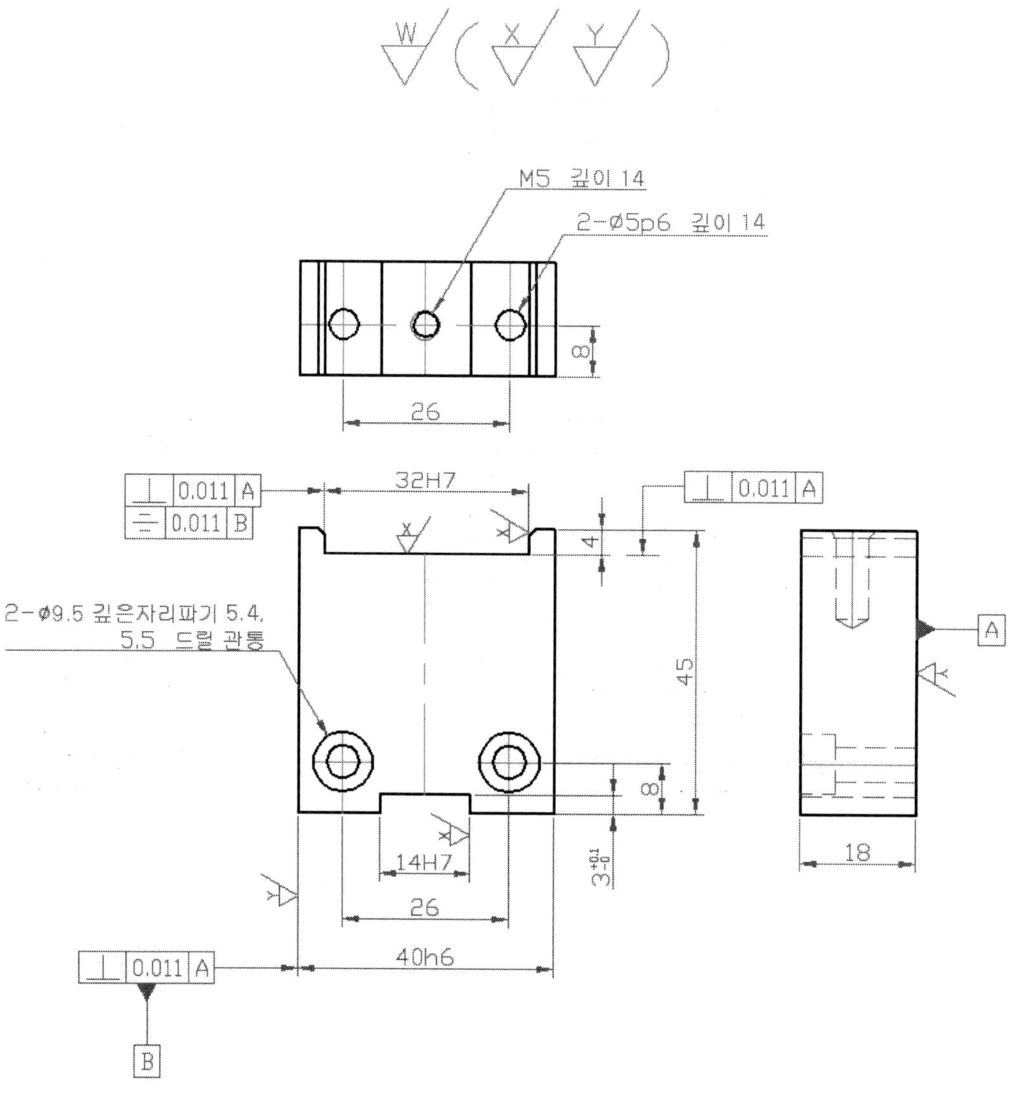

4-7. 도면양식을 사용하여 모형공간에서 도면을 작성하고 배치공간에서 A4양식에 도면을 배치하고 플롯 미리보기를 실행하라. 도시하고 지시없는 모따기 C1, 라운드 R1이다.

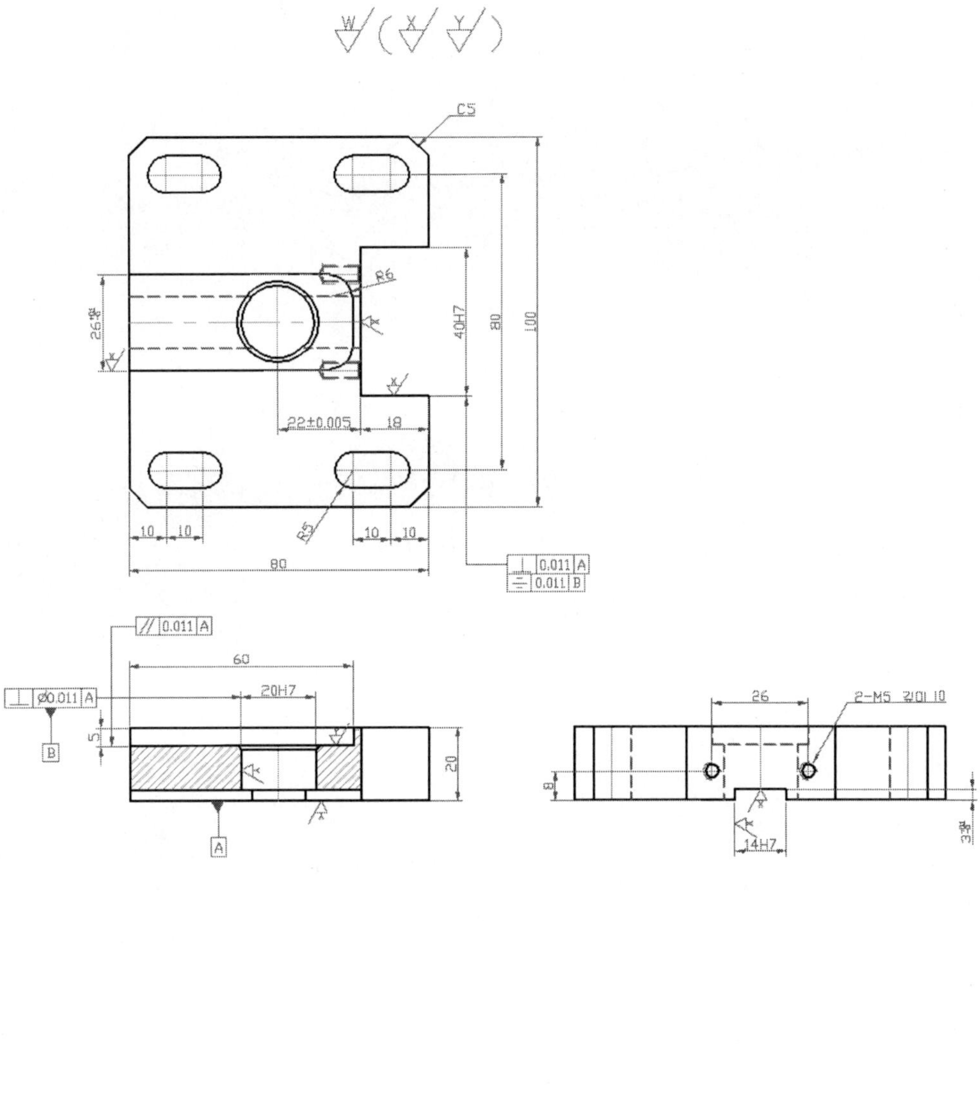

제5장

체결용 기계요소

목　차

기계는 2개 이상의 부품이 조합되어 제한된 운동을 실행하는 것으로 정의한다. 기계의 제작에는 기계설계, 부품가공, 부품검사, 기계조립 및 성능검사 등의 순서로 진행된다. 일반적인 기계는 분해 및 수리를 용이하게 하도록 나사체결을 실시하고 한번 체결하면 다시 분해할 필요가 없는 기계는 리벳작업 또는 용접작업으로 부품을 체결한다.

그림 5.1은 기계부품을 조립한 후에 다시 분해하여 재조립이 가능하도록 수나사인 볼트와 암나사를 사용하여 체결한 상태를 나타낸다. 나사에 의한 체결은 기계적 운동이 요구되는 기계제작에 많이 사용되며 수시로 기계성능을 유지하기 위하여 부품 교환 및 수리할 수 있도록 사용하는 체결방법이다.

그림 5.2는 기계제작 시에 한번 체결하면 다시는 분해할 필요가 없는 부품의 체결방법으로서 리벳과 용접체결을 나타낸다. 리벳은 보일러, 교량 등과 같은 얇은 철판 및 철골구조물의 체결에 많이 사용하며 열간 작업과 냉간 작업으로 구분한다. 용접은 기계 베이스 및 선박 등과 같이 한번 체결하면 다시 분해할 필요가 없으며 견고하게 체결하기 위하여 사용하는 방법으로서 아크용접, 가스용접 및 저항용접 등으로 구분한다.

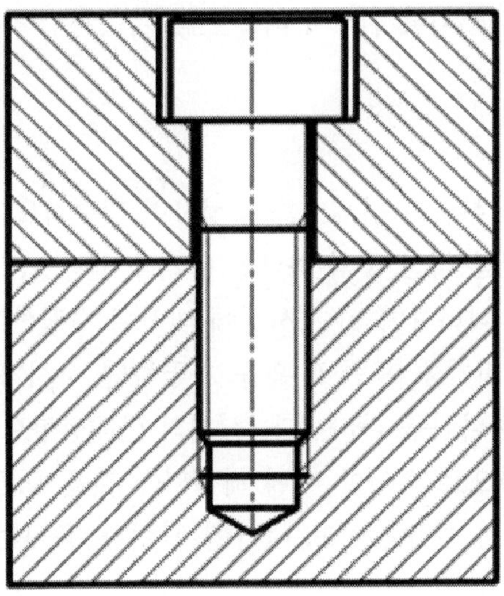

그림 5.1 분해 조립이 필요한 체결

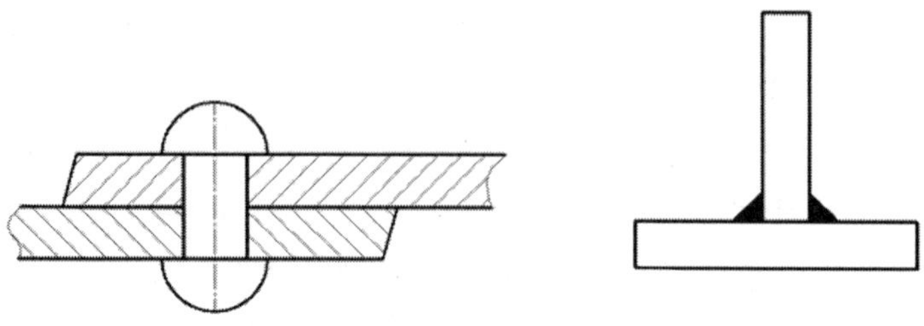

(a) 리벳 체결 (b) 용접 체결

그림 5.2 분해 조립이 불가능한 체결

5.1 나사체결

하나의 기계 및 제품을 제작하기 위해서는 수많은 부품의 조합이 필요하며 각 부품의 조립에는 볼트와 너트를 사용하여 체결하는 나사체결이 가장 많이 사용된다. 볼트와 너트는 가장 많이 사용되는 기계부품으로서 KS규격으로 정해진 표준부품이므로 기계설계에서는 가능하면 특수가공 보다는 표준나사를 사용하여 구매품으로 처리하도록 한다.

5.1.1 나사의 정의

기계를 구성하고 있는 각 부품의 상세도를 작성하면 필수적으로 나타나는 것이 나사부분이다. 나사(Screw)는 3차원 공간 곡선 중의 하나인 원기둥 헬릭스(Cylindrical Helix)이다. 헬릭스를 전개하면 경사진 선으로 나타나며 이 경사선에 대하여 수평선과 이루는 각을 헬릭스각이라 칭한다. 헬릭스에 따라서 원기둥 표면에 홈을 가공하면 나사가 된다.

그림 5.3은 왼나사와 오른나사를 나타낸다. 시계의 반대방향으로 돌릴 때에 체결되는 것을 왼나사라고 하고 시계 방향으로 회전할 때에 체결되는 것을 오른나사라고 한다. 일반적으로 사용되는 나사는 오른나사가 대부분이고 나사에 관련한 용어는 다음과 같다.

☑ 나사산(Screw Thread) : 원기둥의 표면에 헬릭스 형태로 새겨진 돌기를 말하며 나사산을 줄여서 나사라고 부른다.

☑ 피치(Pitch) : 한 나사산과 이웃한 다른 나사산 사이의 거리를 나타낸다.

☑ 리드(Lead) : 나사산을 따라서 360도 회전할 때에 축 방향으로 이동한 거리를 나타낸다.

☑ 한 줄 나사와 여러 줄 나사 : 나사산이 한 줄이면 한 줄 나사이고 한 바퀴 회전할 때에 이동하는 거리인 피치와 리드가 같다. 두 줄 이상의 나사산을 갖는 나사를 여러 줄 나사라고 하고, n줄 나사의 경우에 리드는 피치의 n배이다.

☑ 바깥지름 : 수나사의 산 봉오리에 접하는 가상적인 원기둥의 지름(수나사의 최대지름)이며, 수나사의 호칭지름이다.

☑ 골지름 : 수나사 또는 암나사의 골에 접하는 가상적인 원기둥의 지름(수나사의 최소지름, 암나사의 최대지름)이고 암나사의 호칭지름이다.

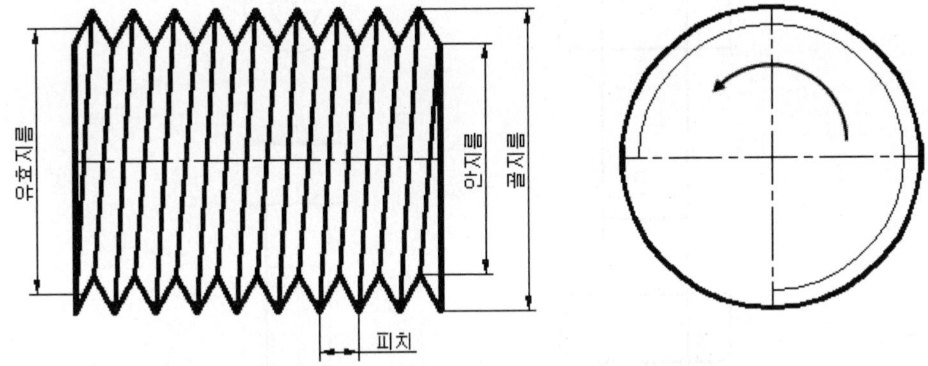

(a) 왼나사

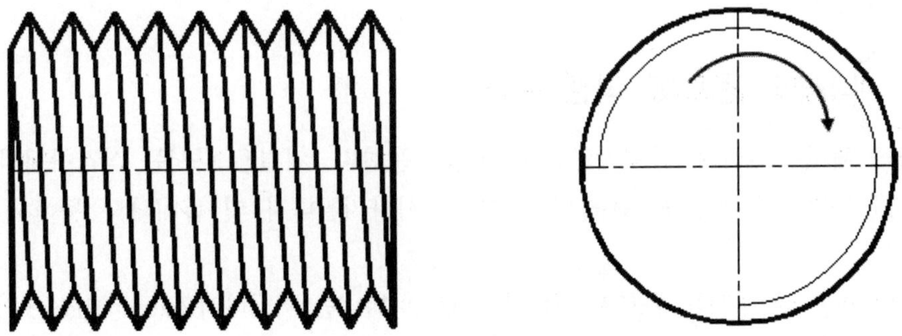

(b) 오른나사

그림 5.3 왼나사와 오른나사

☑ 안지름 : 암나사의 산 봉오리에 접하는 가상적인 원기둥의 지름(암나사의 최소지름)이다.

☑ 유효지름 : 바깥지름과 골지름의 평균값이다.

☑ 나사산 각도 : 나사를 중심으로 서로 이웃한 두 경사선이 골밑에서 이루고 있는 각도로서 원기둥의 헬릭스에 따라서 나사를 깊이 파면 팔수록 나사산의 각도가 더 작아진다.

그림 5.4는 육각볼트와 육각 렌치볼트를 구성하고 있는 수나사를 나타낸다. 육각볼트와 너트는 일반적으로 많이 사용되고 있는 체결용 나사이고 육각 렌치볼트는 기계의 조립용으로 많이 사용되는 표준부품이다.

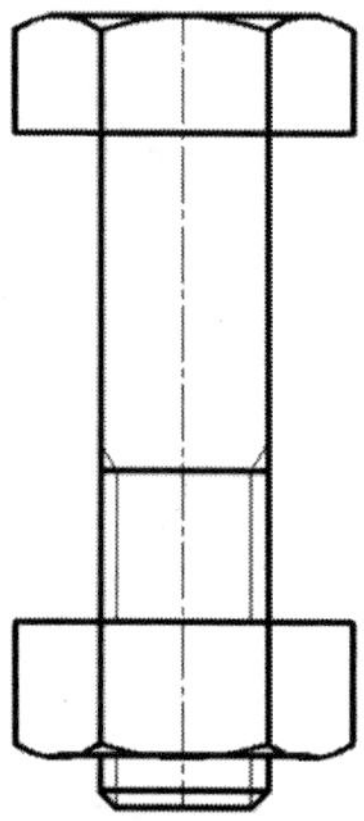

(a) 육각 볼트와 너트

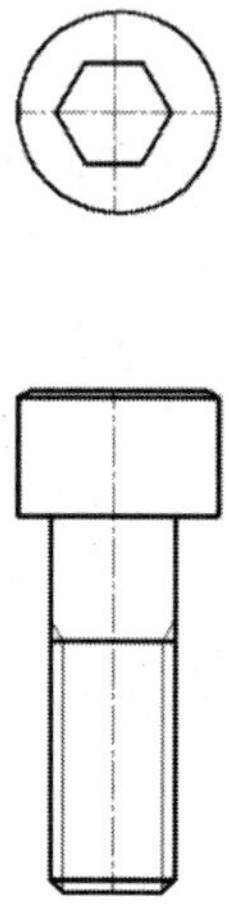

(b) 육각 렌치볼트

그림 5.4 육각볼트와 육각 렌치볼트

5.1.2 나사의 용도에 따른 분류

나사는 체결용 나사와 동력전달용 나사로 구분한다. 체결용 나사는 삼각나사와 둥근나사 등이 사용되며 동력전달용 나사는 사각나사, 사다리꼴나사 및 톱니나사 등이다.

☑ 삼각나사 : 삼각나사는 유효지름을 미터계로 나타내는 미터나사(Metric Thread)와 인치계로 나타내는 유니파이나사(Unified Thread)가 있다. 미터나사는 지름과 피치를 [mm]로 표시하며 나사산의 각도는 60 [°]이고 대부분 체결용 나사는 미터계를 사용한다. 미터나사의 호칭법은 다음과 같다.

[나사종류 기호][나사 호칭지름]×[피치]
예) M8×1 : 미터나사, 호칭지름 8 [mm], 피치 1 [mm]

유니파이나사는 호칭지름을 인치[inch], 피치를 1 [inch]내의 나사산의 수로 표시하고 나사산의 각도는 60 [°]이다. 인치계의 나사는 주로 관의 체결용으로 많이 사용하고 있으며 호칭법은 다음과 같다.

[나사의 유효지름]-[나사산의 수][나사종류 기호]

예) 3/8-16 UNC : 유니파이나사, 호칭지름 3/8 [inch], 1인치 내의 나사산의 수 16개

그림 5.5는 나사의 용도에 따른 나사산 모양을 나타낸다. 동력전달용 나사로서 사각나사, 사다리꼴나사 및 톱니나사가 있고 전구와 같은 체결용으로 둥근나사가 있다. 관용 테이퍼 나사와 관용 평행나사는 배관 체결용 나사로서 많이 사용된다.

☑ 사다리꼴나사 : 나사산의 모양이 사다리꼴이며 운동이나 힘을 전달하는 용도로 많이 사용한다. 사다리꼴나사의 나사산의 각도는 30 [°]와 29 [°]로 구분하며 지름은 인치, 피치는 1 인치 내의 나사산의 수로 표시한다.

☑ 관용나사 : 배관용 파이프를 연결하는 체결용 나사이고 관용 평행나사와 관용 테이퍼나사로 구분한다. 나사산의 각도는 55 [°]이고 관용 테이퍼나사의 기울기는 보통 1/16이다. 유압 굴삭기 및 자동화기계에 사용되는 유공압으로 움직이는 기계의 배관용 부품의 나사로 기름, 물 및 압축공기 등이 외부로 누설되지 않도록 체결한다.

☑ 둥근나사 : 사다리꼴나사의 산 봉오리와 골밑을 둥글게 한 모양의 나사이고 전구의 체결용으로 많이 사용한다.

☑ 사각나사 : 나사산의 단면이 정사각형에 가까운 나사이고 프레스와 같이 큰 힘을 전달하는 곳에 사용한다.

☑ 톱니나사 : 바이스와 같이 힘을 축 방향 한쪽으로만 강하게 전달하고 싶을 때에 사용하며 나사산의 모양이 비대칭이다.

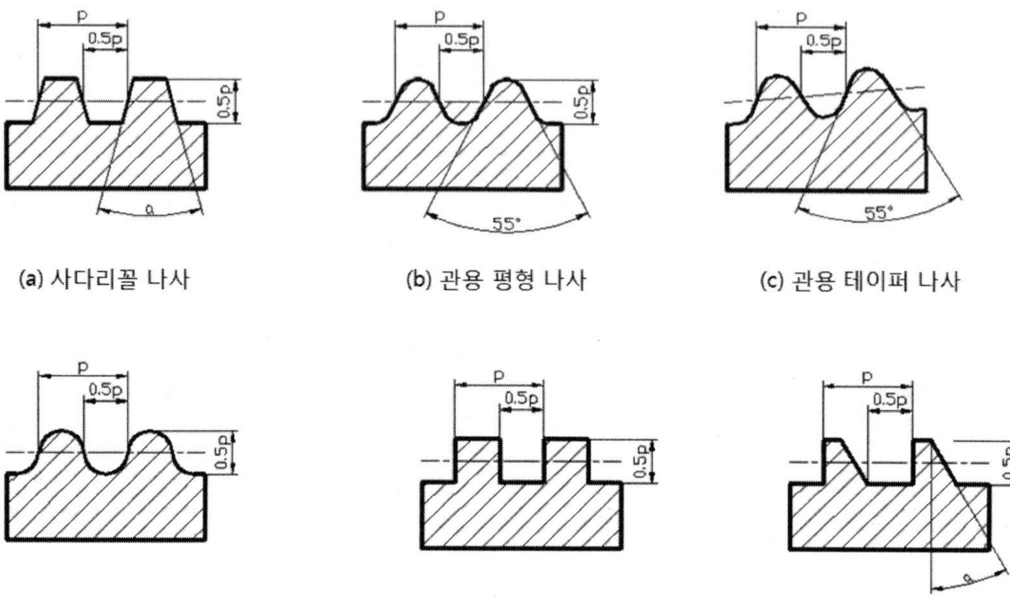

(a) 사다리꼴 나사 (b) 관용 평형 나사 (c) 관용 테이퍼 나사

(d) 둥근 나사 (e) 사각 나사 (f) 톱니 나사

그림 5.5 특수용도의 나사 종류

5.1.3 나사의 종류와 표시기호

표 5.1은 나사산의 모양에 따른 나사의 종류와 그 표시기호를 나타낸다. 미터나사의 기호는 M을 사용하고 호칭지름을 표시할 경우에는 M8로 표시하며 호칭지름이 8 [mm]인 미터나사를 의미한다. 유니파이 보통나사의 표시기호는 TNC U이고 3/8-16UNC는 호칭지름 3/8 [inch]이고 1인치 내에 있는 나사산의 수가 16인 유니파이 보통나사를 의미한다. 미터 사다리꼴나사의 표시기호는 Tr이고 Tr 10×2는 호칭지름 10 [mm]이고 피치 2 [mm]인 사다리꼴나사를 의미한다. 관용 테이퍼 암나사의 표시기호는 Rc이고 Rc 3/4는 호칭지름 3/4 [inch]인 관용 테이퍼나사를 의미한다.

표 5.1 나사의 종류와 크기를 표시하는 기호

구분		나사의 종류		나사종류의 표시기호	나사 호칭
일반용	ISO 규격에 있는 것	미터 보통나사		M	M8
		미터 가는나사			M8×1
		미니츄어나사		S	S0.5
		유니파이 보통나사		TNC U	3/8-16UNC
		유니파이 가는나사		UNF	No.8-36UNF
		미터 사다리꼴나사		Tr	Tr 10×2
		관용테이퍼 나사	테이퍼 수나사	R	R3/4
			테이퍼 암나사	Rc	Rc3/4
			평행 암나사	Rp	Rp3/4
	ISO 규격에 없는 것	관용 평행나사		G	G1/2
		30° 사다리꼴나사		TM	TM18
		29° 사다리꼴나사		TW	TW18
		관용테이퍼 나사	테이퍼나사	PT	PT7
			평행암나사	PS	PS7
		관용 평행나사		PF	PF7

표 5.2 나사의 등급표시

나사 종류	미터나사			유니파이나사						관용 평행나사	
등급	1급	2급	3급	3A급	3B급	2A급	2B급	1A급	1B급	A급	B급
표시 방법	1	2	3	3A	3B	2A	2B	1A	1B	A	B

표 5.2는 미터나사, 유니파이나사 및 관용 평행나사의 등급표시를 나타낸다. 나사의 등급은 1등급을 우선적으로 사용하며 필요에 따라서 2등급, 3등급을 사용하고 특별히 표기해야 할 필요가 있을 경우에 "나사의 호칭지름-등급"으로 표시한다. 암나사와 수나사의 등급을 동시에 표시할 필요가 있을 경우에는 암나사와 수나사를 표시하는 숫자 또는 숫자와 기호와의 조합을 "나사의 호칭지름-암나사 등급/수나사 등급"의 형태로 다음과 같이 표시한다.

예) M4.5-2 : 호칭지름 4.5 [mm], 2등급인 미터나사

예) M4.5-2/2 : 호칭지름 4.5 [mm], 암/수나사 2등급인 미터나사

나사의 치수기입에서 호칭지름 이외에 나사의 감긴 방향과 나사산의 줄 수를 표시하는 경우가 있다. 왼나사의 경우에는 "좌"의 문자 또는 "L"을 표시하고 오른나사의 경우에는 별도의 표시를 사용하지 않는다. 나사산의 줄 수는 여러 줄일 경우에는 표시하나 한 줄 나사는 표시하지 않는다. 나사의 감긴 방향과 나사산의 줄 수는 다음과 같이 표시한다.

예) 좌2줄 M10 : 2줄 왼나사, 호칭지름 10 [mm]인 미터나사

예) No.8-32 UNC-2A : 호칭지름 4.166 [mm], 1인치 내의 나사산의 수 32인 2A등급의 유니파이 보통나사

그림 5.6은 미터 보통나사의 암나사와 수나사의 표시기호를 나타낸다. 미터나사의 나사산의 각도는 60 [°]이고 피치는 P, 접촉높이는 H, 암나사의 지름은 대문자 D, 수나사의 지름은 소문자 d를 사용한다. 나사의 피치, 접촉높이 및 지름의 관계는 다음과 같다.

접촉높이 : $H = 0.866025P$

나사산 높이 : $H1 = 0.541266P$

암/수나사 유효지름 : $D2 = d2 = d - 0.649519P$

안지름/골지름 : $D1 = d1 = 1.082532P$

표 5.3은 미터나사의 호칭지름, 등급표시 및 나사산의 모양에 관련한 세부 데이터를 나타낸다. 나사의 호칭지름은 암나사의 경우에는 골지름 D를 사용하고 수나사의 경우에는 바깥지름 d를 사용한다. 호칭지름의 크기에 따라서 나사의 등급표시도 달라진다.

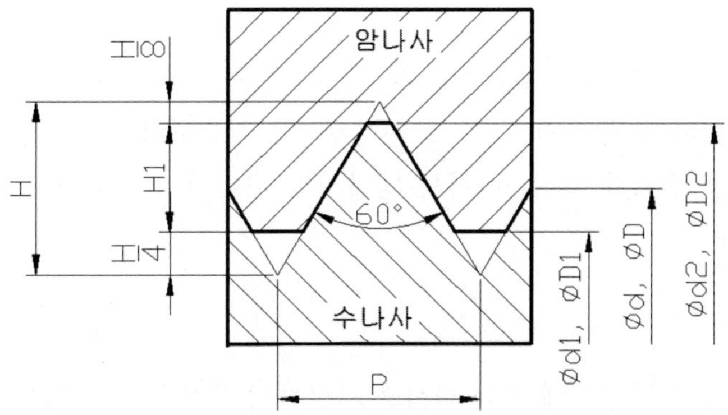

그림 5.6 미터나사

표 5.3 미터나사의 호칭지름과 데이터 표시

나사 호칭			피치 P	접촉높이 H	암나사 골지름 D / 수나사 골지름 d	암나사 유효지름 D2 / 수나사 유효지름 d2	암나사 안지름D1 / 수나사 안지름d1
1	2	3					
M1			0.25	0.135	1.000	0.938	0.729
	M1.1		0.25	0.135	1.100	0.838	0.829
M1.2			0.25	0.135	1.200	1.038	0.929
	M1.4		0.3	0.162	1.400	1.205	1.075
M1.6			0.35	0.189	1.600	1.373	1.221
	M1.8		0.35	0.189	1.800	1.573	1.421
M2			0.4	0.217	2.000	1.740	1.567
	M2.2		0.45	0.244	2.200	1.908	1.713
M2.5			0.45	0.244	2.500	2.208	2.013
M3			0.5	0.271	3.000	2.675	2.459
	M3.5		0.6	0.325	3.500	3.110	2.850
M4			0.7	0.379	4.000	3.545	3.242
	M4.5		0.75	0.406	4.500	4.013	3.688
M5			0.8	0.433	5.000	4.480	4.134
M6			1.0	0.541	6.000	5.350	4.917
		M7	1.0	0.541	7.000	6.350	5.917
M8			1.25	0.677	8.000	7.188	6.647
		M9	1.25	0.677	9.000	8.188	7.647

5.1.3 나사의 제도

기계부품의 제도에서 가장 기본적으로 작성해야 하는 것이 나사부분이다. 기계조립에서 분해 및 수리가 빈번한 곳에는 필수적으로 나사체결을 실시하고 있으므로 나사부분의 제도방법에 대하여 숙지할 필요가 있다. 나사는 암나사와 수나사로 구분하고 각각의 제도방법에 대하여서 알아본다.

☑ 암나사 제도법

기계부품의 체결방법은 부품에 직접 나사를 가공하여 체결하는 방법과 볼트와 너트를 사용하여 체결하는 방법으로 구분한다. 암나사 제도방법에서는 기계부품에 직접 나사를 가공하는 방법에 대하여 살펴본다.

그림 5.7은 기계부품에 나사를 가공하는 방법의 순서에 따른 제도방법을 나타낸다. 나사의 호칭지름은 표 5.3에서 나타낸 것처럼 골지름 D이며 나사산의 높이는 H1이므로 암나사를 작성하기 위하여서는 구멍을 만들 수 있는 드릴의 선택이 가장 먼저이다. 드릴의 호칭직경은 나사의 호칭지름 D에서 나사산의 높이의 2배(2H1)를 뺀 값이다. 즉 드릴직경 d는 다음과 같다.

$$d = D - 2H1$$

여기서, 나사산의 높이 H1은 나사의 호칭지름에 대하여 $\frac{D}{8}$ 또는 $\frac{D}{10}$이다.

기계부품에 암나사를 작성하는 방법의 1단계는 나사의 기초구멍이 되는 구멍의 작성이다. 드릴직경 d를 사용하여 나사의 유효나사부보다 깊게 구멍을 작성한다. 드릴의 끝부분에는 드릴 공구 각이 실제는 118 [°] 이나 도면작성에는 120 [°]가 되도록 드릴 구멍의 끝부분을 작성한다. 이때에 사용하는 선은 외형선을 사용한다.

2단계에서는 드릴구멍에 탭을 사용하여 나사를 내는 것이다. 탭을 사용하기 위해서는 나사의 호칭지름 크기와 같은 탭 공구를 사용하여 작성한다. 간격 띄우기 기능을 사용하여 유효나사부의 깊이까지 외형선을 작성한다. 다음은 탭 공구의 호칭지름에 해당하는 나사선(가는 실선)을 유효 나사부 깊이까지 작성한다.

3단계에서는 불완전 나사부와 모따기를 작성한다. 불완전 나사부는 나사선(가는 실선)의 굵기를 사용하여 나사의 축 중심에 대하여 30 [°]의 기울기로 유효 나사부와 드릴구멍의 외형선의 교점까지 작성한다. 모따기는 암나사에 볼트를 체결을 용이하도록 입구부분을 작성하는 것으로서 각도는 45 [°]이며 드릴구멍과 나사의 호칭지름 부분을 연결하며 선의 굵기는 외형선을 사용한다.

4단계는 암나사의 모양 작성이 완료되었으므로 단면 표시를 나타내는 해칭을 표현한다. 해칭선은 드릴구멍을 나타내는 외형선을 경계로 하여 해칭표시를 한다. 도면을 작성하다 보면 편의상 불완전 나사부와 모따기 부분을 생략하는 경우도 있을 수가 있다.

그림 5.8은 드릴의 공구각과 외관의 모습을 나타낸다. 드릴의 공구 각은 실제 118 [°]이다.

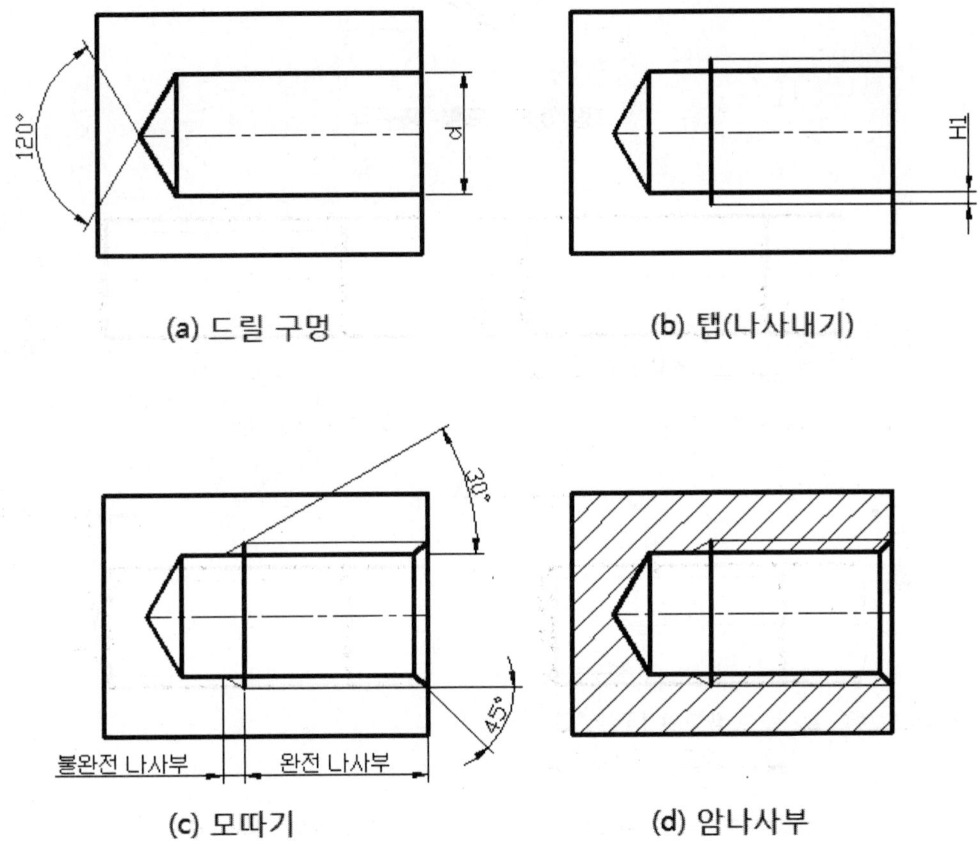

그림 5.7 암나사 제도법

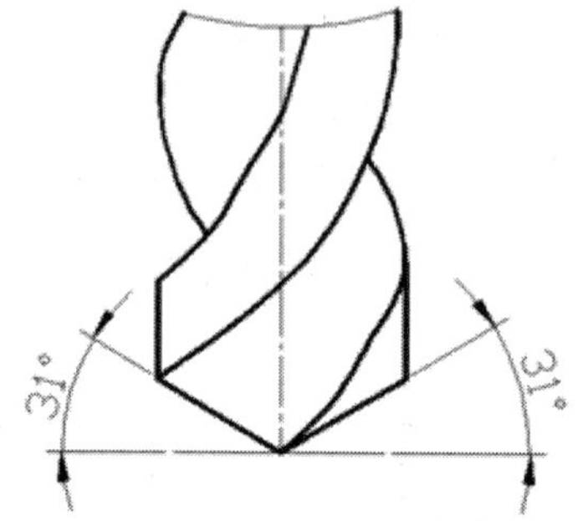

그림 5.8 드릴 공구각

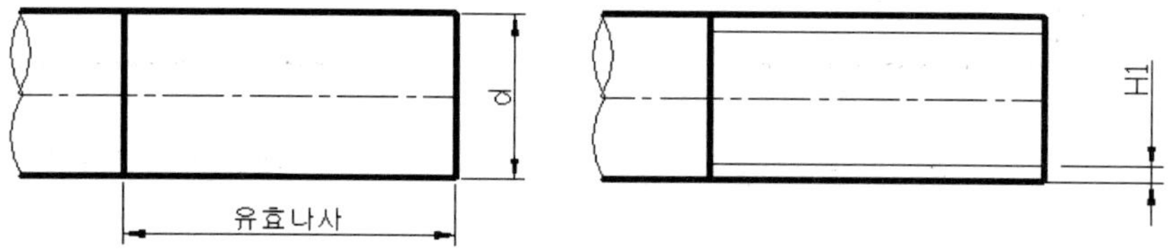

(a) 유효나사 길이 (b) 탭(나사내기)

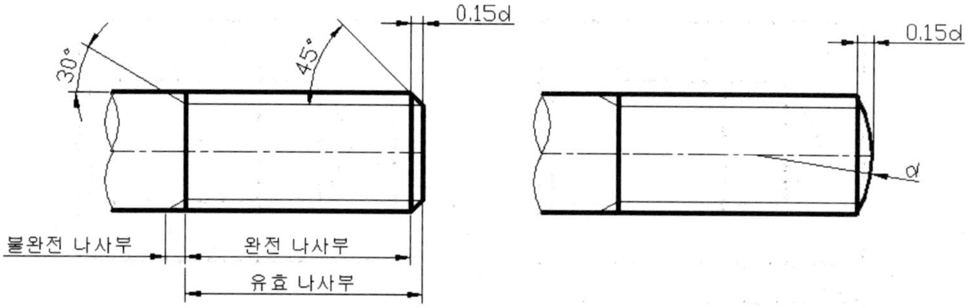

(c) 끝이 모서리진 수나사 (d) 끝이 둥근 수나사

그림 5.9 수나사 제도법

☑ 수나사 제도법

기계부품 체결에 사용되는 볼트는 수나사에 해당하므로 수나사 작성법에 대하여 알아본다.

그림 5.9는 수나사의 제도방법을 나타낸다. 수나사는 나사산의 봉오리, 즉 바깥지름을 호칭지름으로 하고 있으므로 바깥지름 d를 외형선으로 작성한다. 다음은 유효 나사부의 길이에 해당하는 길이만큼 간격 띄우기 기능을 사용하여 사각형을 작성한다. 다음 단계에서는 나사산의 높이에 해당하는 간격(H1)을 외형선에서 중심선 방향으로 상하 2개를 작성한다. 이때의 선 굵기는 나사선(가는 실선)이다. 불완전 나사부는 축 중심에서 기울기 30 [°]가 되도록 나사선

과 외형선을 연결한다. 수나사의 끝부분이 모서리진 수나사는 45 [°] 모따기를 실시하며 이때 간격은 0.15d를 띄워서 작성한다. 수나사의 끝부분이 둥근 수나사는 유효 나사부와 둥근 끝부분의 간격을 0.15d로 띄우고 나사의 호칭지름 d를 반지름으로 하는 호를 작성하여 끝부분의 마무리작업을 완료한다.

☑ 육각볼트와 너트 제도법

육각볼트와 너트는 기계부품의 조립에 많이 사용되는 표준부품이다. 볼트와 너트를 실제 모양대로 작성하기에는 복잡하기 때문에 간략하게 도면에 나타내는 경우도 있으나 작성방법을 암기하면 쉽게 볼트와 너트를 작성할 수 있다.

그림 5.10은 육각볼트와 너트를 제도하는 방법을 나타낸다. 볼트와 너트를 작성하기 위하여서 가장 먼저 선행하여야 하는 작업은 중심선 작성이다. 중심선의 교점을 중심으로 하여서 AutoCAD의 다각형 그리기 기능을 사용하여 면이 6개이고 수나사의 호칭지름 d가 내접하는 원의 반지름이 되도록 설정하여 육각볼트의 머리에 해당하는 6각형을 작성한다.

다음 단계에서는 중심선과 수직으로 교차하는 임의의 외형선을 작성하고 0.7d가 되도록 간격 띄우기 기능을 사용하여 볼트의 머리 높이를 작성한다. 육각형의 교차점에서 볼트의 머리 높이방향으로 수선을 내려서 머리모양의 간격을 만든다. 볼트의 중심선과 볼트 머리높이의 선이 만나는 지점과 교차하도록 반지름이 1.5d인 중앙의 큰 호를 작성한다. 양쪽의 작은 호 2개는 큰 호의 연장선으로 만들어지는 2번에서 3번 방향으로 직선을 작성하여 중간교점 4번을 만든다. 4번에서 수직선을 작성하여 5번의 교점을 만들고 1번에서 수평선을 작성하여 외형선과의 교점 6번을 만든다. 1번, 5번과 6번을 연결하는 3점호 그리기 기능을 사용하면 작은 호를 작성할 수 있다. 불필요한 선을 삭제하면 육각볼트의 머리모양을 완성할 수 있다.

다음 단계에서는 그림 5.9에서 수나사 작성법에 따라서 나사부를 작성하고 너트는 수나사 호칭지름의 0.8d가 되도록 너트높이를 만들고 머리모양은 볼트의 머리모양을 복사하여 만들면 너트를 완성할 수 있다.

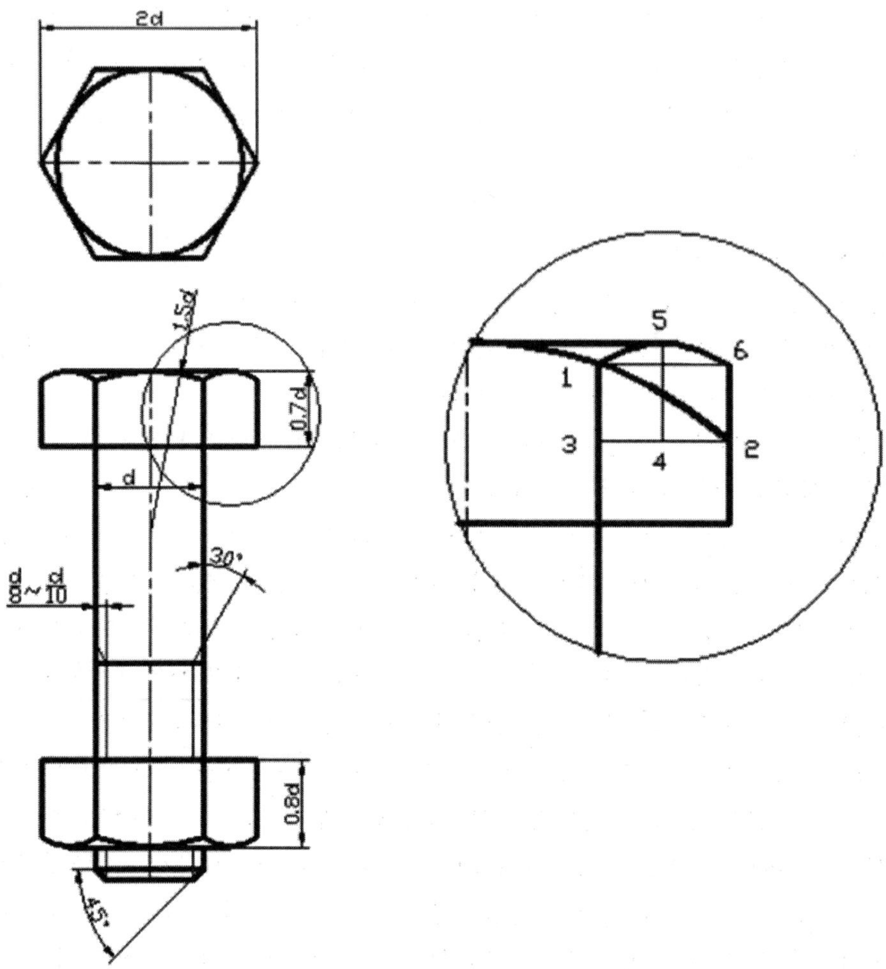

그림 5.10 육각볼트와 육각너트의 제도법

표 5.4는 육각볼트와 너트의 형상 치수를 나타낸다. 나사의 호칭지름과 피치에 의하여 주어진 형상치수를 사용하여 육각볼트와 너트의 머리모양을 작성한다. 표에서는 6각형으로 구성되는 육각머리의 면과 면의 사이 거리가 주어져 있으나 그림 5.9에서는 6각형을 작성하기 위하여 호칭지름의 반지름에 내접하도록 다각형을 작성하고 있는 것에 주의하여야 한다.

볼트와 너트의 호칭방법은 육각머리볼트의 나사가 M16이고 길이가 50 [mm]인 볼트와 육각너트의 경우는 다음과 같이 지정하면 된다.

육각머리볼트 M16×50
육각너트 M16

표 5.4 육각볼트와 너트의 형상 치수

(단위 : mm)

나사 호칭 (표준피치)	육각머리볼트		육각너트		
	육각머리높이	육각머리 면과 면 사이거리	육각머리 높이		육각머리 면과 면 사이거리
			보통 높이	두꺼운 높이	
M4×0.7				3.2	7
M5×0.8	3.9	8	4.5	5.3	8
M6×1	4.7	10	5.6	6.5	10
M8×1.25	5.7	13	6.6	7.8	13
M10×1.5	6.8	15	9	10.7	15
M12×1.75	8	18	10.7	12.8	18
M16×2	10.5	24	14.5	17.4	24
M20×2.5	13.1	30	18.4	21.2	30
M24×3	15.6	36	22	25.4	36
M30×3.5	19.5	46	26.7	31	46
M36×4	23.4	55	32	37.6	55

☑ 육각구멍붙이 볼트의 제도법

육각구멍붙이 볼트를 사용하여 부품을 체결하는 방법은 한쪽의 부품에는 구멍을 뚫고 다른 쪽의 부품에는 암나사를 만들어서 조립하는 경우에 사용하며 기계제작에 많이 사용한다.

그림 5.11은 육각구멍붙이 볼트를 사용하여 2개의 부품을 체결하는 상태를 나타낸다. 부품 A는 볼트가 통과할 정도의 크기로 구멍을 만들고 육각구멍붙이 볼트의 머리가 잠길 수 있을 정도의 깊은 자리홈 파기를 실시한다. 부품 B는 부품의 체결에 필요한 암나사를 작성한다. 암나사를 만들기 위한 구멍 깊이는 암나사 깊이보다 깊게 구멍을 만든다.

육각구멍붙이 볼트를 사용하여 기계부품 A와 B를 체결할 경우, 부품 A의 관통구멍에는 깊은 자리홈 파기를 실시하여 볼트머리가 부품 A의 상면보다 튀어나오지 않게 잠기도록 한다. 부품 A의 관통구멍 지름은 M5 이하의 볼트가 사용될 경우에 호칭지름보다 0.5 [mm] 크게 작성하고 M6에서 M18까지는 1 [mm] 크게 하고 M20 이상부터는 호칭지름보다 2 [mm] 크게 정하는 것이 좋다. 육각볼트와 육각구멍붙이 볼트는 M14, M18, M22, M27, M33 등의 나사를 잘 적용하지 않는다.

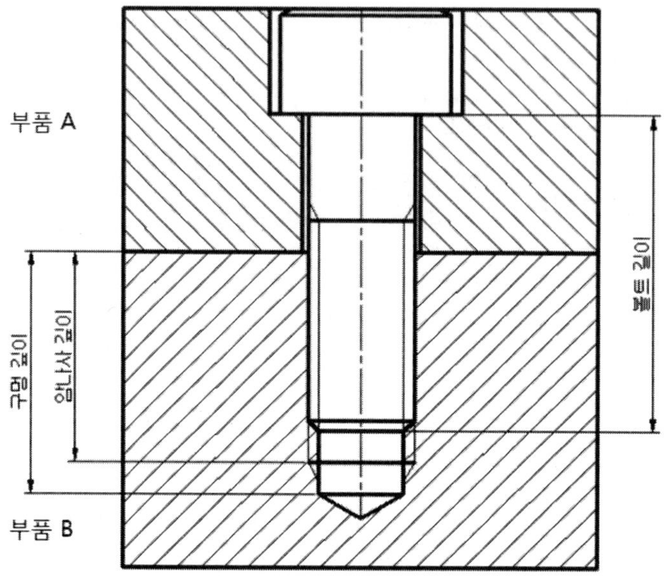

그림 5.11 육각구멍붙이 볼트의 조립 상태

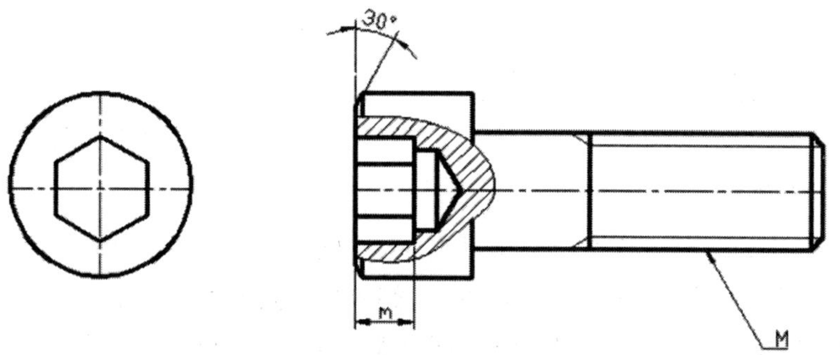

(a) 육각 모양 단면 표시

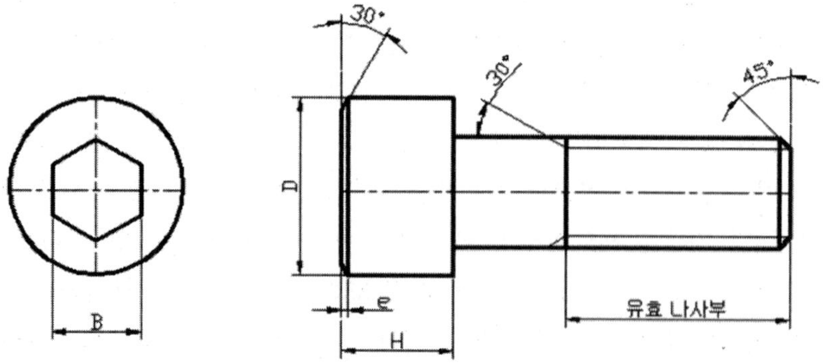

(b) 외관도

그림 5.12 육각구멍붙이 볼트의 제도법

그림 5.12는 육각구멍붙이 볼트를 제도하기 위한 각 부위의 형상치수를 기호로 나타낸다. 육각구멍붙이 볼트에서 육각구멍의 형체는 보이지 않는 부분이나 숨은선으로 나타내지 않고 생략하여 그린다.

표 5.5 육각구멍붙이 볼트의 형상 치수

(단위 : mm)

나사 호칭 (표준피치)	머리 형상 치수		육각구멍의 형상치수		
	머리높이 H	머리지름 D	육각머리 면과 면 사이거리 B	최소 유효 깊이 m	30° 모따기 깊이 e
M3×0.5	3	5.5	2.5	1.6	0.2
M4×0.7	4	7	3	2.2	0.3
M5×0.8	5	8.5	4	2.5	0.3
M6×1	6	10	5	3	0.4
M8×1.25	8	13	6	4	0.5
M10×1.5	10	16	8	5	0.6
M12×1.75	12	18	10	6	0.7
M16×2	16	24	14	8	1
M20×2.5	20	30	17	10	1
M24×3	24	36	19	12	1
M30×3.5	30	45	22	15	1.5
M36×4	36	54	27	18	1.5

표 5.5는 육각구멍붙이 볼트의 머리 부분의 형상치수를 나타낸다. 육각구멍붙이 볼트의 제도에는 그림 5.12의 기호와 표 5.5의 형상치수를 사용하여 작성한다.

그림 5.13은 볼트의 머리 또는 작은 나사의 머리가 공작물에 가지런히 묻힐 수 있도록 가공하는 작업의 자리파기를 나타낸다. 자리파기를 실시하면 가공공수가 많아지고 체결부의 강도가 약해지므로 자리파기를 적용할 때에는 부품의 사용 환경을 고려한다. 자리파기(Spot Facing)는 육각볼트의 머리 및 너트의 머리가 묻힐 수 있도록 자리파기를 가공하는 것으로 영문자로 표기할 경우에는 DS로 한다. 깊은 자리홈 파기(Counter Boring)는 작은 나사머리, 렌치볼트 등의 머리가 묻힐 수 있도록 자리파기를 하는 가공이며 영문자로는 DCB로 표시한다. 카운터 싱킹(Counter Sinking)은 접시 머리나사의 머리가 묻힐 수 있도록 자리파기를 실시하는 것으로 영문자로는 DCS로 표시한다.

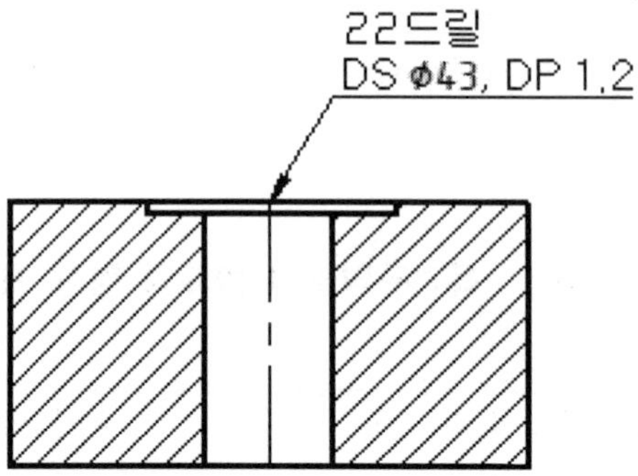

(a) 자리파기(Spot facing)

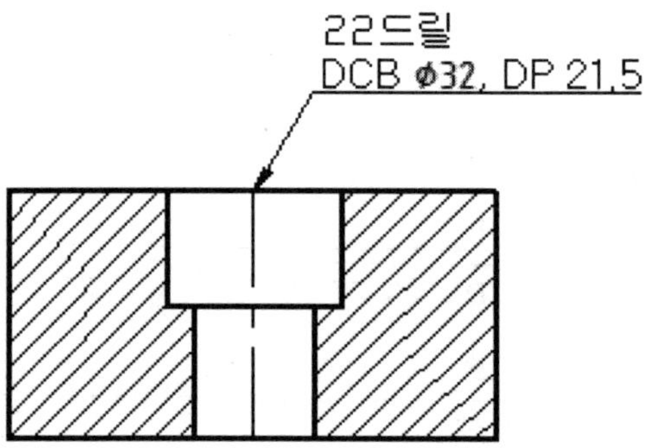

(b) 깊은 자리파기(Counter boring)

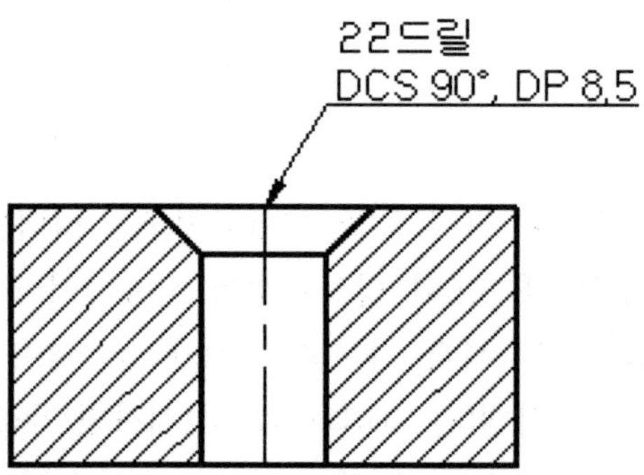

(c) 자리파기(Counter sinking)

그림 5.13 자리파기의 종류

표 5.6 자리파기의 형상 치수

(단위 : mm)

호칭			DS		DCB			DCS
볼트 탭	드릴 직경 d		D	DP	D	DP	DP	각도
M3	3.4	3.6	9	0.2	6	3.3	1.75	
M4	4.5	4.8	11	0.3	8	4.4	2.3	
M5	5.5	5.8	13	0.3	9.5	5.4	2.8	$90^{\circ}{}^{+2^{\circ}}_{0}$
M6	6.6	7	15	0.5	11	6.5	3.4	
M8	9	10	20	0.5	14	8.6	4.4	
M10	11	12	24	0.8	17.5	10.8	5.5	
M12	14	15	28	0.8	22	13	6.5	
M14	16	17	32	0.8	23	15.2	7	$90^{\circ}{}^{+2^{\circ}}_{0}$
M16	18	19	35	1.2	26	17.5	7.5	
M18	20	21	39	1.2	29	19.5	8	
M20	22	24	43	1.2	32	21.5	8.5	
M22	24	26	46	1.2	35	23.5	13.2	$60^{\circ}{}^{+2^{\circ}}_{0}$

표 5.6은 육각볼트, 육각 렌치볼트 및 작은 나사 등의 머리가 잘 고정되거나 머리가 완전히 묻힐 수 있도록 자리파기를 실시하는 형상 치수를 나타낸다. 스폿 페이싱, 카운터 보링 및 카운터 싱킹의 직경 치수는 볼트의 머리직경보다 약간 크게 작성한다.

☑ 바탕구멍 제도법

그림 5.14는 기계부품에 암나사를 만드는 방법과 조립상태를 나타낸다. 암나사를 만들기 위해서는 가장 먼저 드릴을 사용하여 기계부품에 구멍을 만든다. 드릴의 공구각은 118 [°]이나 실제 도면 작성에는 편리상 120 [°]으로 구멍의 끝부분을 마무리 한다. 드릴 구멍을 깊이 F까지 작성하고 나서 탭을 사용하여 원하는 길이만큼 나사를 만든다. 나사의 유효깊이 C까지 탭을 사용하여 나사부를 만들고 볼트를 사용하여 부품을 결합한다. 나사부의 길이 C는 나사의 체결 길이 A보다 약간 길게 하여 충분히 체결되도록 한다.

표 5.7은 기계부품에 암나사를 만들기 위한 바탕구멍의 치수와 나사부의 길이를 나사의

호칭지름 d와 나사 피치 p를 사용하여 표시한 치수이다. 암나사가 있는 부품의 재질이 강(Steel)이나 알루미늄(Aluminum)인 경우에는 수나사와의 나사 결합부를 호칭지름의 2배, 주철, 황동 또는 청동은 1.5배로 한다. 나사의 최소 깊이 C는 나사 결합부 A에 약간 여유를 두어서 나사 피치 p의 3배 정도 더한 치수로 나사를 만든다. 드릴의 기초구멍 깊이 F는 나사의 최소 깊이 C보다 나사 피치의 2~4배 정도 깊게 가공한다.

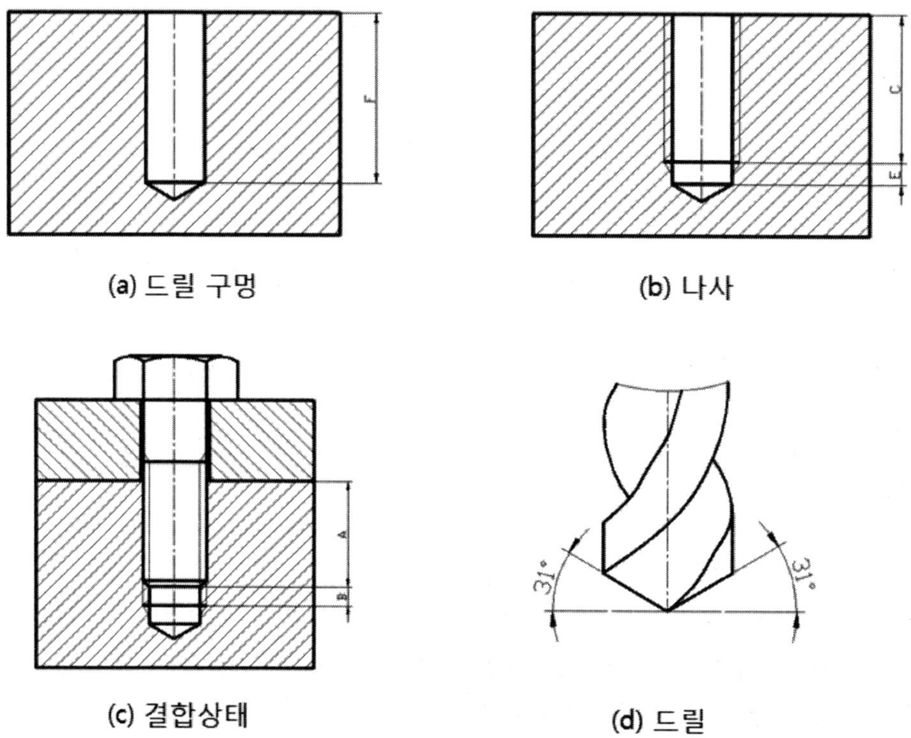

그림 5.14 암나사의 가공과 표시방법

표 5.7 바탕구멍의 치수

재료	나사박음 길이 A	나사 밑의 간격 B	나사부 길이 C	불완전 나사부 길이 E	드릴 구멍 깊이 F
알루미늄	2d	3p	2d+B	2~4p	C+E
주철	1.5d	3p	1.5d+B	2~4p	C+E
황동	1.5d	3p	1.5d+B	2~4p	C+E
청동	1.5d	3p	1.5d+B	2~4p	C+E
강	d	3p	d+B	2~4p	C+E

5.1.4 나사의 치수 기입법

미터나사의 치수기입은 나사의 종류를 나타내는 기호 M, 나사의 호칭지름으로 표시하고 필요에 따라서 리드, 피치, 나사의 감긴 방향 및 나사 등급을 표시한다. 치수기입은 지시선을 사용하는 경우도 있고 직접 수평선을 사용하여 기입하는 경우도 있다.

그림 5.15는 기계부품에 관통되는 나사를 만들고 치수를 기입하는 방법을 나타낸다. 암나사는 나사선으로 표시하는 골 지름에 직접 치수를 기입하는 방법과 지시선을 사용하는 방법으로 치수를 기입할 수 있다.

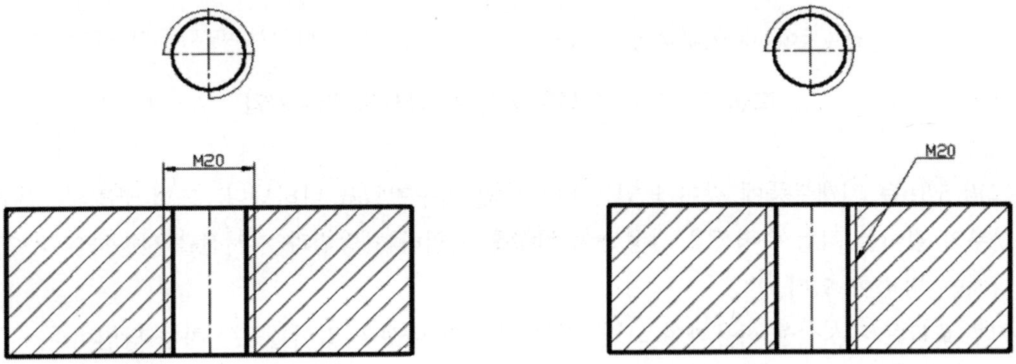

(a) 직접 치수 기입 (b) 지시선에 의한 치수 기입

그림 5.15 관통하는 나사의 치수기입

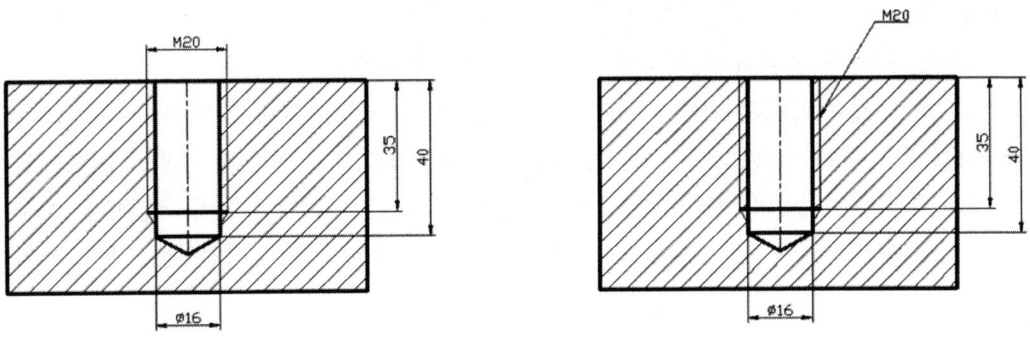

(a) 직접 치수 기입 (b) 지시선에 의한 치수 기입

그림 5.16 깊이를 가진 나사의 치수 기입

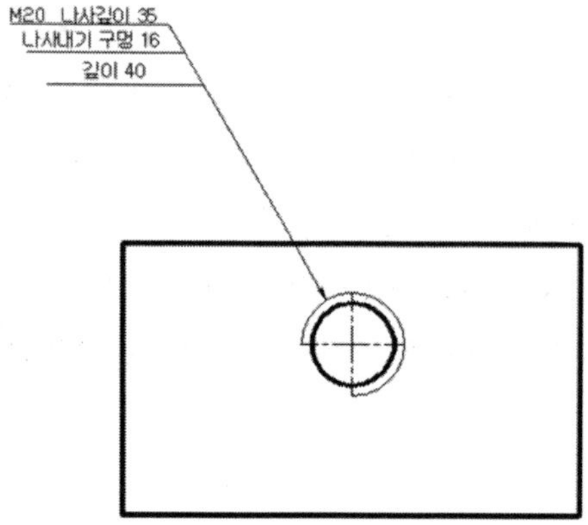

(a) 구멍에 나사 치수 기입

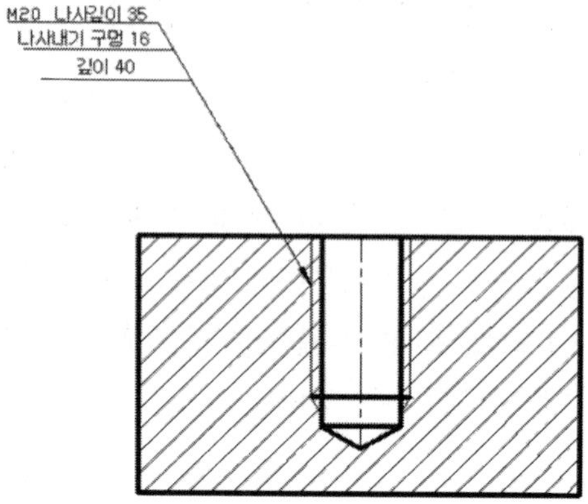

(b) 나사부에 나사 치수 기입

그림 5.17 지시선을 사용한 나사의 치수기입

그림 5.16은 기계부품에 깊이가 있는 나사부의 치수기입을 나타낸다. 드릴 구멍의 깊이와 나사부의 깊이를 직접 수평선을 사용하여 치수를 기입하는 방법과 지시선을 사용하여 치수를 나타내는 방법이 있다.

그림 5.17은 지시선을 사용하여 드릴구멍의 깊이와 나사의 깊이를 표시하는 방법이다. 구멍과 나사를 나타내는 원에 치수를 기입하는 방법과 구멍과 나사 깊이를 나타내는 정면도에 치수를 기입하는 방법이 있다.

위와 같이 나사부의 치수기입은 나사부에 수평선을 사용하여 직접 치수를 기입하는 방법과 지시선을 사용하여 치수를 기입하는 방법, 어느 쪽을 사용하여도 무방하나 가급적이면 지시선을 사용하여 나사의 종류와 호칭지름, 나사 깊이를 나타낸다.

그림 5.18은 깊은 자리홈 자리파기의 치수를 기입하는 방법으로서 직접 치수를 기입하는 것과 지시선을 사용하는 것으로 구분한다. 깊은 자리홈 자리파기의 형상에 직접 치수를 기입하면 약간 복잡한 치수기입의 형태가 되고 지시선을 사용하면 간단하게 표현이 가능하다. 따라서 깊은 자리홈 자리파기와 같은 경우에는 지시선을 사용하여 치수를 기입하는 것이 좋다.

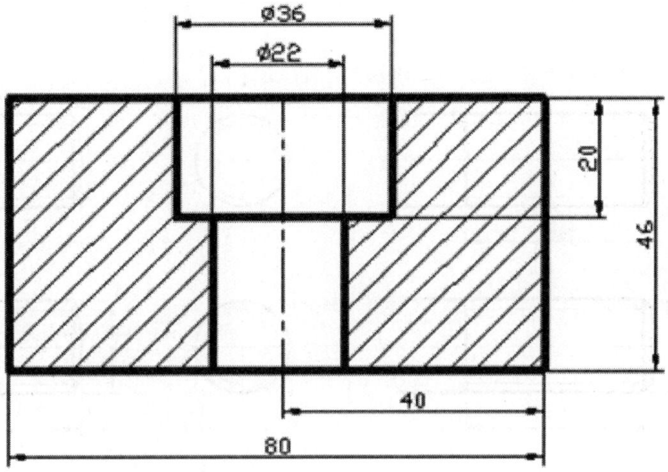

(a) 직접 치수 기입

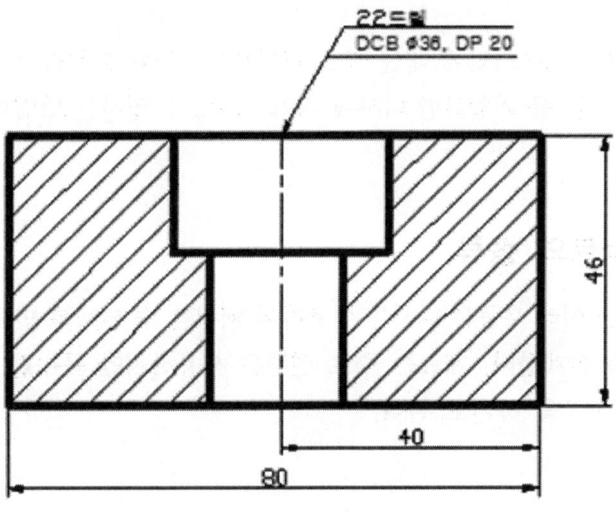

(b) 지시선에 의한 치수 기입

그림 5.18 자리파기의 치수기입

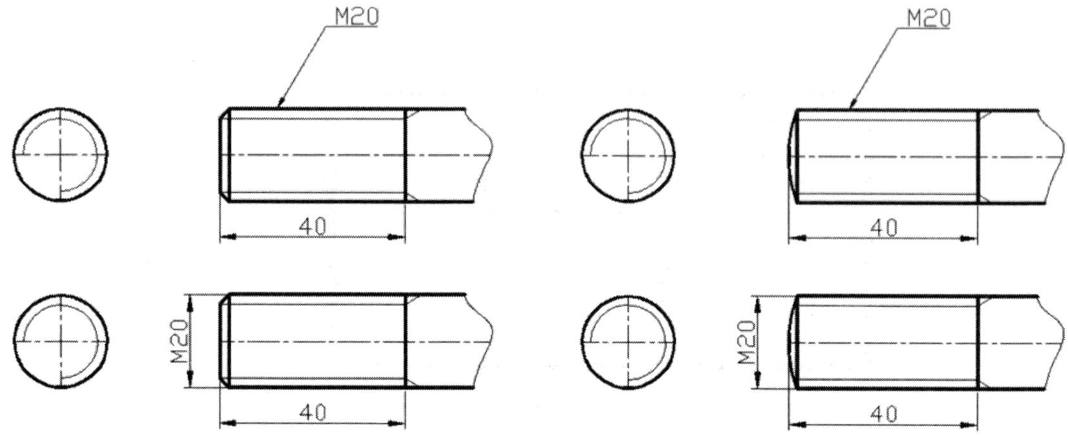

(a) 끝이 모서리진 볼트의 치수기입 (b) 끝이 둥근 볼트의 치수기입

그림 5.19 수나사의 치수 기입

그림 5.19는 수나사의 치수기입에 대한 것을 나타낸다. 끝이 모서리 진 볼트와 끝이 둥근 볼트의 볼트에 대하여 치수를 기입하면 나사에 직접 치수를 기입하는 방법과 지시선을 사용하는 방법으로 구분한다.

5.1.5 볼트와 너트의 종류

기계제작에 사용되는 여러 부품은 나사를 이용하여 체결할 수 있도록 만들어진 것으로 결합 및 해체가 용이하도록 설계한다. 재료는 주로 연강을 사용하지만 특수한 경우에는 황동 및 청동 등을 사용하고 도금을 하기도 한다.

☑ 볼트의 호칭법

규격번호, 종류, 다듬질 정도, 나사의 호칭×길이-나사 등급, 강도 구분, 재료, 지정 사항으로 표시한다.

예) 6각 볼트 보통 M42×150-6g S20C

위에서 지정한 볼트는 6각 볼트이고 다듬질 정도는 보통이고 나사의 호칭지름은 미터나사 42 [mm]이고 볼트 길이는 150 [mm]이다. 나사의 등급은 끼워 맞춤 공차로서 6g에 해당하며 재료는 S20C이다.

☑ 너트의 호칭법

규격번호, 종류, 모양의 구별, 다듬질 정도, 나사의 호칭-나사 등급, 강도 구분, 재료, 지정 사항으로 표시한다.

예) KS B 1012 6각 너트 3종 상 M8-6H S20C

위에서 지정한 너트는 KS B 1012의 규격너트인 6각 너트로서 모양은 3종이고 다듬질 정도는 상이다. 너트나사의 호칭지름은 미터나사 8 [mm]이고 나사의 등급은 끼워 맞춤 공차로서 6H에 해당하며 재료는 S20C이다.

☑ 볼트의 종류

그림 5.20은 일반적으로 많이 사용되는 볼트의 용도에 따른 종류를 나타낸다. 관통볼트(Through Bolt)는 일반적으로 가장 많이 사용되는 볼트이며 체결할 부분에 관통 구멍을 뚫어서 너트를 사용하여 체결하는 볼트이다. 탭 볼트(Tab Bolt)는 체결할 기계부품에 드릴을 사용하여 구멍을 뚫고 구멍에 암나사를 가공하여 체결하는 것으로서 한쪽의 부품에는 관통 구멍을 만들고 다른 쪽의 부품에 암나사를 만들어서 체결한다. 스터드 볼트(Stud Bolt)는 볼트의 양쪽에 수나사를 만들어서 한쪽은 기계부품에 체결하고 다른 한쪽에는 관통 구멍을 뚫고 너트를 사용하여 체결하는 것으로서 기계부품을 자주 분해하거나 나사부가 손상되기 쉬운 곳에 사용한다.

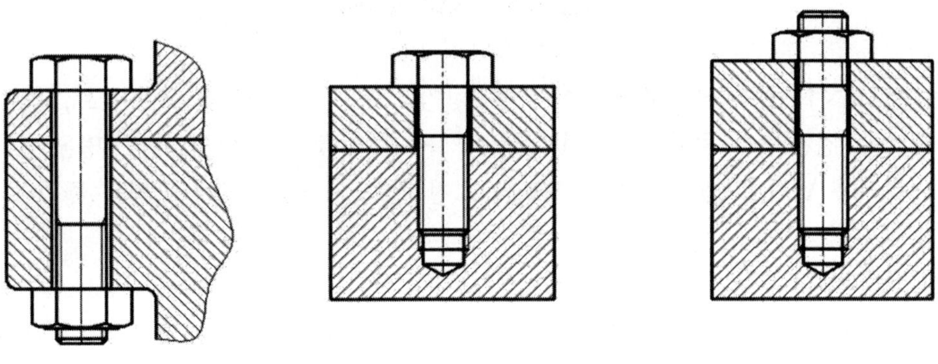

(a) 관통 볼트 (b) 탭 볼트 (c) 스터드 볼트

그림 5.20 볼트의 사용법에 따른 분류

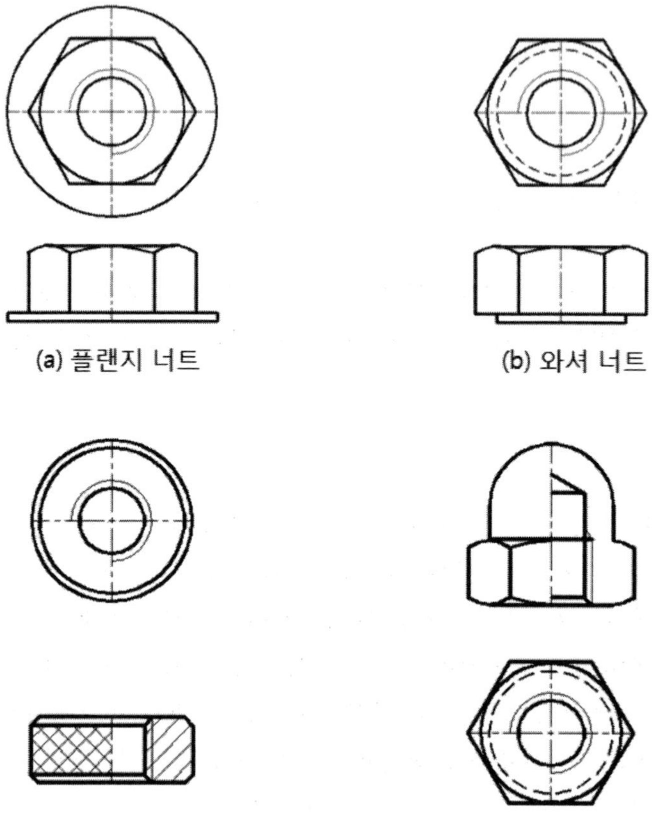

(a) 플랜지 너트 (b) 와셔 너트 (c) 너어링 너트 (d) 캡 너트

그림 5.21 너트의 종류

특수용도로 사용하는 볼트로서는 아이 볼트, 기초 볼트, T 볼트, 스테이 볼트, 충격 볼트, 나비 볼트 및 전단 볼트 등이 있다. 기계부품에 나사를 만들 경우에는 드릴 구멍을 먼저 뚫고 탭으로 나사를 만들며 볼트 구멍은 볼트의 호칭지름보다 약간 크게 구멍을 뚫는다.

☑ 너트의 종류

그림 5.21은 기계부품의 체결에 사용되는 너트의 종류를 나타낸다. 일반적으로는 볼트와 너트를 사용하여 부품을 체결할 경우에 볼트 머리와 기계부품 사이, 너트와 기계부품 사이에 풀림방지를 위하여 와셔를 사용하거나 분할 핀을 사용하여 풀림방지를 한다. 플랜지 너트와 와셔 너트는 너트 자체에 와셔를 포함하고 있으므로 별도의 와셔를 사용할 필요가 없다. 너어링 너트는 스패너와 같은 너트의 조입공구를 사용하지 않고 사람의 손으로 너트를 체결하고 풀 수 있는 너트이다. 캡 너트는 나사의 체결 부위에 먼지가 많거나 다른 이물질의 유입이 염려가 될 경우에 사용하는 너트이다.

☑ 작은 나사의 종류

기계부품의 조립 및 축의 고정 등에 사용하는 체결용 부품으로서 부품의 크기에 따라서 사용하는 조립 공구를 다르게 사용한다. 비교적 크고 큰 동력을 전달하는 기계부품의 체결에는 스패너 또는 육각렌치를 사용하여 6각 볼트 또는 6각 렌치볼트를 체결하고 분해하는데 사용한다. 작은 부품의 조립에는 주로 드라이버를 사용하여 체결하는 부품이 많으며, 드라이버를 사용하여 체결하는 볼트를 작은 나사라고 부른다. 작은 나사는 끝단부를 평면으로 하고 불완전 나사부를 생략하여도 무방하다.

그림 5.22는 1자형 홈 붙이 작은 나사의 종류를 나타낸다. 기계부품의 조립 및 사용 상태를 고려하여 둥근 머리나사, 납작 머리나사, 둥근 접시 머리나사 및 접시 머리나사를 사용하며 나사의 머리 부분 제도방법은 나사의 호칭지름과의 비율에 의하여 정해져 있다.

그림 5.23은 십자형 홈 붙이 작은 나사의 종류를 나타낸다. 십자형 홈 붙이 나사의 경우에는 십자드라이버를 사용하여 체결할 수가 있으며 둥근 접시 머리나사와 접시 머리나사가 있다.

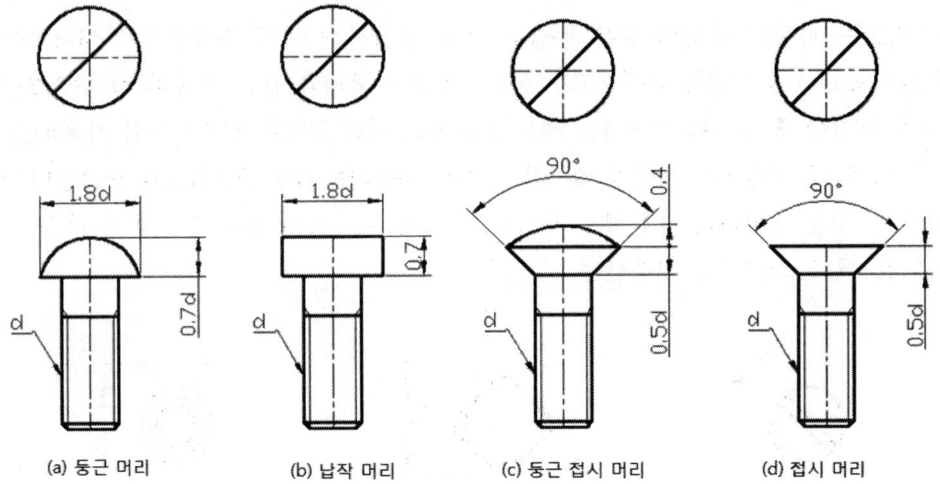

그림 5.22 1자형 홈 붙이 작은 나사

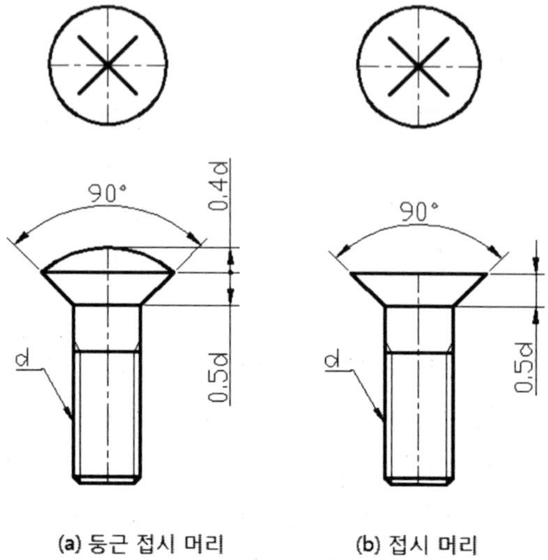

그림 5.23 십자 홈 붙이 작은 나사

그림 5.24는 바퀴나 풀리와 같은 부품을 축과 결합시킬 때에 고정용으로 사용하는 세트 스크류(Set Screw)이며 멈춤 나사라고도 한다. 바퀴나 풀리와 같은 부품이 축 주위를 헛돌지 않고 같이 회전할 수 있도록 고정하는 세트 스크류의 머리 모양은 드라이버를 사용하는 1자형 홈 붙이, 스패너를 사용하는 사각형 및 6각 렌치를 사용하는 6각 구멍형으로 구분한다. 바퀴나 풀리에서 큰 힘을 전달하는 경우에는 키(Key)를 사용하고 작은 힘이 필요할 경우에는 조립이 간편하므로 세트 스크류를 사용한다.

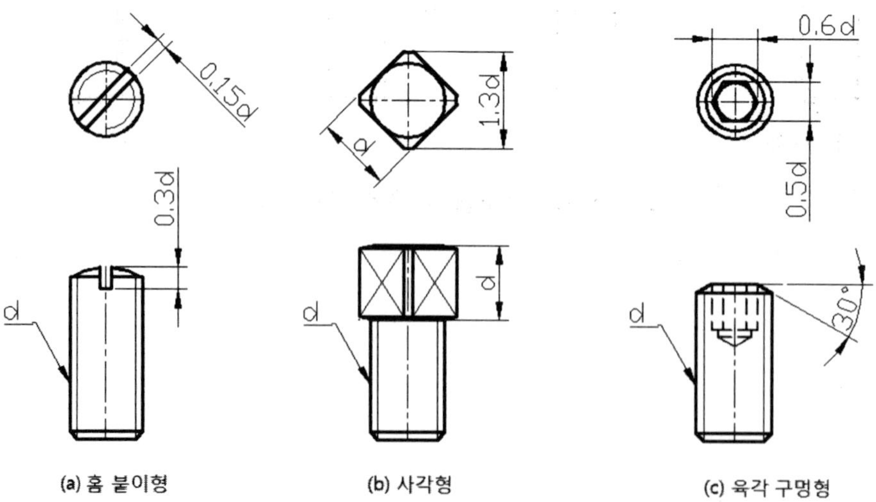

그림 5.24 세트 스크류의 머리 모양

그림 5.25는 축과 풀리 등을 고정하기 위하여 사용하는 세트 스크류의 끝부분 모양을 나타낸다. 세트 스크류의 끝부분은 직접 축과 접촉하는 부분으로서 그 모양에 따라 평면 끝, 둥근 끝, 원기둥 끝, 뾰족 끝 및 오목 끝으로 구분한다. 세트 스크류의 머리와 끝부분의 제도 방법은 세트 스크류의 호칭지름을 사용하여 주어진 비율로 작성할 수가 있다.

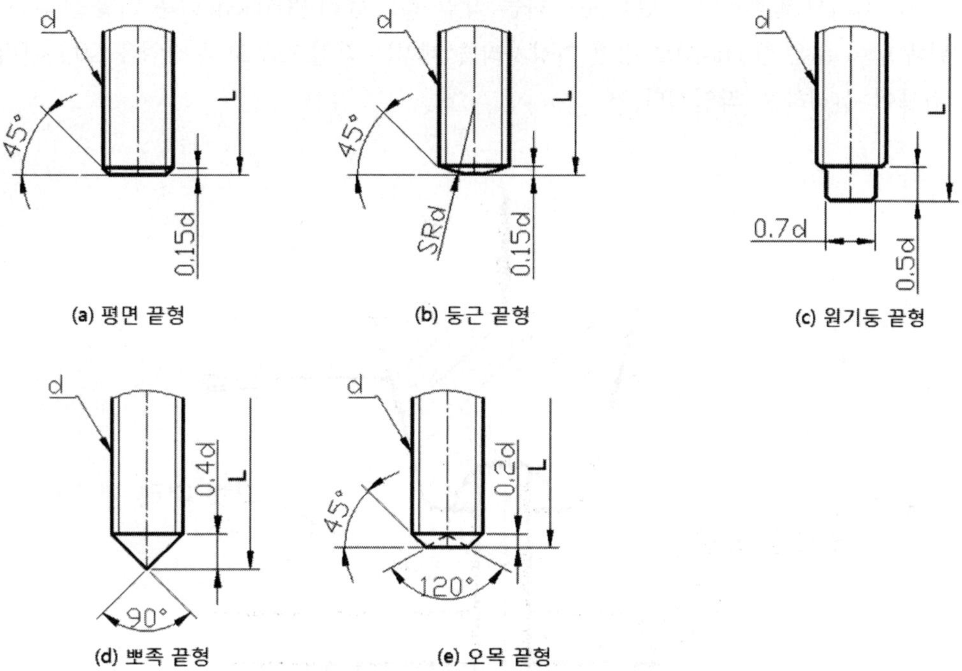

(a) 평면 끝형 (b) 둥근 끝형 (c) 원기둥 끝형 (d) 뾰족 끝형 (e) 오목 끝형

그림 5.25 세트 스크류의 끝단부 모양

5.2 리벳과 리벳이음

5.2.1 리벳이음

리벳이음(Rivet Joint)은 보일러(Boiler), 탱크(Tank), 철골 구조물 및 교량 등을 제작할 때에 철판이나 형강을 영구적으로 결합하는 방법이며 리벳팅(Rivetting) 후에는 해체가 불가능하다. 리벳작업에서 리벳의 직경이 8 [mm] 이하는 냉간 작업을 실시하고 그 이상의 직경을 가진 리벳은 열간 작업으로 리벳팅한다.

그림 5.26은 냉간작업에서 스냅공구를 사용하여 리벳팅하는 상태를 나타낸다. 리벳작업을 실시한 2개의 얇은 판에 리벳을 끼운 상태로 리벳머리가 있는 부분을 하부의 스냅위에 올린다.

리벳 다리부분을 상부의 스냅에 하중(W)을 가하여서 리벳 다리를 압축시켜 스냅형상에 따른 리벳머리를 만들어서 얇은 2개의 판을 고정시킨다. 기밀이 요구되는 부분에는 코킹(Caulking), 플러링(Fullering)작업을 한다.

코킹(Caulking)은 정과 같은 코킹 공구를 사용하여 얇은 판의 이음매에 공구 끝부분을 밀착시키고 망치로 때려서 기밀을 유지하는 작업, 즉 리벳팅 작업한 판금 또는 철판의 경계부를 특수공구로 때려서 밀착시켜 기밀을 유지하는 작업이다. 플러링(Fullering)은 기밀을 더욱 좋게 하기 위해 끝이 넓은 끌(chisel)로 강판 가장자리를 때리는 작업으로 코킹 작업을 보다 완벽하게 하기 위하여 실시하는 작업이다.

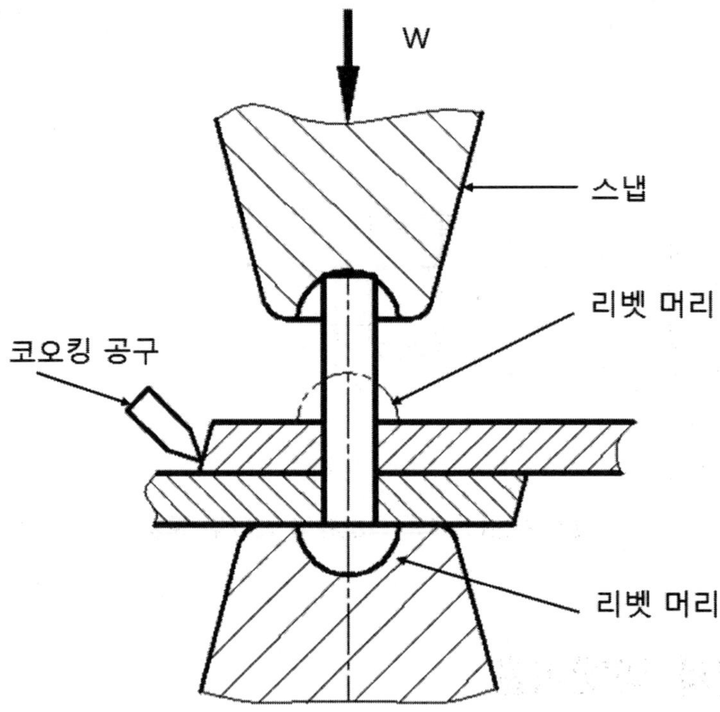

그림 5.26 리벳팅 작업

그림 5.27은 리벳작업을 위한 형강의 끝부분 모양을 나타낸다. 형강의 끝부분은 5~15 [°]의 경사로 만들어서 리벳작업 후에 코킹 작업이 용이하도록 한다. 2개의 형강판을 맞대거나 겹쳐서 펀칭(Punching) 또는 드릴링(Drilling)으로 구멍을 뚫고 리벳을 끼워서 리벳작업을 한다.

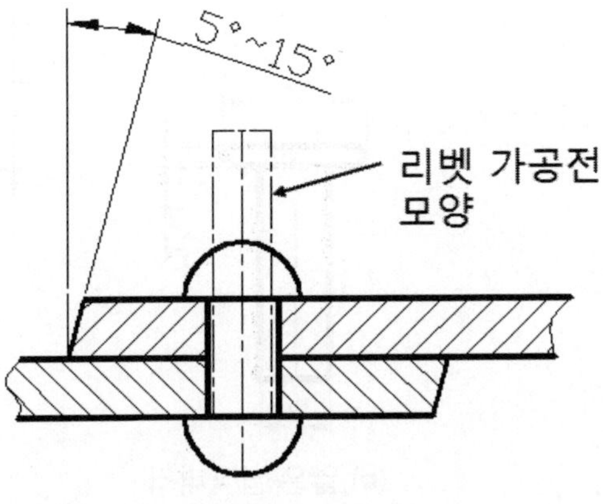

그림 5.27 리벳팅과 형강의 끝단부 형상

5.2.2 리벳과 리벳이음의 종류

☑ 리벳의 종류

리벳은 용도에 따라서 일반용, 보일러용 및 선박용의 3종류로 분류하고 있다. 리벳의 호칭은 규격번호, 종류, 호칭지름-재료의 순서로 표시한다.

예) KS B 1102 열간 둥근머리 리벳 $\phi 16 \times 40$ - SBV34

규격번호는 KS B 1102의 열간 작업에 사용하는 둥근머리 리벳으로서 직경은 16 [mm]이고 리벳의 길이는 40 [mm]이며 재료는 SBV34이다.

그림 5.28은 리벳의 머리 모양에 따른 종류를 나타낸다. 리벳의 모리 모양에 따라서 둥근머리, 접시머리, 납작머리, 둥근 접시머리, 얇은 납작머리 및 냄비머리 등으로 구분하고 리벳을 제도하기 위해서는 리벳의 호칭지름을 사용하여 리벳머리를 제도할 수가 있다. KS 규격에서 냉간 성형 리벳은 KS B 1101, 열간 성형 리벳은 KS B 1102로 리벳의 규격을 제정해 놓고 있다.

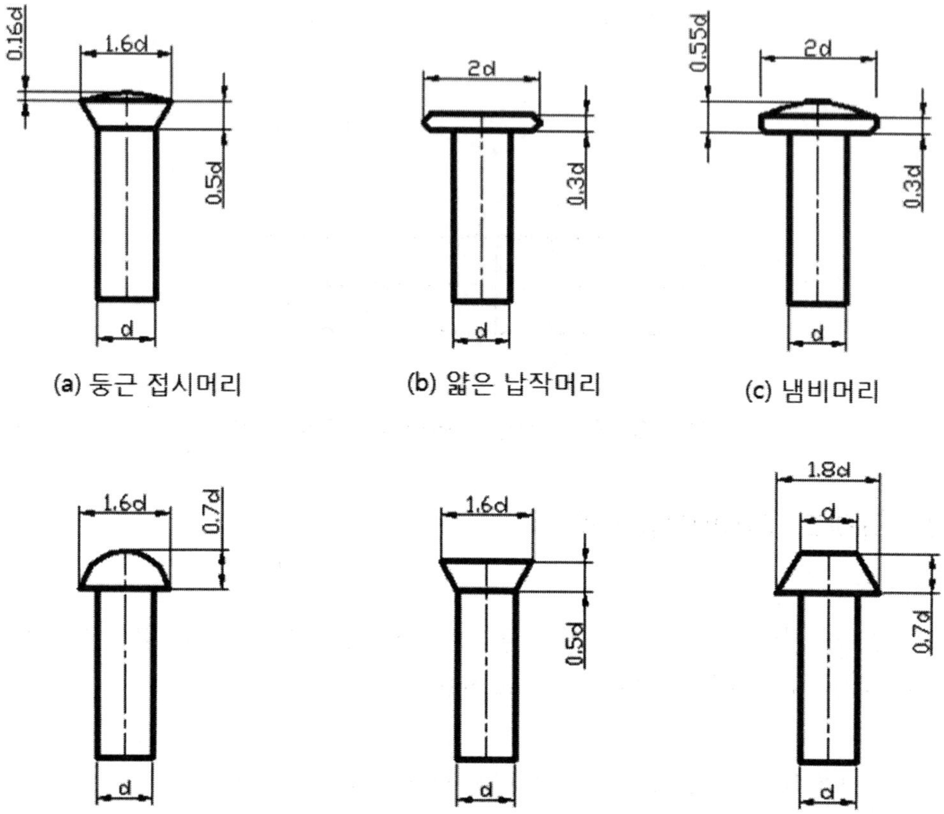

(a) 둥근 접시머리 (b) 얇은 납작머리 (c) 냄비머리

(d) 둥근 머리 (e) 접시 머리 (f) 납작머리

그림 5.28 리벳의 종류

☑ 리벳이음의 종류

리벳이음은 사용 조건에 따라서 구조물용, 저압 용기용 및 고압 용기용의 3종류로 구분한다. 리벳이음에는 1열, 2열, 3열로 리벳이음을 겹치기로 하는 것과 판을 맞댄 후에 덮개판을 한쪽 또는 양쪽에 대어서 이음을 하는 1열, 2열 또는 3열 맞대기 이음이 있다.

그림 5.29는 1열과 2열의 겹치기 이음을, 그림 5.30은 1열과 2열의 맞대기 이음을 나타낸다.

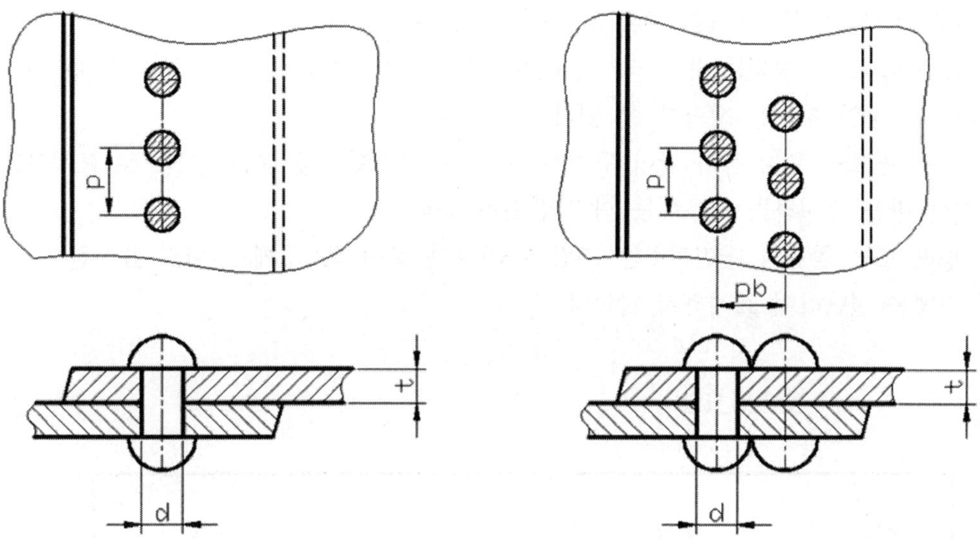

(a) 겹치기 1열 (b) 겹치기 2열

그림 5.29 겹치기 리벳팅

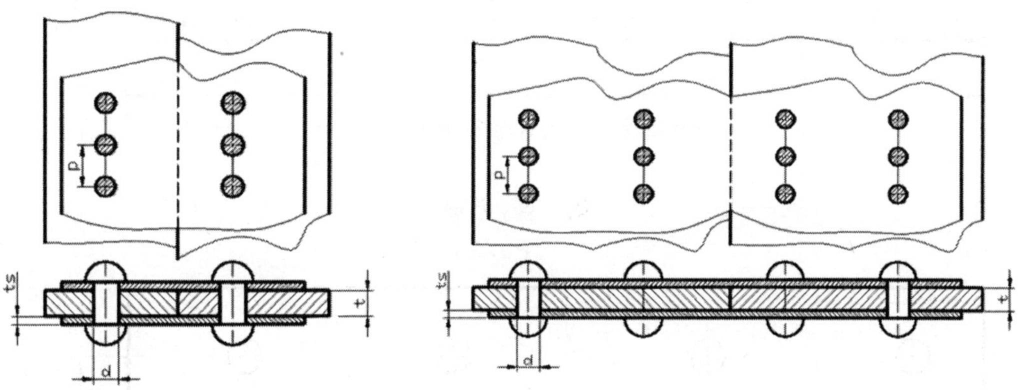

(a) 맞대기 1열 (b) 맞대기 2열

그림 5.30 맞대기 리벳팅

5.2.3 리벳이음의 제도

리벳이음의 도면을 나타내기 위해서는 동일한 리벳구멍을 반복하여 제도하여야 하는 불편함과 리벳 판의 길이를 전부 도면에 나타내는 것은 불편한 일이다. 도면에서 리벳이음을 효율적으로 나타내기 위해서는 다음과 같이 간략도를 사용한다.

☑ 리벳의 위치만을 표현할 때에는 중심선만 표시하면 된다.

☑ 같은 피치로 연속되는 같은 크기의 리벳구멍은 그림 5.31(a)와 같이 구멍의 개수와 피치로 나타내고 중간 부분을 생략할 수 있다.

☑ 얇은 판 또는 형강 등과 같이 두께가 얇은 것은 그 단면을 굵은 실선으로 표시하고 서로 인접한 판을 표시하는 경우에는 약간의 틈을 둔다.

☑ 평판 또는 형강의 단면치수는 그림 5.31(b)와 같이 폭×두께×길이로 표시한다.

☑ 리벳은 절단하여 표시하지 않는다.

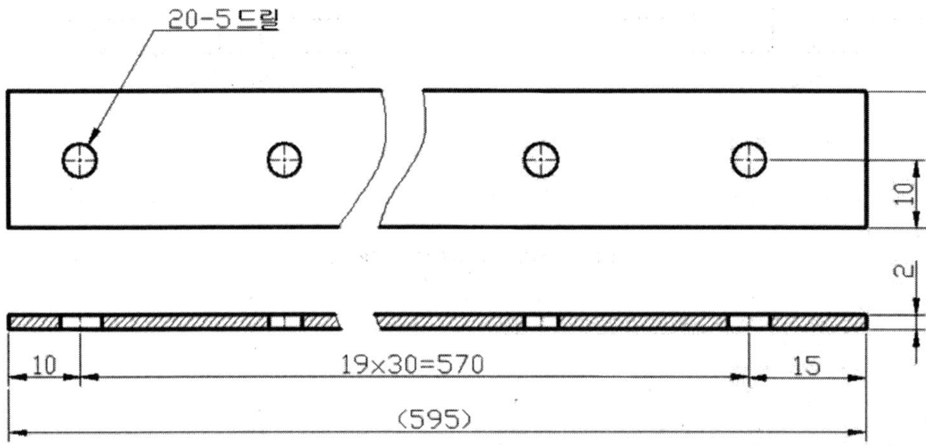

(a) 리벳의 크기와 위치 표시

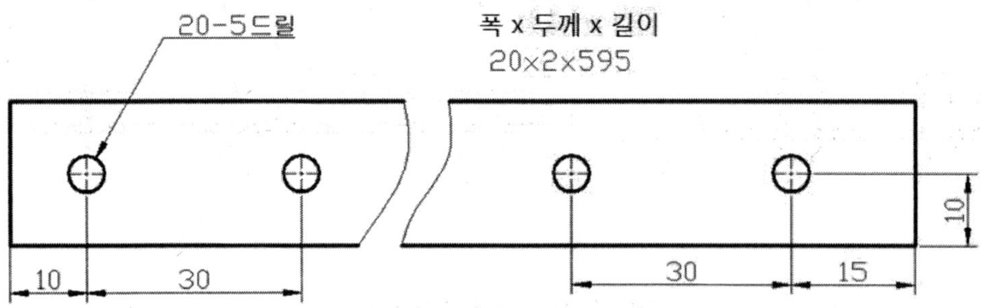

(b) 정면도가 없는 리벳의 크기와 위치 표시

그림 5.31 리벳 이음의 제도

5.3 용접이음

기계부품의 체결에는 나사체결, 리벳이음 및 용접이음으로 구분하며 한번 결합 후에는 분해할 필요가 없는 견고한 결합방법이다. 용접이음은 리벳이음에 비하여 무게의 경감, 가공비 절약, 가공시간의 단축 등에 이점이 있으므로 보일러, 선박 외관, 철골 구조물, 기계 프레임 등에 많이 사용한다. 대표적인 용접이음은 전기를 사용하는 아크용접과 저항용접, 가스를 사용하는 가스용접으로 구분한다.

아크용접(Arc Welding)은 용접모재인 금속소재와 전극봉 사이에 형성되는 전기 아크를 이용하여 그 열에 의하여 금속모재와 전극봉을 녹여서 결합하는 방법이다. 저항용접(Resistant Welding)은 2개의 금속판을 겹쳐 놓은 상태로 양쪽에서 전극을 압착시켜 고압의 전압과 기계적인 압력을 가하여 용접하는 것으로서 점용접(Spot Welding)이 대표적이며 자동차의 외관작업에 많이 사용된다.

가스용접(Gas Welding)은 산소와 아세틸렌가스의 혼합기체를 태워서 생기는 열을 이용하여 금속소재와 용접봉을 녹여서 결합하는 것으로서 얇은 판 및 동관 등의 용접에 많이 사용한다.

5.3.1 용접이음 분류

용접은 다양한 금속의 소재를 전기 또는 가스를 사용하여 소재 및 용접봉을 녹여서 결합하는 방법으로서 견고한 결합구조를 만들 수가 있다. 얇은 판을 90 [°]로 휘어지는 구조물을 만들 경우에는 용접보다는 벤딩(Bending)을 하여서 제작하는 것이 유리하다.

그림 5.32는 용접할 모재를 배치하는 방법에 따라서 분류한 용접이음의 종류를 나타낸다. 용접의 대상이 되는 소재를 용접모재라고 부르며 용접모재를 용접하기 전에 배치하는 방법에 따라서 끝 이음, 맞대기 이음, 겹치기 이음, 필릿 이음 및 모서리 이음 등으로 구분한다. 겹치기 이음에는 한쪽 겹치기와 양쪽 겹치기 이음으로 구분한다.

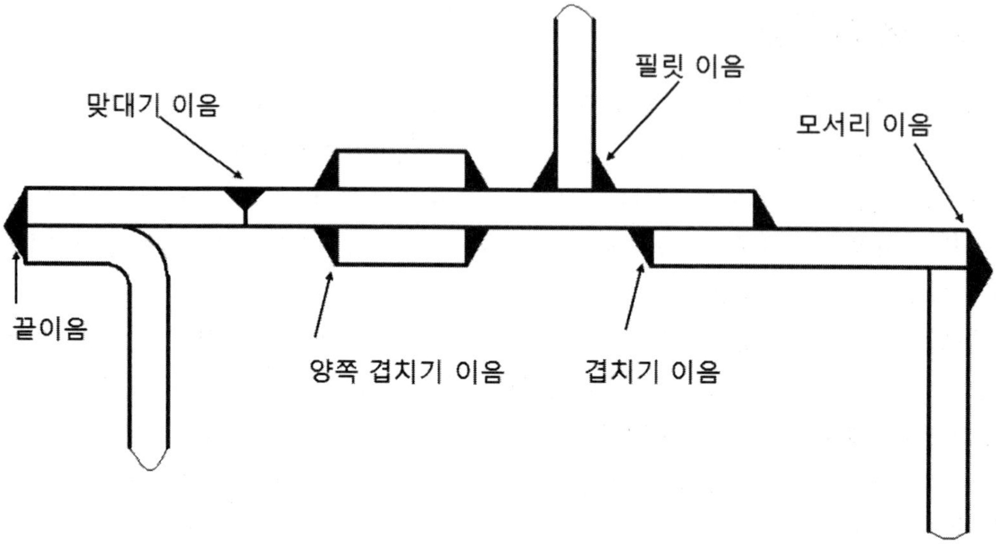

그림 5.32 용접 모재의 배치에 따른 분류

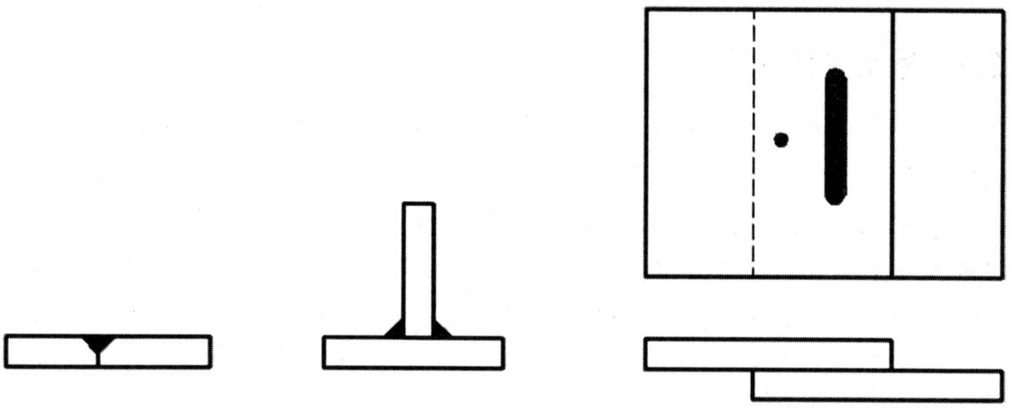

그림 5.33 용접 방법에 따른 분류

그림 5.33은 용접모재의 용착부의 모양에 따라서 구분하는 것으로서 필릿 용접(Fillet Welding), 맞대기(홈) 용접(Groove Welding) 및 플러그 용접(Plug Welding)으로 구분한다. 또한 용착부의 모양에 따라서 납작, 오목, 볼록, 연속 및 단속 용접이음으로 분류한다.

그림 5.34는 용접모재의 이음부분의 단면 모양에 따른 분류를 나타낸다. 단면의 모양에 따라서 I형, V형, X형, U형, H형, K형, J형 양면 J형 및 플레어형(Flare Type)으로 구분한다. 기계부품 또는 기계 프레임, 외관 등의 사용 용도에 맞는 단면 형상을 사전에 가공하여 용접한다.

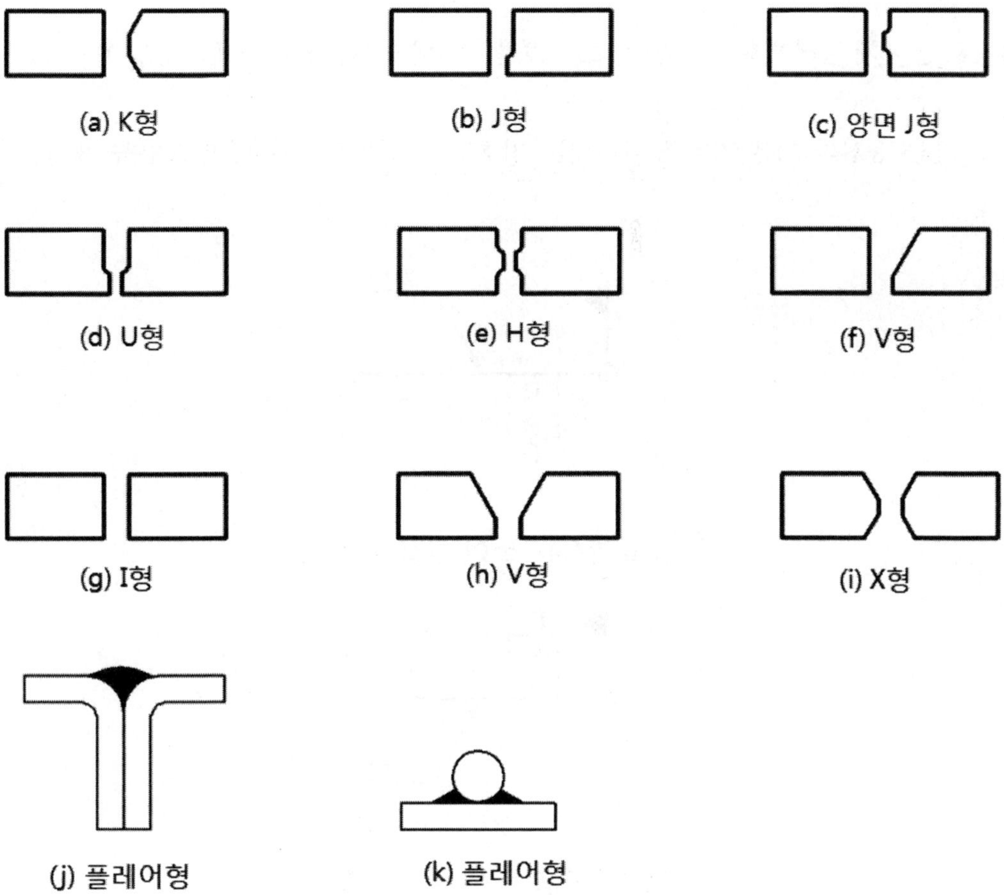

그림 5.34 모재이음의 단면 모양

5.3.2 용접이음의 표시방법

그림 5.35는 용접방법과 위치 등의 표시와 용접 보조기호를 나타내는 방법이다. 용접표시를 나타내는 설명선은 기선, 화살표 및 꼬리로 구성하고 꼬리는 생략해도 좋다. 용접부의 표시기호는 다음과 같이 나타낸다.

☑ 기선은 통상 수평선으로 나타내고 기선의 한쪽 끝은 화살표로 용접위치를 지시한다.

☑ 화살표는 용접부를 지시하므로 기선에 대하여 60 [°]의 직선으로 한다.

용접부위를 기선으로 나타내었으면 용접의 보조기호, 치수, 강도 등과 같은 용접 시공 방법은 기본 기호와 같이 기선 위에 기입한다. 용접부의 표면 모양 처리방법, 다듬질 방법. 단면치수, 홈의 각도 및 비파괴시험 등과 같이 용접작업에 필요한 자세한 내용은 보조기호를 사용하여 다음과 같이 표현한다.

☑ 는 전체 둘레의 현장 용접의 보조기호를 나타내고 O는 전체 둘레의 용접 보조기호이다.

☑ 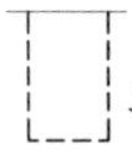는 용접의 기본 기호를 나타내는 기호로서 그림 5.34의 단면 모양을 표시한다.

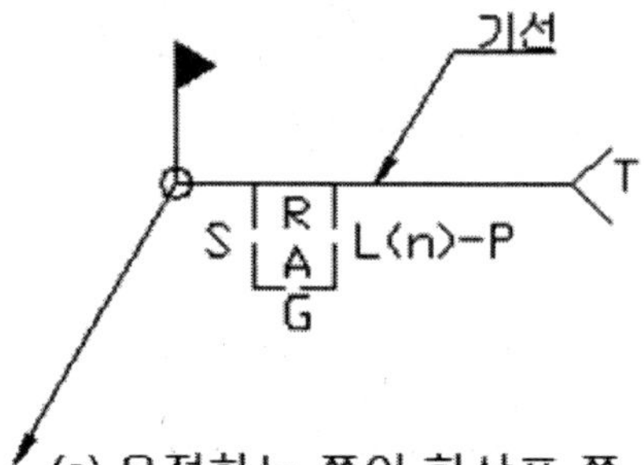

(a) 용접하는 쪽이 화살표 쪽

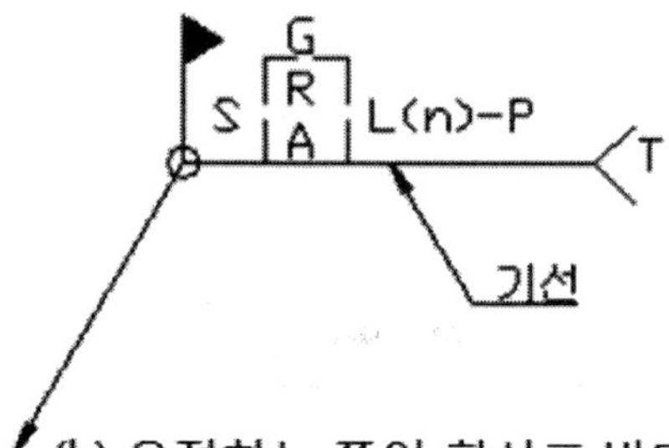

(b) 용접하는 쪽이 화살표 반대쪽

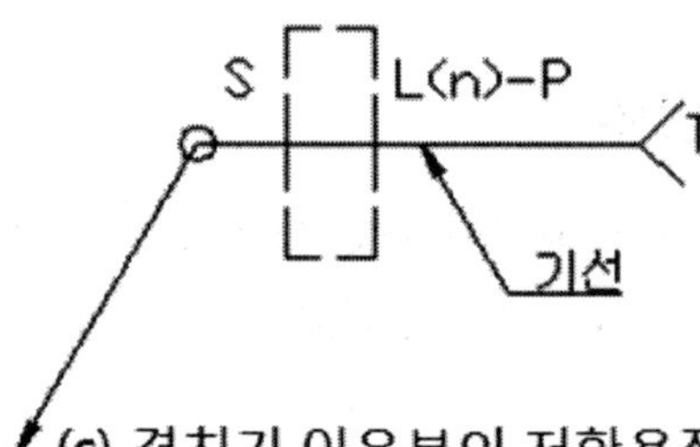

(c) 겹치기 이음부의 저항용접

그림 5.35 용접방법과 보조기호 기입

☑ S는 용접부의 단면 치수 또는 강도 등을 나타낸다.

☑ R은 용접모재 사이의 간격을 나타내는 루트 간격을 표시한다.

☑ A는 용접모재의 모양을 나타내는 각도로서 그루브 각도를 표시한다.

☑ L은 단속 필릿 용접의 길이, 슬롯 용접의 홈 길이 또는 필요한 경우의 용접 길이를 나타낸다.

☑ n은 단속 필릿 용접, 플러그 용접, 점용접 등의 개수를 나타낸다.

☑ P는 단속 필릿 용접, 플러그 용접, 점용접 등의 피치를 나타낸다.

☑ G는 용접부의 표면 다듬질 방법을 나타낸다.

☑ -는 용접부의 표면 모양을 나타낸다.

☑ T는 특별 지시사항을 나타내는 것으로서 비파괴 시험, J형, U형 등의 루트 반지름 등을 표시한다.

그림 5.36은 용접부의 표시기호를 사용하여 용접방법 및 용접위치를 나타내는 것이다. 용접 설명선의 수평선을 중심으로 기선 위쪽에 용접기호를 표시하면 화살표의 반대방향에 용접하는 위치를 나타내고 기선의 아래쪽에 용접기호를 표시하면 화살표로 지시하는 부분에 용접을 시행한다.

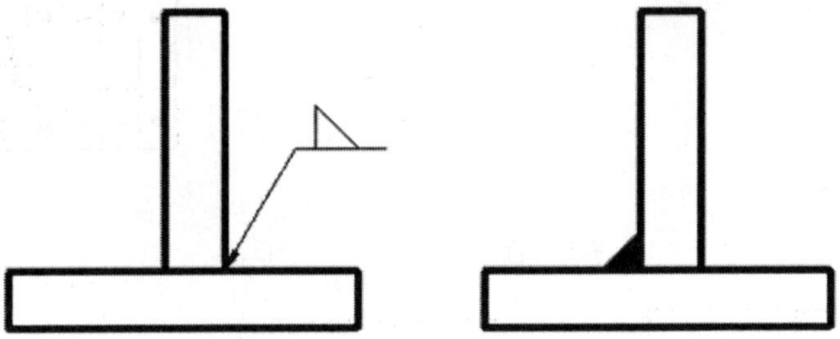

(a) 용접하는 쪽이 화살표 반대쪽

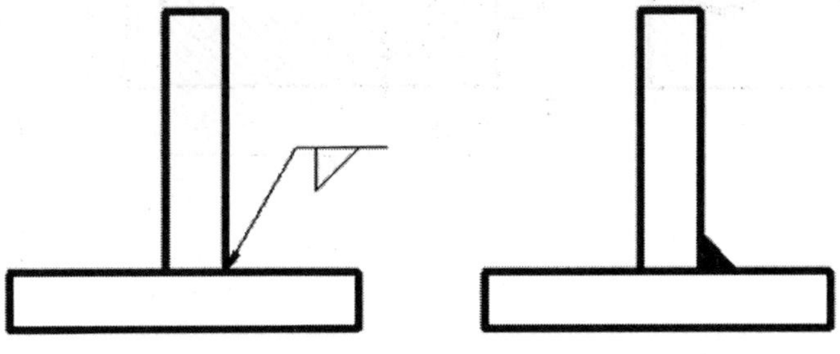

(a) 용접하는 쪽이 화살표 쪽

그림 5.36 용접 기호와 용접 위치의 관계

〈연습문제〉

5-1. 조립도에 없는 치수는 볼트 그리는 방법과 표 5.7을 활용하여 부품도를 먼저 작성한 후에 조립도를 작성하라.

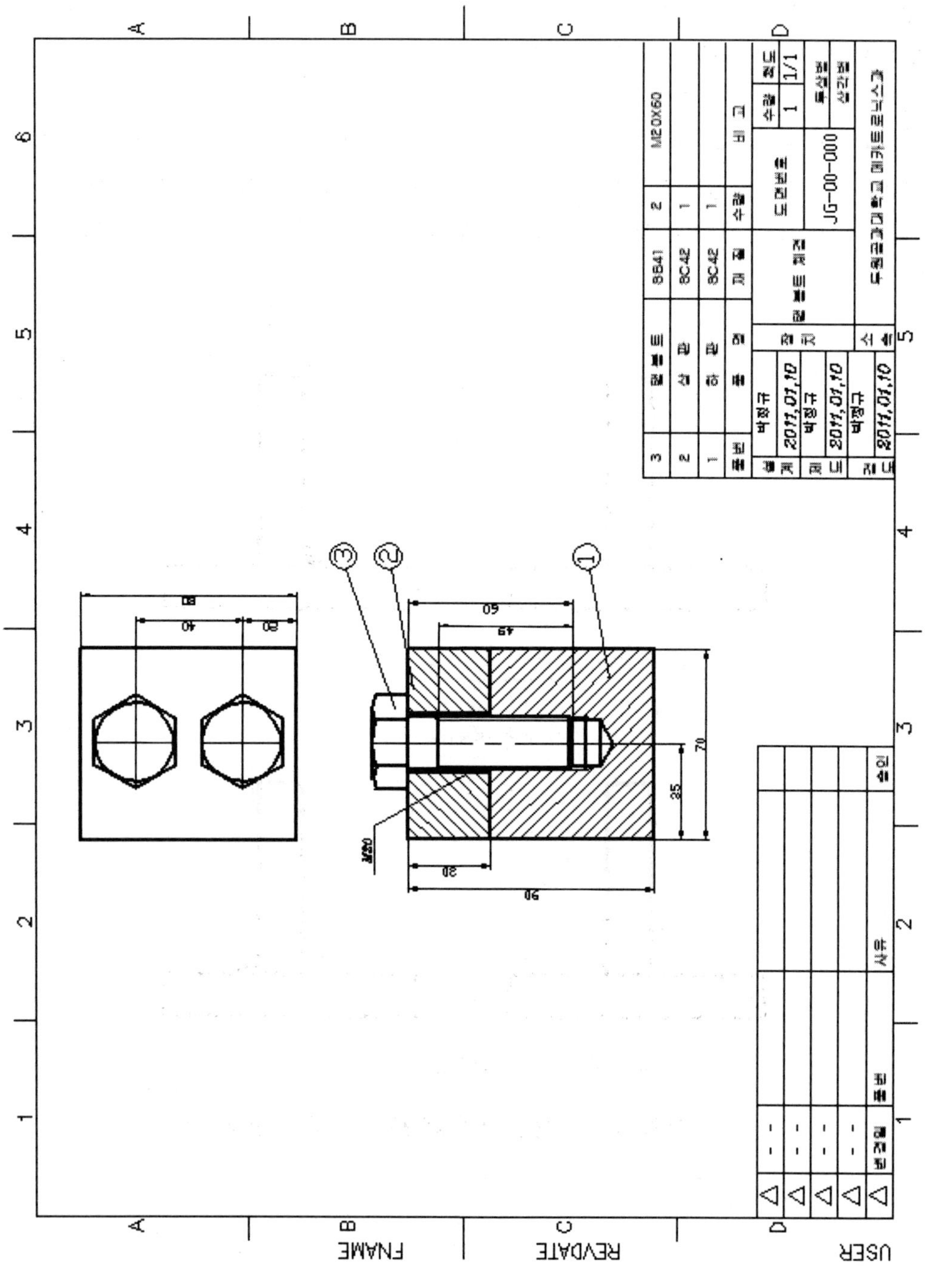

5-2. 조립도에 없는 치수는 볼트 그리는 방법과 표 5.7을 활용하여 부품도를 먼저 작성한 후에 조립도를 작성하라.

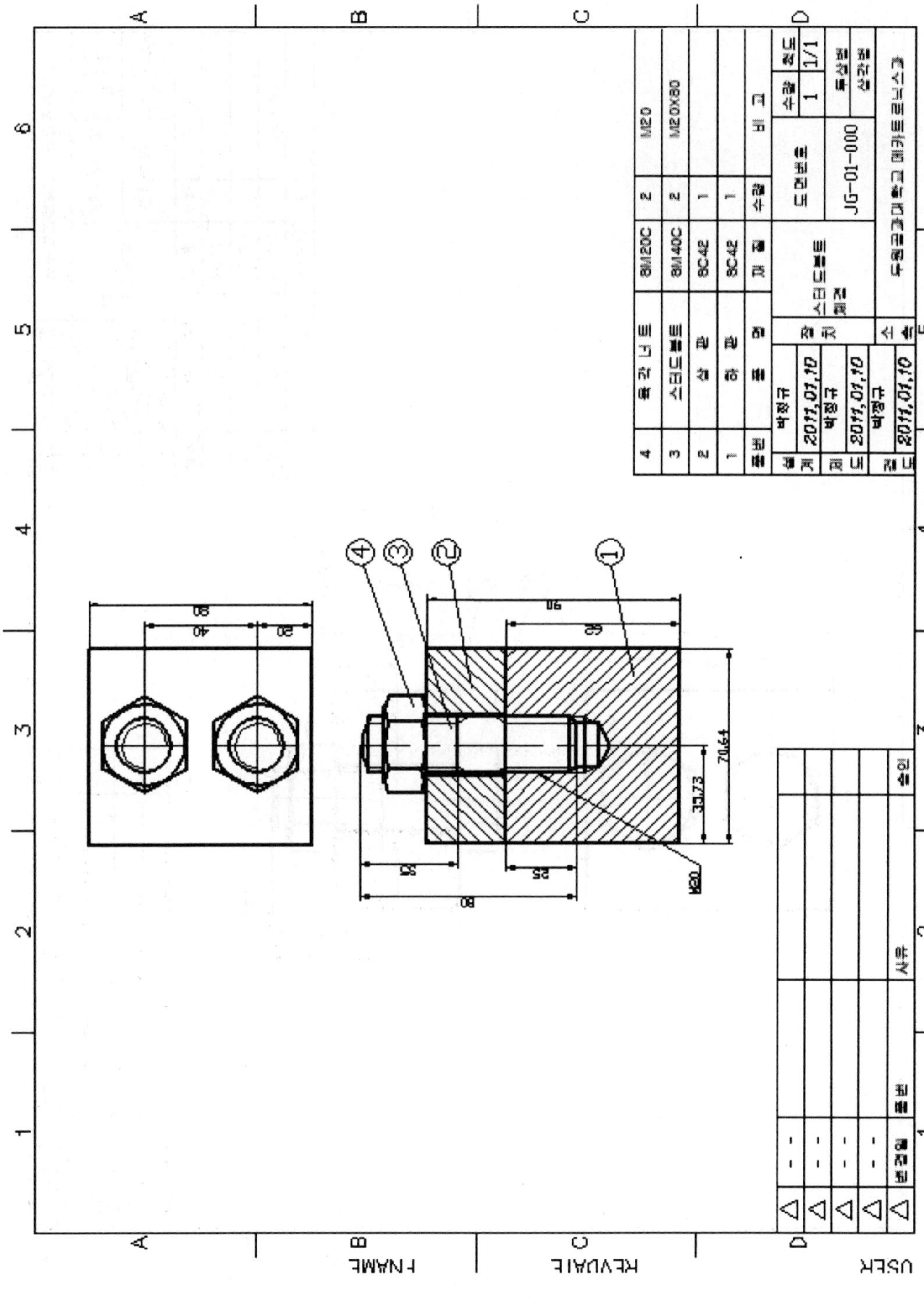

5-3. 조립도에 없는 치수는 볼트 그리는 방법과 표 5.7을 활용하여 부품도를 먼저 작성한 후에 조립도를 작성하라.

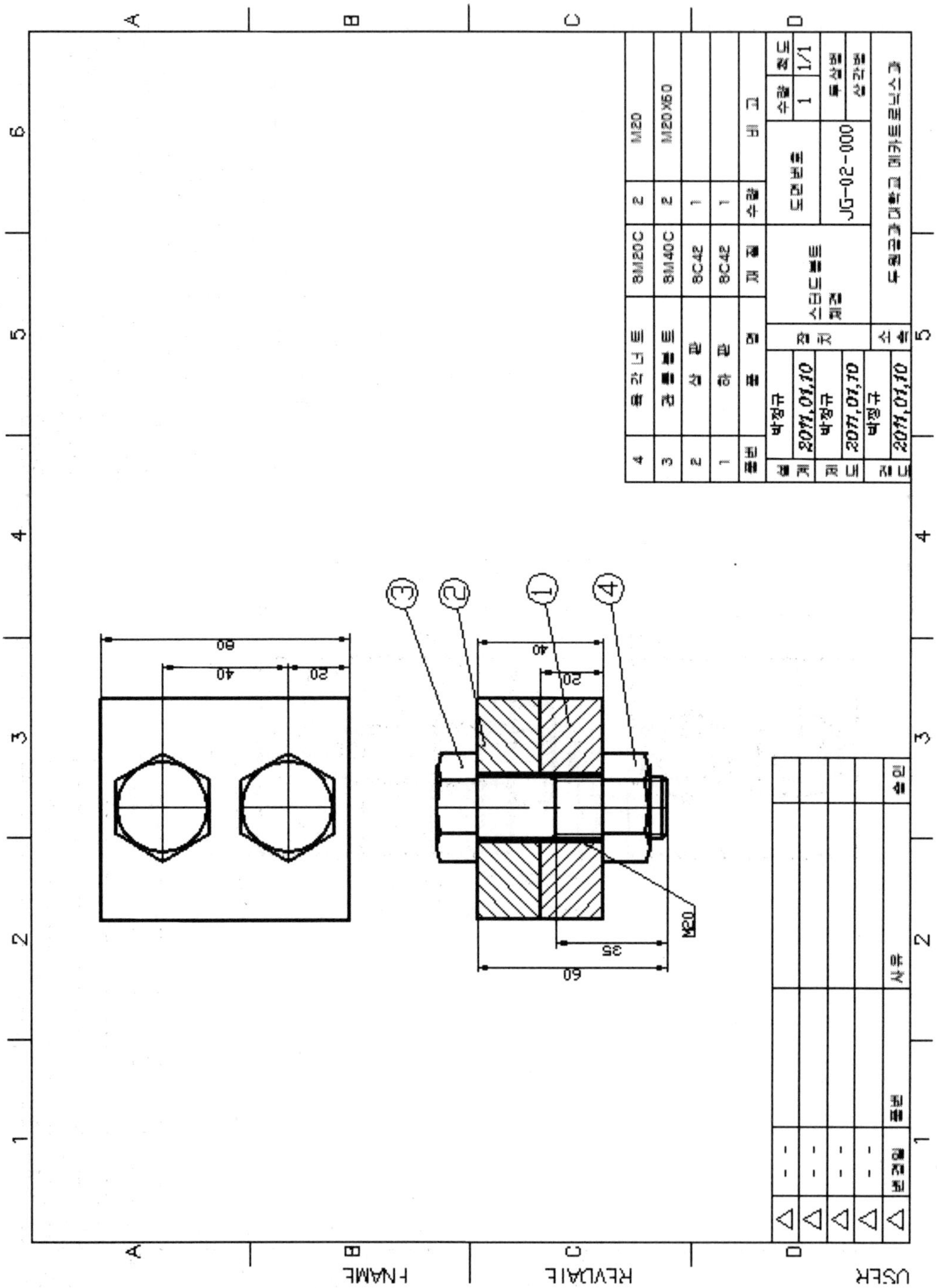

5-4. 부품도를 작성한 후에 조립도를 완성하라. 도시하고 지시없는 모따기 C1, 라운드 R3이다.

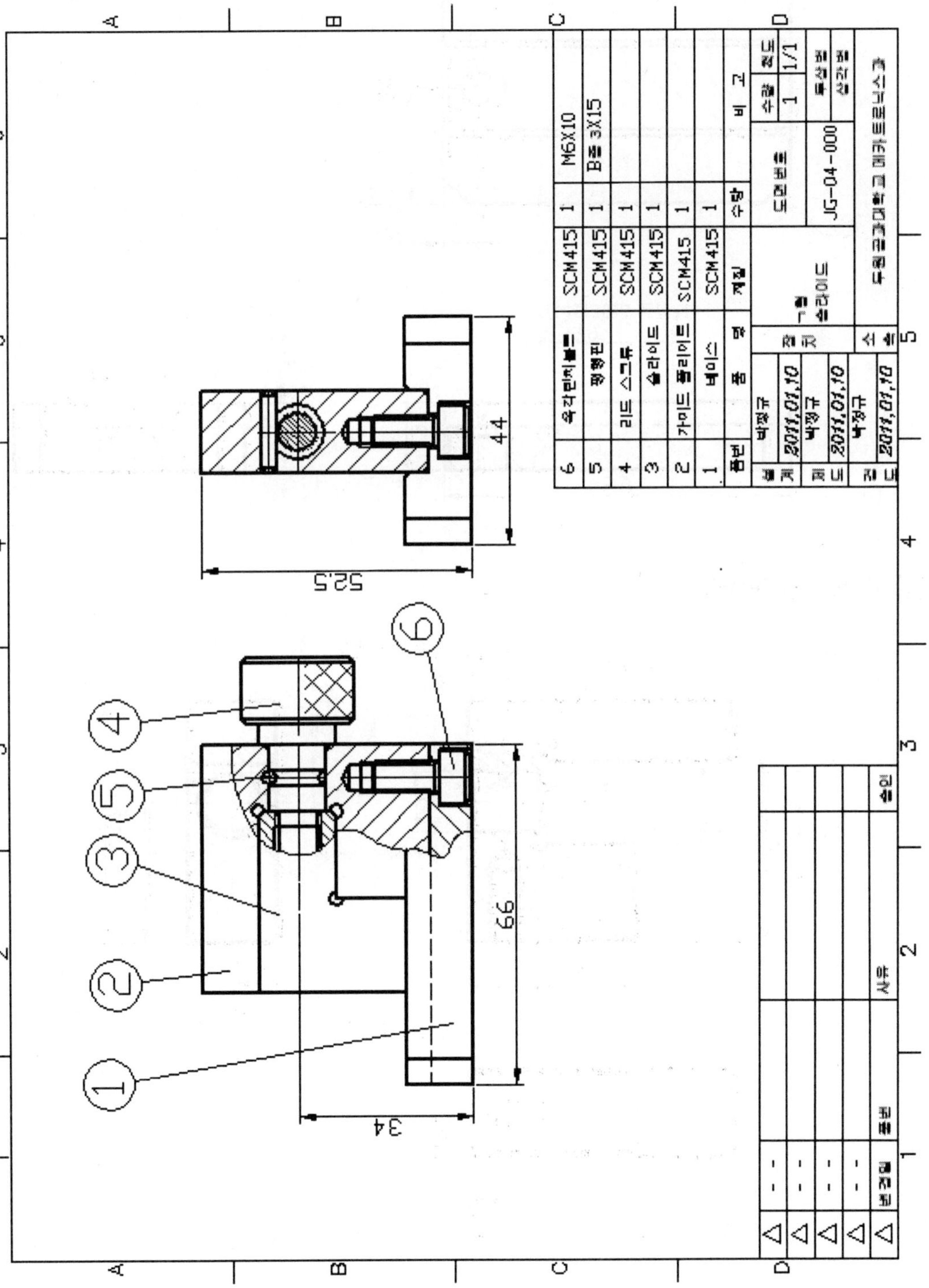

① 베이스

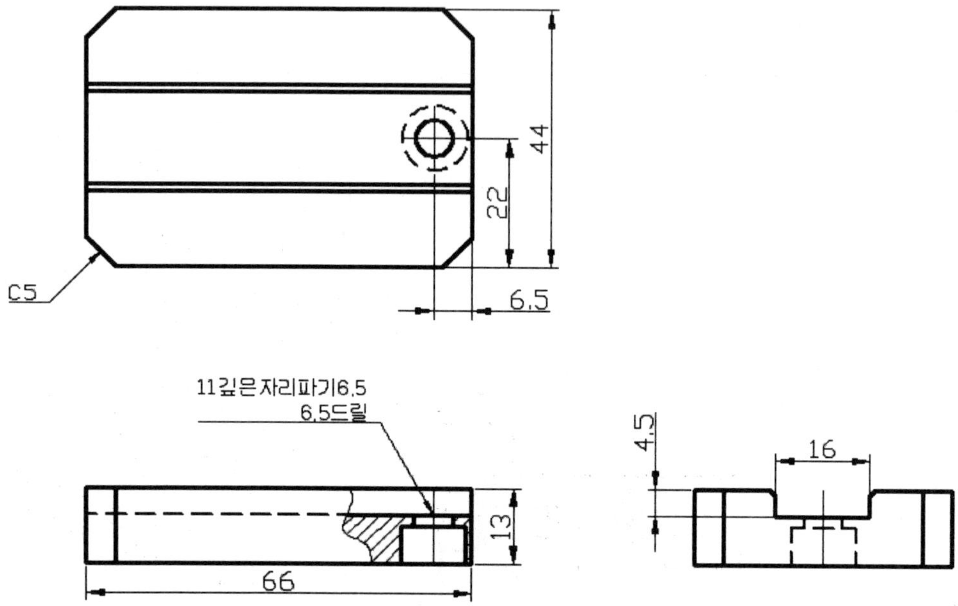

② 가이드 슬라이드

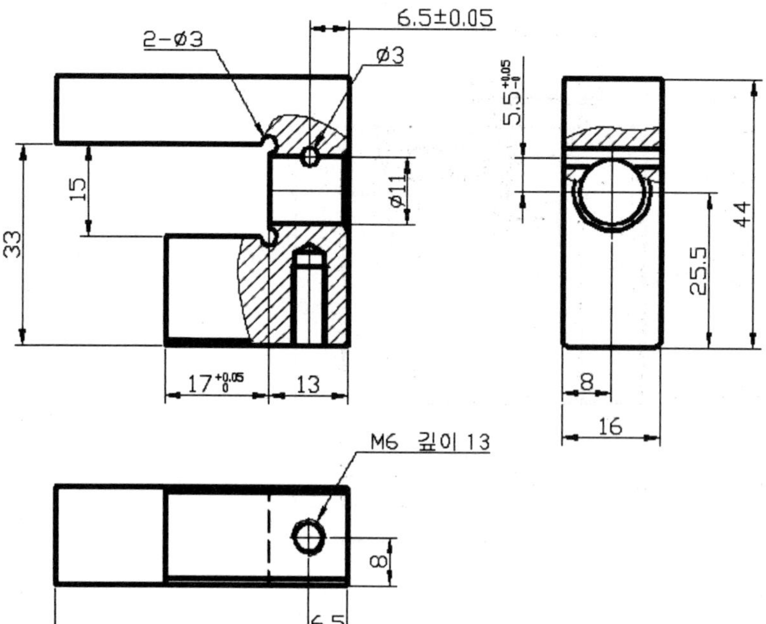

③ 슬라이드

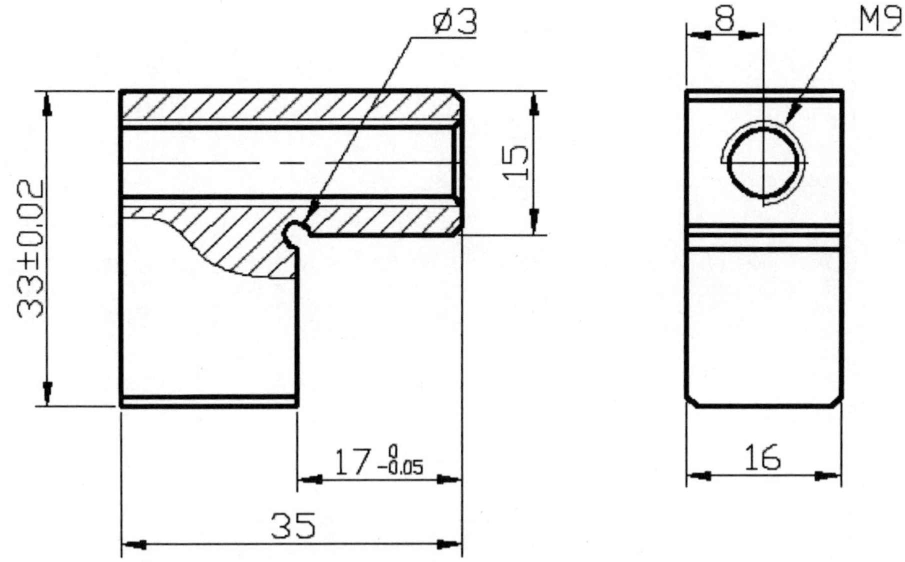

④ 리드 스크류

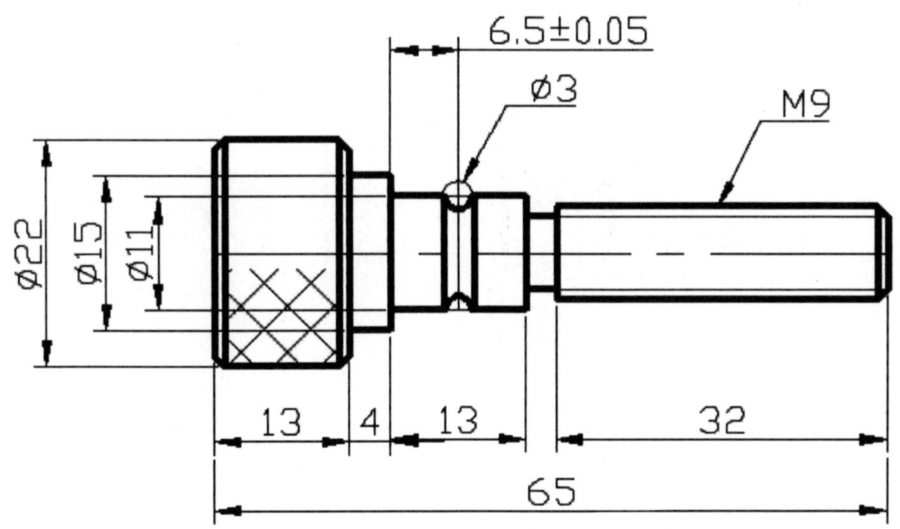

제6장

축과 축이음

목 차

축은 회전운동을 전달하는 기계요소로서 전동기에 연결되는 주축, 중간부분에서 동력을 전달하는 중간축 등이 있으며 기계에서 가장 중요한 요소이다. 회전운동을 하는 축의 양 끝부분에는 회전운동을 안내하는 베어링(Bearing)이 필수적으로 사용되고 전동기에서 발생하는 회전운동을 다른 축에 전달하기 위해서는 2개의 축을 연결하는 축이음이 필요하다.

그림 6.1은 전동기에서 발생한 회전운동을 여러 기계에서 활용할 수 있도록 벨트와 축을 이용하여 동력을 전달하는 과정을 나타낸다. 전동기에서 발생한 동력은 주축을 통하여 선축으로 전달되고 선축에서 동력을 필요로 하는 곳으로 공급한다. 축과 축 사이의 거리가 먼 경우에는 그림에서 나타낸 것처럼 벨트를 사용하여 동력을 전달하고 거리가 가까운 경우에는 기어를 사용하여 동력을 전달한다. 벨트와 기어는 축과 축이 평행한 경우이고 동일한 축 선상에 동력을 전달하는 경우에는 커플링(Coupling), 키(Key) 및 핀 등을 사용하여 동력을 전달한다.

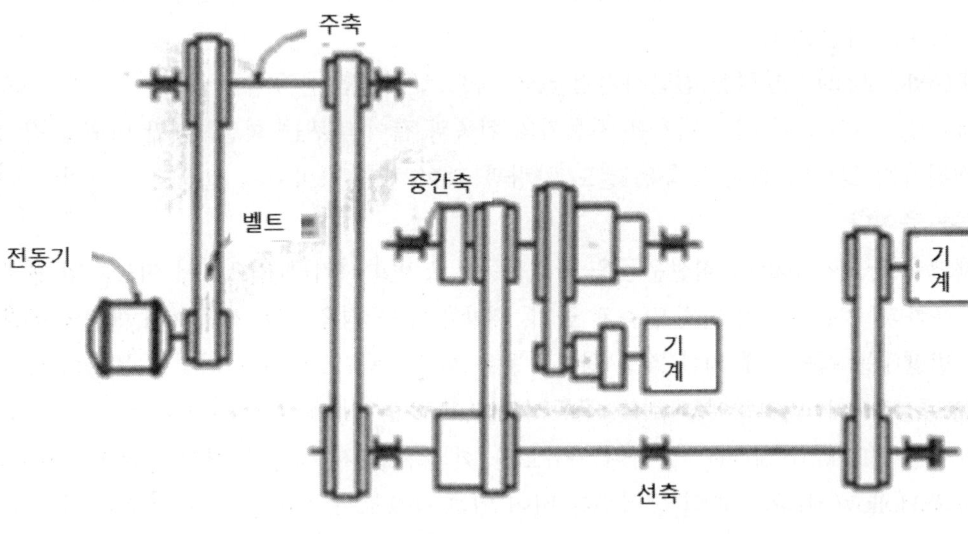

그림 6.1 회전운동의 전달 관계

6.1 축

축은 막대 모양을 한 부품으로서 회전운동을 전달하는 부품이다. 축의 단면은 원형이 많으며 원통 속에 구멍이 뚫려있는 중공축(Hollow Shaft)과 속이 차있는 실체축(Solid Shaft)으로 구분된다. 축의 재료는 0.4 [%] 이하의 탄소강을 주로 사용하고 큰 하중을 받는 전동축에는 니켈(Ni)강, 니켈-크롬(Ni-Cr)강과 같은 특수강이 사용된다.

축에는 동력을 전달하기 위하여 기어(Gear), 풀리(Pulley) 및 베어링(Bearing)등을 체결하고 회전운동을 안내하도록 단차를 만들기도 한다. 축과 축을 연결하기 위하여서는 커플링(Coupling)이나 키(Key)를 사용한다.

6.1.1 축의 종류

축은 회전운동을 전달하는 기계요소로서 회전운동을 전달하는 형태에 따라서 전동축(Transmission Shaft), 차축(Axle Shaft), 크랭크축(Crank Shaft), 플렉시블축(Flexible Shaft), 중공축(Hollow Shaft) 등으로 구분한다.

☑ 전동축(Transmission Shaft) : 동력을 전달하는 축으로 주로 전동기 또는 엔진과 직접 연결되는 축으로서 비틀림 운동과 굽힘 운동을 동시에 받는다. 전동축에는 기어와 풀리 등이 체결되어 동력을 전달하고 전동기 또는 엔진에서 발생한 회전운동을 전동축에 전달하기 위해서는 커플링 또는 키를 사용한다.

☑ 차축(Axle Shaft) : 동력을 전달시키지 않는 축으로서 굽힘 운동이 작용한다. 정지 차축과 회전 차축으로 구분하며 정지 차축은 자동차의 차축과 같이 바퀴는 회전하지만 바퀴를 받치는 축은 회전하지 않으며 회전 차축은 철도 차량과 같이 차축이 바퀴에 고정되어 바퀴와 같이 회전하는 축이다.

☑ 크랭크축(Crank Shaft) : 직선운동을 회전운동으로 변화시키는 축으로서 자동차의 엔진에 많이 사용한다. 자동차의 엔진은 압축된 공기, 휘발유 또는 경유 등을 사용하여 엔진의 실린더 내에서 발생하는 폭팔력에 의한 직선 왕복운동을 회전운동으로 전환시켜서 자동차의 이동이 가능하도록 차축에 연결하여 바퀴를 구동시킨다.

☑ 플렉시블축(Flexible Shaft) : 굴곡이 자유로운 회전축으로서 작은 동력의 전달에 사용된다.

☑ 중공축(Hollow Shaft) : 축의 중심부가 비어 있는 축으로서 가벼운 것을 필요로 하는 곳에 사용하며 선반의 주축에 많이 사용한다.

6.1.2 축의 제도

축은 회전운동을 전달하는 기계요소로서 원통으로 이루어져 있으며 축의 지름을 결정하는 방법은 KS B 0406에 의하면 표준수(KS A 0401), 원통축 끝(KS B 0701), 구름 베어링의 주요 치수(KS B 2013) 등을 참고하여 결정한다.

표 6.1은 축의 지름을 결정하는 방법을 나타낸다. 축 지름은 표준수(R5, R10, R20), 원통축 끝 또는 구름 베어링의 안지름을 기준으로 결정한다. O표의 표시는 축 지름 수치의 근거를 의미하며, 예를 들어서 축지름 4.5는 표준수 R20에 따른다는 것을 나타낸다.

표 6.1 축 지름의 수치의 결정 근거(KS B 0406)

축 지름	축 지름 수치의 근거				
	표준 수			원통 축 끝	구름 베어링
	R5	R10	R20		
4	○	○	○		○
4.5				○	
5		○	○		○
5.6				○	
6				○	○
6.3	○	○	○		
7				○	○
7.1			○		
8		○	○	○	○
9			○	○	○
10	○	○	○	○	○

그림 6.2는 길이가 있는 축의 중간부분을 표시하기 위하여 절단선을 사용하고 있는 것을 나타낸다. 임의의 파단선으로 절단할 경우와 일정한 반지름을 가진 호를 사용하여 절단부를 표시하는 경우로 구분한다. 기계제도에서 가장 많이 사용하는 것은 호를 사용하는 것이다. 축을 도면화하는 작업은 다음과 같은 사항에 주의를 한다.

☑ 축은 일반적으로 길이 방향으로 절단하지 않으며 필요에 따라서 부분 단면도의 작성은 가능하다.

☑ 긴축은 중간부분을 절단하여 나타낼 수는 있으나 치수는 실제의 길이를 입력한다.

☑ 축 끝의 모따기에 대한 치수를 기입하려면 각도와 폭을 기입하나 45 [°] 각도로 모따기를 실시할 경우에는 C문자를 사용하여 치수를 기입한다. 예를 들어서 C5는 모따기의 길이 5 [mm]이고 각도는 45 [°]이다.

☑ 둥근 축이나 구멍 등의 일부분이 평면일 경우에는 가는 실선을 사용하여 대각선 표시를 하여 평면을 나타낸다.

☑ 축에 단차가 있거나 키 홈이 있는 경우에는 그림 6.3과 같이 형상을 작성하고 세부적인 형상 치수는 표 6.2에 따라서 작성한다.

그림 6.3은 단차가 있는 축의 끝부분과 키 홈이 있는 경우에 축의 형상 치수를 기호로 나타내는 것이다. (a)와 같이 단차가 있는 경우에는 축의 가공에 사용되는 바이트(Bite)의 공구각 등에 의하여 자연적으로 발생하는 라운드가 있을 수 있으므로 단차 부분에 라운드를 나타낸다. 경우에 따라서는 (b)와 같이 단차 부분까지 보스(Boss)를 밀착시킬 필요가 있으며 이때에는 단차 부분에 홈을 만들어서 바이트에 의하여 발생하는 자연적인 라운드를 제거한다. (c)는 축 끝부분에 키 홈을 만드는 것으로서 밀링의 커터(Cutter)에 의한 가공형상을 나타낸다. (d)는 밀링의 엔드밀(End mill)에 의한 가공형상을 나타낸다.

그림 6.3(a)와 같이 단차 부분의 라운드는 절삭 가공품의 둥글기 및 모따기의 규격(KS B 0403)에 의하여 부여하며 라운드 값은 $r=(0.3\sim0.5)h$ 사이의 값을 사용한다. 그림 6.3(b)와 같이 단차 부분에 라운드 대신에 홈이 파진 경우, 홈의 반지름 값은 $r=(0.3\sim0.5)h$으로 제도하며 홈의 깊이는 축의 직경이 작은 부분의 외형선에서 약 0.2 [mm]정도 홈 깊이를 가지도록 한다.

표 6.2는 축 끝에 있는 단차부분의 라운드 또는 홈에 대한 형상 치수 이외의 값을 부여하고 있으며 묻힘 키를 사용할 경우에도 키의 축의 호칭지름에 따른 키의 호칭치수 및 키 홈의 형상크기를 부여하고 있다. 축의 길이 l의 치수 허용차는 절삭가공 치수의 보통공차(KS B 0412)의 보통급이다.

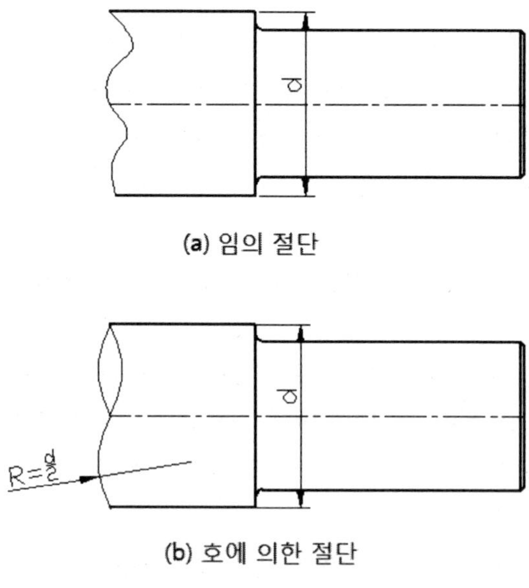

(a) 임의 절단

(b) 호에 의한 절단

그림 6.2 길이가 있는 축의 중간 절단 방법

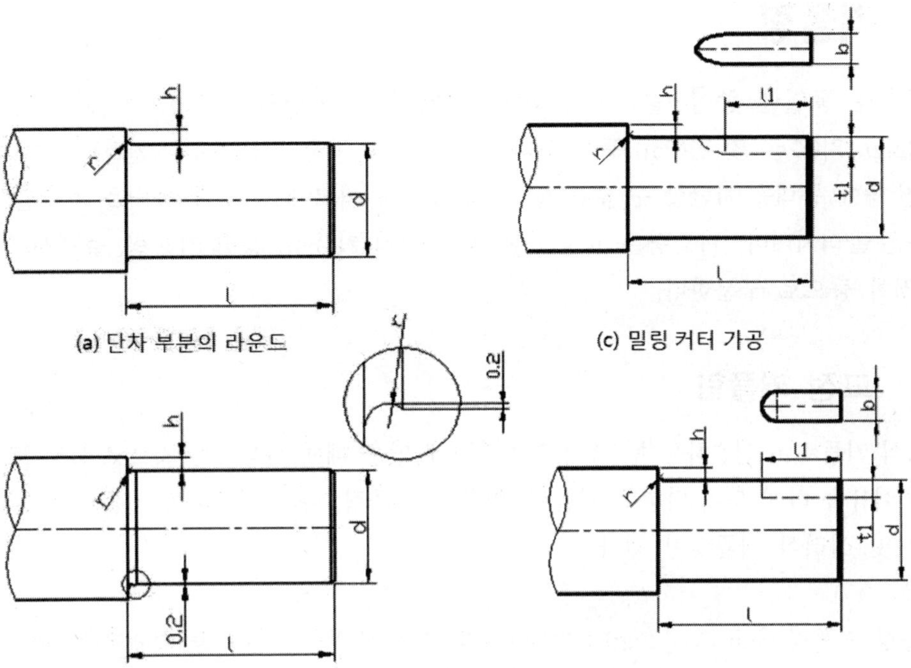

(a) 단차 부분의 라운드

(b) 단차 부분의 홈가공

(c) 밀링 커터 가공

(d) 밀링 엔드밀 가공

그림 6.3 축 끝 모양과 키 홈의 형상 치수

표 6.2 축 끝의 형상 치수(KS B 0701)

축 끝의 지름 d	축 끝의 길이 l		지름 d의 허용차	끝부분의 모따기 c	묻힘 키를 사용하는 경우					축 끝의 지름 d
					키 홈				키의 호칭치수	
	단축 끝	장축 끝			b1	t1	$l1$			
							단축끝	장축끝	bxh	
6		16								6
7		16								7
8		20								8
9		20								9
10	20	23	j6	0.5	3	1.8		20	3x3	10
11	20	23			4	2.5		20	4x4	11
12	25	30			4	2.5		20	4x4	12
14	25	30			5	3.0		25	5x5	14
16	28	40			5	3.0	25	36	5x5	16

6.2 커플링

전동축과 동일한 중심선을 가진 축에 회전운동을 전달하기 위한 방법으로서 커플링(Coupling), 키(Key) 및 핀(Pin) 등이 있다. 커플링은 원동축과 종동축을 연결하는 기계요소로서 운전 중에 동력을 차단할 수 없는 영구적인 축이음이고 운전 중에 동력을 차단할 수 있는 축이음은 클러치이다. 커플링은 고정 커플링, 플랜지 커플링, 올덤 커플링, 플렉시블 커플링 및 클러치 등으로 구분한다.

6.2.1 고정 커플링

고정식 커플링은 연결하는 두 축이 일직선상에 있을 때에 사용하는 것으로 볼트 또는 키에 의해 축이음을 하게 되며 단통형 커플링, 반중첩 커플링, 마찰 원기둥형 커플링, 분할 상자형 커플링 및 셀러식 커플링이 있다.

☑ 단통형 커플링(Muff Coupling) : 그림 6.4와 같이 주철제의 원기둥 속에서 두 축을 맞대어 맞추고 키를 사용하여 고정하는 커플링이다. 단통형 커플링은 가장 간단한 원기둥 커플링으로 축 지름과 하중이 작은 경우의 축이음에 사용한다. 단통형 커플링의 설계 조건은 축 지름에 비례하여 다음과 같이 주어진다.

보스 길이 : l=3d+35 [mm]
원기둥 두께 : e=0.4d+10 [mm]
원기둥 지름 : D=1.8d+20 [mm]

길이의 경우에는 축 지름이 작은 경우에는 4d, 축 지름이 큰 경우에는 3d로 설정한다.

그림 6.4는 단통형 커플링을 사용하여 두 축을 연결한 상태를 나타낸다. 두 축을 맞대고 묻힘 키를 사용하여 고정시켜서 연결하고 있으며 키가 외부로 빠지지 않도록 별도의 안전장치를 설치하여야 한다.

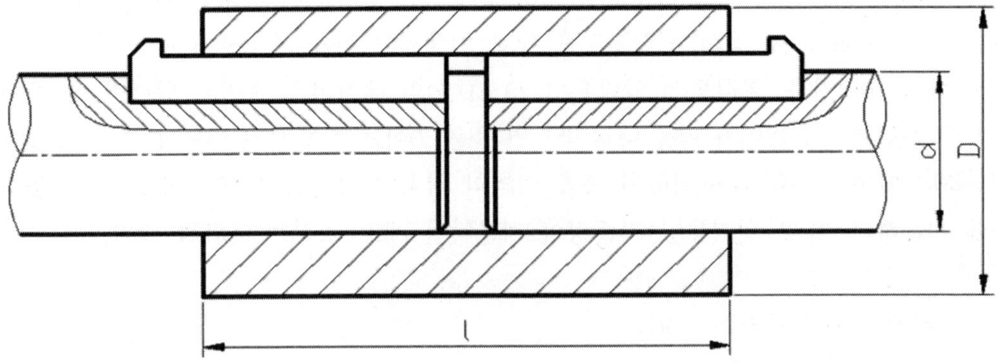

그림 6.4 단통형 커플링

☑ 반중첩 커플링(Half Lap Coupling) : 그림 6.5와 같이 축의 끝단을 약간 크게 하고 경사지게 중첩시켜서 공통의 키를 사용하여 고정하는 커플링이다. 축방향의 인장력이 작용하는 축이음에 사용하며, 제도 조건은 축 지름에 대하여 다음과 같다.

보스 길이 : L=(2∼3)d
원기둥 두께 : t=0.5d
단차의 지름 : D=(1∼1.25)d
경사 축 길이 : *l*=(1∼1.2)d

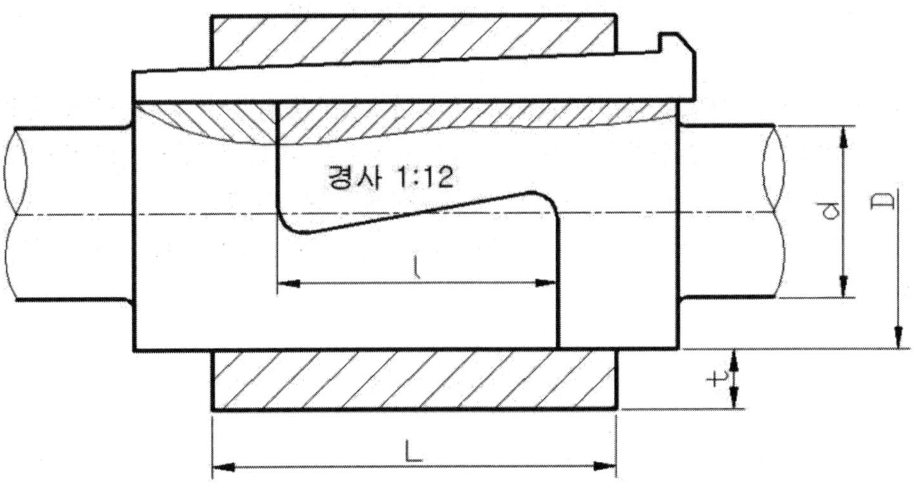

그림 6.5 반중첩 커플링

☑ 마찰 원기둥형 커플링(Friction Clip Coupling) : 그림 6.6과 같이 바깥둘레를 원뿔형으로 다듬질한 분할통으로 두 축의 연결부위를 덮고 연강제의 링을 사용하여 링을 양 끝단에서 때려 박아 고정시킨다. 분할통의 양단은 1/20~1/30의 테이퍼를 가지고 있으며 축 중심에 일정한 틈새를 가지고 있어서 링을 때려 박으면 축을 조이는 힘이 발생한다. 큰 토크 전달에는 부적당하나 설치와 분해가 용이하며 축을 임의의 위치에 고정할 수 있으므로 긴 전동축의 연결에 편리하다. 마찰 원기둥형 커플링의 기본적인 제도 조건은 다음과 같다.

보스 길이 : 3.3d ~ 4d
보스 경사의 시작 지름 : 1.75d
보스의 큰 지름 : 2d
링의 바깥지름 : 2.5d~3.7d

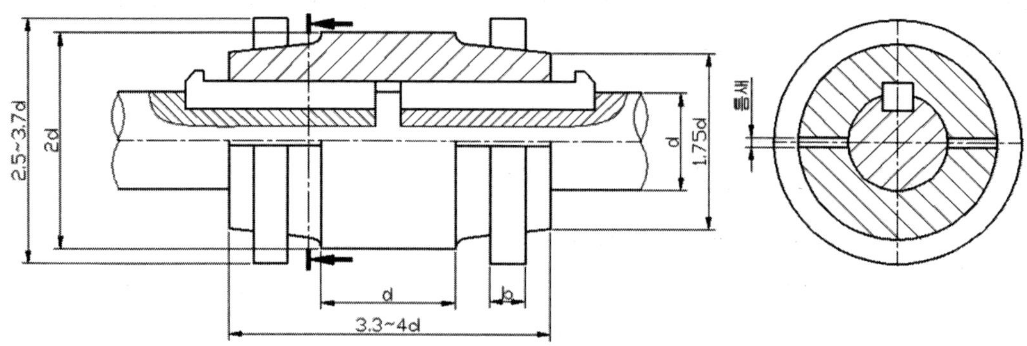

그림 6.6 마찰 원기둥형 커플링

☑ 분할 상자형 커플링(Split Muff Coupling) : 그림 6.7은 분할 상자형 커플링에 축을 연결한 상태를 나타내며, 2개의 반원기둥을 볼트로 체결한 것으로 양 반원기둥의 접촉부는 작은 틈새가 있으므로 볼트를 죄면 커플링과 축에 죔이 확실하게 발생하여 축을 고정시킨다. 축을 이동하지 않고 조립 및 분해를 할 수가 있다. 주철을 커플링의 재질로 사용하며 긴 전동축의 축이음에 적합하다.

그림 6.7 고정 커플링

☑ 셀러식 커플링(Seller's Coupling) : 그림 6.8은 셀러식 커플링을 나타내며 실제 업계에서는 메카 록(Mecha Lock) 또는 파워 록(Power Lock)으로 부른다. 슬릿(Slit)을 가지고 있는 원뿔쇄기 2개를 축과 외부의 보스 사이에 양쪽에서 박아 3개의 볼트를 죄는 것으로 축을 고정시킨다.

그림 6.8 셀러식 커플링(메카록)

6.2.2 기타 커플링

☑ 플랜지 커플링(Flange Coupling) : 일반적인 기계 또는 전동축의 커플링으로 가장 많이 사용되는 커플링으로서 주철, 주강, 단조 강재를 사용하여 만든다. 그림 6.9는 플랜지 커플링의 구조를 나타내며, 플랜지를 축 끝에 키(Key) 또는 가열 끼우기 등으로 고정시키고 볼트와

너트를 사용하여 완전히 고정시킨다. 플랜지 고정용 볼트는 리머 볼트를 사용하여 전단력을 막고 중앙부에 요철을 만들어서 두 축의 중심을 맞추도록 구성되어 있다.

표 6.3은 플랜지 커플링의 형상치수를 나타낸다. 그림 6.9에 주어진 형상치수의 값은 표에서 찾을 수 있다.

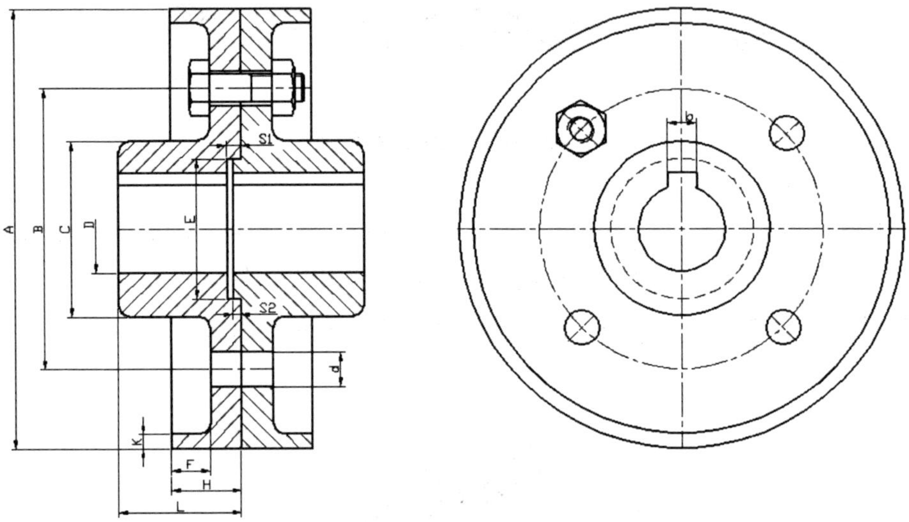

그림 6.9 플랜지 커플링

표 6.3 플랜지 커플링의 형상 치수

(단위 : mm)

축지름 D		25	30	35	40	45	50	55	60
보스길이 L		35	35.5	45	50	63	80	90	100
보스지름 C		50	63	71	71	80	90	100	125
볼트 구멍 피치원지름 B		80	100	100	125	125	160	160	200
볼트구멍	지름d	10	10	10	14	14	14	16	16
	개수 n	4	4	4	4	4	6	6	6
플랜지두께 F		9	11.2	14	14	18	18	22.4	22.4
림(rim)	바깥지름 A	125	150	150	180	190	224	236	380
	나비 H	20	25	28	31.5	35.5	35.5	45	45
	두께 K	4	4	4	4	6.3	6.3	6.3	6.3
끼움부	지름 E	40	50	50	63	63	80	80	100
	오목높이 S1	4	4	4	5	5	5	6.3	6.3
	돌출높이 S2	2.5	2.5	2.5	3.15	3.15	3.15	5	5

☑ 플렉시블 커플링(Flexible Coupling) : 그림 6.10은 플렉시블 커플링을 나타낸다. 플렉시블 커플링은 두 축의 중심선을 정확하게 일치시키기 어려울 경우 또는 원동기와 발전기 등과 같이 기계에서 발생하는 진동의 완충과 전기의 절연용으로 사용한다. 2개의 플랜지 사이에 강철판, 가죽조각, 고무조각, 스프링 및 벨트 등과 같은 매개물을 넣고 고정시킨다.

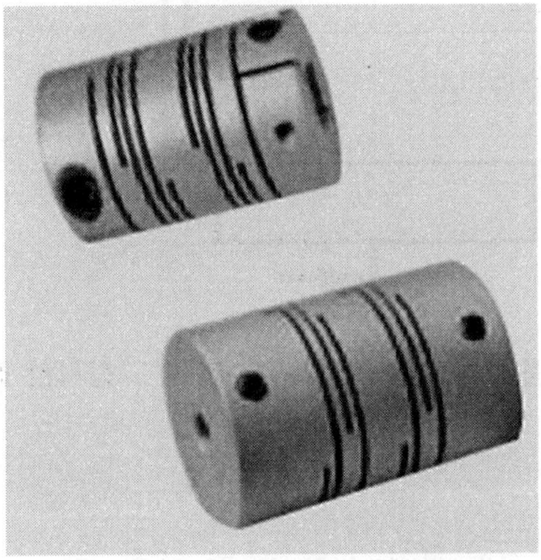

그림 6.10 플렉시블 커플링

6.3 키

키(Key)는 전동축에서 발생한 동력을 회전축에 전달하기 위하여 풀리, 기어 및 커플링 등을 고정하여 회전력을 전달하는 기계요소로서 축보다 강한 재료를 사용한다.

그림 6.11은 축과 보스에 키 홈을 파서 그 홈에 키를 고정시킨 사례를 나타낸다. 축과 보스(풀리, 기어 등)에 가공된 키 홈에 키를 고정시켜서 회전력을 전달하기 때문에 키에는 전단응력이 작용하므로 충분한 강성이 요구된다. 키는 표준형상으로 제작되기 때문에 도면 작도 시에는 별도로 그릴 필요는 없으며 부품란에 키의 호칭을 기입하면 된다. 단, 불가피한 상황으로 표준형상 이외의 치수로 키를 제작하여야 하는 경우에는 기계부품으로 간주하여 도면작성을 하여야 한다.

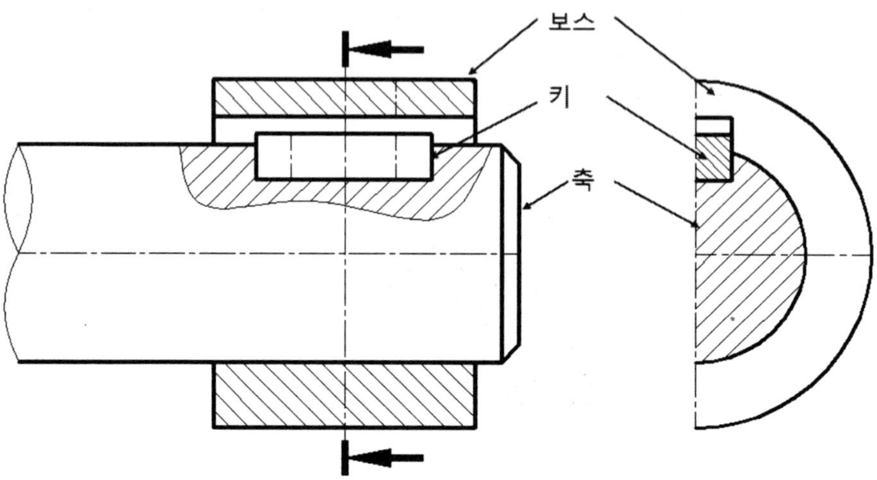

그림 6.11 축과 보스에 키를 고정시킨 상태

6.3.1 키의 종류

키는 사용방법에 따라서 묻힘 키(Sunk Key), 평 키(Flat Key), 안장 키(Saddle Key), 접선 키(Tangential Key), 반달 키(Woodruff Key), 원뿔 키(Cone Key), 스플라인(Spline), 세레이션 축(Serration Shaft), 각 축 맞춤(Square Shaft Fitting)으로 구분한다.

그림 6.12는 가장 많이 사용하고 있는 키의 종류이며, 평행 키, 경사 키, 미끄럼 키, 반달 키 및 스플라인 등에 대하여 키의 조립상태와 그 단면도를 나타낸다.

☑ 평행 키(Square Key) : 가장 많이 사용되는 것이며 보스와 축에 키 홈을 파고 키를 끼워서 견고하게 부착하여 회전력을 확실하게 전달한다. 보스에 가공된 홈과 회전축에 가공된 키 홈을 서로 맞추면 사각형의 구멍이 된다. 이 구멍에 평행키를 끼우고 조립하면 회전축과 보스가 일체가 되어서 회전력을 전달한다. 머리붙이가 있는 평행키와 머리가 없는 것이 있다.

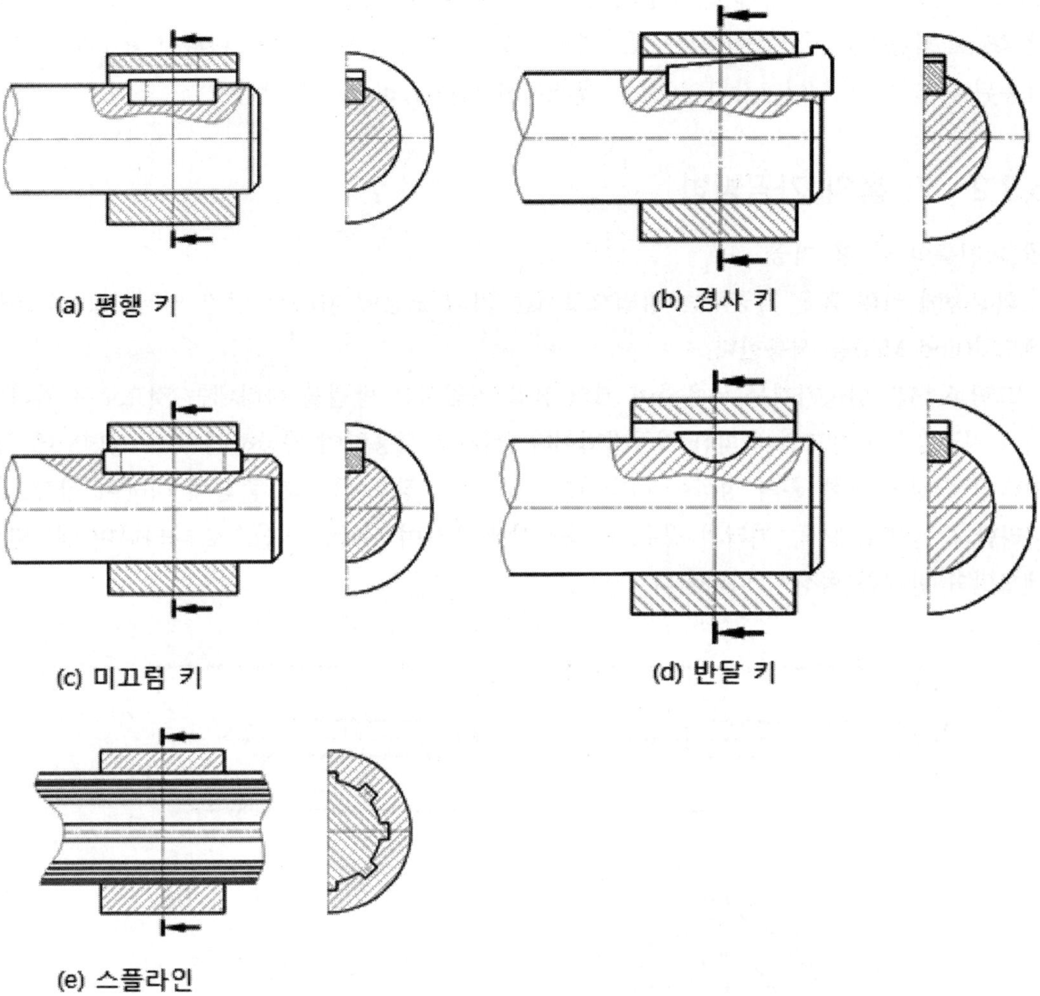

그림 6.12 키의 종류

☑ 경사 키(Driving Key) : 회전축과 보스에 있는 키 홈은 조립하였을 때에 사각형 구멍을 형성하도록 가공하고 키를 1/100 정도로 기울기를 주어서 가공한 것이다. 축에 보스를 끼워 놓은 상태에서 키를 때려 박아 고정하며 기브(머리, Gib)가 있는 것과 없는 것이 있다.

☑ 미끄럼 키(Sliding Key) : 키를 축에 고정시키고 보스를 축 방향으로 미끄럼운동을 하거나 키를 보스에 고정시키고 축을 축 방향으로 이동시킬 수 있다. 키와 보스 사이에 틈을 만들고 키에는 기울기를 주지 않는다.

☑ 반달 키(Woodruff Key) : 회전축에 반달형태의 키 홈을 만들고 반달모양을 키를 끼워서 고정하는 것으로 홈의 절삭이 용이하며 경하중의 전달에 사용한다.

☑ 스플라인(Spline) : 큰 회전력을 전달하기 위하여 4개 또는 그 이상의 4각형 키를 같은 간격으로 회전축을 가공하여 만든 것으로서 자동차, 항공기 등의 속도 변환이 요구되는 축에 사용된다. 키의 모양이 3각형인 것은 세레이션 축(Serration Shaft)이다.

6.3.2 키 홈의 가공방법

☑ 회전축의 키 홈 가공

회전축에 키의 홈을 가공하는 방법으로서는 키의 모양에 따라서 밀링 커터(Cutter) 또는 엔드밀(End Mill)을 사용한다.

그림 6.13은 밀링기계를 사용하여 키의 홈을 가공하는 방법을 나타내는 것으로서 커터에 의한 가공방법과 엔드밀에 의한 가공방법이다. 커터를 사용하여 가공하면 축의 정면도에서는 커터의 직경에 관한 홈의 형상이 나타나고 엔드밀의 경우에는 축 중심에 대하여 직각으로 나타난다. 평면도에서는 커터의 경우, 축 중심선에 대하여 직각인 직선으로 나타나며 엔드밀은 엔드밀의 반지름 형상이 나타난다.

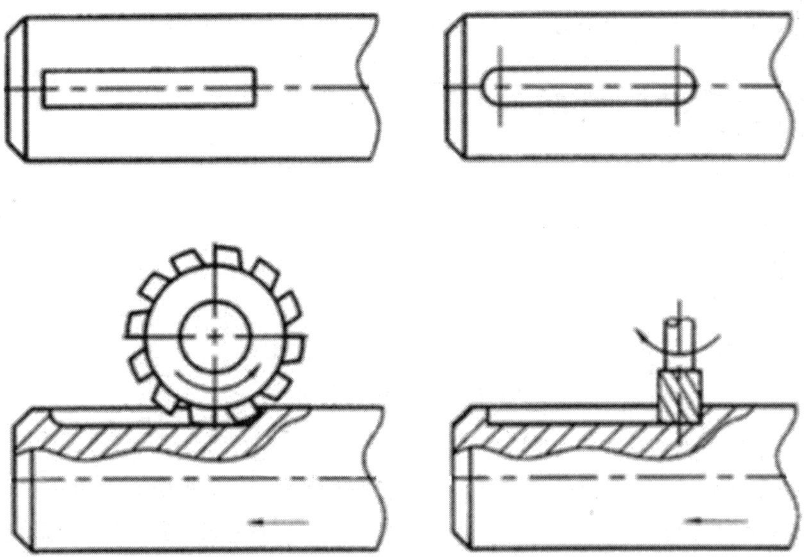

(a) 밀링 커터에 의한 가공 (b) 밀링 엔드밀에 의한 가공

그림 6.13 밀링에 의한 키 홈 가공

그림 6.14 밀링 공작기계

그림 6.14는 키 홈을 가공하기 위하여 사용하여 밀링기계를 나타낸다. 밀링기계는 가동 테이블 위에 바이스와 같은 고정구를 사용하여 축을 고정시키고 회전하는 수직축에 커터 또는 엔드밀을 고정한다. 회전하는 수직축을 상하 이동시켜서 홈의 깊이를 조절하고 가동 테이블의 좌우 수평이동으로 홈의 길이 및 절삭가공의 이송속도를 조정하여 원하는 키의 홈을 가공한다.

그림 6.15는 밀링기계를 사용하여 평면가공 또는 홈 가공 등에 사용하는 여러 종류의 커터와 작업방법을 나타낸다. 밀링 커터의 대표적인 작업은 평면가공이고 커터의 형상 및 회전축의 사용방향 등에 따라서 다양한 작업이 가능하다.

그림 6.16은 밀링 기계에서 홈 가공을 위하여 사용하는 엔드밀의 작업방법을 나타낸다. 밀링기계에서 엔드밀의 주된 작업은 홈을 가공하는 것으로서 엔드밀의 종류에 따라서 여러 형태의 홈을 가공한다.

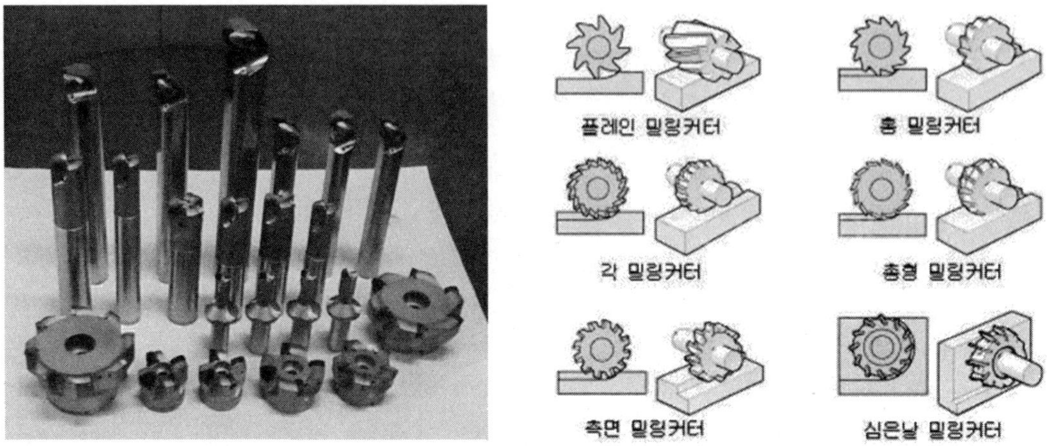

(a) 밀링 작업 공구 (b) 밀링 커터작업 방법

그림 6.15 밀링 작업 공구(커터)

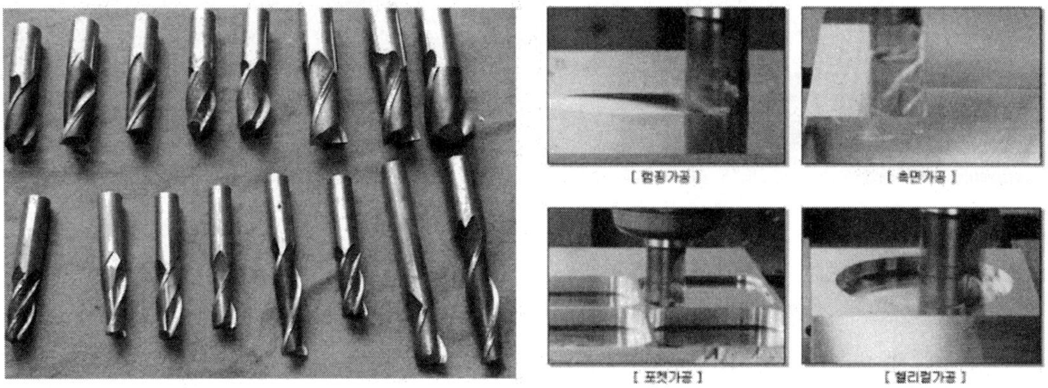

(a) 밀링 작업 공구 (b) 엔더밀 작업 방법

그림 6.16 밀링 작업 공구(엔드밀)

☑ 보스의 키 홈 가공

그림 6.17은 슬로팅 기계를 사용하여 보스에 키의 홈을 가공하는 방법을 나타낸다. 슬로팅 기계의 테이블에 바이스 등과 같은 고정구를 사용하여 보스를 고정시키고 상하 이동이 가능한 슬로터(Slotter)를 보스의 구멍 안에 위치하도록 고정시킨다. 가동 테이블을 이동시켜서 키 홈의 깊이를 조절하면서 슬로터를 상하 왕복 운동시켜서 보스에 키 홈을 가공한다.

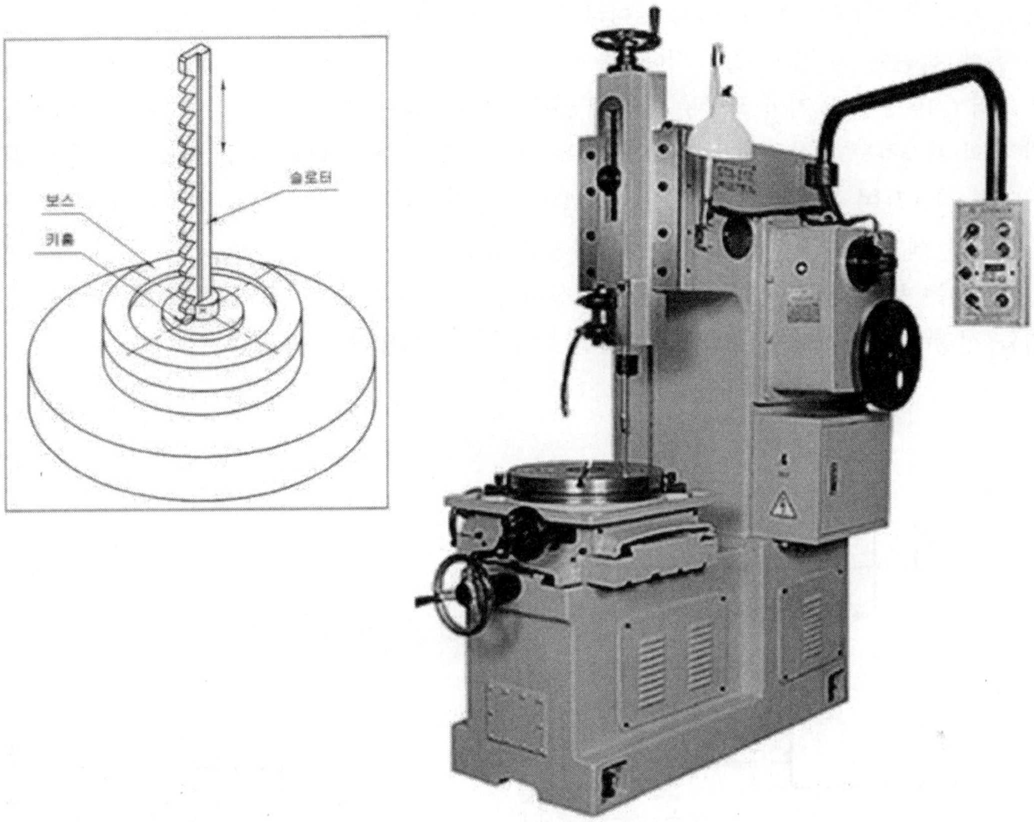

그림 6.17 슬로팅 기계

6.3.3 키의 제도

☑ 키의 호칭방법

키의 호칭방법은 "규격번호, 종류, 호칭치수(폭×높이)×길이, 끝부분의 특별지정, 재료"의 순서로 나타낸다.

예) KS B 1311 평행키 25×14×90 양끝 둥금 SM50C

위의 키는 KS B 1311의 규격에 따르는 평행키로서 폭 25 [mm], 높이 14 [mm], 길이 90 [mm]이고 양끝부분이 둥근 형태를 가지며 재료는 SM50C(기계 구조용 탄소강재)이다.

☑ 묻힘 키의 형상치수

그림 6.18은 묻힘 키가 회전축과 보스에 조립된 상태와 키의 형상에 관련한 치수를 나타낸다.

묻힘 키의 형상치수는 $b \times h \times l$으로 나타내고 회전축의 키 홈에 관련한 치수는 b1, t1, 보스의 키 홈에 관련한 치수는 b2, t2이다.

그림 6.19는 묻힘 키의 끝단부 모양의 종류를 나타낸다. 끝단부의 모양에 따라서 회전축의 키 홈의 제작하는 절삭공구가 다르다. 한쪽 첨단 또는 양쪽 첨단의 묻힘 키를 사용하면 밀링 커터를 사용하여 회전축의 키 홈을 가공한다. 한쪽 둥글기 또는 양쪽 둥글기의 묻힘 키를 사용하면 엔드밀을 사용하여 키 홈을 가공한다.

표 6.4는 묻힘 키와 키 홈에 관련한 형상치수를 나타낸다. 축 지름을 참고로 하여서 묻힘 키를 선정하면 회전축과 보스의 키 홈을 제도할 수가 있다.

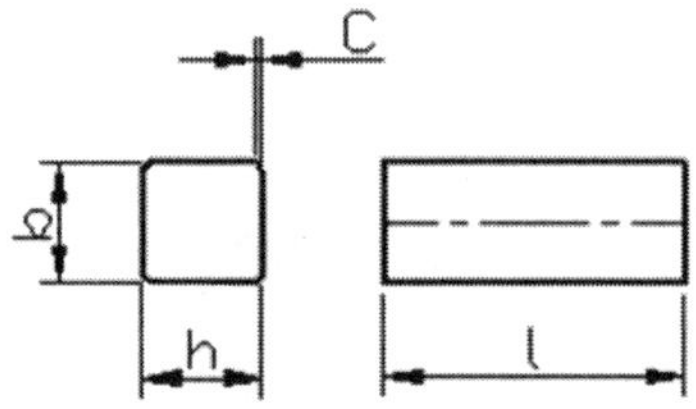

(a) 키의 치수

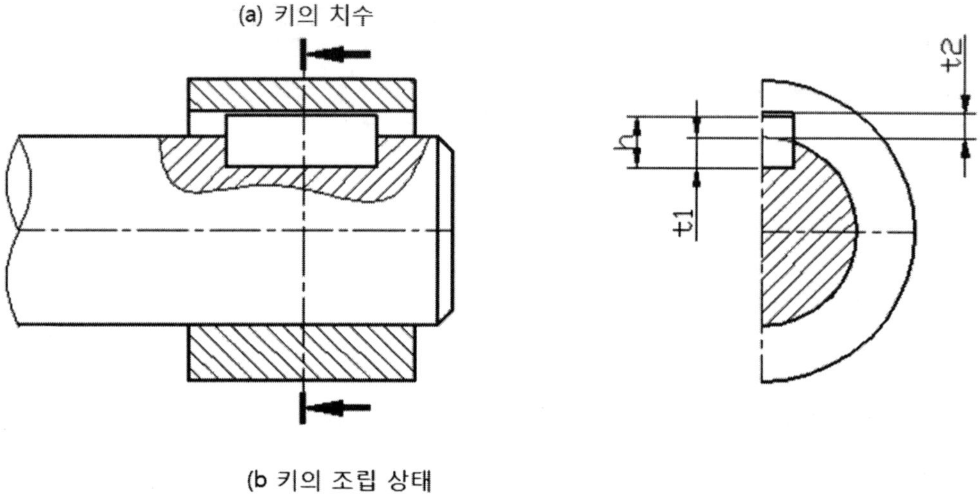

(b 키의 조립 상태

그림 6.18 묻힘 키의 형상 치수 및 조립

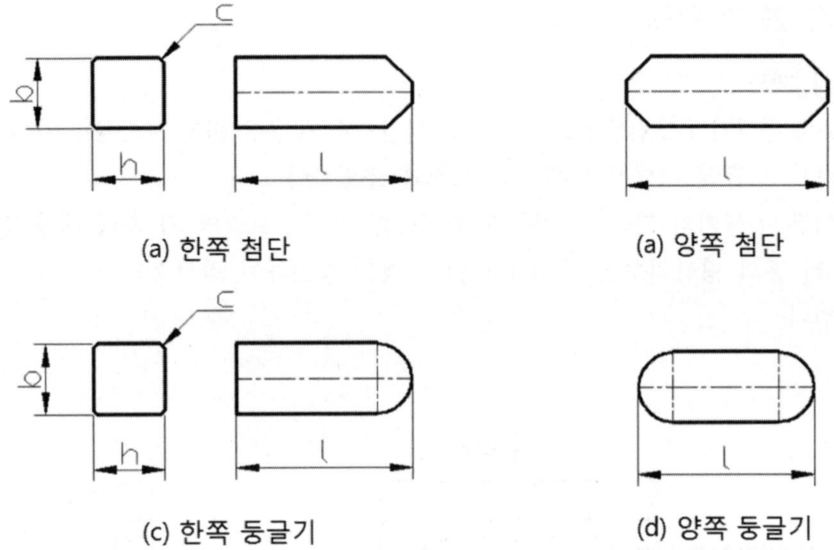

(a) 한쪽 첨단

(a) 양쪽 첨단

(c) 한쪽 둥글기

(d) 양쪽 둥글기

그림 6.19 묻힘 키의 끝단부 모양

표 6.4 평행키와 키 홈의 형상 치수

(단위 : mm)

호칭치수 b×h		2×2	3×3	4×4	5×5	6×6	(7×7)	8×7	10×8
b1, b2기준		2	3	4	5	6	7	8	10
활동	b1 허용차	H9							
	b2 허용차	D10							
보통	b1 허용차	N9							
	b2 허용차	Js9							
정밀	b1 허용차	P9							
	b2 허용차	P9							
r1, r2		0.08~0.16			0.16~0.25			0.25~0.4	
t1의 기준치수		1.2	1.8	2.5	3.0	3.5	4.0	4.0	5.0
t2의 기준치수		1.0	1.4	1.8	2.3	2.8	3.3	3.3	3.3
t1, t2의 허용치수		0~0.1				0~0.2			
적용하는 축 지름d		6~8	8~10	10~12	12~17	17~22	20~25	22~30	30~38

6.3.4 키 홈의 제도

☑ 평행키의 제도

그림 6.20은 평행키의 조립상태를 나타낸다. 회전축에 키 홈을 파고 보스에도 키 홈을 가공한다. 회전축의 키 홈에 평행키를 끼우고 보스와 조립한다.

그림 6.21은 평행키의 기준 축 지름과 회전축의 키 홈, 보스의 키 홈에 대한 형상치수를 나타낸다. 키 홈의 형상치수는 표 6.4에 있는 것을 참조하여 회전축의 키 홈과 보스의 키 홈을 제도한다.

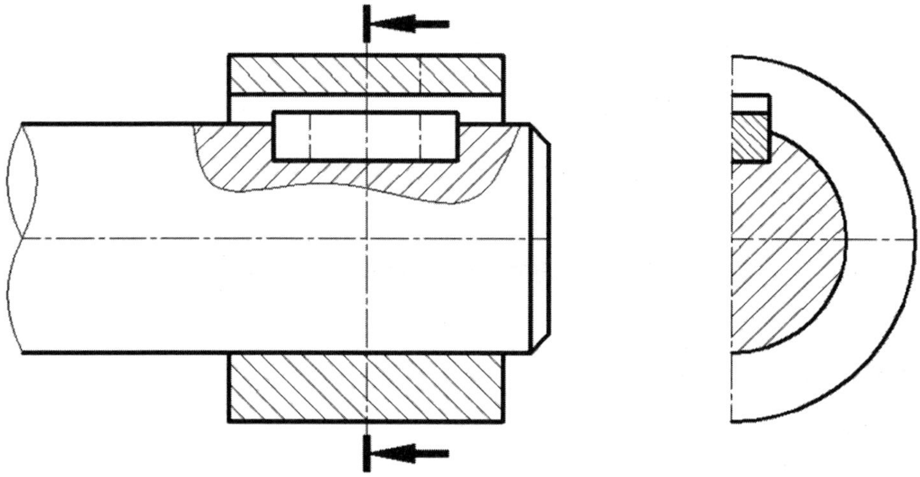

그림 6.20 평행키의 조립

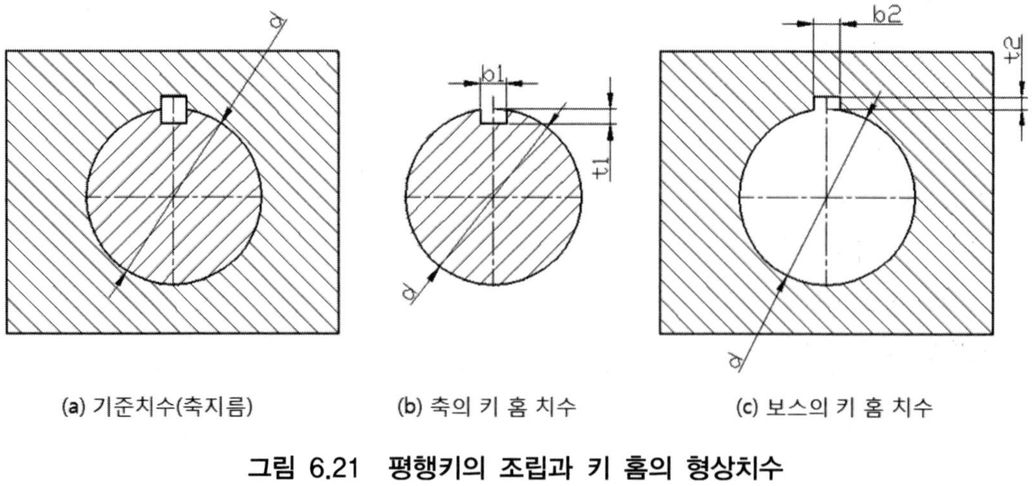

(a) 기준치수(축지름) (b) 축의 키 홈 치수 (c) 보스의 키 홈 치수

그림 6.21 평행키의 조립과 키 홈의 형상치수

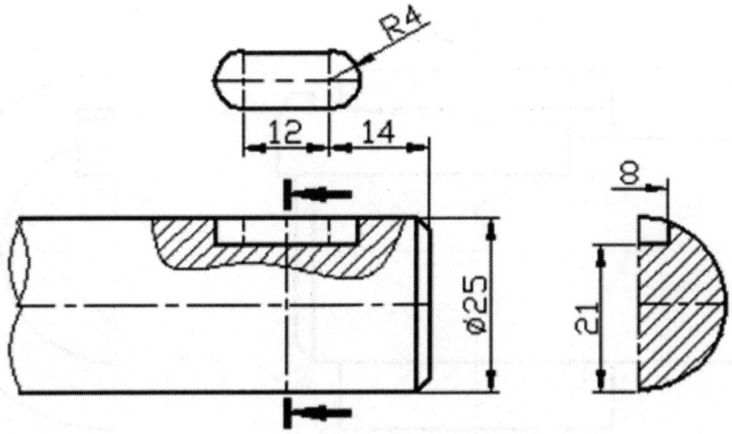

(a) 키 홈이 있는 축 제도

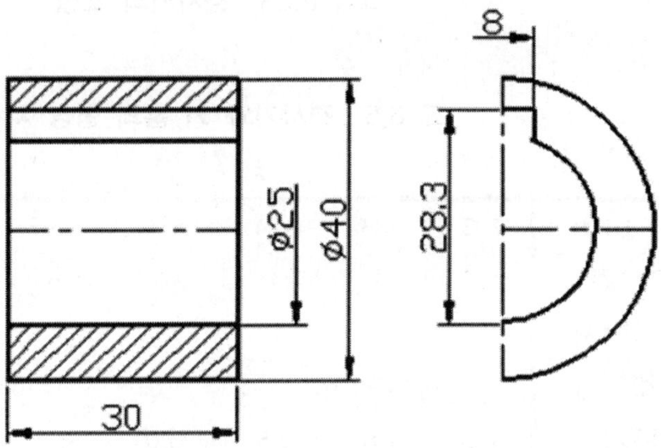

(b) 키 홈이 있는 보스 제도

그림 6.22 축 지름 25 [mm]의 키 홈 제도

그림 6.22는 축 지름 25 [mm]인 경우에 회전축의 키 홈과 보스의 키 홈을 제도한 것이다. 키 홈의 관련 치수는 표 6.4에 주어진 값을 사용한다. 실제적으로 기계가공에 사용하는 제작도면에는 끼워 맞춤에 대한 허용공차를 부여하여야 하나 현재의 단계에서는 생략한다.

☑ 경사키의 제도

그림 6.23은 회전축과 보스에 키 홈을 가공하고 축과 보스를 조립한 상태에서 경사키를 때려 박은 상태를 나타낸다. 경사키는 머리가 있는 것과 없는 것이 있으며 기울기는 1/100을 부여한다.

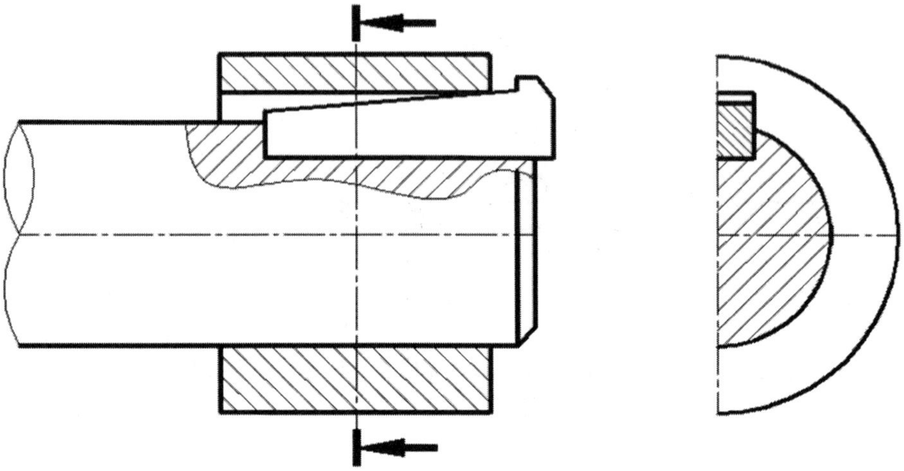

그림 6.23 경사키의 조립

표 6.5 경사키와 키 홈의 형상 치수

(단위 : mm)

호칭치수 b×h	2×2	3×3	4×4	5×5	6×6	(7×7)	8×7	10×8
b1, b2 기준	2	3	4	5	6	7	8	10
b1, b2 허용차	D10							
r1,r2		0.08~0.16				0.16~0.25		0.25~0.4
t1의 기준치수	1.2	1.8	2.5	3.0	3.5	4.0	4.0	5.0
t2의 기준치수	0.5	0.9	1.2	1.7	2.2	3.0	2.4	2.4
t1, t2의 허용치수				0~0.1			0~0.2	
적용하는 축 지름d	6~8	8~10	10~12	12~17	17~22	20~25	22~30	30~38

표 6.5는 경사키의 호칭치수와 키 홈의 형상치수를 나타낸다. 적용하는 축 지름에서 해당하는 경사키를 선택하면 회전축의 키 홈과 보스의 키 홈에 관련한 치수를 표에서 찾아서 도면을 작성한다.

그림 6.24는 축 지름 25 [mm]에 대한 경사키를 사용하여 조립할 경우의 축과 보스의 키 홈을 제도한 것이다. 평행키를 제도한 것과 비교하면 보스 키 홈의 높이가 약간 차이가 있으며 거의 대동소이한 도면이 된다.

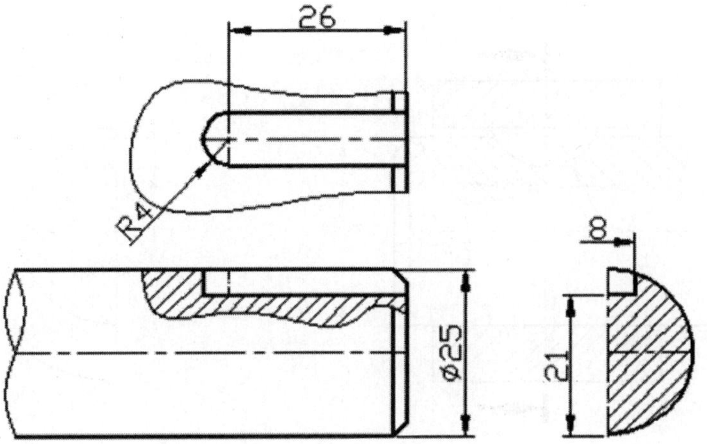

(a) 키 홈이 있는 축 제도

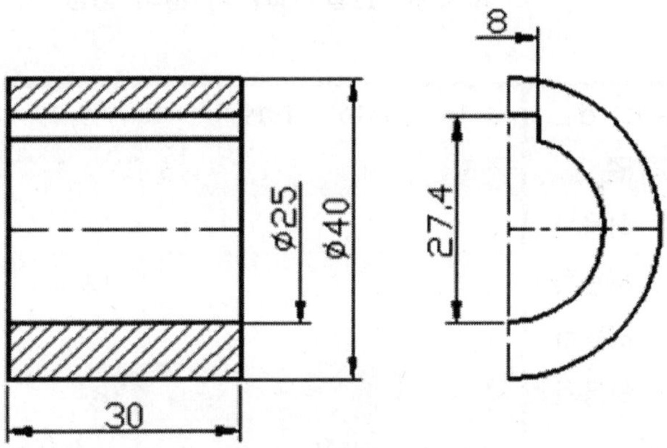

(b) 키 홈이 있는 보스 제도

그림 6.24 축 지름 25 [mm]인 경사키 홈 제도

☑ 반달 키의 제도

그림 6.25는 회전축과 보스의 연결에 반달 키를 사용한 사례로서 반달 키를 고정시키기 위한 축과 보스의 키 홈 형상치수를 나타낸다. 회전축에 반달 키를 끼운 상태에서 축을 보스에 결합하여 체결한다. 반달 키는 축에 키 홈을 만들기 위하여 축을 깊게 파게 되므로 축이 약하여져서 큰 동력 전달에는 부적합하다. 사용하고자 하는 축의 지름이 결정되면 축 지름에 따라서 반달 키가 결정된다.

표 6.6은 반달 키와 키 홈의 형상치수를 나타낸다. 축 지름이 결정되면 반달 키가 결정되므로 키 홈은 표를 사용하여 각부의 치수를 결정한다.

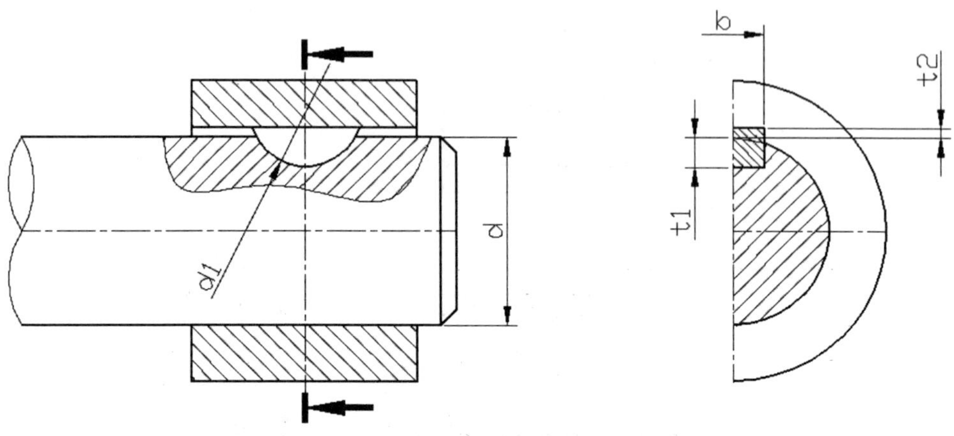

그림 6.25 반달 키의 형상 치수

표 6.6 반달 키와 키 홈의 형상 치수

(단위 : mm)

호칭치수 b×d			3×16	4×16	4×19	5×16	5×19	5×22	6×22	6×25
b1, b2기준			3	4	4	5	5	5	6	6
보통	b1	허용차	N9							
	b2	허용차	Js9							
조립	b1	허용차	P9							
	b2	허용차	P9							
r1, r2			0.08~0.16			0.16~0.25				0.25~0.4
t1의 기준치수			5.3	5.0	6.0	4.5	5.5	7.0	6.5	7.5
t2의 기준치수			1.4	1.8	1.8	2.3	2.3	2.3	2.8	2.8
t1, t2의 허용치수			0~0.1							0~0.2
반달키 지름d1			16	16	19	16	19	22	22	25

그림 6.26은 축 지름 25 [mm]인 경우에 표 6.6을 사용하여 키 홈을 제도한 것이다. 축 지름이 결정되었으므로 반달 키의 호칭치수(폭×축 지름)는 6×25를 선택한다. 반달 키의 경우에는 축이 평행한 경우에 반달 키를 사용하여 고정하는 것과 축 부위가 기울기를 가지고 있는 경우가 있다.

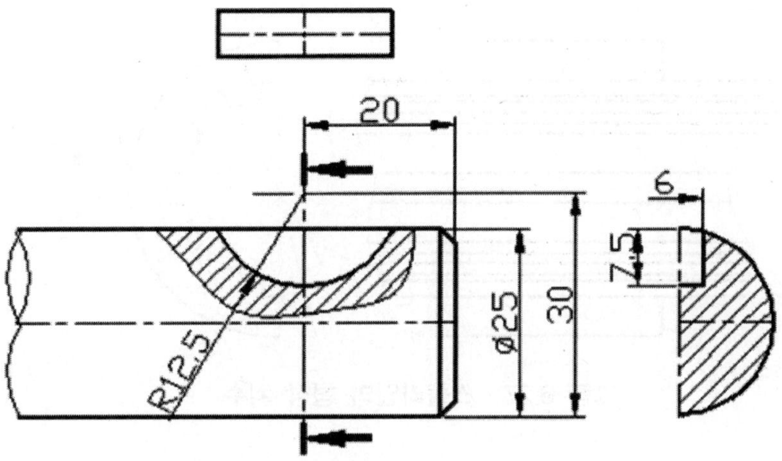

(a) 키 홈이 있는 축 제도

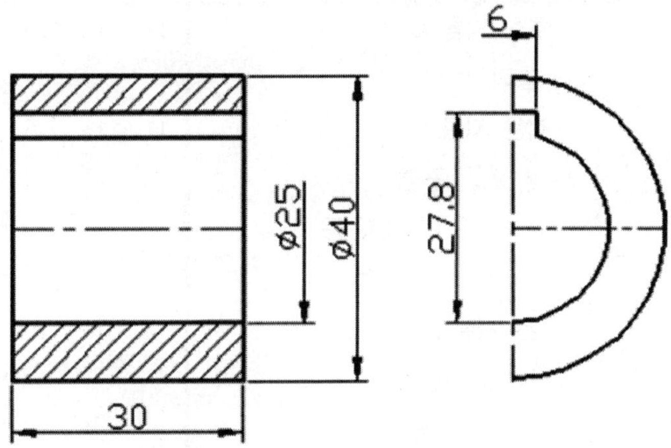

(b) 키 홈이 있는 보스 제도

그림 6.26 축 지름 25 [mm]인 반달 키의 홈 제도

☑ 스플라인의 제도

그림 6.27은 스플라인의 조립상태를 나타낸다. 스플라인은 축이 회전하면서 미끄럼운동을 할 수 있는 기계요소이다. 스플라인의 형상치수는 축의 호칭지름에 따라서 형상의 크기가 다르게 되므로 스플라인의 작은 지름 d, 큰 지름 D 및 폭 b로 구분한다.

표 6.7은 스플라인의 형상치수와 축과 구멍의 끼워 맞춤에 관련한 치수를 나타낸다. 끼워 맞춤의 기호에 관련한 해설은 끼워 맞춤의 설명에서 하기로 하고 여기에서는 생략하며 형상치수에 관한 것만 사용한다.

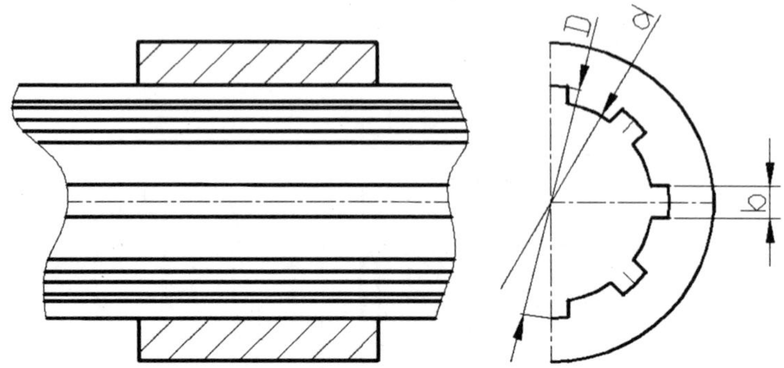

그림 6.27 스플라인의 형상 치수

표 6.7 각형 스플라인의 형상치수와 끼워 맞춤

(단위 : mm)

<table>
<tr><td colspan="4">호칭 지름 d</td><td>11</td><td>13</td><td>16</td><td>18</td><td>21</td><td colspan="2">23</td><td colspan="2">26</td></tr>
<tr><td colspan="4">홈의 수 N</td><td colspan="9">6</td></tr>
<tr><td colspan="4">작은 지름 d</td><td>11</td><td>13</td><td>16</td><td>18</td><td>21</td><td colspan="2">23</td><td colspan="2">26</td></tr>
<tr><td rowspan="3">작은 지름 허용차</td><td colspan="3">구멍</td><td colspan="9">H7</td></tr>
<tr><td rowspan="2">축</td><td colspan="2">미끄럼운동</td><td colspan="9">f7</td></tr>
<tr><td colspan="2">고정</td><td colspan="9">js7</td></tr>
<tr><td colspan="4">큰 지름 D</td><td>14</td><td>16</td><td>20</td><td>22</td><td>25</td><td>26</td><td>28</td><td>30</td><td>32</td></tr>
<tr><td rowspan="2">큰 지름 허용차</td><td colspan="3">구멍</td><td colspan="9">H11</td></tr>
<tr><td colspan="3">축</td><td colspan="9">a11</td></tr>
<tr><td colspan="4">폭 b</td><td>3</td><td>3.5</td><td>4</td><td>5</td><td>5</td><td>6</td><td>6</td><td>6</td><td>6</td></tr>
<tr><td rowspan="6">폭 허용차</td><td rowspan="2">구멍</td><td rowspan="2">미끄럼 운동 고정</td><td>구멍 쪽 담금질안함</td><td colspan="9">D9</td></tr>
<tr><td>구멍 쪽 담금질</td><td colspan="9">F10</td></tr>
<tr><td rowspan="4">축</td><td rowspan="2">미끄럼 운동</td><td>구멍 쪽 담금질안함</td><td colspan="9">h8</td></tr>
<tr><td>구멍 쪽 담금질</td><td colspan="9">e8</td></tr>
<tr><td rowspan="2">고정</td><td>구멍 쪽 담금질안함</td><td colspan="9">n7</td></tr>
<tr><td>구멍 쪽 담금질</td><td colspan="9">h7</td></tr>
</table>

그림 6.28은 축 지름이 23 [mm]인 경우에 스플라인의 축과 구멍을 제도한 것을 나타낸다. 표 6.7의 스플라인 형상을 사용하여 제도한 것으로서 스플라인의 홈 개수는 6개이고 그 폭은 6 [mm]이다. 끼워 맞춤의 기호에 대한 것은 생략하였다.

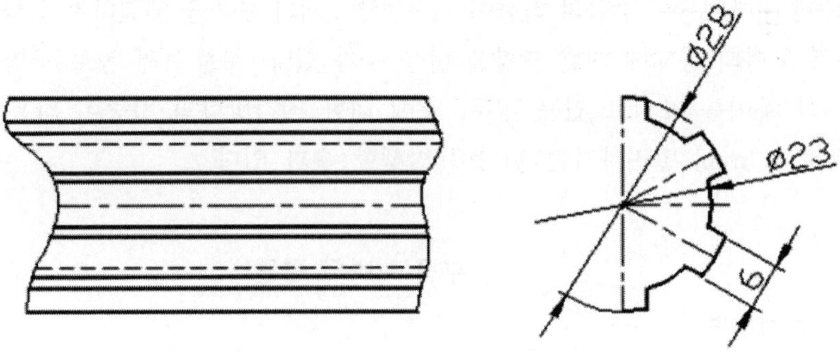

(a) 키 홈이 있는 축 제도

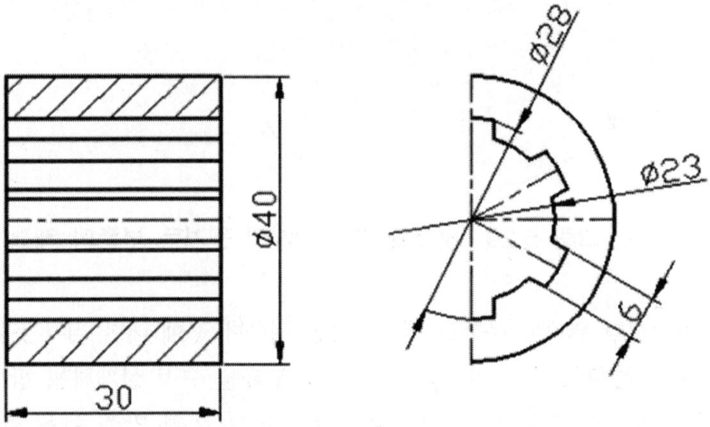

(b) 키 홈이 있는 보스 제도

그림 6.28 축 지름 23 [mm]인 스플라인의 제도

6.4 핀

기계요소 중에서 동력을 전달하면서 체결하는 부품으로는 키(Key), 핀(Pin)이 있고 키와 핀은 회전운동을 하는 기계의 회전축이 축 주위를 헛돌지 않고 확실한 회전력을 만들기 위하여 사용된다. 핀은 2개의 부품을 빈틈없이 체결하는데 요긴하게 사용되는 부품이다.

그림 6.29는 볼트를 사용하여 원기둥형의 2개 부품을 체결하는 방법을 나타낸다. 부품 A는 부품 B에 고정되는 바닥면이 평면을 구성하고 있고 3개의 볼트 구멍이 가공되어 있다. 부품 B는 부품 A와 체결되는 윗면이 평면으로 구성되어 3개소의 체결용 암나사를 가지고 있다. 부품 A와 부품 B를 체결하고 수직방향의 하중이 작용할 경우에는 별 문제가 발생하지 않으나 수평방향, 즉 축에 대하여 직각방향의 하중이 작용하면 2개의 부품을 체결하기 위하여 사용하는 3개소의 볼트 구멍의 틈새에 대한 영향을 받을 수가 있다. 부품 A의 볼트 구멍이 볼트의 지름과 1 [mm]의 차이를 가지고 있는 경우, 축에 대한 직각방향의 하중이 작용하면 부품 A는 축 방향으로 1 [mm] 밀려나가는 현상이 발생할 수가 있다.

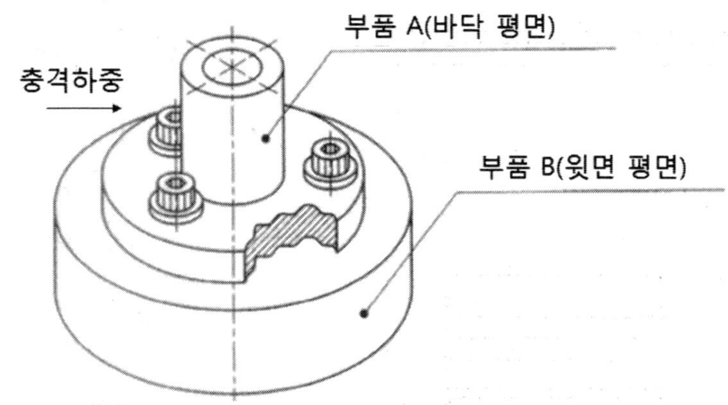

그림 6.29 볼트에 의한 2개의 원기둥 부품의 체결

그림 6.30은 2개의 원기둥 부품을 체결하였을 경우에 축에 대한 직각방향의 하중이 작용하면 부품이 밀려나는 틈새 오차를 제거하기 위하여 부품을 수정 설계하는 방법을 나타낸다. 부품 A와 부품 B를 끼워 맞춤을 하기 위하여 부품 A에는 끼워 맞춤 턱을 추가하고 부품 B에는 끼워 맞춤 구멍을 추가하도록 한다. 끼워 맞춤 축과 구멍을 사용하면 부품 A와 부품 B의 축 중심을 맞출 수가 있으나 회전방향이 틀어지는 현상은 방지할 수가 없다. 따라서 회전방향의 틀어짐을 방지하기 위하여서는 핀을 사용하여 고정한다. 부품 A와 부품 B에 핀 구멍을 만들고 끼워 맞춤 턱을 사용하여 조립한 후에 핀을 때려 박으면 부품 A와 부품 B는 축의 회전방향에 의한 틀어짐 현상을 방지할 수가 있다.

부품 A와 부품 B는 끼워 맞춤 턱과 구멍을 추가적으로 가공하여 볼트를 사용하여 조립을 한다. 볼트 체결에 의하여 2개의 부품을 최대한 밀착시킨 후에 핸드 드릴(Hand Drill)을 사용하여 부품 A에서 부품 B에 도달하도록 구멍을 뚫고 리머(Reamer) 가공을 한다. 구멍은 핀보다 약간 작은 지름으로 가공을 하고 구멍에 핀을 망치로 때려 박아 핀의 마감 가공을 한다. 이러한 가공을 현합(現合) 가공이라고 한다.

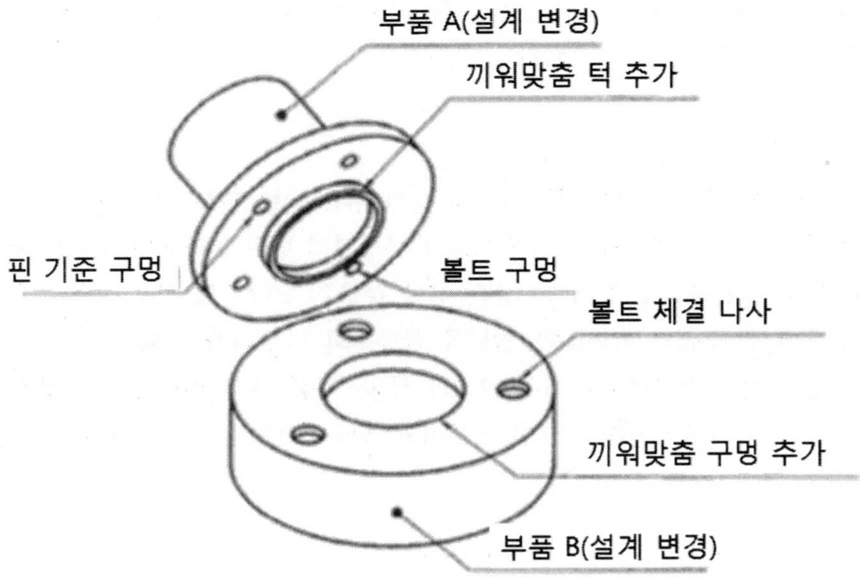

그림 6.30 원기둥 부품의 수정설계 방법

☑ 핀의 호칭법

평행 핀은 끝단부의 모양에 따라서 A종, B종, C종으로 구분하고 호칭지름은 "**규격번호 또는 명칭, 종류(끼워맞춤), 형식, 호칭지름×길이, 재료**"의 순서로 나타낸다.

예) KS B 1320 m6 A6×40 SM45C

위의 예)에서 지정한 평행 핀은 KS B 1320의 규격에 따르는 표준부품으로 끼워 맞춤은 m6이고 A종의 지름 6 [mm], 길이 40 [mm]이며 재료는 SM45C(기계 구조용 탄소강재)이다.

테이퍼핀은 "**규격번호 또는 명칭, 등급, 호칭지름×길이, 재료**"의 순서로 나타내며 그 호칭의 사례는 다음과 같다.

예) KS B 1322 2×20 SM25C

위의 테이퍼핀은 KS B 1322의 규격에 따르는 표준부품으로 호칭지름 2 [mm], 길이 20 [mm]이고 재료는 SM25C(기계 구조용 탄소강재)이다.

분할 핀은 "**규격번호 또는 명칭, 호칭지름×길이, 재료, 지정사항**"의 순서로 표시한다.

예) KS B 1321 2×20 황동 끝단부 절단

위의 분할 핀은 KS B 1321의 규격에 따르는 표준부품이고 호칭지름 2 [mm], 길이 20 [mm]이고 재료는 황동이며 끝단부 절단의 형태를 가진다.

☑ 평행 핀의 제도

그림 6.31은 평행 핀의 종류와 형상치수를 나타낸다. 평행 핀은 끝단부의 모양에 따라서 A종, B종, C종으로 구분하며 끼워 맞춤에 대한 허용공차의 범위가 다르다. A종은 한쪽 모따기와 한쪽 끝단 둥글기 형태를 가지고 B종은 양쪽 끝단부 모따기를 실시한다. C종은 끝면에 모따기가 없으나 끝면에는 버(Bur)가 없도록 끝부분의 마무리가 필요하다.

표 6.8은 평행 핀의 형상치수와 끼워 맞춤의 허용공차를 나타낸다. 핀의 호칭지름에 대한 권장길이는 표의 각 셀에 음영처리를 한 부분이고, 허용공차는 표면처리하기 전의 값을 적용한다.

☑ 테이퍼핀의 제도

그림 6.32는 테이퍼핀의 형상에 관련한 치수를 기호로 나타낸다. 1:50은 기준 원추 테이퍼의 기울기가 1/50 임을 나타낸다. 테이퍼의 기준지름은 직경이 작은 지름(r1)이고 양끝부분은 둥글기로 가공한다.

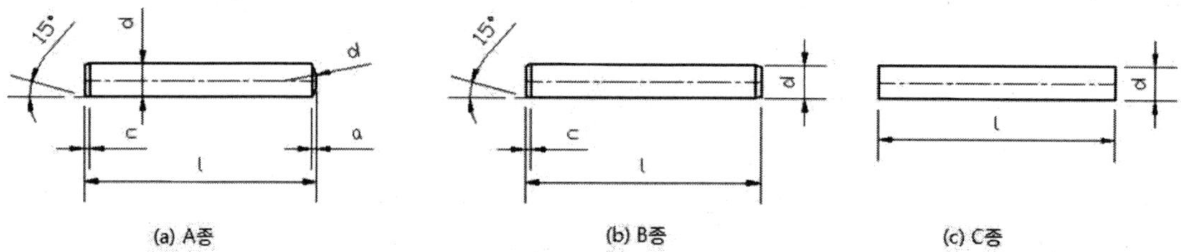

그림 6.31 평행 핀의 종류와 형상치수

표 6.8 평행 핀의 형상치수와 끼워 맞춤

(단위 : mm)

호칭지름			0.6	0.8	1	1.2	1.5	1.6	2	2.5	3	4	5
d	기준치수		0.6	0.8	1	1.2	1.5	1.6	2	2.5	3	4	5
	허용차	A종	m6										
		B종	h8										
		C종	h11										
a	약		0.08	0.1	0.12	0.16	0.2	0.2	0.25	0.3	0.4	0.5	0.63
c	약		0.12	0.16	0.2	0.25	0.3	0.3	0.35	0.4	0.5	0.63	0.8
호칭길이													
l	최소	최대											
2	1.75	2.25	■	■									
3	2.75	3.25	■	■									
4	3.75	4.25	■	■	■	■	■						
5	4.75	5.25	■	■	■	■	■						
6	5.75	6.25	■	■	■	■	■		■	■			
8	7.75	8.25		■	■	■	■		■	■	■	■	
10	9.75	10.25			■	■	■		■	■	■	■	■
12	11.5	12.5				■	■		■	■	■	■	■
14	13.5	14.5					■		■	■	■	■	■

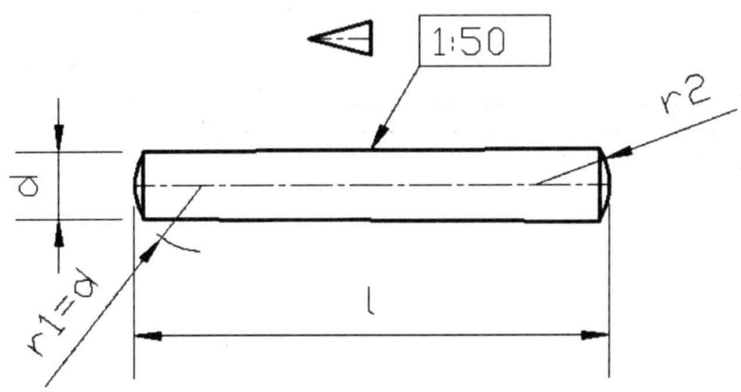

그림 6.32 테이퍼핀의 형상

표 6.9 테이퍼핀의 형상치수와 끼워 맞춤

(단위 : mm)

호칭지름			0.6	0.8	1	1.2	1.5	2	2.5	3	4	5	6
d	기준치수		0.6	0.8	1	1.2	1.5	2	2.5	3	4	5	6
	허용차		h10										
a	약		0.08	0.1	0.12	0.16	0.2	0.25	0.3	0.4	0.5	0.63	0.8
호칭길이													
l	최소	최대											
2	1.75	2.25											
3	2.75	3.25											
4	3.75	4.25	■										
5	4.75	5.25	■	■									
6	5.75	6.25	■	■	■	■							
8	7.75	8.25	■	■	■	■	■						
10	9.75	10.25		■	■	■	■	■	■				
12	11.5	12.5		■	■	■	■	■	■	■			
14	13.5	14.5			■	■	■	■	■	■	■		

표 6.9는 테이퍼핀의 형상치수와 끼워 맞춤의 허용공차를 나타낸다. 테이퍼핀의 권장하는 길이는 표의 각 셀에 음영처리를 한 부분이고 허용공차는 표면처리 이전의 값을 적용한다.

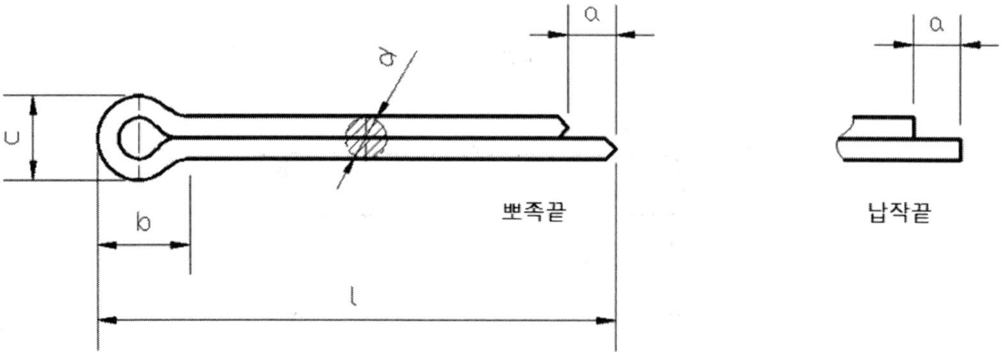

그림 6.33 분할 핀의 형상치수와 끝단부 모양

표 6.10 분할 핀의 형상 치수

(단위 : mm)

호칭지름		0.6	0.8	1	1.2	1.6	2	2.5	3.2	4	5
d		0.5	0.7	0.9	1	1.4	1.8	2.3	2.9	3.7	4.6
c		1	1.4	1.8	2	2.8	3.6	4.6	5.8	7.4	9.2
b		2	2.4	3	3	3.2	4	5	6.4	8	10
a		1.6	1.6	1.6	2.5	2.5	2.5	2.5	3.2	4	4
적용 볼트	~초과	-	2.5	3.5	4.5	5.5	7	9	11	14	20
	이하	2.5	3.5	4.5	5.5	7	9	11	14	20	27
핀 구멍 지름		0.6	0.8	1	1.2	1.6	2	2.5	3.2	4	5
핀 길이 l	4	■									
	5	■	■								
	6	■	■	■							
	8	■	■	■	■	■					
	10	■	■	■	■	■	■	■			
	12	■	■	■	■	■	■	■	■		
	14		■	■	■	■	■	■	■		
	16		■	■	■	■	■	■	■	■	
	18			■	■	■	■	■	■	■	
	20			■	■	■	■	■	■	■	■

☑ 분할 핀의 제도

그림 6.33은 테이퍼핀의 형상에 관련한 치수를 기호로 나타낸다. 분할 핀은 2개의 다리를 사용하여 물체를 고정하는 것으로서 끝단부의 모양은 뾰족 끝과 끝단부를 절단한 납작 끝으로 구분한다. 분할 핀은 핀의 끝부분이 갈라져 있어 핀을 박은 후에 끝을 벌려주어 풀림을 방지한다.

표 6.10은 분할 핀의 형상치수와 권장하는 핀 길이를 나타낸다. 분할 핀의 끝부분은 뾰족 끝 또는 납작 끝 어느 것을 사용하여도 무방하다. 권장하는 핀의 길이는 음영처리를 한 부분이다.

6.5 링

스냅링(Snap Ring)은 축의 표면 또는 구멍의 내부 면에 부품을 정확하게 고정시킬 때에 사용하는 기계요소이다. 축의 가공 홈에 스냅링을 끼우는 것을 바깥지름용(축용) 스냅링, 구멍의 내부 홈에 끼우는 것을 안지름용(구멍용) 스냅링이라 한다. 스냅링은 스냅링용 특수공구를 사용하여 조립과 분해를 한다.

O링(O Ring)은 축의 표면 또는 구멍의 내부 면에 만들어진 홈에 끼우는 것으로서 내부의 윤활유 또는 외부의 이물질 유입을 방지하기 위하여 사용한다.

6.5.1 스냅링

☑ 바깥지름용(축용) 스냅링

그림 6.34는 바깥지름용(축용) 스냅링의 외부형상과 그 치수를 나타낸다. 스냅링은 특수공구를 사용하여 스냅링에 있는 2개의 구멍에 공구를 끼워서 반지름방향으로 벌린 상태로 홈에 끼우고 빼내며 탄성에 의하여 원상 복귀를 한다. 홈에 끼워진 상태로 원상 복귀하면 스냅링은 홈에서 빠져나올 수가 없으므로 스냅링에 의하여 볼록한 턱이 생긴다. 축 또는 구멍에 고정되는 부품은 스냅링에 의하여 만들어진 볼록한 턱에 의하여 기계에서 분리되는 것을 방지한다.

호칭지름 d는 축 지름에 의존하고 스냅링의 조립 공구를 사용하는 구멍 d0는 스냅링을 적용하는 축에 끼웠을 때에 가려지지 않도록 공구의 구멍위치를 선택한다. 지름 d5는 스냅링을 축에 끼웠을 때의 바깥둘레의 최대지름이다.

표 6.11은 축용 스냅링의 형상치수와 적용 가능한 축 지름을 나타낸다. 스냅링은 호칭 1란을 우선시하며 필요에 따라서 2란, 3란의 스냅링을 사용한다. 스냅링의 원환부의 최대 폭 b는 스냅링의 두께 t보다 작지 않아야 한다. 스냅링의 바깥지름 d4는 다음과 같다.

$$d4 = d3 + (1.4 \sim 1.5)b$$

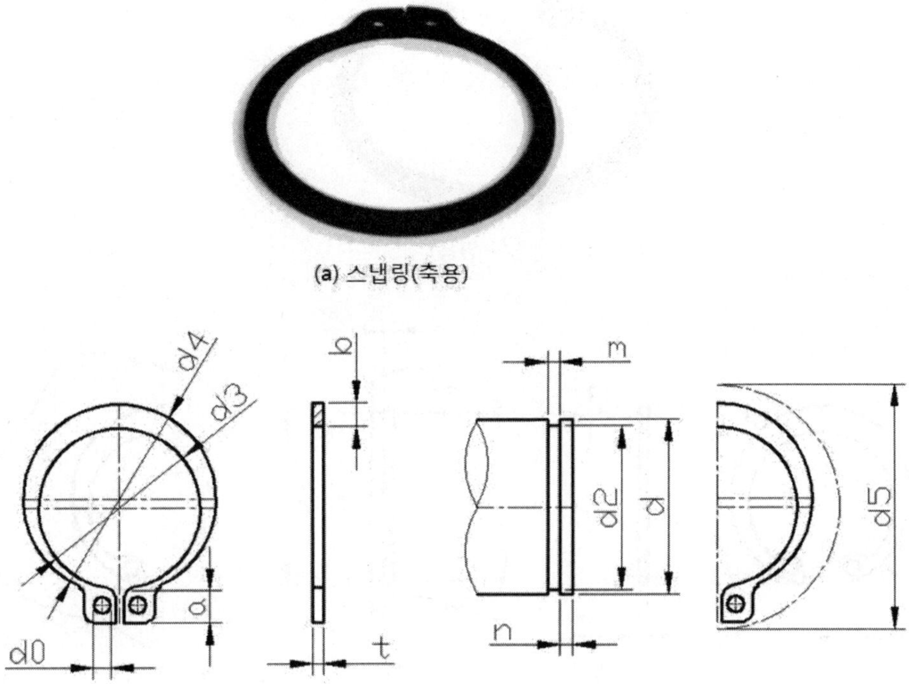

(a) 스냅링(축용)

(b) 스냅링 형상 치수

(c) 스냅링 축의 치수

그림 6.34 축용 스냅링의 형상

표 6.11 스냅링의 형상 치수(축용)

(단위 : mm)

<table>
<tr><td rowspan="3">호칭</td><td>1</td><td>10</td><td></td><td>12</td><td></td><td>14</td><td>15</td><td>16</td><td>17</td><td>18</td><td></td><td>20</td></tr>
<tr><td>2</td><td></td><td>11</td><td></td><td></td><td></td><td></td><td></td><td></td><td></td><td>19</td><td></td></tr>
<tr><td>3</td><td></td><td></td><td></td><td>13</td><td></td><td></td><td></td><td></td><td></td><td></td><td></td></tr>
<tr><td rowspan="5">스냅링</td><td>d3</td><td>9.3</td><td>10.2</td><td>11.1</td><td>12</td><td>12.9</td><td>13.8</td><td>14.7</td><td>15.7</td><td>16.5</td><td>17.5</td><td>18.5</td></tr>
<tr><td>t</td><td colspan="8">1</td><td colspan="3">1.2</td></tr>
<tr><td>b</td><td>1.6</td><td colspan="3">1.8</td><td>2</td><td>2.1</td><td colspan="2">2.2</td><td>2.6</td><td colspan="2">2.7</td></tr>
<tr><td>a</td><td>3</td><td>3.1</td><td>3.2</td><td>3.3</td><td>3.4</td><td>3.5</td><td>3.6</td><td>3.7</td><td colspan="2">3.8</td><td>3.9</td></tr>
<tr><td>d0</td><td colspan="2">1.2</td><td colspan="2">1.5</td><td colspan="5">1.7</td><td colspan="2">2</td></tr>
<tr><td rowspan="5">적용하는 축</td><td>d5</td><td>17</td><td>18</td><td>19</td><td>20</td><td>22</td><td>23</td><td>24</td><td>25</td><td>26</td><td>27</td><td>28</td></tr>
<tr><td>d1</td><td>10</td><td>11</td><td>12</td><td>13</td><td>14</td><td>15</td><td>16</td><td>17</td><td>18</td><td>19</td><td>20</td></tr>
<tr><td>d2</td><td>9.6</td><td>10.5</td><td>11.5</td><td>12.4</td><td>13.4</td><td>14.3</td><td>15.2</td><td>16.2</td><td>17</td><td>18</td><td>19</td></tr>
<tr><td>m</td><td colspan="8">1.15</td><td colspan="3">1.35</td></tr>
<tr><td>n</td><td colspan="11">1.5</td></tr>
</table>

(a) 스냅링(구멍용)

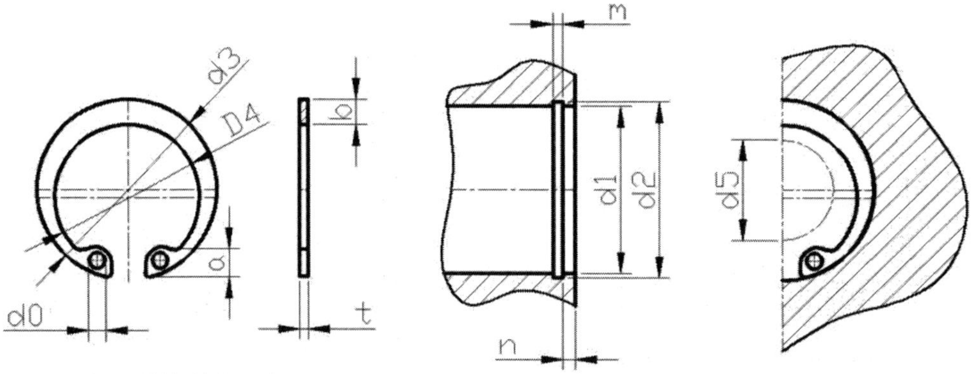

(b) 스냅링 형상 치수 (c) 스냅링 축의 치수

그림 6.35 구멍용 스냅링의 형상치수

☑ 안지름용(구멍용) 스냅링

그림 6.35는 안지름용(구멍용) 스냅링의 외부형상과 그 치수를 나타낸다. 구멍용 스냅링은 구멍지름 d1에 축이 끼워지고 축이 외부로 빠져나오는 것을 방지하기 위하여 축에 만들어진 홈 m에 구멍용 스냅링을 끼운다. 조립 공구를 사용하는 구멍 d0의 위치는 스냅링을 적용하는 구멍에 스냅링을 끼웠을 때에 가려지지 않도록 한다. 지름 d5는 스냅링을 구멍에 끼웠을 때의 안둘레 최소 지름을 나타낸다.

표 6.12는 구멍용 스냅링의 형상치수와 적용 가능한 축 지름을 나타낸다. 스냅링을 적용하는 축 지름에 따라서 해당하는 스냅링의 호칭을 결정한다. 스냅링은 호칭은 1란을 우선시하며 필요에 따라서 2란, 3란의 스냅링을 사용한다. 스냅링의 원환부의 최대 폭 b는 스냅링의 두께 t보다 작지 않아야 한다. 스냅링의 안지름 d4는 다음과 같다.

$$d4 = d3 - (1.4 \sim 1.5)b$$

표 6.12 스냅링의 형상 치수(구멍용)

(단위 : mm)

구분	기호											
호칭	1	10	11	12		14		16		18	19	20
	2				13		15		17			
	3											
스냅링	d3	10.7	11.8	13	14.1	15.1	16.2	17.3	18.3	19.5	20.5	21.5
	t	1										
	b	1.8			2					2.5		
	a	3.1	3.2	3.3	3.4	3.5	3.6	3.7	3.8	4		
	d0	1.2		1.5		1.7					2	
적용하는 축	d5	3	4	5	66	7	8	9	10	11	12	13
	d1	10	11	12	13	14	15	16	17	18	19	20
	d2	10.4	11.4	12.5	13.6	14.6	15.7	16.8	17.8	19	20	21
	m	1.15										
	n	1.5										

6.5.2 O링

O링(O-ring)은 패킹(Packing)으로도 불리며 원환체 모양으로 생긴 합성고무 혹은 내열성 플라스틱으로 만들어진 부품이다. 자동차 엔진의 실린더 같은 기계 부품 사이에서 기체가 새어 나가지 않도록 막아주는 역할을 한다. 또한, 우주왕복선 고체 로켓 부스터(SRB)에서 각각의 파트가 연결되는 부분의 연료누출을 막는 역할을 한다. 재료의 특성 때문에 챌린저 우주왕복선 폭발사고의 직접적인 원인이 되기도 했다.

☑ O링의 종류와 표시기호

표 6.13은 O링의 재료종류와 표시기호를 나타낸다. O링의 재료는 합성공무, 천연고무, 합성수지를 사용한다. 재료의 종류로는 1종, 2종, 3종 및 4종으로 구분한다. 또한 O링의 용도와 표시기호는 운동용 P, 고정용 G 및 진공 플랜지용 V로 구분한다.

표 6.13 O링의 재료종류와 표시기호

종류		기호	비고
재료별	1종 A	1A	내 광물용으로 스프링 강도 HS 70
	1종 B	1B	내 광물용으로 스프링 강도 HS 90
	2종	2	내 가솔린용
	3종	3	내 동식물용
	4종 C	4C	내열용
	4종 D	4D	내열용
용도별	운동용(패킹)	P	
	고정용(가스킷)	G	
	진공 플랜지용	V	

☑ O링의 호칭법

O링의 호칭은 "규격번호 또는 명칭, 재료종류, 호칭번호"로 표시한다.

예1) KS B 2805 2종 G40

예2) O링 1종 A P20

예1)은 KS B 2805에서 규정하는 표준부품 고정용 O링으로서 재료는 2종 (내 가솔린용)이고 고정용 O링의 굵기 3.1 [mm], 안지름 39.4 [mm]이다.

예2)의 운동용 O링은 1종 A(내 광물용으로 스프링 강도 HS 70)의 재료로서 굵기 2.4 [mm], 안지름 19.8 [mm]를 가진 것이다.

그림 6.36은 O링의 형상과 그 치수를 기호로 나타낸다. O링의 형상은 운동용, 고정용 및 진공 플랜지용 모두 동일하고 호칭번호에 따라서 O링의 굵기 및 안지름의 크기가 다르다.

표 6.14는 운동용 O링(P)의 호칭번호에 따라서 O링의 굵기 W와 안지름 d를 나타낸다. 또한 각 호칭번호에 따르는 O링을 고정하기 위한 홈의 축 지름과 구멍지름을 나타낸다. 운동용 O링은 작은 지름에서부터 큰 지름까지 세분화된 표준부품이 있다.

표 6.15는 고정용 O링(G)의 호칭번호에 따라서 O링의 굵기 W와 안지름 d를 나타낸다. 또한 각 호칭번호에 따르는 O링을 고정하기 위한 홈의 축 지름과 구멍지름을 나타낸다. 고정용 O링은 호칭번호 G25에서부터 5씩 증가하는 표준부품이 있다.

표 6.16은 진공 플랜지용 O링(V)의 호칭번호에 따라서 O링의 굵기 W와 안지름 d를 나타낸다. 진공 플랜지용 O링은 호칭번호 V15에서부터 표준부품이 있다.

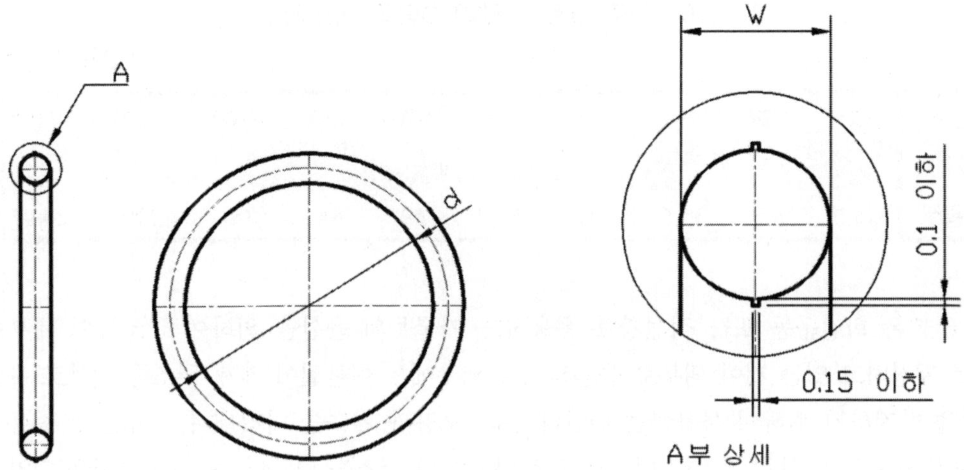

그림 6.36 O링의 형상과 치수

표 6.14 운동용(P) O링의 형상치수

(단위 : mm)

호칭번호		P20	P21	P22	P22A	P22.4	P24	P25	P25.5	P26	P28
굵기		2.4					3.5				
안지름 d		19.8	20.8	21.8	21.7	22.1	23.7	24.7	25.2	25.7	27.7
홈의 치수	축 지름	20	21	22	22	22.4	24	25	25.5	26	28
	구멍 지름	24	25	26	28	28.4	30	31	31.5	32	34

표 6.15 고정용(G) O링의 형상치수

(단위 : mm)

호칭번호		G25	G30	G35	G40	G45	G50	G55	G60	G65	G70
굵기		3.1									
안지름 d		24.4	29.4	34.4	39.4	44.4	49.4	54.4	59.4	64.4	69.4
홈의 치수	축 지름	25	30	35	40	45	50	55	60	65	70
	구멍 지름	30	35	40	45	50	55	60	65	70	75

표 6.16 진공 플랜지용(V) O링의 형상치수

(단위 : mm)

호칭번호	V15	V24	V34	V40	V55	V70	V85	V100	V120	V150
굵기	4									
안지름d	14.5	3.5	33.5	39.5	54.5	69	84	99	119	148.5

그림 6.37은 회전운동 또는 직선왕복 운동하는 기구물의 윤활을 위하여 구조물의 내부에 윤활유를 저장하고 있는 것이 외부로 유출되거나 외부에서 이물질이 기계 구조물 내부로 유입되는 것을 방지하기 위하여 사용하는 O링의 홈의 모양과 치수를 나타낸다. O링은 운동용과 고정용으로 구분하며 사용 장소에 따라서 약간씩 O링의 구조는 다르다. 고정용 O링은 외압용과 내압용으로 구분하며, 내압용은 O링의 외주가 홈의 바깥벽에 밀착하도록 설계하고 외압용은 O링의 둘레가 홈의 안벽에 밀착하도록 설계한다.

표 6.17은 고정용(평면) O링의 홈에 관련한 형상치수를 나타낸다. G25~G300은 고정용에만 사용하고 운동용에는 사용하지 않는다.

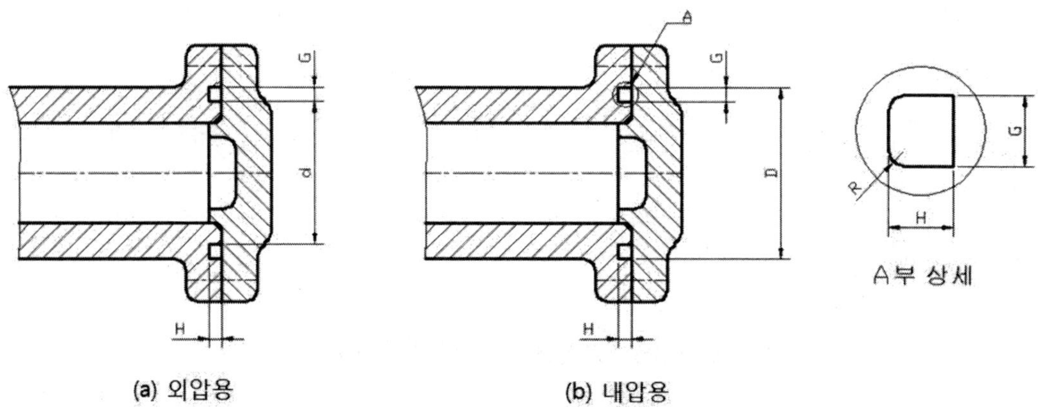

그림 6.37 O링 부착 홈의 형상치수

표 6.17 고정용(평면) O링 홈부의 형상치수

(단위 : mm)

호칭번호		P20	P21	P22	P22A	P22.4	P24	P25	P25.5	P26	P28
홈의 치수	내압용d	20	21	22	22	22.4	24	25	25.5	26	28
	외압용D	24	25	26	28	28.4	30	31	31.5	32	34
	G		3.2					4.7			
	H		1.8					2.7			
	R		0.4					0.7			
O링 실 치수	굵기		2.4					3.5			
	안지름	19.8	20.8	21.8	21.7	22.1	23.7	24.7	25.2	25.7	27.7

〈연습문제〉

6-1. 축을 제도하고 평행키에 대한 것은 표 6.4를 참고하여 정확한 치수를 기입하라.

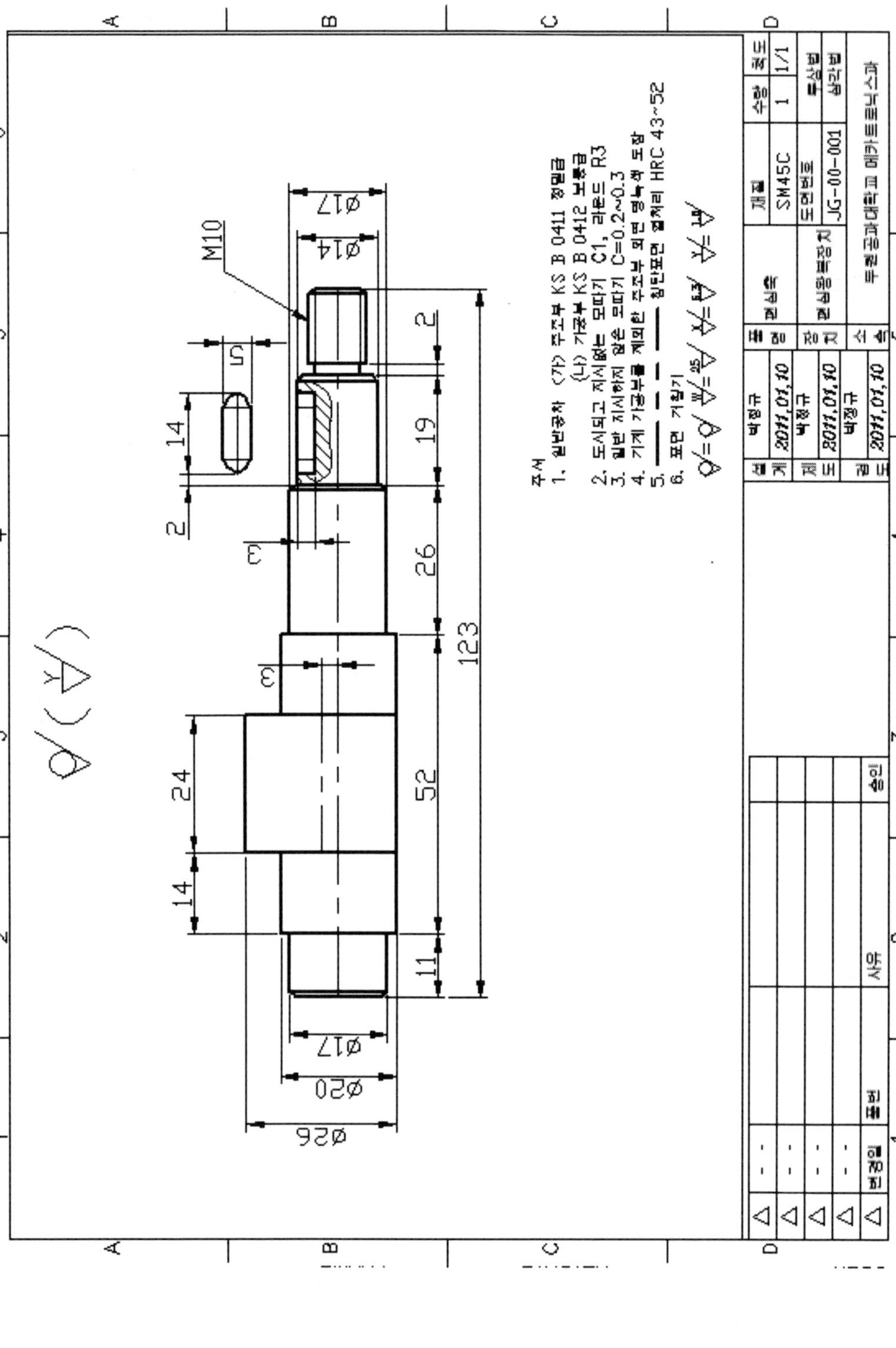

6-2. 축을 제도하고 반달키에 대한 것은 표 6.6을 참고하여 정확한 치수를 기입하라.

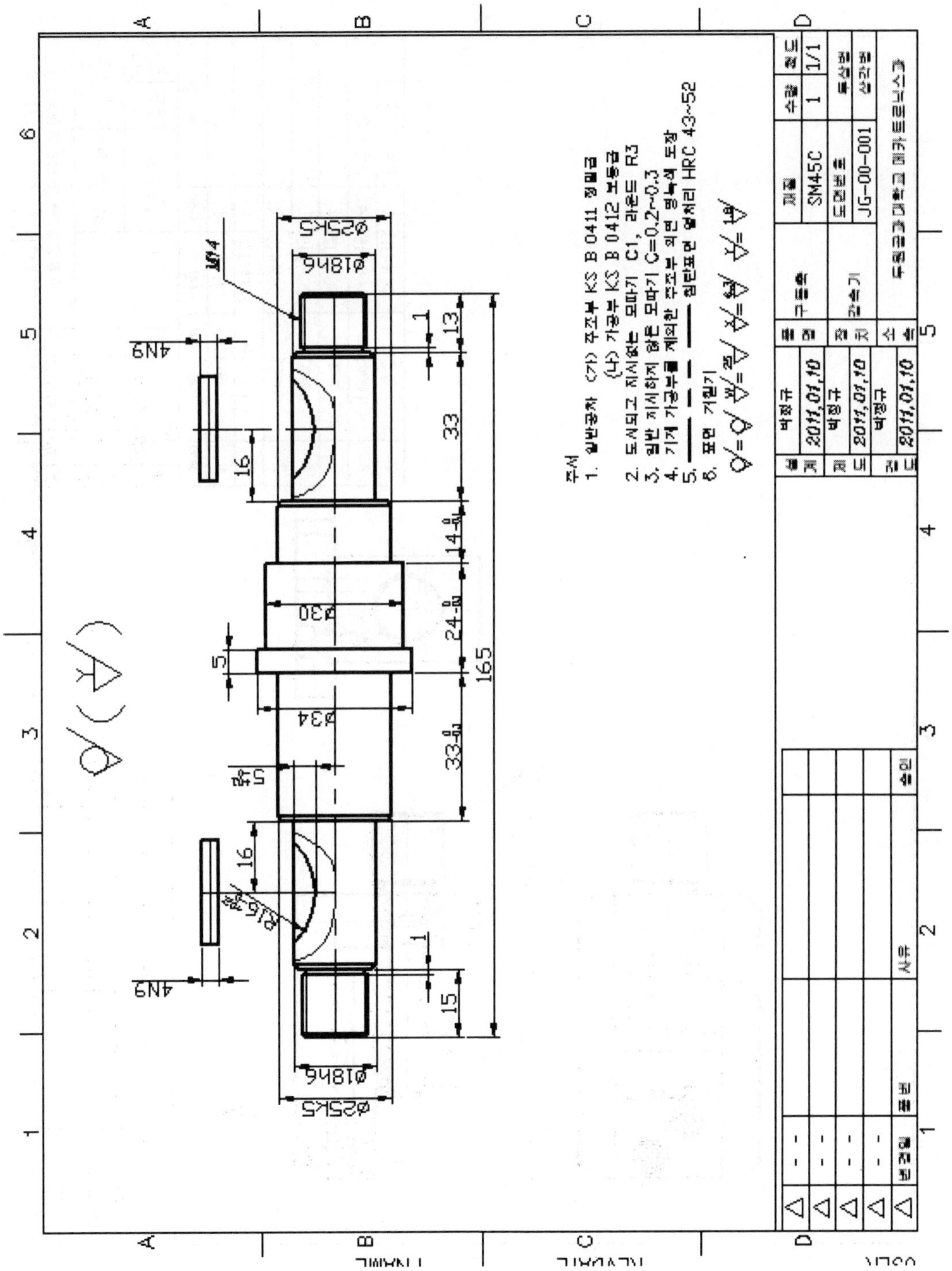

6-3. 바이스의 부품도를 작성한 후에 조립도를 작성하라. 도시하고 지시없는 모따기 C1, 라운드 R3이다.

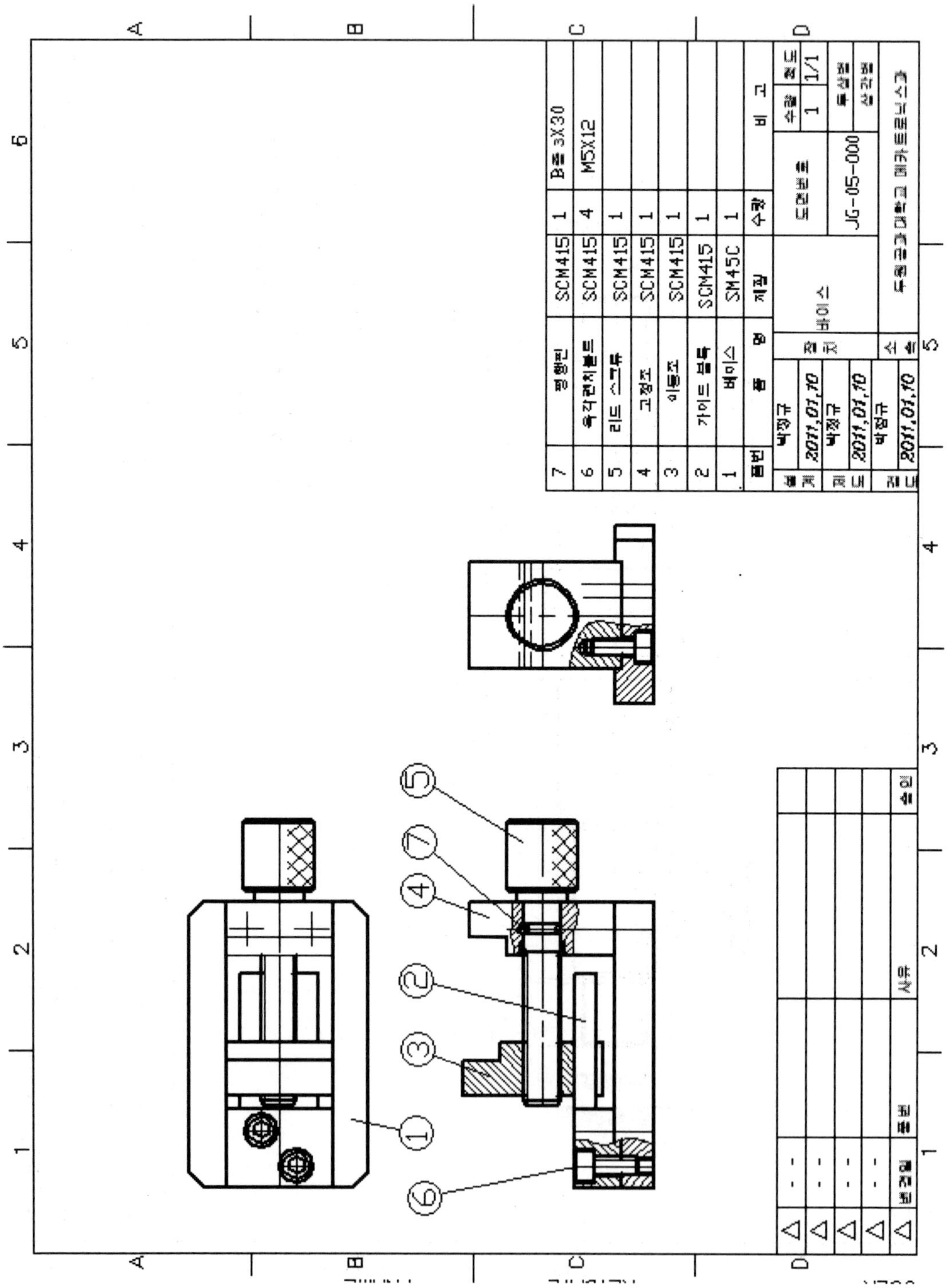

① 베이스

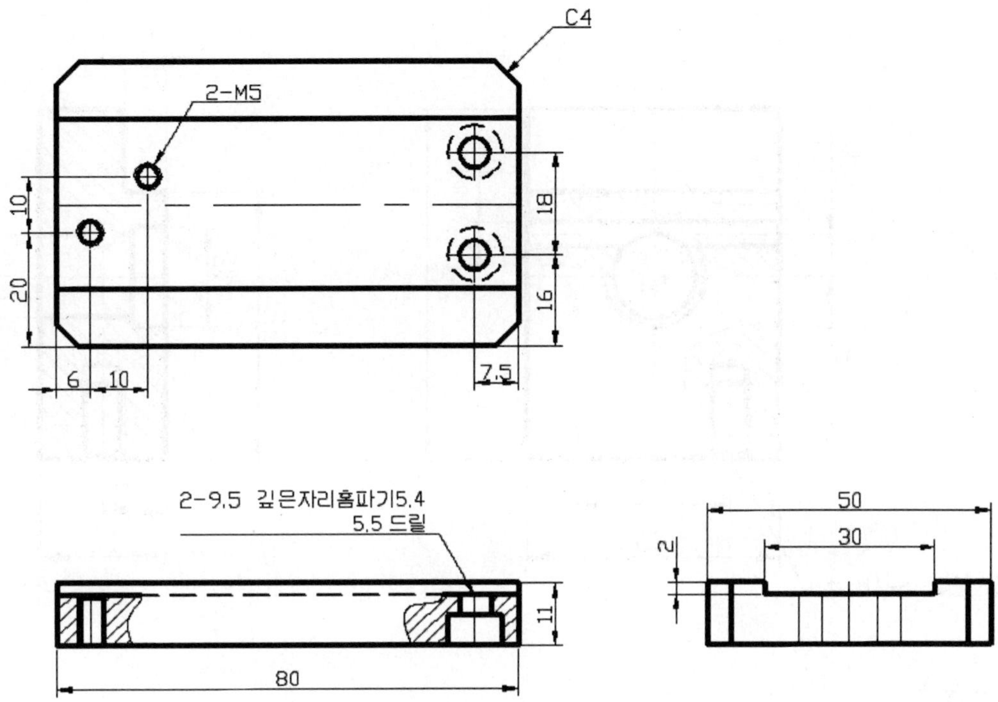
C4
2-M5
10
20
18
16
6
10
7.5
2-9.5 깊은자리홈파기5.4
5.5 드릴
11
80
50
30
2

⑤ 리드 스크류

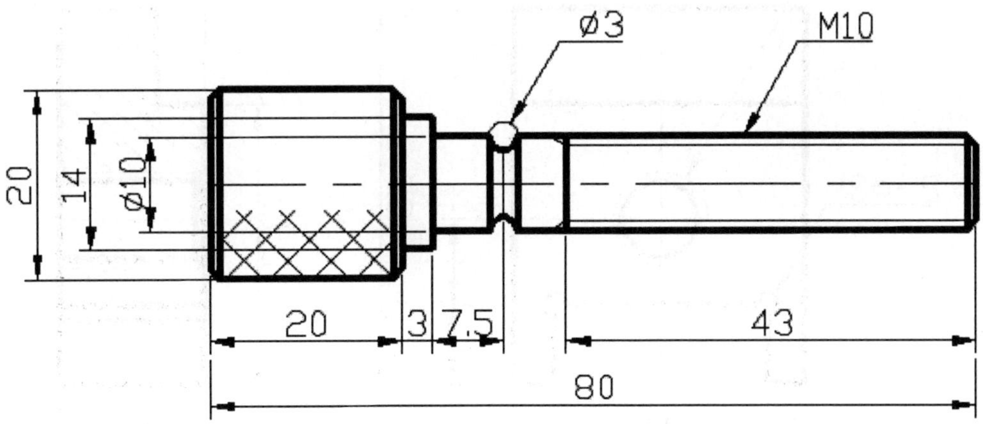
Ø3
M10
20
14
Ø10
20
3
7.5
43
80

④ 고정조

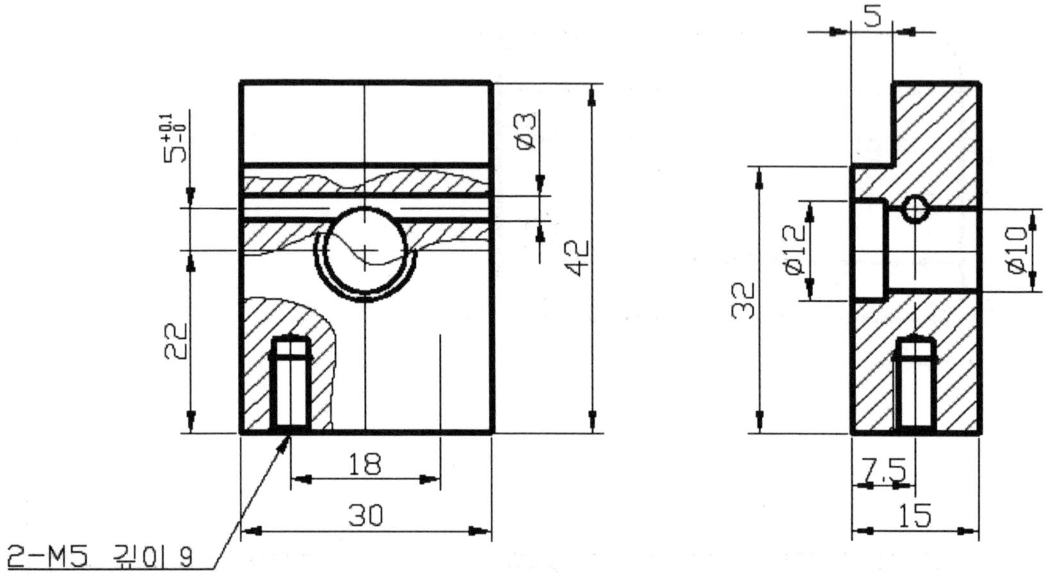

③ 이동조

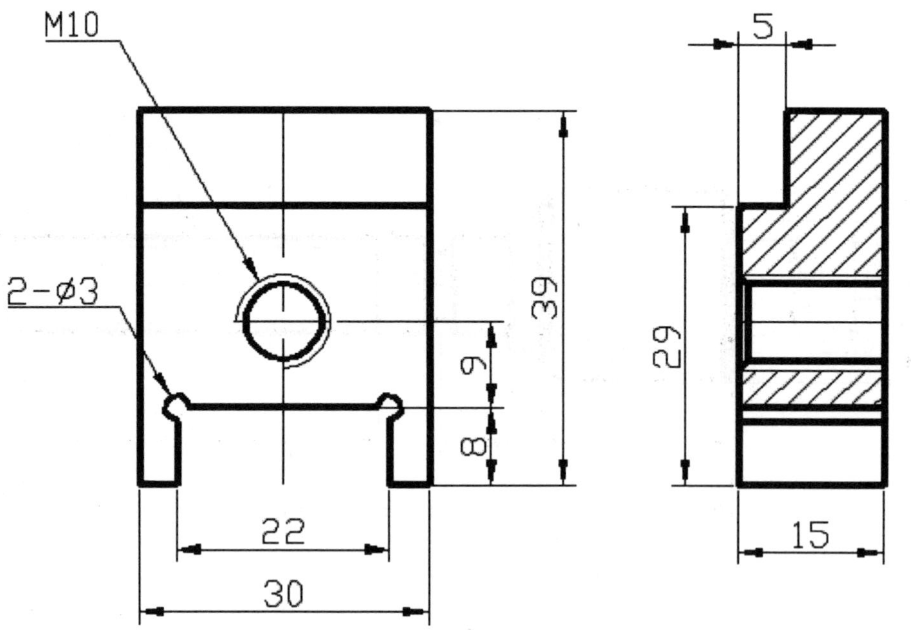

② 가이드 블록

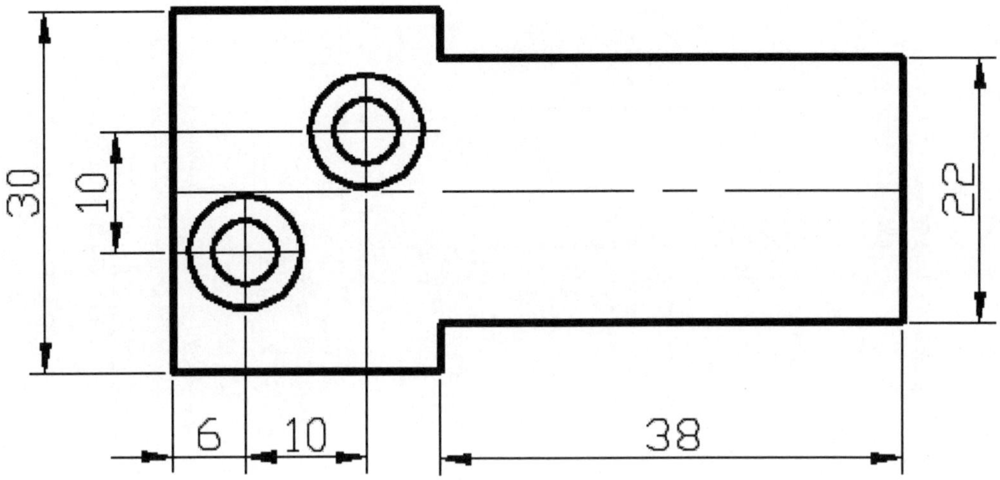

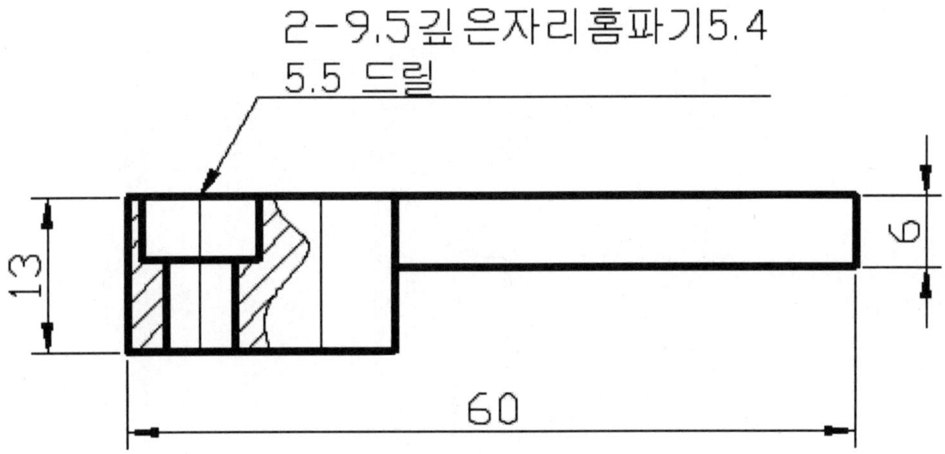

제7장

베어링

목 차

베어링(Bearing)은 회전운동 또는 직선운동을 하는 회전축의 하중을 지지하고 안내하는 기계요소이고 저널(Journal)은 축과 베어링이 접촉하면서 축을 지지하는 기계요소이다. 베어링은 두 면 사이의 마찰력을 줄여서 회전운동과 직선운동을 원활하게 하는 역할을 한다. 회전운동은 원기둥의 안내면 내부에서 원기둥 축이 회전운동을 하고 직선운동은 평면 위에서 다른 평면이 직선방향으로 움직이는 운동이다. 베어링은 2개의 면 사이에 볼(Ball) 또는 롤러(Roller)를 위치시켜서 2면 사이의 마찰력을 줄여 부드러운 운동을 유도한다.

7.1 베어링의 분류

볼 또는 롤러를 베어링과 축 사이에 넣어서 구름접촉에 의하여 마찰을 줄임으로써 고속운전이 가능하도록 안내되는 베어링을 구름 베어링(Rolling Bearing)이라고 하고 면과 면이 서로 미끄러지는 운동을 미끄럼 베어링(Sliding Bearing)이라고 한다.

베어링에 작용하는 하중의 방향에 따라서 레이디얼 베어링(Radial Bearing)과 스러스트 베어링(Thrust Bearing)으로 구분한다. 레이디얼 베어링(Radial Bearing)은 하중이 축과 직각방향으로 작용하고 스러스트 베어링(Thrust Bearing)은 하중이 축 방향으로 작용하는 베어링이다.

7.1.1 안내면에 따른 분류

☑ 미끄럼 베어링(Sliding Bearing)

미끄럼 베어링은 베어링 면과 저널이 면접촉하고 있는 베어링으로 정의하며 미끄럼 접촉에 의하여 회전운동을 유도하는 베어링으로서 속도가 느리고 가벼운 힘을 받는 곳에 사용된다. 미끄럼 베어링에 사용되는 윤활유는 2개의 마찰 면에서 작용하는 마찰력을 감소시키는데 중요한 요소이다.

그림 7.1은 미끄럼 베어링을 사용하여 회전체의 마찰력을 감소시키기 위해 사용하는 윤활유 공급방법을 나타낸다. 회전축과 풀리(Pulley) 사이에는 미끄럼 베어링용 부시(Bush)를 사용하여 회전운동을 안내한다. 회전축에 풀리를 고정시켜서 회전력을 전달하는 방법으로서 축을 고정하는 방법과 풀리를 고정하는 방법이 있으며, 이들은 마찰력을 감소시키기 위한 윤활유의 공급방법이 서로 다르다.

축을 고정하는 방법 (a)는 회전축이 고정되어 있고 풀리가 회전하는 경우에 회전축과 미끄럼 베어링용 부시의 2개면 사이에 마찰력이 발생하므로 이를 감소시켜서 확실한 회전운동을 전달하도록 윤활유를 공급하는 방법을 나타낸다. 풀리가 회전하므로 풀리와 간섭이 없도록 공간을 확보하여 회전축에 윤활유 주입구를 설치하여 윤활유를 공급한다.

풀리를 고정하는 방법 (b)는 풀리가 고정되어 있고 회전축이 회전하는 경우에 윤활유를 공급하는 방법을 나타낸다. 풀리가 고정되어 있으므로 풀리와 미끄럼 베어링용 부시 사이에 윤활유를 공급하기 위하여 풀리에 윤활유 주입구를 만들어서 미끄럼 베어링용 부시에 윤활유를 공급한다. 미끄럼 베어링으로 지지되는 회전축을 저널(Journal)이라고 하며 부시와 같은 미끄럼 베어링을 저널 베어링(Journal Bearing)이라고도 한다.

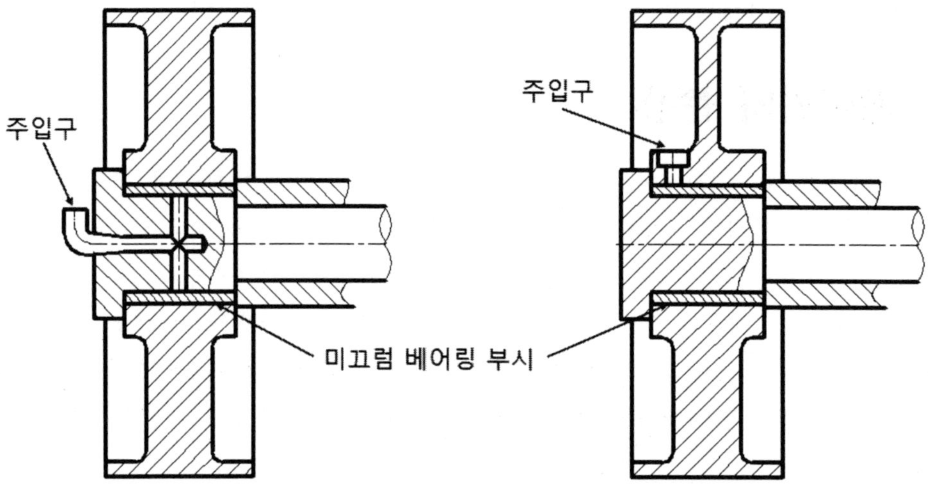

(a) 축 고정 (b) 풀리 고정

그림 7.1 미끄럼 베어링의 윤활유 공급방법

☑ 구름 베어링(Rolling Bearing)

그림 7.2는 볼 또는 롤러에 의하여 안내되는 구름 베어링을 나타낸다. 볼 베어링은 2개의 안내면이 볼의 표면에 의하여 점접촉을 하고 롤러 베어링은 롤러의 표면과 선 접촉으로 마찰면을 안내한다. 볼과 롤러는 리테이너에 의하여 일정한 간격을 유지하도록 구성되어 있다.

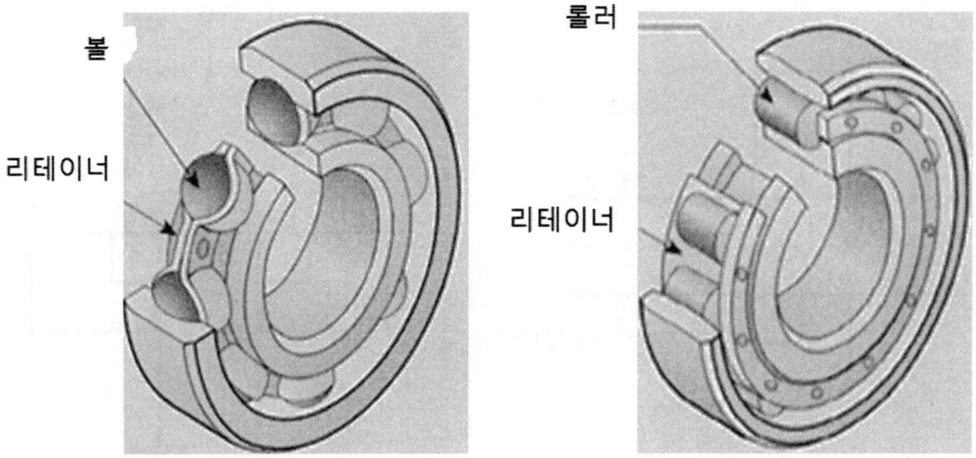

(a) 볼 베어링 (b) 롤러 베어링

그림 7.2 구름 베어링

구름 베어링은 볼 또는 롤러를 사용하여 2개의 면을 안내하는 것으로 미끄럼 베어링에 대하여 다음과 같은 특성을 가진다.

- 기동 마찰 토크가 작으며, 기동 마찰 토크와 운전 마찰 토크와의 차이가 비교적 작다.
- 국제적으로 표준화, 규격화되어 있어 호환성이 좋다.
- 베어링 주변의 구조를 간략하게 할 수 있고 보수 및 점검이 용이하다.
- 고온 및 저온에서의 사용이 비교적 용이하다.
- 레이디얼 하중 및 스러스트 하중을 동시에 독립적으로 받을 수 있다.

7.1.2 하중방향에 따른 분류

미끄럼 베어링 및 구름 베어링은 회전축에 작용하는 하중의 방향에 따라서 베어링을 분류하면 레이디얼 베어링(Radial Bearing)과 스러스트 베어링(Thrust Bearing)으로 구분한다.

그림 7.3은 베어링에 의하여 안내되는 회전축에 작용하는 하중의 방향에 따라서 베어링을 구분하는 방법을 나타낸다. 레이디얼 베어링(Radial Bearing)은 회전축에 작용하는 하중의 방향이 축에 직각방향으로 작용하면서 축을 지지하는 베어링이고 일반적인 회전축의 지지에 사용된다. 스러스트 베어링(Thrust Bearing)은 회전축에 작용하는 하중의 방향이 축 방향으로 작용하는 경우에 사용하는 베어링이고 저속회전 또는 무거운 하중의 운전에 사용한다.

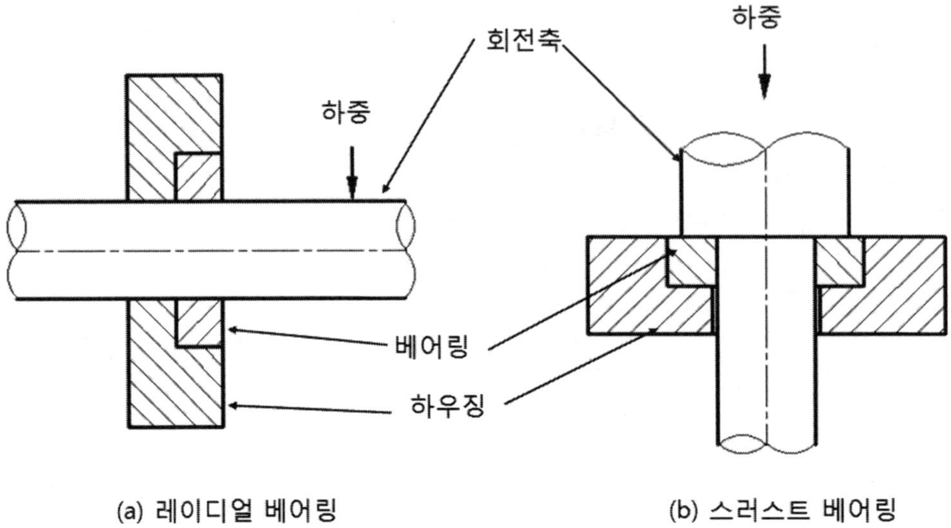

그림 7.3 하중의 방향에 따른 베어링 분류

7.2 미끄럼 베어링

미끄럼 베어링은 주석이나 납이 기반이 되는 배빗메탈(babbitt metal)이 가장 많이 사용되고 먼지에 대하여 강한 특성을 나타낸다. 배빗메탈은 하중을 지지하도록 만들어진 금속간 화합물이 윤활유 공급에 필요한 홈이 생기도록 만든 부드러운 공정조직(용액이 응고할 때의 공정반응에 의해 일반적으로는 두 개의 상이 정출하고 있는 특유한 조직)이 바탕에 분산되어 있는 것이다. 배빗메탈(babbitt metal)은 주석 성분이 많고, 구리와 안티몬이 들어 있는 합금을 총칭하기도 하며 사용되는 주석의 일부 또는 대부분이 납으로 대체될 수도 있다.

소형 모터 또는 자동차 엔진에 사용되는 미끄럼 베어링용 부시에는 배빗메탈이 코팅된 철판을 재료로 사용하며, 중하중용 부시는 주물이나 주철 위에 주물공정을 통하여 덧붙여 만든다.

자동화 기계 등에서 단순 회전운동이나 왕복운동이 필요하면서 공간을 절약할 필요가 있는 부분에는 황동이나 인청동의 소재를 가공한 부시를 사용한다. 황동 또는 인청동은 마모가 심한 단점을 가지고 있음에 주의한다.

내연기관의 커넥팅 로드, 유압기어 펌프, 제철장비, 왕복 압축기 및 항공부품 등에는 알루미늄 베어링 합금을 많이 사용한다. 알루미늄 베어링 합금은 내마모성이 강하고 피로하중에 강하며 열전도성이 좋고 값이 싼 특징을 가지고 있다.

오일리스 베어링(Oilless Bearing) 합금으로 만든 부시는 자체적으로 윤활유를 포함하고 있으므로 가전용품, 소형 모터, 공작기계, 사무용 기계, 농기계 및 건설장비 등에 많이 사용한다.

7.2.1 미끄럼 베어링의 종류

☑ 레이디얼 베어링(Radial Bearing)

회전축에 작용하는 하중이 축과 직각방향으로 작용하는 베어링을 레이디얼 베어링이라고 한다. 레이디얼 베어링은 통쇠 베어링(단체 베어링)과 분할 베어링으로 구분한다.

그림 7.4는 통쇠 베어링의 입체도를 나타낸다. 베어링 메탈(Bearing Metal)은 미끄럼 베어링용 부시를 나타내며 베어링 메탈은 축과 베어링 하우징(Bearing Housing) 사이에 위치하며 회전운동을 안내하는 역할을 한다. 베어링 하우징은 고정이 되어 있고 회전축이 회전하므로 베어링 메탈에 윤활유를 주입할 수 있는 주입구는 베어링 하우징의 상단부에서 베어링 메탈과 축의 경계면에 윤활유를 주입할 수 있도록 설치한다. 통쇠 베어링은 가장 간단한 베어링으로서 저속회전이고 경하중용으로 많이 사용하며 재료는 주철을 사용한다. 통쇠 베어링은 하우징과 회전축 사이에 청동 부시를 끼워서 조립하고 있으므로 공작은 쉽고 베어링이 마멸되었을 때에 교환을 위한 축 빼기가 곤란하다.

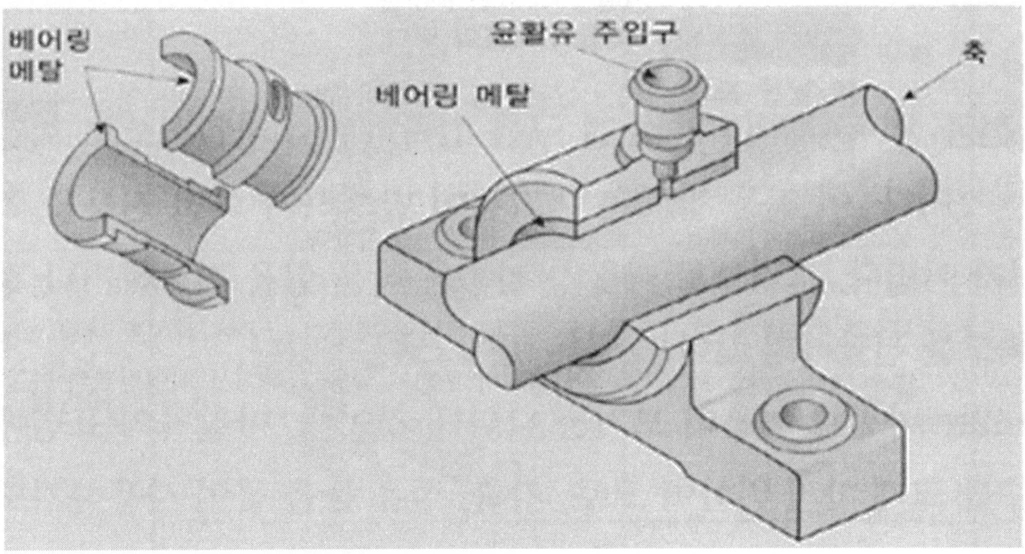

그림 7.4 통쇠 베어링(단체 베어링)

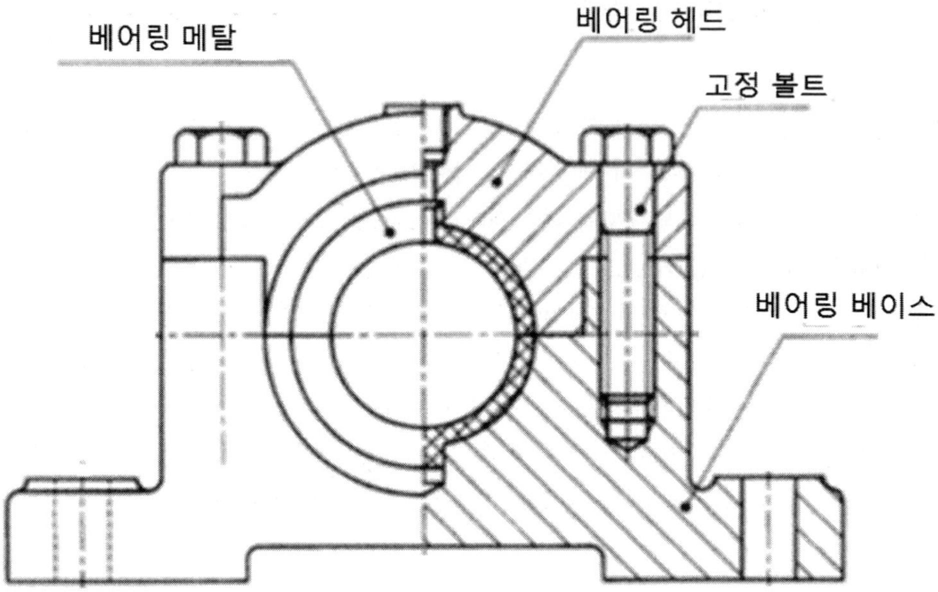

그림 7.5 분할 베어링

그림 7.5는 일반적으로 많이 사용하고 있는 분할 베어링의 구조를 나타낸다. 분할 베어링은 베어링 베이스, 베어링 헤드, 베어링 메탈 및 볼트와 너트로 구성되어 회전축을 안내한다. 회전축은 베어링 메탈을 매개체로 하우징에 의해 지지되어 회전운동을 안내한다. 베어링 헤드부는 고정 볼트에 의하여 체결되므로 조립과 분해가 용이하다.

베어링 메탈(Bearing Metal)의 제작에 사용하는 재료로서 저속용은 주철, 저속용 및 중속용은 청동을 사용하고 고속용은 황동을 사용한다. 베어링 메탈의 안쪽에 화이트 메탈(White Metal)을 주입시켜 사용하는 것도 있으며 저널의 전면에 급유를 하여서 베어링면의 마찰을 감소시키고 마멸을 적게 한다.

☑ 스러스트 베어링(Thrust Bearing)

회전축에 작용하는 하중의 방향이 축 중심과 일치하는 경우에 사용하는 베어링을 스러스트 베어링이라고 한다. 스러스트 베어링은 저속운전 및 무거운 하중 운전이 요구되는 곳에 사용한다.

그림 7.6은 축의 중심방향으로 하중이 작용하는 스러스트 베어링의 종류를 나타낸다. 피벗 베어링(Pivot Bearing)은 축방향의 하중이 비교적 작은 경우에 사용하며 축의 끝면을 둥근면 가공을 하여 강철제 또는 황동제의 받침으로 지지한다. 피벗 칼라 베어링(Pivot Collar Bearing)은 선박의 프로펠러 축, 원심펌프의 축 등에 사용한다.

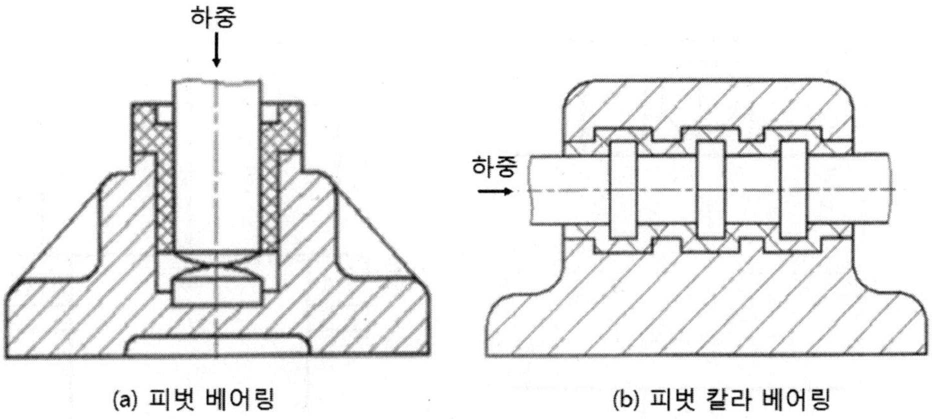

그림 7.6 스러스트 베어링

7.2.2 구름 베어링의 종류

구름 베어링(Roller Bearing)은 미끄럼 베어링(Sliding Bearing)에 비하여 마찰면적이 적기 때문에 고속회전용으로 적합하여 일반기계에서 가장 많이 사용하는 베어링이다. 구름 베어링은 하중의 방향에 따라서 레이디얼 베어링(Radial Bearing)과 스러스트 베어링(Thrust Bearing)으로 구분하고 구름요소의 모양에 따라서 볼 베어링(Ball Bearing), 롤러 베어링(Roller Bearing) 및 니들 베어링(Needle Bearing)으로 구분한다.

☑ 하중의 방향에 따른 분류

그림 7.7은 구름 베어링에 작용하는 하중의 방향을 나타낸다. 레이디얼 베어링(Radial Bearing)은 회전축에 작용하는 하중이 축의 중심에 대하여 직각으로 작용하고 스러스트 베어링(Thrust Bearing)은 축의 중심과 일치하는 방향으로 하중이 작용한다.

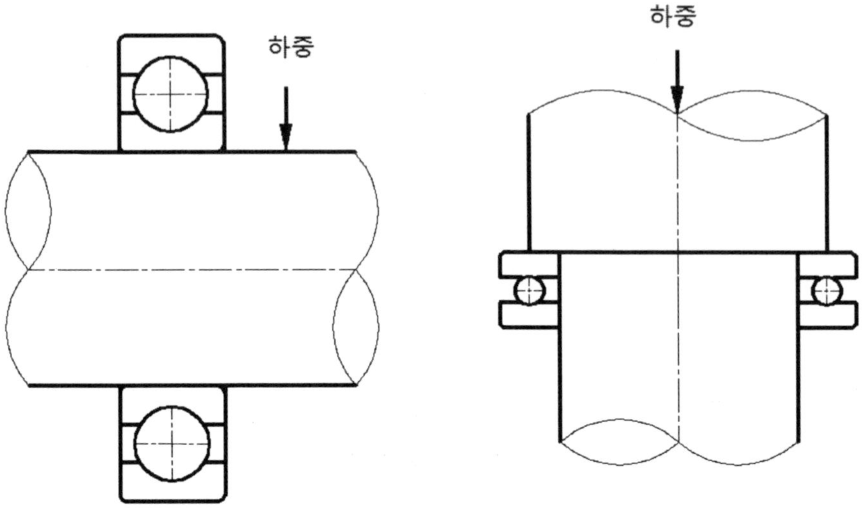

(a) 레이디얼 베어링 (b) 스러스트 베어링

그림 7.7 볼 베어링의 하중방향에 따른 분류

☑ 구름 요소의 모양에 따른 분류

그림 7.8은 2개의 마찰 면 사이에서 작용하는 마찰을 최소화하기 위하여 사용하는 구름요소의 모양을 나타낸다. 볼 베어링은 구름요소가 볼이므로 2개의 마찰 면과 볼은 점 접촉을 하므로 마찰이 작다. 볼의 배열에 따라서 단열과 복열로 구분하고 베어링의 안내면에 따라서 깊은 홈 베어링, 앵귤러 베어링 및 자동조심 베어링으로 구분한다.

롤러 베어링(Roller Bearing)은 2개의 마찰 면 사이에 위치하며 마찰 면과 선 접촉을 하며 볼 베어링보다 저속회전 및 중하중용으로 사용하며, 특히 충격이 많은 곳에 사용한다. 원기둥 베어링(Cylindrical Roller Bearing)은 롤러의 형태에 따라서 N형, NU형, NJ형, NN형이 있고 테이퍼 롤러 베어링(Taper Roller Bearing)은 원뿔형 또는 테이퍼형 롤러가 있으며, 구면 롤러 베어링(Spherical Roller Bearing)은 구면 형태의 롤러를 사용하고 니들 베어링(Needle Bearing)은 바늘 모양의 가늘고 긴 롤러에 의하여 마찰 면을 안내한다.

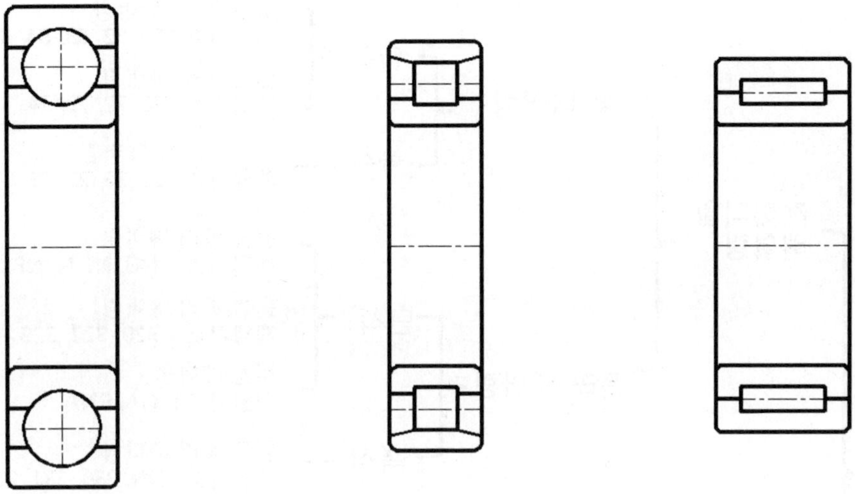

(a) 볼 베어링 (b) 롤러 베어링 (c) 니들 베어링

그림 7.8 구름요소에 따른 볼 베어링의 분류

☑ 베어링의 종류 및 표시기호

회전체의 축을 지지하는 구름 베어링의 종류는 크게 하중 방향에 따라서 분류하고 다음으로 2개의 면 사이에서 마찰력을 감소하기 위한 구름요소의 모양으로 구분한다.

그림 7.9는 구름 베어링의 종류와 그 표시기호의 종류를 나타낸다. 축에 작용하는 하중방향에 따라서 레이디얼 베어링과 스러스트 베어링으로 구분하고 구름요소에 따라서 볼 베어링과 롤러 베어링으로 구분한다. 구름요소의 단열 또는 복열에 따라서 단식 베어링과 복식 베어링으로 구분하고 볼 베어링은 깊은 홈, 앵귤러 및 자동조심으로 구분하고 롤러 베어링은 원통, 원뿔 및 니들 베어링으로 구분한다.

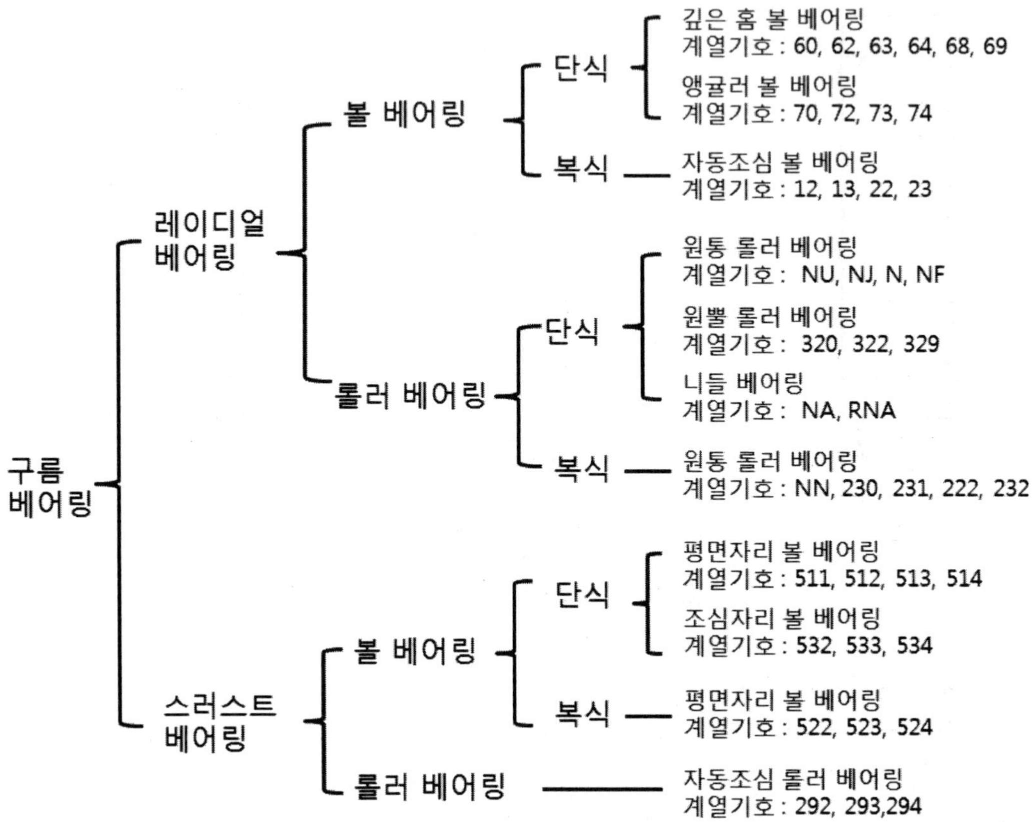

그림 7.9 구름 베어링의 종류 및 표시기호

7.2.3 구름 베어링의 호칭방법

구름 베어링(Roller Bearing)은 호칭방법은 KS B 2012에 의하면 기본기호와 보조기호로 구분하여 기본기호, 보조기호의 순서로 표시한다.

예) 6208 Z

위의 베어링은 기본기호로서 62계열(깊은 홈 볼 베어링)의 안지름(08×5) 40 [mm]을 나타내고 보조기호 Z는 한쪽 실드를 나타낸다.

☑ 기본기호

베어링 호칭번호에서 기본기호는 베어링 계열기호, 안지름 기호, 접촉각 기호의 순서로 나타내며 베어링의 주요 형식과 치수를 숫자 또는 숫자와 문자를 사용하여 표시한다.

■ 베어링 배열기호(첫 번째 숫자, 두 번째 숫자)

베어링 계열기호는 베어링의 형식과 치수계열로 구분한다. 호칭번호 6208의 베어링에서 6은 베어링 형식이고 2는 치수계열, 08은 안지름 번호를 나타낸다. 첫 번째의 숫자인 6의 자리는 베어링의 형식을 구분하는 것으로 다음과 같다.

1 : 복열 자동조심형 볼 베어링
2, 3 : 복열 자동조심형(폭이 큼) 볼 베어링
6 : 단열 깊은 홈 볼 베어링
7 : 단열 앵귤러 볼 베어링
N : 원통형 롤러 베어링

호칭번호 6208에서 두 번째 숫자인 2의 자리는 폭 계열과 지름 계열을 조합한 것으로 베어링의 안지름에 대한 폭과 바깥지름의 계열을 나타낸다. 폭 계열은 같은 안지름과 바깥지름에 대하여 단계적으로 몇 종류의 폭을 정하고 있고 지름 계열은 같은 안지름에 대하여 단계적으로 몇 종류의 바깥지름을 설정하고 있다. 두 번째 자리의 숫자를 하중에 따라서 분류하면 다음과 같다.

0, 1 : 특별 경하중형
2 : 경하중형
3 : 중간 하중형
4 : 중하중형

■ 안지름 기호(세 번째 숫자, 네 번째 숫자)

호칭번호 6208의 베어링에서 세 번째와 네 번째 숫자인 08은 안지름의 번호를 나타내는 것으로서 00에서부터 시작하며 다음의 관계를 가진다.

00 : 안지름 10 [mm]
01 : 안지름 12 [mm]
02 : 안지름 15 [mm]
03 : 안지름 17 [mm]
04 : 안지름 20 [mm]

베어링의 호칭번호에서 세 번째와 네 번째 숫자가 04 보다 큰 경우에는 안지름 번호에 5를 곱하면 안지름이 된다. 안지름이 20 [mm]~ 480 [mm]의 경우에는 안지름을 5로 나눈 값이 베어링의 안지름 번호이다.

표 7.1은 베어링의 안지름 번호와 안지름 치수의 관계를 나타낸다.

표 7.1 안지름 번호와 치수

(단위 : mm)

안지름 번호	안지름 치수	안지름 번호	안지름 치수
00	10	10	50
01	12	11	55
02	15	12	60
03	17	13	65
04	20	14	70
/22	22	15	75
05	25	16	80
/28	28	17	85
06	30	18	90
/32	32	19	95
07	35	20	100
08	40	21	105
09	45	22	110

■ 접촉각 기호

호칭번호 7300A의 베어링은 단열 앵귤러 볼 베어링으로서 중간 하중형이고 안지름은 10 [mm]이다. 마지막의 A문자는 접촉각을 나타내는 것으로서 22 [°]를 초과하고 32 [°] 이하를 나타내며 보통 30 [°]를 가진다.

표 7.2는 앵귤러 볼 베어링과 테이퍼 롤러 베어링의 접촉각을 나타낸다.

표 7.2 접촉각 기호

베어링 형식		접촉각 기호
단식 앵귤러 볼 베어링	호칭 접촉각 10 [°] 초과 22 [°] 이하	C
	호칭접촉각 22 [°] 초과 32 [°] 이하(보통 30 [°])	A (생략 가능)
	호칭접촉각 32 [°] 초과 45 [°] 이하(보통 40 [°])	B
단식 테이퍼 롤러 베어링	호칭접촉각 24 [°] 초과 32 [°] 이하	D

☑ 보조기호

베어링의 보조기호는 호칭번호의 다음에 부가하는 것으로 베어링의 리테이너, 밀봉 등에 관한 옵션사항을 부가한다.

표 7.3은 베어링의 보조기호를 나타낸다.

표 7.3 베어링의 보조기호

리테이너 기호	기호	V					
	내용	리테이너 없음					
밀봉, 실드기호	기호	UU(#)	U(#)	ZZ	Z		
	내용	양쪽 밀봉	한쪽 밀봉	양쪽 실드	한쪽 실드		
레이스 모양기호	기호	K				N	NR
	내용	내륜 테이퍼 구멍 기준 테이평 1/2				스냅링 홈 붙이	스냅링 붙이
복합표시 기호	기호	DB	DF	DT			
	내용	뒷면 복합	정면복합	병렬복합			
틈새기호	기호	C1	C2	무기호	C3	C4	C5
	내용	C2보다 작음	보통 틈새보다 작음	보통 틈새	보통 틈새보다 큼	C3보다 큼	C4보다 큼
등급기호	기호	무기호	P6	P5	P4		
	내용	0급 (거친급)	6급 (보통급)	5급 (정밀급)	4급 (초정밀급)		

☑ 베어링 호칭번호의 사례

- 6305

63은 중간 하중형 단열 깊은 홈 볼 베어링, 05는 안지름 25 [mm]의 베어링을 의미한다.

그림 7.10 베어링의 호칭번호를 지시선을 사용하여 기입한 사례를 나타낸다. 베어링의 지정은 규정되어 있는 호칭번호를 기입한다.

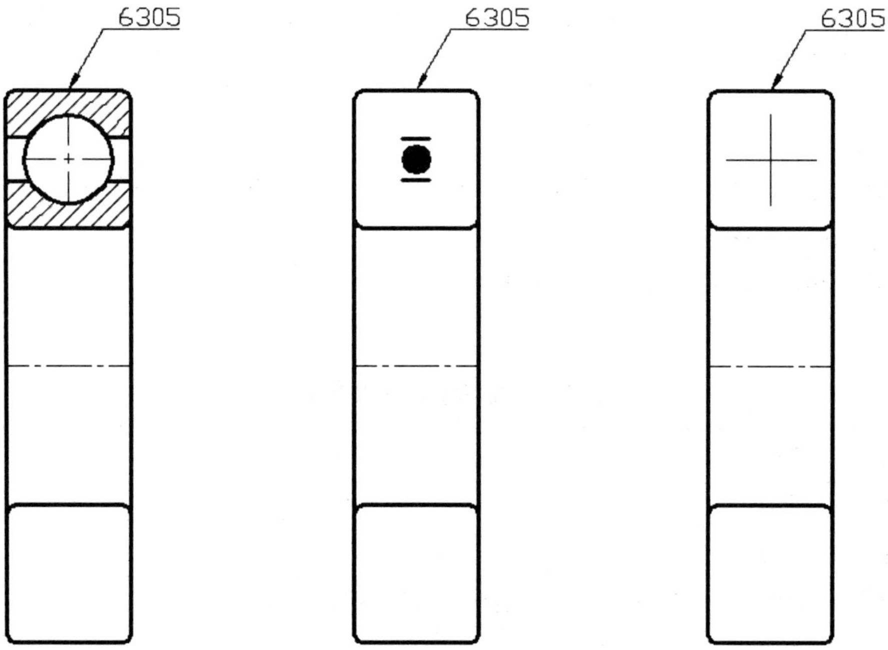

그림 7.10 베어링 호칭 기입법

- N307

N3은 중간 하중형 단열 원통 롤러 베어링, 07은 안지름 35 [mm]의 베어링을 의미한다.

- 7206C DB P5

72는 경하중형 앵귤러 볼 베어링, 06은 안지름 30 [mm], 접촉각은 호칭 접촉각 10 [°] 초과 22 [°] 이하, DB는 뒷면 복합, P5는 5급(정밀급)의 베어링을 의미한다.

7.3 베어링 제도법

7.3.1 미끄럼 베어링 제도

☑ 미끄럼 베어링의 호칭법

미끄럼 베어링의 호칭방법은 규격번호 또는 규격 명칭, 종류, 안지름×외경×길이, 베어링 합금의 재료로 표시한다.

■ KS B 2005 1종 A 20×25×20 WM 1

KS B 2005에서 규정하는 미끄럼 베어링용 부시로서 1종을 나타내고 A는 부착한 안지름을 가공할 필요가 없는 것을 나타내며, 크기는 안지름 20 [mm], 바깥지름 25 [mm], 길이 20 [mm]이고 재료는 WM 1(White Metal)이고 고속 및 중속, 고하중 및 중하중용이다.

■ 미끄럼 베어링용 부시 4종 B 50×56×80 WM 1

4종의 미끄럼 베어링용 부시로서 B는 부착한 안지름을 가공할 필요가 있는 것을 나타내며, 크기는 안지름 50 [mm], 바깥지름 56 [mm], 길이 80 [mm]이고 재료는 WM 1(White Metal)이고 고속 및 중속, 고하중 및 중하중용이다.

☑ 미끄럼 베어링용 부시의 종류

그림 7.11은 미끄럼 베어링용 부시의 형상치수를 나타내고 표 7.4와 표 7.5는 미끄럼 베어링용 부시의 종류에 따른 형상치수의 값을 나타낸다.

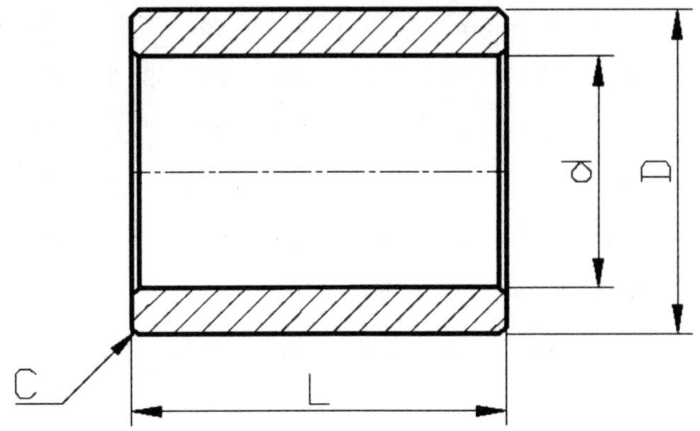

그림 7.11 미끄럼 베어링용 부시

표 7.4 미끄럼 베어링용 부시(1종, 2종)의 치수

안지름 d	4	4.5	5	5.6	6.3	7.1	8	9	10	11.2	12.5	14
바깥지름 D	-	-	-	-	-	-	-	-	-	-	-	-
	-	-	-	-	-	-	-	-	-	-	16	18
	-	-	-	-	-	-	11.2	12.5	14	16	18	20
	-	-	8	9	10	11.2	12.5	14	16	18	20	22.4
	7.1	-	9	10	11.2	12.5	14	16	18	20	-	-
	8	9	10	11.2	12.5	14	-	-	-	-	-	-
	9	10	-	-	-	-	-	-	-	-	-	-
길이 L	4	4	5	5	6.3	6.3	6.3	6.3	6.3	6.3	8	8
	6.3	6.3	8	8	10	10	8	8	8	8	10	10
	-	-	-	-	-	-	10	10	10	10	12.5	12.5
	-	-	-	-	-	-	12.5	12.5	12.5	12.5	16	16
	-	-	-	-	-	-	-	-	16	16	20	20
	-	-	-	-	-	-	-	-	-	-	-	-
	-	-	-	-	-	-	-	-	-	-	-	-
모따기 C	0.2								0.3			

표 7.5 미끄럼 베어링용 부시(3종, 4종)의 치수

안지름 d	8	9	10	11.2	12.5	14	16	18	20	22.4	25	28
바깥지름 D	-	-	11.2	12.5	14	16	18	20	22.4	25	28	31.5
	10	11.2	12.5	14	16	18	20	22.4	25	28	-	-
길이 L	6.3	6.3	6.3	6.3	8	8	10	10	12.5	12.5	16	16
	8	8	8	8	10	10	12.5	12.5	16	16	20	20
	10	10	10	10	12.5	12.5	16	16	20	20	25	25
	12.5	12.5	12.5	12.5	16	16	20	20	25	25	31.5	31.5
	-	-	16	16	20	20	25	25	31.5	31.5	40	40
	-	-	-	-	-	-	-	-	-	-	50	50
	-	-	-	-	-	-	-	-	-	-	-	-
모따기 C	0.2										0.3	

7.3.2 볼 베어링 제도

구름 베어링은 통상적으로 전문 메이커의 제품을 사용하므로 CAD데이터를 제공하는 것이 기본이다. 도면 작성 시에 메이커에서 제공하는 CAD도면을 호출하여 사용하는 방법도 있으며 필요한 경우에는 직접 도면을 작성한다. 세밀하게 작성할 경우에는 KS B 0001에 규정된 제도법에 따라서 작성한다.

☑ 깊은 홈 볼 베어링

단열 깊은 홈 볼 베어링은 구름 베어링에서 가장 대표적인 것이며, 반경방향 하중, 축 방향 하중 및 합성 하중 등 여러 방향의 하중을 받을 수 있다. 마찰 토크가 작아서 고속회전과 저소음 및 저진동이 요구되는 곳에 용도에 사용하는 것이 가장 좋다.

그림 7.12는 깊은 홈 볼 베어링의 형상과 그 치수기호를 나타낸다. 표 7.6은 깊은 홈 볼 베어링의 호칭번호에 따른 형상치수 값을 나타낸다. 베어링의 호칭번호가 정해지면 안지름 d, 바깥지름 D 및 폭 B의 값이 정해진다. 이하에서는 3개의 값을 알고 있는 상태에서 베어링을 작도하는 방법으로 6208의 베어링에 대하여 작도법을 살펴본다.

- 안지름 d, 바깥지름 D 및 폭 B는 표 7.6에 의하여 결정된다.
  안지름 40 [mm], 바깥지름 80 [mm], 폭 18 [mm]
- A/2, B/2에 의하여 결정되는 중심에 지름 2A/3의 원으로 볼을 작성한다.
  A/2 = 10 [mm], B/2 = 9 [mm], 2A/3 = 13.3 [mm]
- 볼의 중심 수평선에 대하여 30 [°] 기울기 선을 작성한다.
- 볼의 윤곽선과 30 [°] 기울기 선이 만나는 교점에서 수평선을 그린다.
- 반지름 r = 1.1 [mm]의 모깍기를 실시한다.

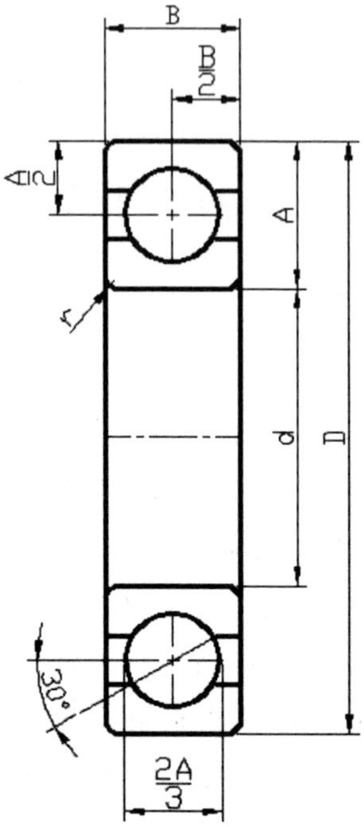

그림 7.12 깊은 홈 볼 베어링

표 7.6 깊은 홈 볼 베어링 형상치수

(단위 : mm)

호칭번호	형상치수			
개방형	d	D	B	r
6200	10	30	9	0.6
6201	12	32	10	0.6
6202	15	35	11	0.6
6203	17	40	12	0.6
6204	20	47	14	1
62/22	22	50	14	1
6205	25	52	15	1
62/28	28	58	16	1
6206	30	62	16	1
62/32	32	65	17	1
6207	35	72	17	1.1
6208	40	80	18	1.1

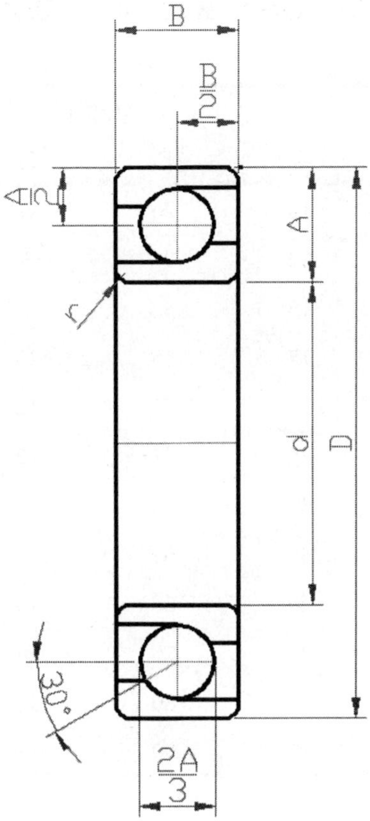

그림 7.13 앵귤러 볼 베어링

☑ 앵귤러 볼 베어링

앵귤러 볼 베어링은 반경방향과 한방향의 축 방향 하중을 받을 수 있으며, 볼은 내륜 및 외륜과 15 [°], 30 [°], 40 [°]의 접촉각을 가지고 있다. 접촉각이 클수록 축 방향 하중의 부하능력이 커지고 접촉각이 작을수록 고속회전에 적합하다.

그림 7.13은 앵귤러 볼 베어링의 형상과 그 치수기호를 나타내고 표 7.7은 앵귤러 볼 베어링의 호칭번호에 따른 형상치수 값을 나타낸다. 베어링의 호칭번호가 정해지면 안지름 d, 바깥지름 D 및 폭 B의 값이 정해지므로 3개의 값을 사용하는 베어링을 작도하는 방법으로 7008A의 베어링에 대하여 작도법을 살펴본다.

표 7.7 앵귤러 홈 볼 베어링 형상치수

(단위 : mm)

호칭번호	형상치수			
	d	D	B	r
7000A	10	26	8	0.3
7001A	12	28	8	0.3
7002A	15	32	9	0.3
7003A	17	35	10	0.3
7004A	20	42	12	0.6
7005A	25	47	12	0.6
7006A	30	55	13	1
7007A	35	62	14	1
7008A	40	68	15	1
7009A	45	75	16	1
7010A	50	80	16	1.1
7011A	55	90	18	1.1

- 안지름 d, 바깥지름 D 및 폭 B는 표 7.7에 의하여 결정된다.
  안지름 40 [mm], 바깥지름 68 [mm], 폭 15 [mm]
- A/2, B/2에 의하여 결정되는 중심에 지름 2A/3의 원으로 볼을 작성한다.
  A/2 = 7 [mm], B/2 = 7.5 [mm], 2A/3 = 9.3 [mm]
- 볼의 중심 수평선에 대하여 30 [°] 기울기 선을 작성한다.
- 볼의 윤곽선과 30 [°] 기울기 선이 만나는 교점에서 수평선을 그린다.
- 볼의 윤곽선과 볼의 수직 중심선이 만나는 교점에서 수평선을 그린다.
- 반지름 r = 1 [mm]의 모깍기를 실시한다.

☑ 자동조심 볼 베어링

자동조심 볼 베어링은 2열의 내륜 궤도와 구면을 이루는 외륜 궤도를 가지고 있으며, 구면의 곡률 중심은 베어링의 중심과 일치한다. 내륜, 볼 및 리테이너는 외륜에 대하여 원만한 조심성이 부여되어 축과 하우징의 가공오차, 장착불량 등에 의하여 발생하는 축 중심의 뒤틀림을 자동적으로 조정한다.

그림 7.14는 자동조심 볼 베어링의 형상과 그 치수기호를 나타내고 표 7.8은 자동조심 볼 베어링의 호칭번호에 따른 형상치수 값을 나타낸다. 베어링의 호칭번호가 정해지면 안지름 d, 바깥지름 D 및 폭 B의 값이 정해지므로 3개의 값을 사용하는 베어링을 작도하는 방법으로 1208의 베어링에 대하여 작도법을 살펴본다.

■ 안지름 d, 바깥지름 D 및 폭 B는 표 7.8에 의하여 결정된다.

안지름 40 [mm], 바깥지름 80 [mm], 폭 18 [mm]

■ A/2, B/4에 의하여 결정되는 중심에 지름 A/2의 원으로 볼을 작성한다.

A/2 = 10 [mm], B/4 = 4.5 [mm]

■ 볼의 중심 수평선에 대하여 60 [°] 기울기 선을 작성한다.

■ 볼의 윤곽선과 60 [°] 기울기 선이 만나는 교점에서 수평선을 작성하여 베어링의 내륜 윤곽을 만든다.

■ 베어링의 수평중심과 폭 중심 B/2의 교점에서 볼의 윤곽선과 내접하는 반지름 R의 원호를 그려서 외륜의 윤곽을 그린다.

■ 반지름 r = 1.1 [mm]의 모깎기를 실시한다.

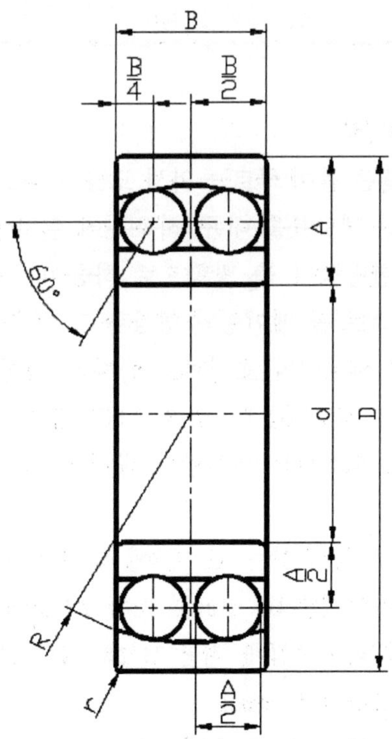

그림 7.14 자동조심 볼 베어링

표 7.8 자동 조심 볼 베어링 형상치수

(단위 : mm)

호칭번호	형상치수			
	d	D	B	r
1200	10	30	9	0.6
1201	12	32	10	0.6
1202	15	35	11	0.6
1203	17	40	12	0.6
1204	20	47	14	1
1205	25	52	15	1
1206	30	62	16	1
1207	35	72	17	1.1
1208	40	80	18	1.1
1209	45	85	19	1.1
1210	50	90	20	1.1
1211	55	100	21	1.5

☑ 한 방향 스러스트 볼 베어링

한 방향 스러스트 볼 베어링은 볼이 구르는 와셔 모양의 궤도륜과 볼을 내장하는 리테이너로 구성되어 있으며, 축에 설치한 궤도륜을 내륜, 하우징에 설치한 궤도륜을 외륜이라고 부른다. 베어링에 가해지는 하중은 한방향의 축 방향으로 하중이 부여된다.

그림 7.15는 한 방향 스러스트 볼 베어링의 형상과 그 치수기호를 나타내고 표 7.9는 평면 자리형 한 방향 스러스트 볼 베어링의 호칭번호에 따른 형상치수 값을 나타낸다. 베어링의 호칭번호가 정해지면 안지름 d, 바깥지름 D 및 높이 H의 값이 정해지므로 3개의 값을 사용하는 베어링을 작도하는 방법으로 51108의 베어링에 대하여 작도법을 살펴본다.

- 안지름 d, 바깥지름 D 및 높이 H는 표 7.9에 의하여 결정된다.
  안지름 40 [mm], 바깥지름 60 [mm], 높이 13 [mm]
- A/2, H/2에 의하여 결정되는 중심에 지름 H/2의 원으로 볼을 작성한다.
  A/2 = 5 [mm], H/2 = 6.5 [mm]
- 볼의 중심 수평선에 대하여 60 [°] 기울기 선을 작성한다.

■ 볼의 윤곽선과 60 [°] 기울기 선이 만나는 교점에서 수평선을 작성하여 베어링의 내륜과 외륜 윤곽을 만든다.

■ 반지름 r = 0.6 [mm]의 모깍기를 실시한다.

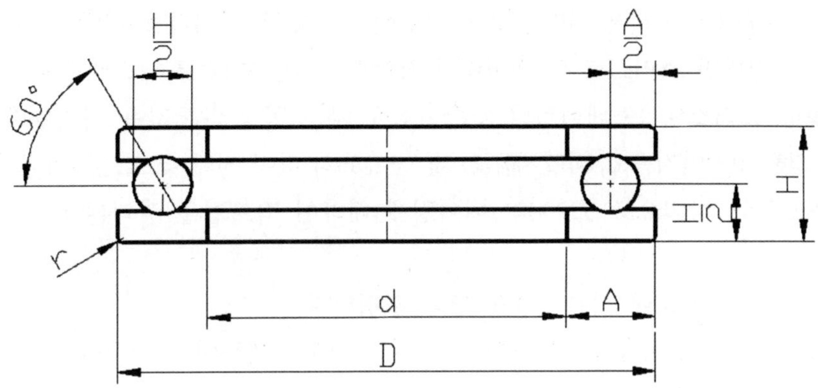

그림 7.15 한방향 스러스트 베어링

표 7.9 평면자리형 한 방향 스러스트 볼 베어링 형상치수

(단위 : mm)

호칭번호	형상치수			
	d	D	H	r
51100	10	24	9	0.3
51101	12	26	9	0.3
51102	15	28	9	0.3
51103	17	30	9	0.3
51104	20	35	10	0.3
51105	25	42	11	0.6
51106	30	47	11	0.6
51107	35	52	12	0.6
51108	40	60	13	0.6
51109	45	65	14	0.6
51110	50	70	14	0.6

☑ 양방향 스러스트 볼 베어링

한 방향 스러스트 볼 베어링은 한쪽 방향의 축 방향 하중을 받을 수 있으나 양방향 스러스트 볼 베어링은 양쪽 방향의 축 방향 하중을 받을 수 있으며, 설치오차의 영향을 감소시키기 위하여 외륜에 조심자리 와셔를 부착한 형식의 스러스트 볼 베어링도 있다. 소형 베어링에는 강판 프레스 리테이너가 사용되며 대형 베어링에는 동합금 기계가공 리테이너가 사용된다.

그림 7.16은 양방향 스러스트 볼 베어링의 형상과 그 치수기호를 나타내고 표 7.10은 평면 자리형 양방향 스러스트 볼 베어링의 호칭번호에 따른 형상치수 값을 나타낸다. 베어링의 호칭번호가 정해지면 안지름 d, 바깥지름 D 및 높이 H의 값이 정해지므로 3개의 값을 사용하는 베어링을 작도하는 방법으로 52208의 베어링에 대하여 작도법을 살펴본다.

- 축지름 d = 40 [mm]에 의하여 베어링을 결정한다.
- 안지름 di, de, 바깥지름 D 및 높이 H는 표 7.10에 의하여 결정된다.
  di = 30 [mm], de = 42 [mm], D = 68 [mm], H = 36 [mm]
- 베어링의 안지름과 바깥지름을 작성한다.
- 베어링 밑면과 높이를 나타내는 선을 간격 H만큼 띄운다.
- A/2, H/4에 의하여 결정되는 중심에 지름 H/4의 원으로 볼을 작성한다.
  A/2 = 6.5 [mm], H/4 = 9 [mm]
- 볼의 수직 중심선을 좌우로 H/16만큼 간격을 띄우고 볼 윤곽선과의 교점에서 수직선을 작성한다.
- 수직선과 볼의 윤곽선이 만나는 교점에서 수평선을 작성하여 내륜과 외륜을 작성한다.
- 반지름 r = 1 [mm], r1 = 0.6 [mm]의 모깍기를 실시한다.

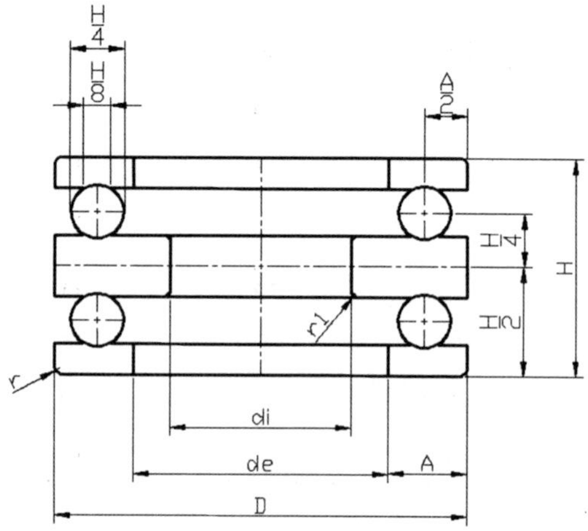

그림 7.16 양방향 스러스트 베어링

표 7.10 평면자리형 양방향 스러스트 볼 베어링 형상치수

(단위 : mm)

호칭번호	형상치수						
	d	di	de	D	H	r	r1
52202	15	10	17	32	22	0.6	0.3
52204	20	15	22	40	26	0.6	0.3
52205	25	20	27	47	28	0.6	0.3
52206	30	25	32	52	29	0.6	0.3
52207	35	30	37	62	34	1	0.3
52208	40	30	42	68	36	1	0.6
52209	45	35	47	73	37	1	0.6
52210	50	40	52	78	39	1	0.6
52211	55	45	57	90	45	1	0.6
52212	60	50	62	95	46	1	0.6
52213	65	55	67	100	47	1	0.6

7.3.3 롤러 베어링 제도

☑ 원통 롤러 베어링

원통 롤러 베어링은 원통 형상의 롤러와 궤도가 선 접촉을 하고 있는 것으로 부하능력이 크고 반경방향의 하중에 사용한다. 전동체와 궤도륜 턱과의 마찰이 적으므로 고속회전에 적합하며 궤도륜 턱의 유무에 따라서 NU형, N형, NF형, NJ형의 단열 베어링과 NNU형, NN형의 복열 베어링이 있다.

그림 7.17은 NU형 원통 롤러 베어링의 형상과 그 치수기호를 나타내며, 표 7.11은 NU형 원통 롤러 베어링의 호칭번호에 따른 형상치수 값을 나타낸다. 베어링의 호칭번호가 정해지면 안지름 d, 바깥지름 D 및 폭 B의 값이 정해진다. 이하에서는 3개의 값을 알고 있는 상태에서 베어링을 작도하는 방법으로 NU 1008의 베어링에 대하여 작도법을 살펴본다.

- 안지름 d, 바깥지름 D 및 폭 B는 표 7.11에 의하여 결정된다.
  안지름 40 [mm], 바깥지름 68 [mm], 폭 15 [mm]
- A/2, B/2에 의하여 결정되는 중심에 지름 A/2의 원통을 작성한다.
  A/2 = 7 [mm], B/2 = 7.5 [mm]
- 원통의 중심에서 한 변이 A/2가 되는 정사각형으로 원통 윤곽을 그린다.
- 원통의 윤곽선과 15 [°] 기울기 선을 베어링 외곽선까지 작성하여 내륜을 만든다.

■ 원통의 윤곽선에서 A/B의 간격을 원통의 중심방향으로 간격을 띄워서 외륜을 만든다.
■ 반지름 r = 1 [mm]의 모깍기를 실시한다.

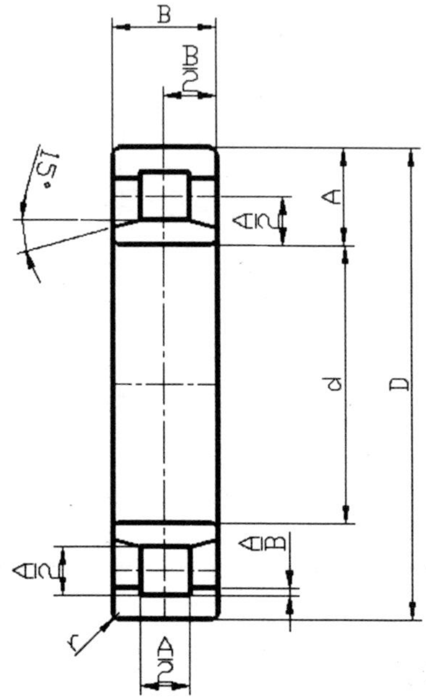

그림 7.17 원통 롤러 베어링

표 7.11 원통 롤러 베어링 형상치수

(단위 : mm)

호칭번호	형상치수			
	d	D	B	r
NU 1005	25	47	12	1
NU 1006	30	55	13	1
NU 1007	35	62	14	1
NU 1008	40	68	15	1
NU 1009	45	75	16	1
NU 1010	50	80	16	1
NU 1011	55	90	18	1.1
NU 1012	60	95	18	1.1
NU 1013	65	100	18	1.1
NU 1014	70	110	20	1.1
NU 1015	75	115	20	1.1

☑ 복열 원통 롤러 베어링

그림 7.18은 NN형 복열 원통 롤러 베어링의 형상과 그 치수기호를 나타내고, 표 7.12는 NN형 복열 원통 롤러 베어링의 호칭번호에 따른 형상치수 값을 나타낸다. 베어링의 호칭번호가 정해지면 안지름 d, 바깥지름 D 및 폭 B의 값이 정해진다. 이하에서는 3개의 값을 알고 있는 상태에서 베어링을 작도하는 방법으로 NN 3008의 베어링에 대하여 작도법을 살펴본다.

■ 안지름 d, 바깥지름 D 및 폭 B는 표 7.12에 의하여 결정된다.

안지름 40 [mm], 바깥지름 68 [mm], 폭 21 [mm]

■ A/2, B/4에 의하여 결정되는 중심에 지름 A/2의 원통을 작성한다.

A/2 = 7 [mm], B/4 = 5.25 [mm]

■ 원통의 중심에서 한 변이 A/2가 되는 정사각형으로 원통 윤곽을 그린다.

■ 원통의 윤곽선과 15 [°] 기울기 선을 베어링 외곽선까지 작성하여 외륜을 만든다.

■ 원통의 윤곽선에서 A/B의 간격을 원통의 중심방향으로 간격을 띄워서 내륜을 만든다.

■ 반지름 r = 1 [mm]의 모깎기를 실시한다.

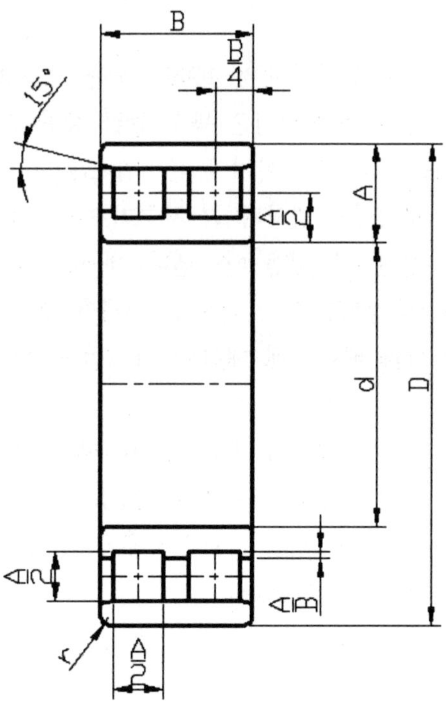

그림 7.18 복열 원통 롤러 베어링

표 7.12 복열 원통 롤러 베어링 형상치수

(단위 : mm)

호칭번호	형상치수			
	d	D	B	r
NN 3005	25	47	16	1
NN 3006	30	55	19	1
NN 3007	35	62	20	1
NN 3008	40	68	21	1
NN 3009	45	75	23	1
NN 3010	50	80	23	1
NN 3011	55	90	26	1.1
NN 3012	60	95	26	1.1
NN 3013	65	100	26	1.1
NN 3014	70	110	30	1.1
NN 3015	75	115	30	1.1

☑ NA형 니들 베어링

니들 베어링은 롤러 길이가 롤러 직경의 3~10배가 되는 가늘고 긴 롤러를 사용하고 있으며, 반경방향의 부하능력이 크다. 니들 베어링은 특수 합금 강판의 외륜을 프레스 가공한 쉘형, 기계 가공한 솔리드형, 궤도륜 없이 케이지와 롤러를 조립한 것이 있다.

그림 7.19는 NA형 니들 베어링의 형상과 그 치수기호를 나타내고, 표 7.13은 NA형 니들 베어링의 호칭번호에 따른 형상치수 값을 나타낸다. 베어링의 호칭번호가 정해지면 안지름 d, 바깥지름 D 및 폭 B의 값이 정해진다. 이하에서는 3개의 값을 알고 있는 상태에서 베어링을 작도하는 방법으로 NA 4908의 베어링에 대하여 작도법을 살펴본다.

- 안지름 d, 바깥지름 D 및 폭 B는 표 7.13에 의하여 결정된다.

  안지름 40 [mm], 바깥지름 62 [mm], 폭 22 [mm]
- A/2에 의하여 결정되는 중심에 지름 A/3의 원통을 작성한다.

  A/2 = 5.5 [mm], A/3 = 3.7 [mm]

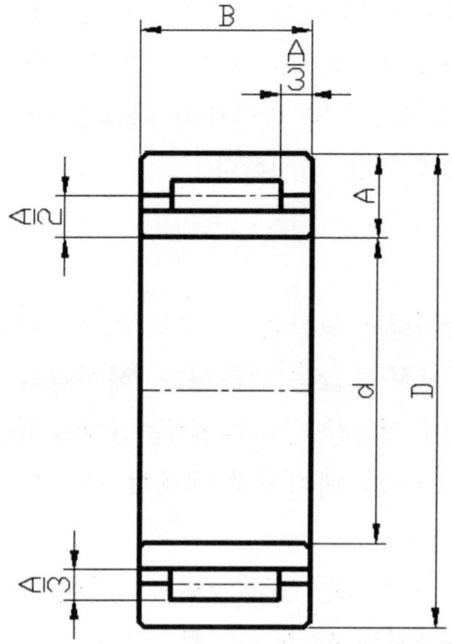

그림 7.19 NA형 니들 베어링

표 7.13 니들 베어링 NA계열

(단위 : mm)

호칭번호	형상치수			
	d	D	B	r
NA4900	10	22	13	0.3
NA4901	12	24	13	0.3
NA4902	15	28	13	0.3
NA4903	17	30	13	0.3
NA4904	20	37	17	0.3
NA49/22	22	39	17	0.3
NA4905	25	42	17	0.3
NA49/28	28	45	17	0.3
NA4906	30	47	17	0.3
NA49/32	32	52	20	0.6
NA4907	35	55	20	0.6
NA4908	40	62	22	0.6

■ 베어링의 수직 외곽선 양쪽에서 안쪽으로 A/3의 간격을 띄워서 롤러의 길이를 결정한다.
■ 롤러의 중심선을 롤러 길이 끝부분에서 베어링 외곽선까지 외륜 윤곽을 작성한다.
■ 롤러의 윤곽선을 베어링 외곽선까지 작성하여 내륜을 만든다.
■ 반지름 r = 0.6 [mm]의 모깍기를 실시한다.

☑ RNA형 니들 베어링

그림 7.20은 RNA형 니들 베어링의 형상과 그 치수기호를 나타내고, 표 7.14는 RNA형 니들 베어링의 호칭번호에 따른 형상치수 값을 나타낸다. 베어링의 호칭번호가 정해지면 안지름 dw, 바깥지름 D 및 폭 B의 값이 정해진다. 아래에서는 3개의 값을 알고 있는 상태에서 베어링을 작도하는 방법으로 RNA 4908의 베어링에 대하여 작도법을 살펴본다.

■ 안지름 dw, 바깥지름 D 및 폭 B는 표 7.13에 의하여 결정된다.
  안지름 48 [mm], 바깥지름 62 [mm], 폭 22 [mm]
■ 안지름에서 A/4의 간격에 원통 중심선을 작성하고 지름 A/2의 원통을 작성한다.
  A/2 = 3.5 [mm], A/4 = 1.75 [mm]
■ 베어링의 수직 외곽선 양쪽에서 안쪽으로 A/2의 간격을 띄워서 롤러의 길이를 결정한다.
■ 롤러의 중심선을 롤러 길이 끝부분에서 베어링 외곽선까지 외륜 윤곽을 작성한다.
■ 반지름 r = 0.6 [mm]의 모깍기를 실시한다.

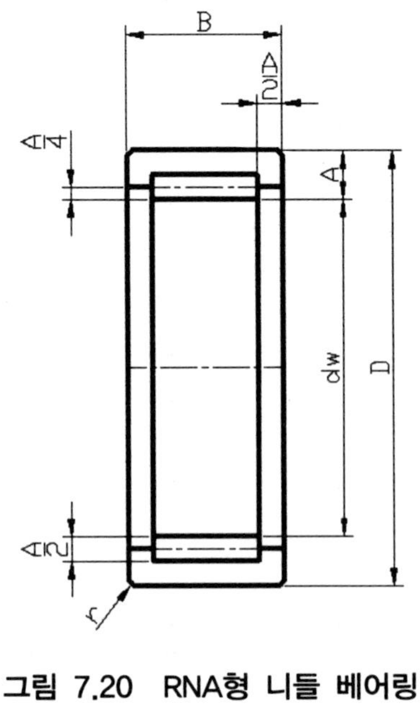

그림 7.20 RNA형 니들 베어링

표 7.14 RNA형 니들 베어링

(단위 : mm)

호칭번호	형상치수			
	dw	D	B	r
RNA4900	14	22	13	0.3
RNA4901	16	24	13	0.3
RNA49/14	18	26	13	0.3
RNA4902	20	28	13	0.3
RNA4903	22	30	13	0.3
RNA4904	25	37	17	0.3
RNA49/22	28	39	17	0.3
RNA4905	30	42	17	0.3
RNA49/28	32	45	17	0.3
RNA4906	35	47	17	0.3
RNA49/32	40	52	20	0.6
RNA4907	42	55	20	0.6
RNA49/38	45	58	20	0.6
RNA4908	48	62	22	0.6

7.3.4 베어링 너트와 와셔

구름 베어링용 너트는 주로 베어링의 탈선을 방지하기 위하여 사용하고 구름 베어링용 와셔는 너트의 풀림을 방지하기 위하여 사용한다.

☑ 구름 베어링용 너트

그림 7.21은 구름 베어링용 너트의 형상과 그 크기를 나타내는 기호를 표시한 것이다. 너트에 사용하는 나사는 축 직경의 크기에 따라서 미터 가는 나사 또는 30도의 사다리꼴나사를 사용한다.

표 7.15는 구름 베어링용 너트의 호칭번호에 따른 치수를 나타낸다. AN계열과 ANL계열로 구분한다. AN02~AN40, ANL24~ANL40은 너트에 사용하는 나사를 미터 가는 나사로 가공하고 AN44~AN100, ANL44~ANL100은 30도의 사다리꼴나사를 사용한다.

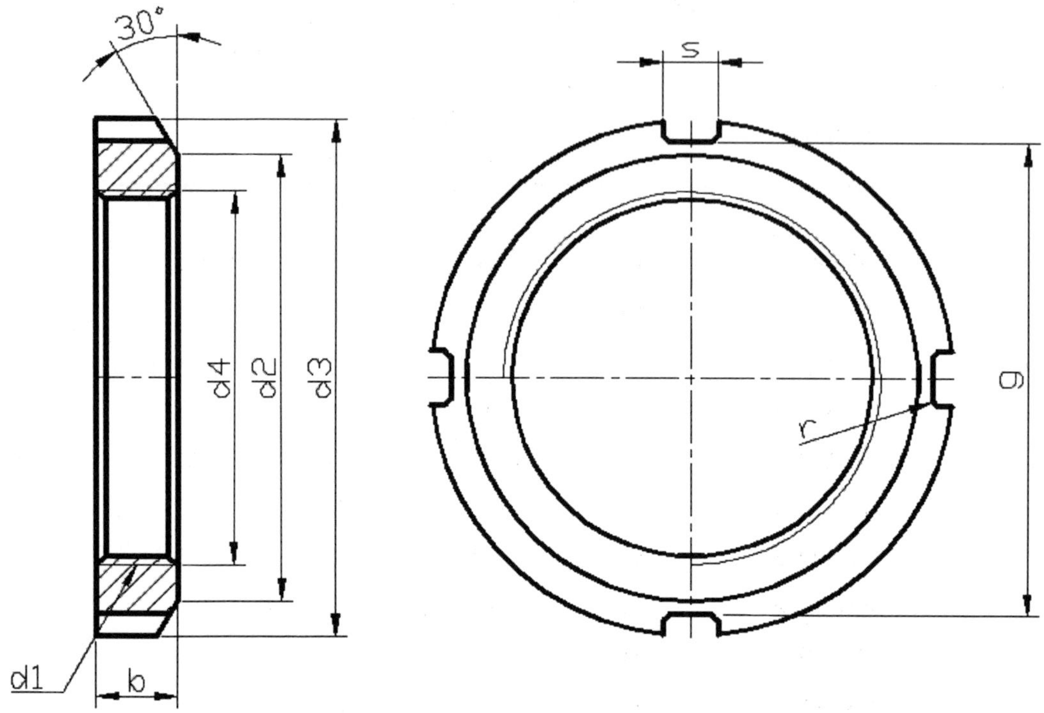

그림 7.21 베어링 너트

표 7.15 베어링 너트(KS B 2004)

(단위 : mm)

호칭번호	형상치수								참고
	나사호칭d1	d2	d3	d4	g	s	b	r	축 지름
AN02	M15×1	21	25	15.5	21	4	5	0.4	15
AN03	M17×1	24	28	17.5	24	4	5	0.4	17
AN04	M20×1	26	32	20.5	28	4	6	0.4	20
AN05	M25×1.5	32	38	25.8	34	5	7	0.4	25
AN06	M30×1.5	38	45	30.8	41	5	7	0.4	30
AN07	M35×1.5	44	52	35.8	48	5	8	0.4	35
AN08	M40×1.5	50	58	40.8	53	6	9	0.5	40
AN09	M45×1.5	56	65	45.8	60	6	10	0.5	45
AN10	M50×1.5	61	70	50.8	65	6	11	0.5	50

☑ 구름 베어링용 와셔

구름 베어링용 와셔는 베어링 너트의 풀림 방지용으로 사용하며 혀를 굽히는 형식과 혀를 굽히지 않는 형식으로 구분한다. 절단 폭이 좁은 형식의 어댑터 슬라이브에는 혀를 굽히지 않는 형식의 와셔를 사용하고 절단 폭이 넓은 형식의 어댑터 슬라이브에는 어느 와셔를 사용하여도 좋다.

그림 7.22는 구름 베어링용 와셔의 형상과 그 크기를 나타내는 기호를 표시한 것이다. 혀를 굽히는 형식과 굽히지 않는 형식이 있다.

표 7.16은 구름 베어링용 와셔의 호칭번호에 따른 치수를 나타낸다. AW계열과 AWL계열로 구분한다.

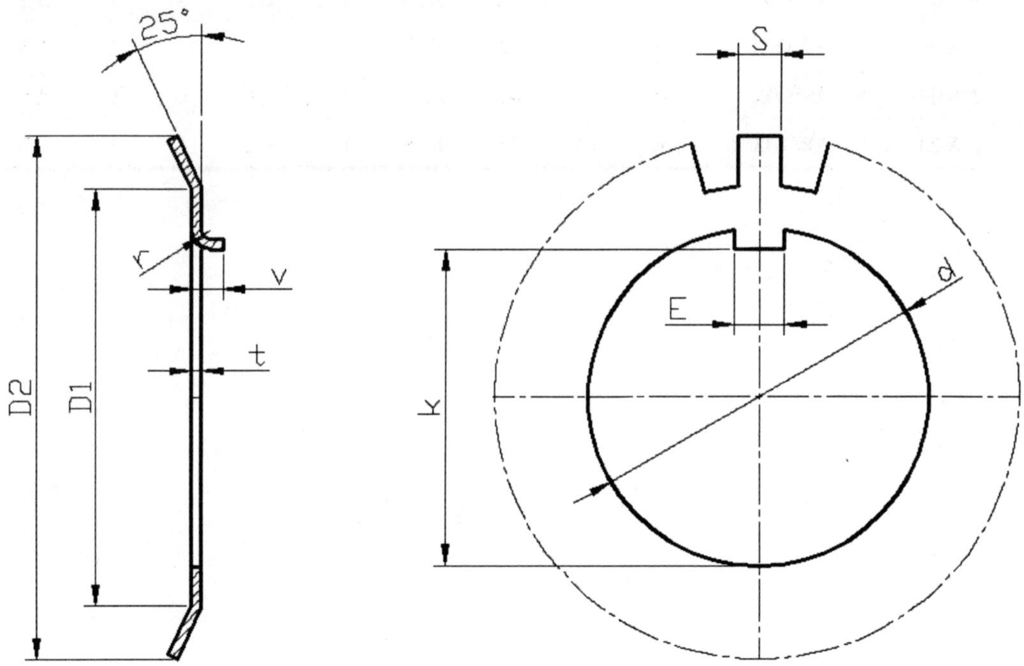

그림 7.22 구름 베어링용 와셔

표 7.16 구름 베어링용 와셔(KS B 2045)

(단위 : mm)

호칭번호		기준치수								
혀굽힘	혀굽힘 없음	d	D1	D2	k	E	t	S	r	v
AW02	AW02X	15	21	28	13.5	4	1	4	1	2.5
AW03	AW03X	17	24	32	15.5	4	1	4	1	2.5
AW04	AW04X	20	26	36	18.5	4	1	4	1	2.5
AW05	AW05X	25	32	42	23	5	1.2	5	1	2.5
AW06	AW06X	30	38	49	27.5	5	1.2	5	1	2.5
AW07	AW07X	35	44	57	32.5	6	1.2	5	1	2.5
AW08	AW08X	40	50	62	37.5	6	1.2	6	1	2.5
AW09	AW09X	45	56	69	42.5	6	1.2	6	1	2.5
AW10	AW10X	50	61	74	47.5	6	1.2	6	1	2.5

〈연습문제〉

7-1. 축을 제도하고 반달키에 대한 것은 표 6.6를 참고하여 정확한 치수를 기입하라.

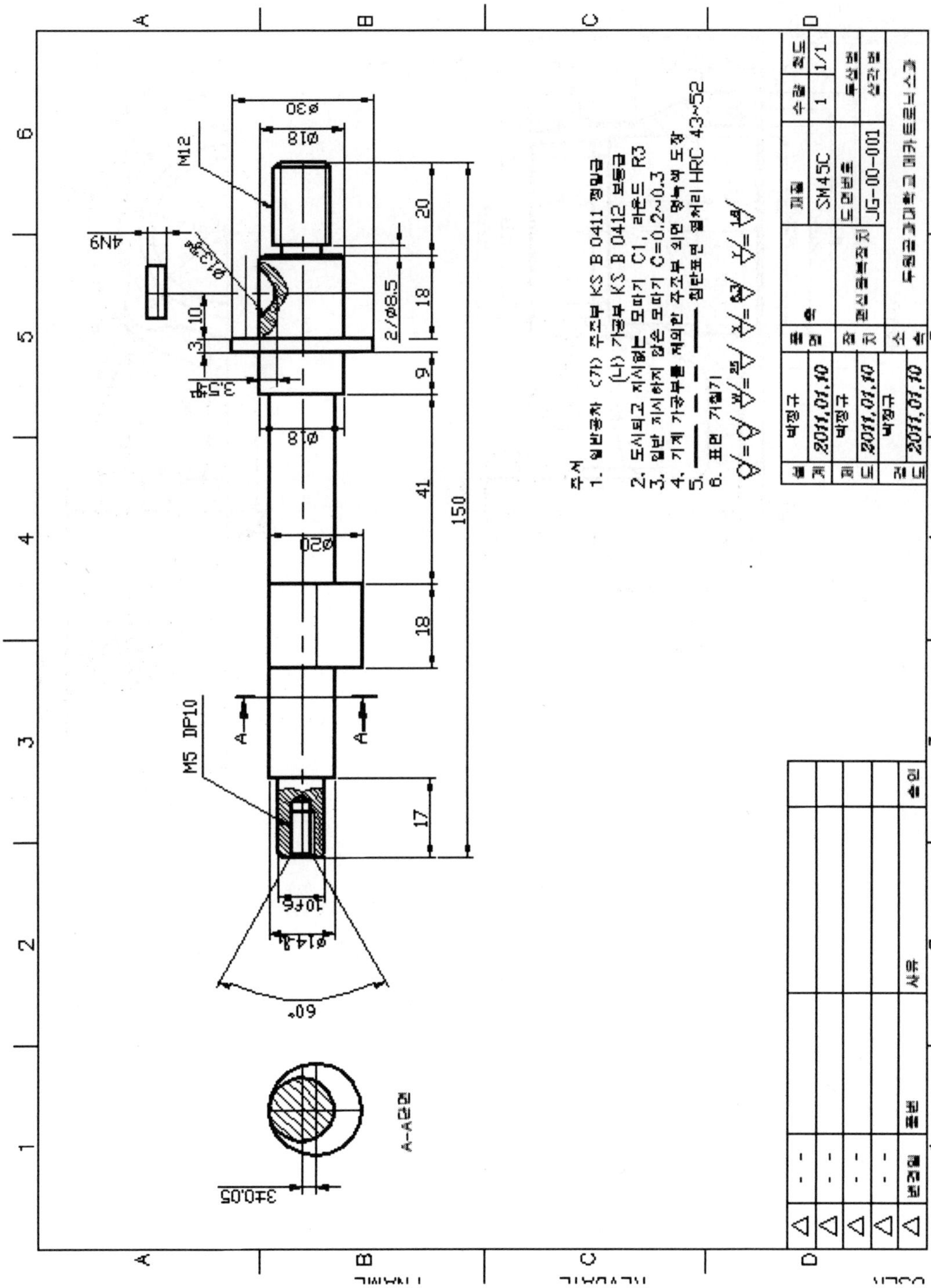

7-2. 베어링을 사용하는 몸체를 제도하라. 도시하고 지시없는 모따기 C1, 라운드 R3이다.

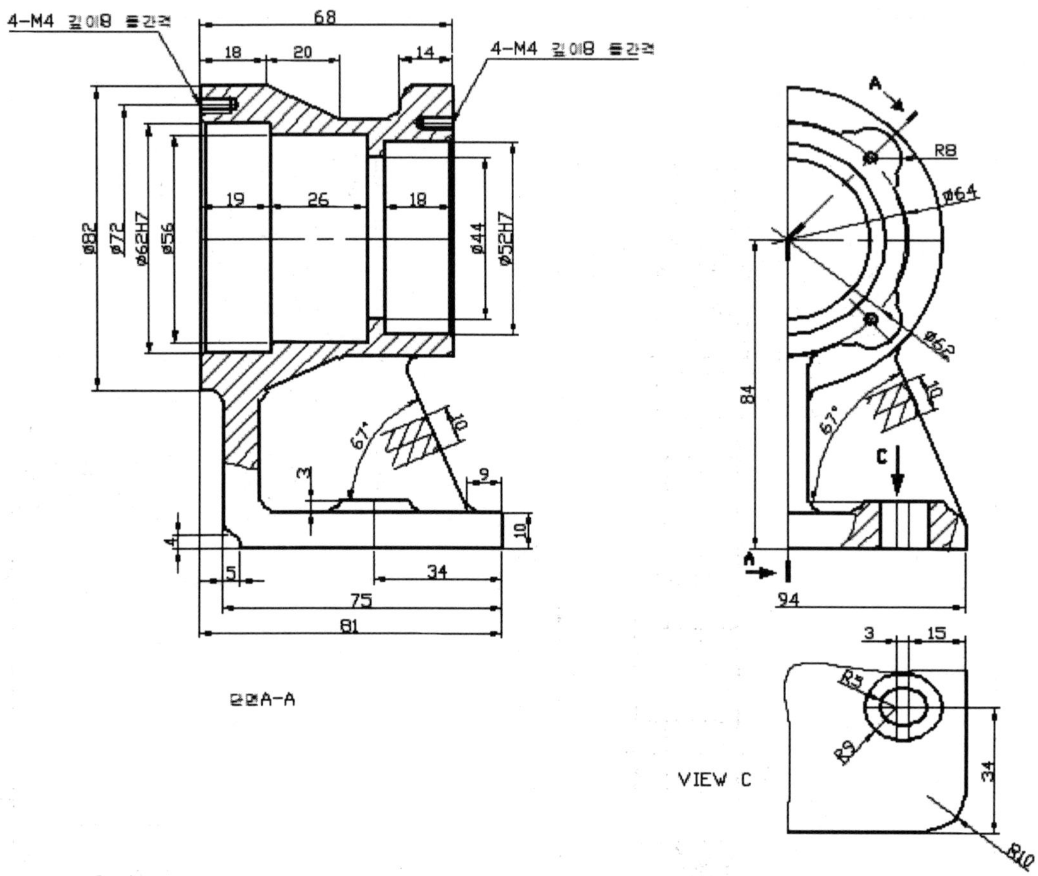

7-3. 베어링을 사용하는 몸체를 제도하라. 도시하고 지시없는 모따기 C1, 라운드 R3이다.

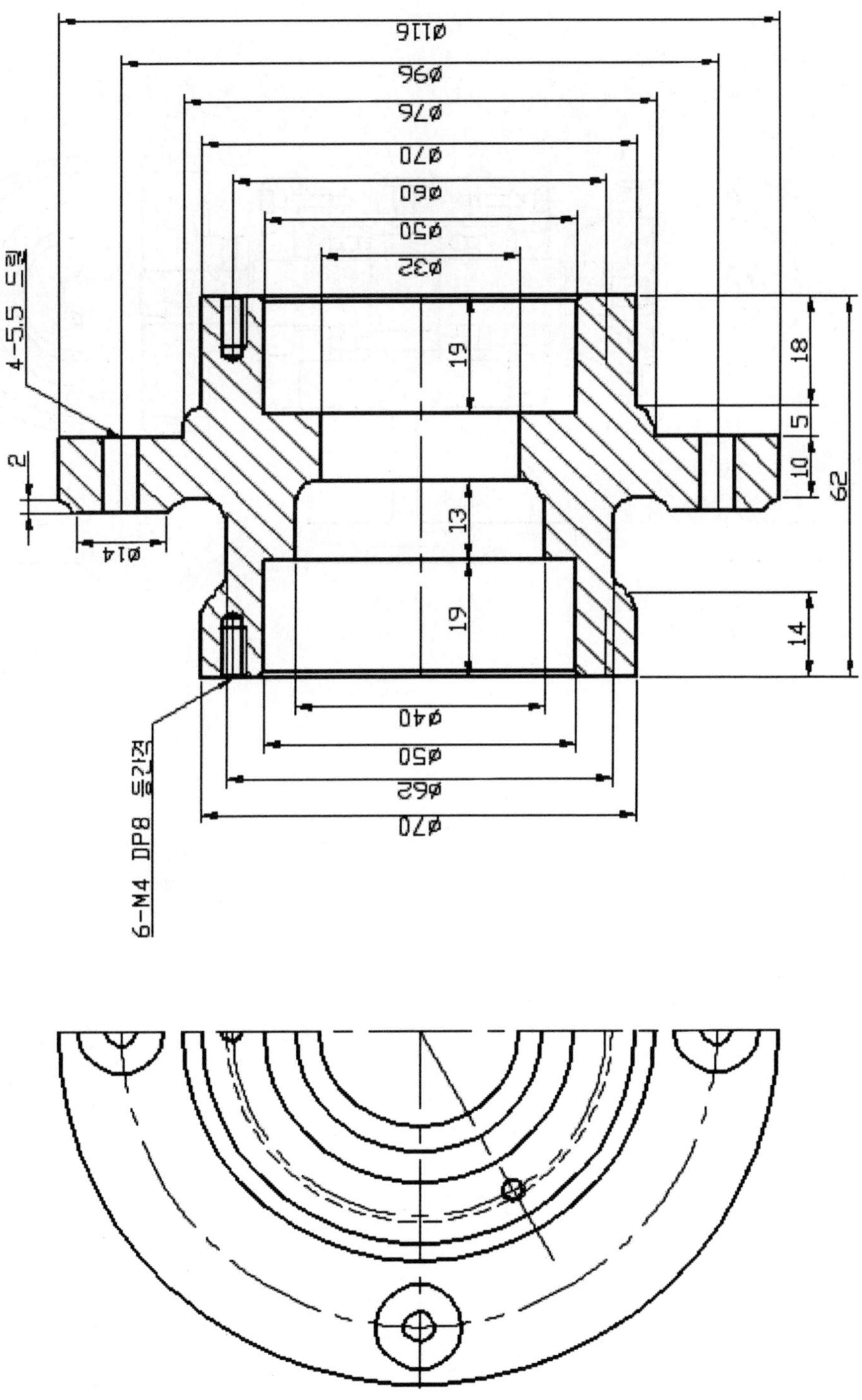

7-4. 편심왕복장치의 부품도를 작성한 후에 조립도를 완성하라. 도시하고 지시없는 모따기 C1, 라운드 R3이다.

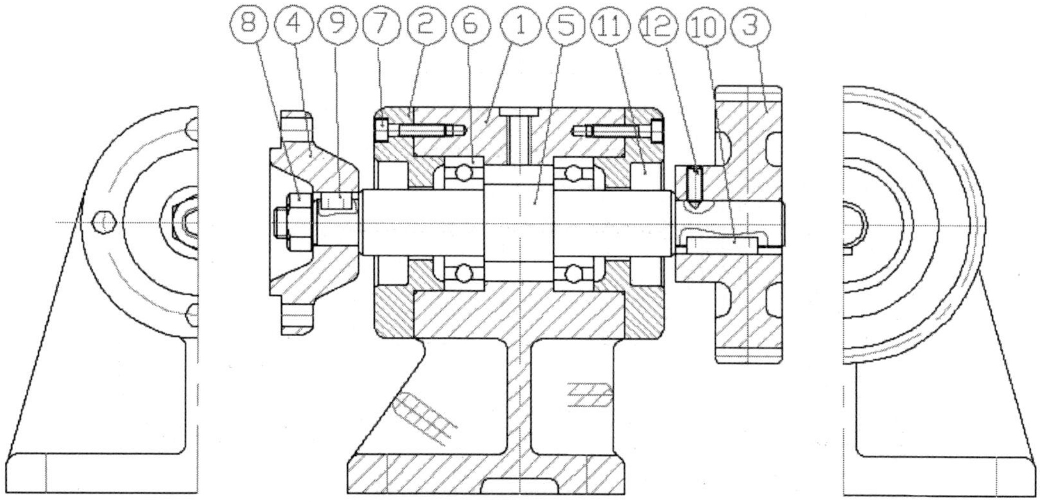

품번	품명	재질	수량	비고
12	세트스크류	SM25C	1	M4X10
11	오일씰		2	KS B 2804 GM 17 8 A
10	평행키	SM55C	1	4X4X18
9	평행키	SM55C	1	4X4X8
8	육각너트	SM25C	1	M8
7	육각렌치볼트	SM25C	6	M3X15
6	베어링	SCM415	2	6003
5	축	SM45C	1	
4	플랜지	GC20	1	
3	스퍼어기어	SCM415	1	
2	커 버	GC20	2	
1	하우징	GC20	1	

설계	박정규 2011,01,10	장치	편심왕복 장치	도면번호	수량: 1 / 척도: 1/1
제도	박정규 2011,01,10			JG-06-000	투상법: 삼각법
검도	박정규 2011,01,10	소속	두원공과대학교 메카트로닉스과		

① 하우징

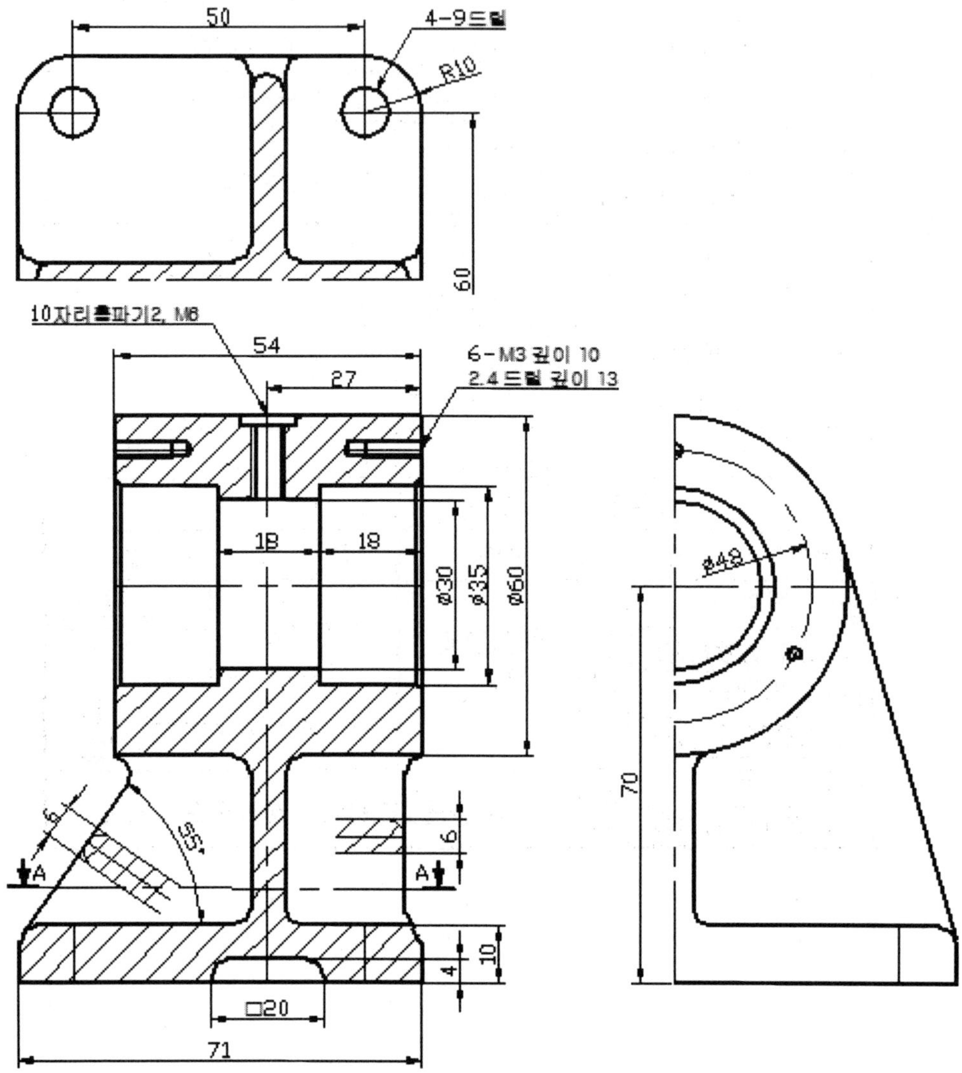
50
4-9드릴
R10
60
10자리홈파기2, M8
54
27
6-M3 깊이 10
2.4드릴 깊이 13
18
18
ø30
ø35
ø60
ø48
70
6
55°
6
A
A
10
4
□20
71

② 커버

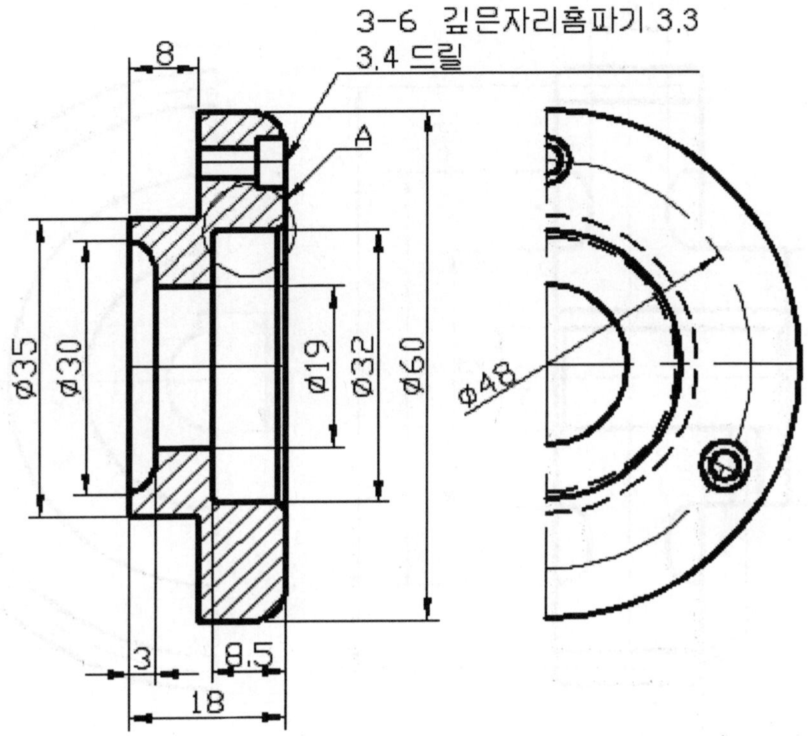

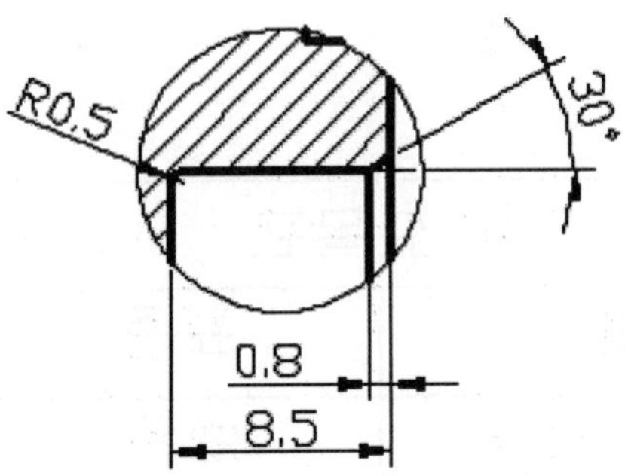

A부 확대도

③ 스퍼 기어

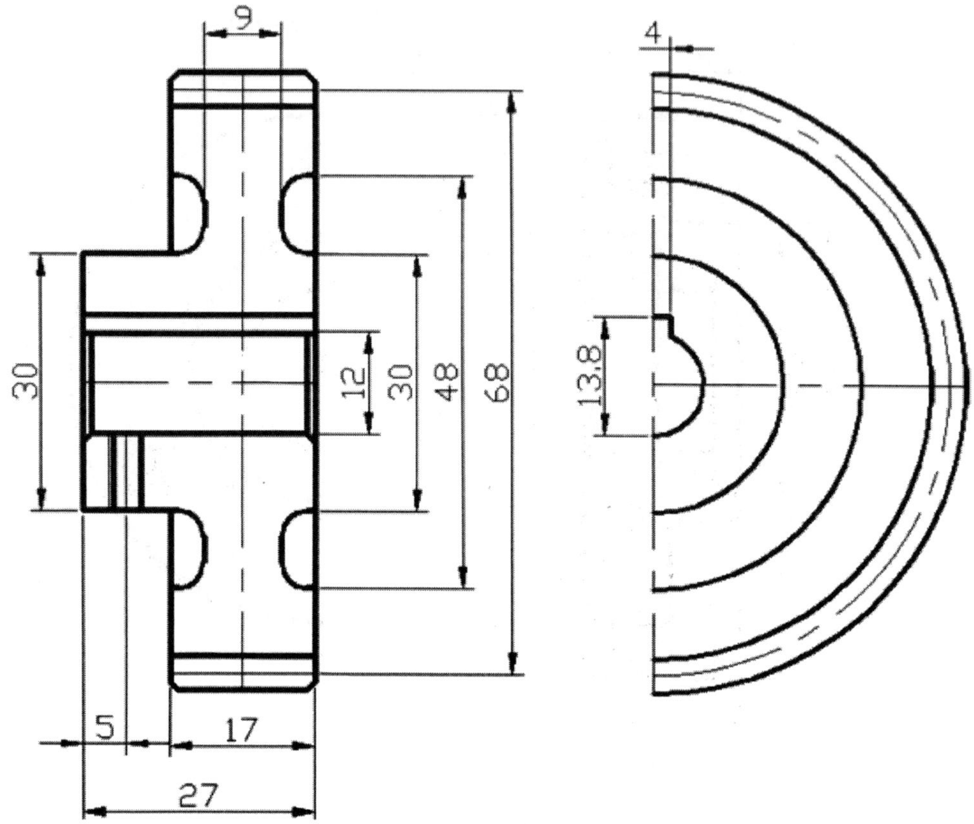

<table>
<tr><td colspan="3">기어 요목표</td></tr>
<tr><td colspan="2">치형</td><td>표준</td></tr>
<tr><td rowspan="3">공
구</td><td>치형</td><td>보통</td></tr>
<tr><td>모듈</td><td>2</td></tr>
<tr><td>압력각</td><td>20°</td></tr>
<tr><td colspan="2">잇수</td><td>34</td></tr>
<tr><td colspan="2">피치원 지름</td><td>68</td></tr>
</table>

④ 플랜지

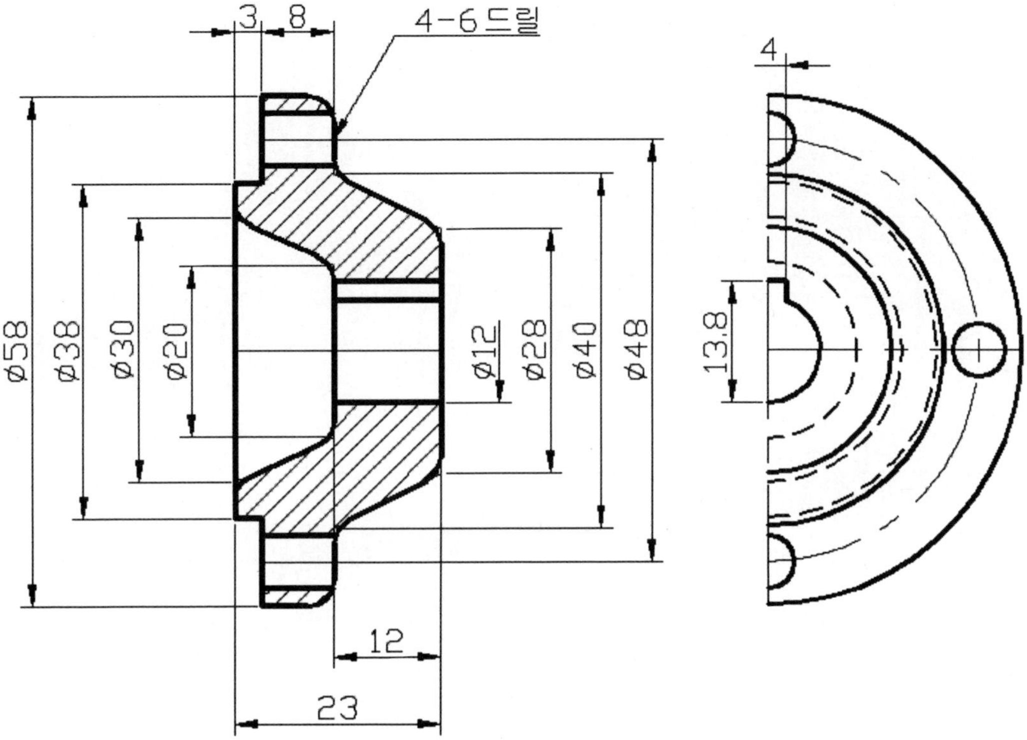
3
8
4-6드릴
4
ø58
ø38
ø30
ø20
ø12
ø28
ø40
ø48
13.8
12
23

⑤ 축

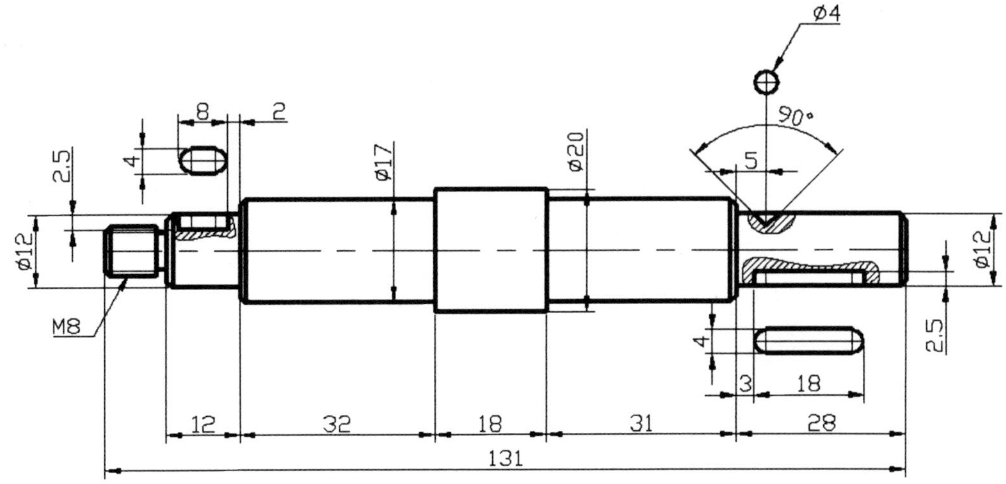
ø4
8
2
90°
2.5
4
ø17
ø20
5
ø12
M8
ø12
4
2.5
3
18
12
32
18
31
28
131

제8장

동력전달 기계요소

목 차

회전축을 사용하여 동력을 전달하는 방법으로서는 2개의 축간 거리가 가까운 경우에는 기어, 축간 거리가 먼 경우에는 벨트, 체인 및 로프 등을 사용하여 회전력을 전달한다. 원동축에서 종동축으로의 동력을 확실하게 전달하고 회전 속도비가 일정하며 축간 거리가 비교적 짧은 기계에는 기어를 가장 많이 사용한다.

8.1 기어

기계 내부에서 회전속도가 일정하게 변화하거나 증속 또는 감속을 하며 원동축과 종동축 사이의 거리가 짧으면 기어를 사용한다. 기어는 서로 맞물리는 두 기어의 축 방향에 따라서 스퍼기어(Spur Gear), 베벨기어(Bevel Gear) 및 웜과 웜기어(Worm and Worm Gear)로 구분한다.

스퍼기어는 두 기어의 중심축이 서로 평행한 경우에 사용하고 베벨기어는 두 축이 서로 교차하는 경우, 웜과 웜기어는 두 축이 직각을 이루면서 서로 교차하지 않을 경우에 사용한다.

8.1.1 기어의 종류

스퍼기어는 평행한 두 축 사이에 회전운동을 전달하고 2개의 기어 중에서 기어 잇수가 적은 쪽 기어를 피니언기어(Pinion Gear)라고 한다.

그림 8.1은 스퍼기어의 종류를 나타낸다. (a)는 2개의 평행한 축에 회전운동을 기어가 서로 외접하면서 전달하고 있으므로 외접기어라고 하며 일반적으로 가장 많이 사용하는 기어이다. (b)는 내접기어로서 피니언기어가 큰 기어와 내접하면서 동력을 전달하는 것이다. (c)는 나선면상에 기어의 이빨면이 놓이게 만든 것으로 헬리컬기어(Helical Gear)이다. (d)는 외접하는 기어 중에서 큰 기어 측의 지름이 무한히 큰 것을 래크(Rack)라고 부른다. 래크는 직선형태의 기어로서 피니언기어와 조합하여 회전운동을 직선운동으로, 직선운동을 회전운동으로 변화시킬 수 있다.

(a) 외접기어

(b) 내접기어

(c) 헬리컬기어

(d) 래크와 피니언

그림 8.1 스퍼기어의 종류

(a) 베벨기어

(b) 웜과 웜기어

그림 8.2 베벨기어와 웜기어

그림 8.2는 베벨기어와 웜기어를 나타낸다. (a)는 두 개의 축이 서로 교차하는 경우에 사용하는 것으로서 베벨기어라고 한다. 베벨기어는 2개의 축이 서로 90 [°]로 교차하며 물려있는 2개의 베벨기어는 기하학적으로 꼭지점을 공유하는 2개의 원뿔과 같다. (b)는 두 축이 서로 직각이면서 교차하지 않는 경우에 사용하는 웜과 웜기어이다. 웜은 나사와 비슷한 형상이어서 피치와 리드라는 용어를 사용하고 한줄 나사의 웜이 1회전하면 맞물린 웜기어는 기어 이의 하나만큼 회전한다.

8.1.2 기어의 맞물림과 이의 크기

☑ 기어의 맞물림

그림 8.3은 2개의 기어가 서로 맞물려 있는 상태를 나타낸다. 기하학적으로는 2개의 기어가 서로 맞물려 있으면 미끄러짐이 없이 2개의 원기둥이 서로 접하면서 회전한다. 따라서 각 기어에는 대표적인 피치원이 있으며 피치원의 지름에 반비례하여 감속비가 결정된다.

실제적으로 2개의 원기둥이 서로 접하면서 회전운동을 전달하는 경우에는 접선방향으로 서로 약간씩 미끄러지면서 회전하기 때문에 이론적인 감속 또는 가속비를 얻기 어렵다. 기어는 원기둥 주위에 일정한 간격으로 이를 만들어서 미끄러지지 않도록 한 것이며, 기어 이가 하나씩 물렸다가 풀어지는 구간에서 이와 이가 서로 접촉한다. 기어의 이가 하나씩 물렸다가 풀리는 과정에서 회전운동이 미세하게 변화하며 소음이 발생한다.

기어의 이가 서로 물렸다가 풀릴 때까지 기어의 이가 항상 접촉하고 있으면 회전운동의 미세한 변화를 감소시킬 수가 있다. 기어 이의 곡선은 인벌류트곡선(Involute Curve)과 같이 특수한 곡선으로 기어 이의 형상을 설계한다.

기어는 이의 맞물림으로 한쪽의 회전토크를 다른 쪽으로 전달하게 되는데 회전토크의 전달은 이와 이가 서로 접촉하고 있는 부분에서 이루어진다. 기어 이와 이의 접촉면에서 힘의 전달방향은 압력각의 방향이다. 압력각은 피치원과 함께 기어의 규격을 정하는 중요한 요소이고 가장 많이 사용하는 압력각은 14.5 [°]이다. 같은 이의 크기로 좀 더 큰 동력을 전달하기 위해서는 압력각이 큰 20 [°] 또는 25 [°]를 사용한다.

기어 이의 수가 적으면 이와 이가 물리고 풀어질 때에 서로 간섭하는 현상이 발생하여 서로 이를 갉아먹는다. 이러한 현상을 감소시키기 위하여서는 압력각이 14.5 [°]일 경우 기어 이의 수를 16개 이상으로 하고 상대편 기어 이의 수는 40개 이상이어야 한다. 압력각이 20 [°]일 경우에는 13개 이상이어야 하고 상대편 기어 잇수는 26개 이상이어야 한다.

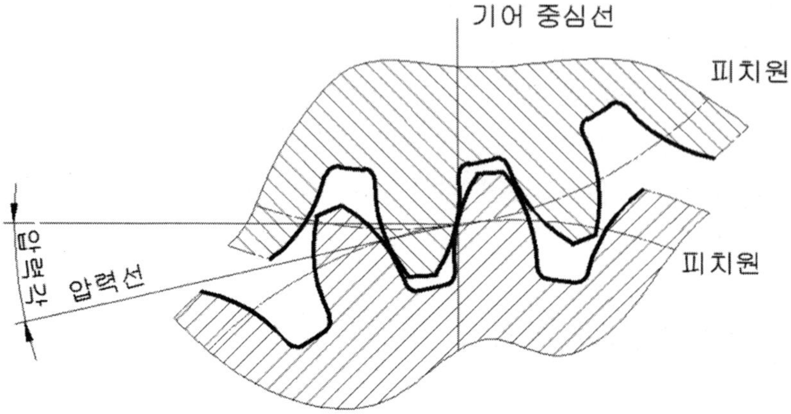

그림 8.3 기어의 맞물림 상태

☑ 기어의 명칭

그림 8.4는 기어에서 중요한 부위의 명칭을 나타낸다. 기어에서 서로 맞물리는 기준은 피치원 지름이고 이의 크기는 모듈로 나타낸다. 기어는 서로 맞물리기 위하여서 동일한 모듈의 기어를 사용하여야 한다. 기어를 나타내는 각부의 명칭은 다음과 같다.

Dp : 피치원 지름	De : 이끝원 지름
Di : 이뿌리원 지름	Df : 기초원 지름
p : 원주 피치	R : 이의 형상 반경
a : 압력 각	

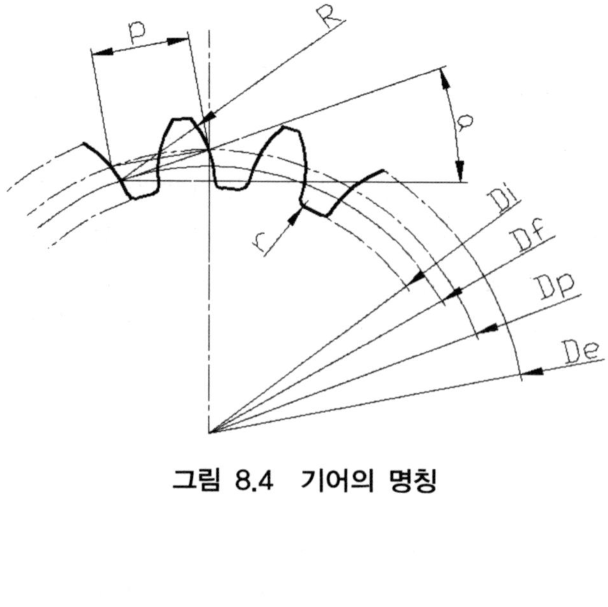

그림 8.4 기어의 명칭

☑ 이의 크기

기어를 선택할 경우에는 이의 크기가 동일한 것을 선택하여야 서로 맞물릴 수가 있으므로 이의 크기에 대한 것을 숙지할 필요가 있다. 이의 크기는 3가지의 표시방법이 있으며 원주피치, 모듈 및 지름 피치로 표시한다.

■ 원주 피치(Circular Pitch) : p

피치원의 둘레 위에서 서로 인접하는 이와 이 사이의 원호길이를 나타내는 것으로 다음과 같다.

$$p = \frac{\pi Dp}{z}$$

여기서, Dp는 피치원 지름, z는 잇수를 나타낸다.

■ 모듈(Module) : m

기어 이의 1개에 해당하는 피치원 지름의 길이를 나타내는 것으로 다음과 같다.

$$m = \frac{Dp}{z}$$

여기서, Dp는 피치원 지름, z는 잇수를 나타낸다.

■ 지름 피치(Diameter Pitch) : pd

피치원의 지름 1인치에 해당하는 기어 이의 수를 나타내는 것으로 다음과 같다.

$$pd = \frac{z}{Dp}$$

여기서, Dp는 피치원 지름, z는 잇수를 나타낸다.

표 8.1은 모듈의 표준값에 대한 기어의 각부 치수를 나타낸다.

표 8.1 스퍼기어의 계산공식

명칭	기호	절삭이	
		모듈기준(m)	지름피치기준(pd)
이끝높이	he	1m	1/pd
이뿌리높이	hi	1.157m	1.157/pd
총이높이	h	〉2.157m	〉2.157pd
원주피치	p	nm	n/pd
원주 이두께	S	1.571m	1.571/pd
피치원 지름	Dp	zm	Z/pd
이끝원 지름	De	(Z+2)m	(Z+2)/pd
잇수	Z	Dp/m	Dp · pd

8.1.3 스퍼기어의 제도

☑ 기어도면과 요목표

그림 8.5는 기어의 도면을 작성하고 기어의 특성에 대한 요목표를 나타낸다. 기어제도에서는 기어 제작 및 상대기어에 대한 필요 정보를 나타내는 요목표를 필수적으로 작성해야 한다. 기어제도에서는 다음의 사항에 주의하여서 도면을 작성한다.

- 기어의 부품도에는 기어 도면과 요목표를 병기한다.
- 이끝원은 외형선, 피치원은 가는 1점 쇄선, 이뿌리원은 가는 실선 또는 굵은 파선으로 작성한다.
- 이뿌리원은 생략 가능하다. 특히 베벨기어와 웜기어의 측면도에서는 생략하는 것이 기본이다.
- 헬리컬기어, 웜기어에서 이의 방향은 3개의 가는 실선으로 나타낸다.
- 서로 물려있는 한 쌍의 기어에서 측면도의 이끝원은 모두 외형선으로 나타내고 단면을 도시한 정면도의 이끝선 중 하나는 파선으로 나타낸다.
- 기어의 열을 작성할 때에 정면도는 전개하여 중심간의 실제 거리를 표시하는 수도 있다.

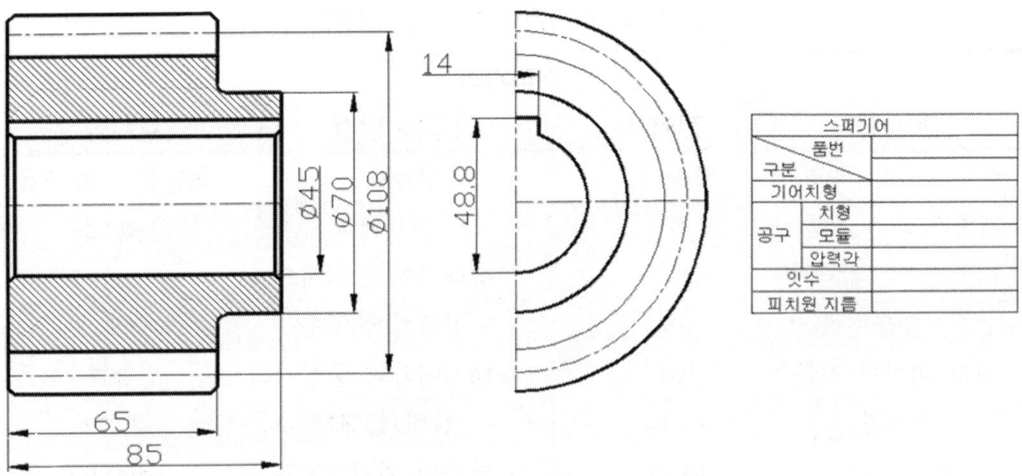

그림 8.5 기어 도면과 요목표

☑ 기어 치수와 요목표 기입

기어의 부품도에는 기어 소재를 제작하는데 필요한 치수만을 기입하고 요목표에는 이의 절삭, 조립 및 검사 등에 필요한 사항을 기입한다.

표 8.2는 스퍼기어의 요목표 기입 사례를 나타낸다. 요목표 기입은 다음과 같이 한다.

- 치형 : 표준과 전위를 구분한다.
- 공구 치형 : 보통이, 낮은 이로 구분하여 표시한다. 수정 시에는 수정이라고 기입하고 수정 치형을 표시한다. 보통이는 유효 이높이를 모듈(m)의 2배와 같게 하라는 의미를 나타낸다.
- 모듈 : 공구의 모듈을 기입한다. 원주 피치와 지름 피치로 표시할 때도 있다.
- 공구 압력각 : 20°, 14.5°로 기입한다.
- 기준 피치원 지름 : 잇수(Z)×모듈(m)으로 기입한다.
- 전위량 +3.16은 표준 가공방법보다 치형을 중심방향으로 당겨서 가공하라는 의미를 나타낸다.
- 이두께 : 계측 표준치수와 백래쉬(Back Lash)를 포함한 치수차이를 기입한다. 치수와 치수공차는 벌림 잇수가 3개이므로 연속되는 3개의 이를 합하여 측정하였을 경우의 이두께를 의미한다.
- 가공방법 : 기어 공작법, 사용기계 등을 지시한다.
- 정밀도 : 기어의 최종 정밀도를 기입한다.
- 비고 : 전위계수, 상대기어 잇수 및 상대기어와의 중심거리, 물림 압력각, 물림피치 표준 절삭 깊이, 백래쉬, 기타 열처리 방법 등을 기입한다.

표 8.2 스퍼기어의 요목표 사례

<table>
<tr><th colspan="6">스퍼기어</th></tr>
<tr><th colspan="2">기어치형</th><th>전위</th><th colspan="2">다듬질 방법</th><th>호브절삭</th></tr>
<tr><td rowspan="3">기준래크</td><td>치형</td><td>보통이</td><td rowspan="8">비고</td><td>정밀도</td><td>KS B 1405 5급</td></tr>
<tr><td>모듈</td><td>6</td><td>전위계수</td><td>+0.526</td></tr>
<tr><td>압력각</td><td>20°</td><td>상대기어 전위계수</td><td>0</td></tr>
<tr><td colspan="2">잇수</td><td>18</td><td>상대기어 잇수</td><td>50</td></tr>
<tr><td colspan="2">기준 피치원 지름</td><td>108</td><td>상대기어와의 중심거리</td><td>207</td></tr>
<tr><td colspan="2">전위량</td><td>+3.16</td><td>물림 압력각</td><td>22°10′</td></tr>
<tr><td colspan="2">총 이높이</td><td>13.24</td><td>맞물림 피치원지름</td><td>109.59</td></tr>
<tr><td>이두께</td><td>벌림 이두께</td><td>$47.96^{-0.08}_{-0.38}$
(벌림잇수=3)</td><td>표준깍기 깊이
백래시
*재료
*열처리
*경도</td><td>13.34
0.20~0.89</td></tr>
</table>

☑ 스퍼기어의 치형 제도

통상적으로 기어 이의 형상은 도면에서는 작성하지 않는다. 경우에 따라서 설명 및 도시를 위하여 치형상을 작성하기 위해서는 개략적으로 그린다. 실제의 치형 곡선은 인벌류트곡선(Involute Curve) 또는 사이클로이드곡선(Cycloid Curve)이나 기어 이의 향상을 그대로 그리기에는 시간과 노력이 필요하므로 개략적으로 작성한다.

그림 8.6은 스퍼기어의 치형을 작성하기 위한 단계별 순서를 나타낸다. 기어의 요목표 또는 잇수(Z)와 모듈(m)을 알고 있다면 표 8.1의 계산공식으로 이끝원, 이뿌리원 등을 계산할 수가 있다.

(a)는 기어의 요목표에서 계산이 가능한 이끝원 지름, 피치원 지름을 작성한다. 다음으로 원주피치의 간격으로 피치원을 등분하고 압력각 20 [°]를 가지고 있는 압력선을 피치원 지름의 수직 중심선과의 피치 점에서 작성한다. 기초원은 치형을 작도하기 위하여 사용하는 것으로 압력선과 접하는 기초원을 작성한다.

(b)는 압력선과 만나는 기초원의 교점에서 피치원에 있는 피치 점까지의 반경으로 원을 작도하고 반대 방향에서도 동일한 방법으로 원을 작성한다.

(c)는 불필요한 선을 정리하여 1개의 치형을 완성하는 단계를 나타낸다. 이끝원과 이뿌리원과의 교점까지의 형상을 남기고 나머지 불필요한 부분은 제거한다.

(d)는 필요한 개수만큼 치형을 반복하여 작성하고 선을 정리한 상태를 나타낸다.

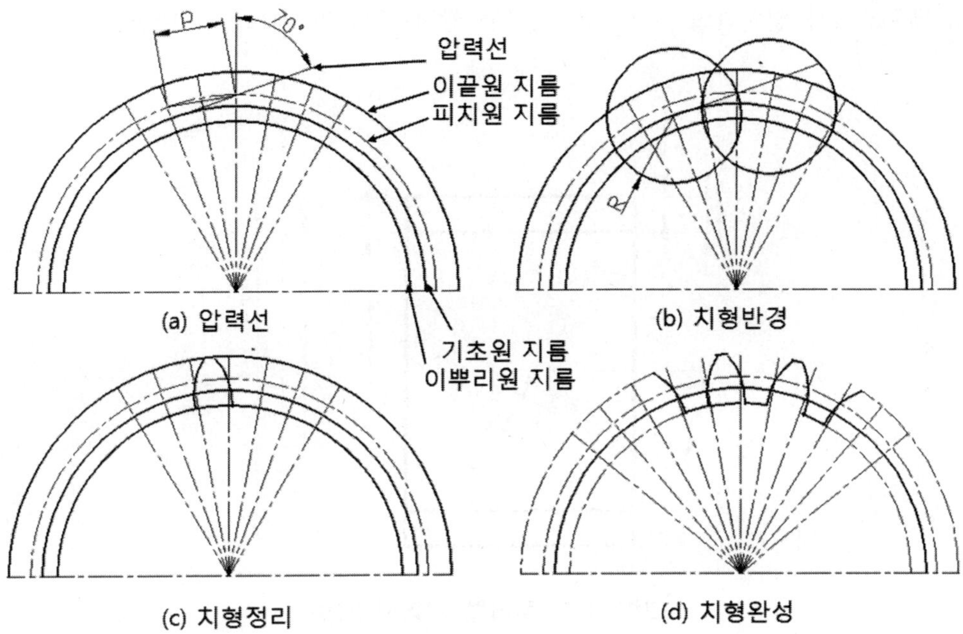

그림 8.6 스퍼기어의 치형 작도법

8.1.4 헬리컬기어의 제도

2개의 축이 평행한 스퍼기어 이의 길이방향은 기어의 축선과 평행한 반면에 헬리컬기어는 이의 길이방향을 기어의 축선을 기준으로 원기둥 헬릭스곡선을 따라서 비틀어 놓은 기어이다. 헬리컬기어는 축방향의 외력에 대하여서도 견딜 수 있기 때문에 높은 부하 및 고속 운동의 전달용으로 사용한다.

☑ 기어도면과 형상치수

그림 8.7은 헬리컬기어의 형상과 그 치수기호를 나타낸다. 측면도를 작성하면 스퍼기어와 같은 형태로 나타나고 정면도에서는 반드시 이의 비틀림 방향을 표시하기 위하여 3줄의 경사선을 가는 2점 쇄선 또는 가는 실선으로 나사각의 크기와 관계없이 30 [°] 방향으로 작성하면 된다.

표 8.3은 헬리컬 기어의 계산공식을 나타낸다. 헬리컬기어의 비틀림각은 10~20 [°]이고 더블 헬리컬기어는 비틀림각이 20~30 [°]이다. 헬리컬기어의 계산공식에 이직각 또는 축직각으로 기입되어 있는데 이직각의 경우는 계산공식의 값이 기어 치면에 직각인 방향을 기준으로

계산하라는 의미이고 축 직각은 기어 길이방향이 기어의 축선으로부터 비틀어져 있기 때문에 기어의 축선에 직각인 방향으로 계산하라는 의미이다. 비틀림각은 기본이 되는 원기둥 헬릭스 곡선의 헬릭스각과 일치하며 리드 L은 원기둥 헬릭스곡선의 리드를 의미한다.

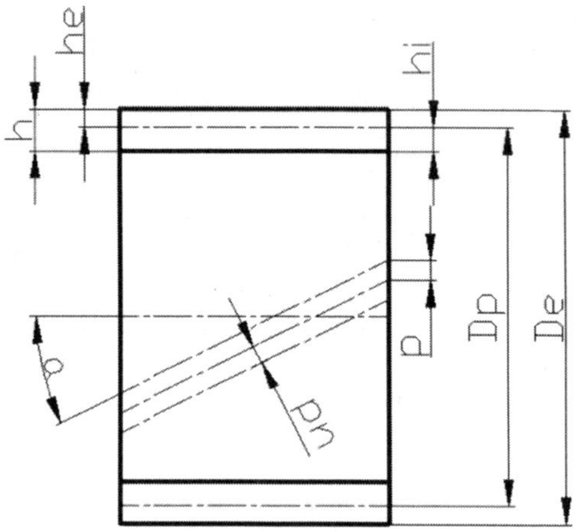

그림 8.7 헬리컬 기어의 치수

표 8.3 헬리컬기어의 계산공식

명칭	기호	절삭이	
		치직각 방식 모듈(m)	축직각 방식(사이크식)(M)
비틀림 각	a	-	23°, 30°
이끝높이	he	1m	0.89M
이뿌리높이	hi	1.157m	1.1M
총 이높이	h	〉2.5m	1.99M
이직각 원주피치	p	πm	πMcos a
축직각 원주피치	P	πm/cos a	πM
이직각 모듈	m	p/π	Mcos a
축직각 모듈	M	m/cos a	P/π
피치원 지름	Dp	zm/cos a	ZM
이끝원 지름	De	Dp+2h	Dp+2h
잇수	Z	Dp · cos a/m	Dp/M
상당 스퍼기어 잇수	Ze	Z/cos3a	Z/cos3a
리드	L	πDp/tan a	πDp/tan a

☑ 기어도면과 요목표

그림 8.8은 헬리컬기어의 도면을 작성하고 요목표를 병기한 사례를 나타내고 표 8.4는 헬리컬기어의 요목표 기입 사례를 나타낸다. 표에서 나타낸 요목표의 내용 전부를 기입하여도 좋으나 필요한 항목을 도면의 작성과 병기한 요목표에 기입한다.

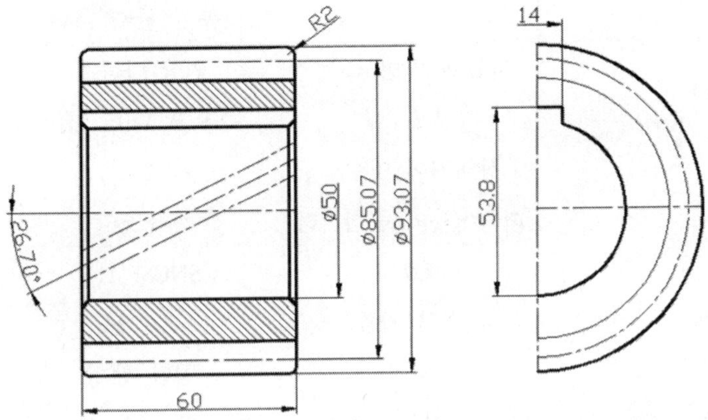

헬리컬기어		
구분 \ 품번		
기어치형		
치형기준단면		
공구	치형	
	모듈	
	압력각	
비틀림 방향		
잇수		
피치원 지름		

그림 8.8 헬리컬기어 형상과 요목표

8.1.5 베벨기어의 제도

☑ 베벨기어의 종류

그림 8.9는 베벨기어의 종류를 나타낸다. 베벨기어는 서로 축이 교차하는 경우에 사용하는 것으로 교차 각은 일반적으로 90 [°]이다. 기어 잇수와 모듈이 서로 같은 한 쌍의 베벨기어를 마이터기어(Miter Gear)이라고 한다. 베벨기어는 이의 비틀림 방향에 따라서 베벨기어, 헬리컬 베벨기어, 스파이럴 베벨기어로 구분한다.

표 8.4 헬리컬기어의 요목표 사례

<table>
<tr><td colspan="7">헬리컬기어</td></tr>
<tr><td colspan="2">기어치형</td><td>표준</td><td colspan="2">전체 이높이</td><td colspan="2">9.40</td></tr>
<tr><td colspan="2" rowspan="2">치형 기준평면</td><td rowspan="2">치직각</td><td rowspan="2">이두께</td><td rowspan="2">오버핀(볼) 치수</td><td>95.19</td><td>-0.17
-0.29</td></tr>
<tr><td colspan="2">(볼 지름=7.144)</td></tr>
<tr><td rowspan="4">기준 래크</td><td rowspan="2">치형</td><td rowspan="2">보통이</td><td colspan="2">다듬질 방법</td><td colspan="2">연삭 다듬질</td></tr>
<tr><td colspan="2">정밀도</td><td colspan="2">KS B 1405 5급</td></tr>
<tr><td>모듈</td><td>4</td><td rowspan="7">비고</td><td>상대기어 잇수</td><td colspan="2">24</td></tr>
<tr><td>압력 각</td><td>20°</td><td>상대기어와의 중심거리</td><td colspan="2">96.265</td></tr>
<tr><td colspan="2">잇수</td><td>19</td><td>재료</td><td colspan="2">SNCM 415</td></tr>
<tr><td colspan="2">기준 피치원 지름</td><td>85.071</td><td>기초원 지름</td><td colspan="2">78.783</td></tr>
<tr><td colspan="2">비틀림 각</td><td>26.7°</td><td>열처리</td><td colspan="2">침탄 퀜칭</td></tr>
<tr><td colspan="2">비틀림 방향</td><td>왼쪽</td><td>경도</td><td colspan="2">HRC 55~61</td></tr>
<tr><td colspan="2">리드</td><td>531.385</td><td>유효 경화층 높이
백래쉬</td><td colspan="2">0.8~1.2
01.5~0.31</td></tr>
</table>

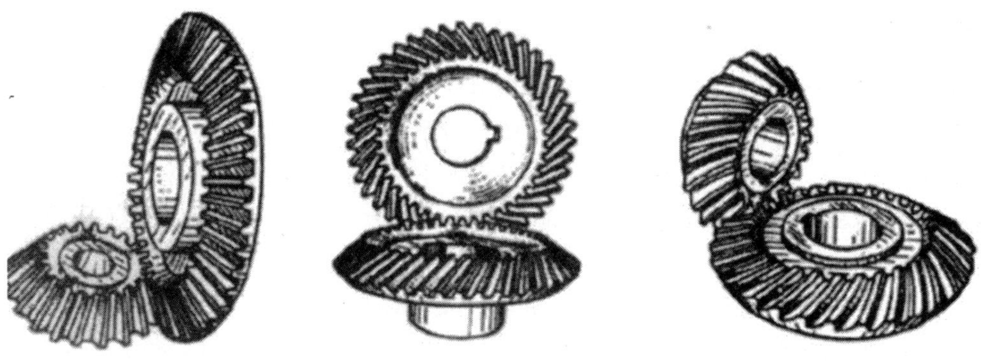

(a) 베벨기어 (b) 헬리컬 베벨기어 (c) 스파이럴 베벨기어

그림 8.9 베벨기어의 종류

☑ 베벨기어의 명칭

그림 8.10은 베벨기어에서 사용하는 중요한 부위의 명칭을 나타낸다. 베벨기어는 이의 각 형상이 축선에서 멀어질수록 커진다. 피치원 지름, 이끝높이, 이뿌리높이, 총 이높이 등의

치수는 이의 형상 중에서 이의 치수가 가장 큰 바깥쪽을 정면에서 본 값으로 정한다. 원뿔거리는 베벨기어의 기준이 되는 원뿔의 꼭지점으로부터 피치원까지의 거리를 의미한다. 베벨기어를 나타내는 각부의 명칭은 다음과 같다.

Dp : 피치원 지름　　De : 이끝원 지름
Dpa : 피치원뿔각　　Dea : 이끝원뿔각
Dia : 이뿌리원뿔각　　he : 이끝 높이
hi : 이뿌리높이

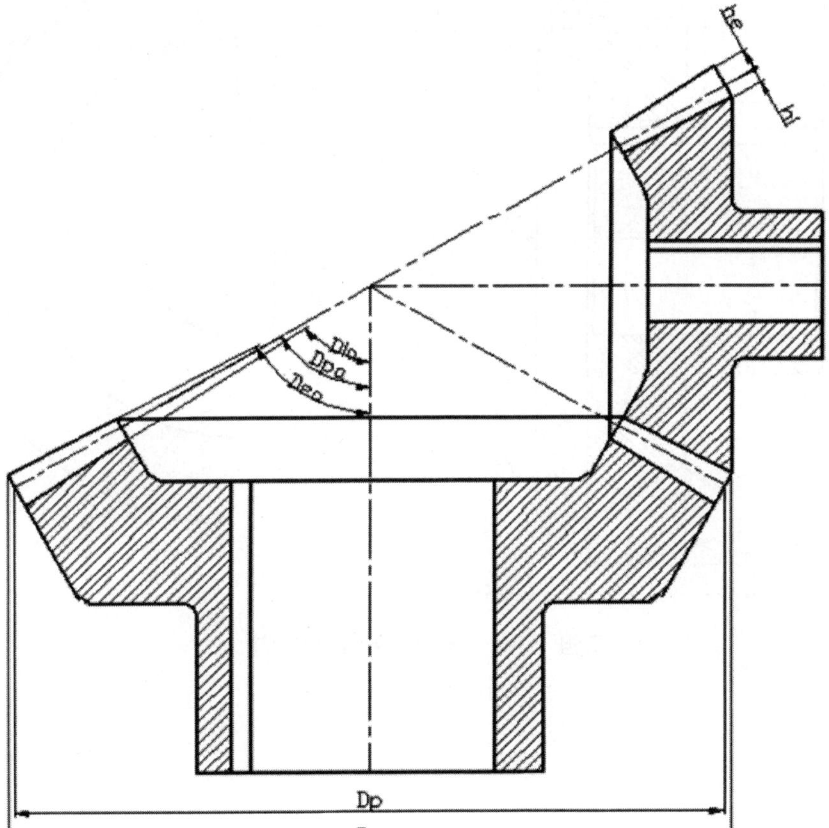

그림 8.10 베벨기어의 각부 명칭

☑ 베벨기어의 제도와 요목표

그림 8.11은 베벨기어의 대표적인 도면을 나타낸다. 정면도를 단면도로 작성하였으나 기어의 이는 단면으로 작성하지 않는다. 이끝선, 이뿌리선은 외형선, 피치선은 가는 1점 쇄선으로

그린다. 이끝 및 이뿌리를 표시하는 원뿔각의 선은 꼭지점에 이르기 전에 멈춘다. 측면도에는 기어의 이의 형상을 상세하게 나타내지 않고 이끝원은 바깥쪽, 안쪽 모두 외형선으로 작성한다. 피치원은 바깥쪽 부분만 가는 1점 쇄선으로 그리고 이뿌리원은 모두 생략한다.

표 8.5는 베벨기어의 요목표를 작성한 사례를 나타낸다. 도면과 같이 요목표를 병기할 경우에는 표에서 나타낸 전부의 값을 나타내는 것도 좋으나 기어 치형, 압력각, 모듈, 축각, 잇수, 피치원 지름, 피치 원뿔각 정도를 요목표로 나타낸다.

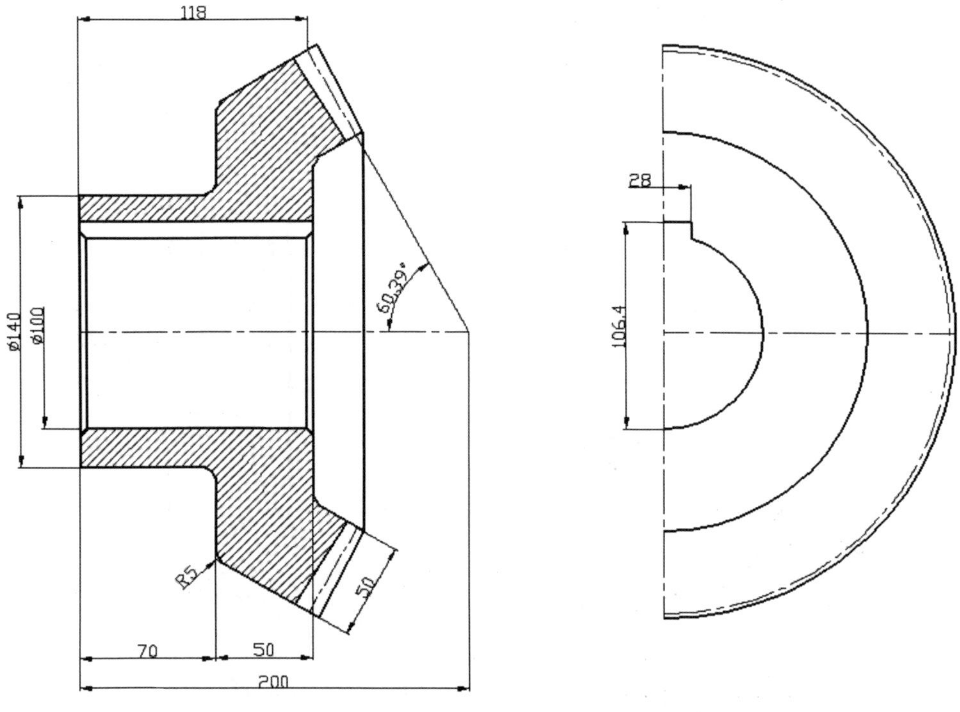

그림 8.11 베벨기어의 제도법

표 8.5 직선 베벨기어의 요목표 사례

<table>
<tr><th colspan="8">직선 베벨기어</th></tr>
<tr><th>구별</th><th>기어</th><th>피니언</th><th colspan="2">구별</th><th colspan="2">기어</th><th>피니언</th></tr>
<tr><td>치형</td><td colspan="2">글리손식</td><td colspan="2">기준 피치원뿔각</td><td colspan="2">60°39′</td><td>29°21′</td></tr>
<tr><td>모듈</td><td colspan="2">6</td><td colspan="2">이끝원뿔각</td><td colspan="2">62°28′</td><td></td></tr>
<tr><td>압력 각</td><td colspan="2">20°</td><td colspan="2">이뿌리원뿔각</td><td colspan="2">57°32′</td><td></td></tr>
<tr><td>잇수</td><td>48</td><td>27</td><td rowspan="4">이두께</td><td>측정위치</td><td colspan="2">바깥 끝
잇봉우리원부</td><td></td></tr>
<tr><td rowspan="3">축각</td><td colspan="2" rowspan="3">90°</td><td rowspan="3">활줄
이두께(치직각)</td><td rowspan="2">8.08</td><td>-0.10</td><td></td></tr>
<tr><td>-0.15</td><td></td></tr>
<tr><td colspan="2">캘리퍼 4.14</td><td></td></tr>
<tr><td>기준 피치원 지름</td><td>288</td><td>162</td><td colspan="2">다듬질 방법</td><td colspan="3">절삭</td></tr>
<tr><td>이높이</td><td colspan="2">13.13</td><td colspan="2">정밀도</td><td colspan="3">KS B 1412 4급</td></tr>
<tr><td>이끝높이</td><td>4.11</td><td>-</td><td rowspan="3">비고</td><td>백래쉬</td><td colspan="3">0.2~0.5</td></tr>
<tr><td>이뿌리높이</td><td>9.02</td><td>-</td><td>이접촉</td><td colspan="3">KS B 1417 구분 B</td></tr>
<tr><td>원뿔거리</td><td colspan="2">165.22</td><td>재료
열처리
유효 경화층 깊이
경도(표면)</td><td colspan="3">SCM 420 H
침탄 퀜칭 템퍼링
0.9~1.4
HRC 60±3</td></tr>
</table>

8.1.6 웜과 웜기어의 제도

그림 8.12는 웜과 웜기어가 조립된 상태를 나타낸다. 웜과 웜기어는 2개의 회전축이 서로 직각이면서 교차하지 않는 경우에 사용하는 것으로서 큰 감속비를 얻을 수 있는 장점을 가지고 있어서 감속기용으로 널리 사용된다. 웜은 나사와 비슷한 형상을 가지고 있으므로 규격을 정의할 때에는 피치와 리드와 같이 나사의 용어를 사용한다.

한 줄 나사의 웜이 1회전하면 맞물린 웜기어는 이 하나만큼 회전한다. 따라서 잇수가 50인 웜기어의 경우에 웜이 한 줄 나사로 구성되어 있다면 50 : 1의 감속비를 얻을 수가 있다. 스퍼기어로 최대로 얻을 수 있는 감속비가 10 : 1이므로 웜과 웜기어는 공간에 비하여 큰 감속비를 얻을 수 있는 감속장치에 사용된다.

웜과 웜기어는 웜을 구동시켜서 웜기어를 회전시키며 반대로 웜기어를 사용하여 웜을 구동시키는 역회전은 불가능하다. 웜과 웜기어의 단점은 마찰에 의하여 동력 손실이 많이 발생하므로 기계적으로 효율이 낮으며 마모가 심하다.

☑ 웜 도면과 요목표

그림 8.13은 웜의 대표적인 도면을 나타낸다. 비틀림각이 11.18 [°]를 가지며 비틀림 방향은 오른쪽이다. 기준 피치원의 지름은 80 [mm]이며 줄 수는 2줄나사이다. 이끝원과 이끝선은 외형선으로 나타내고 이뿌리원과 이뿌리선은 가는 실선으로, 피치원과 피치선은 가는 1점 쇄선으로 표시한다. 도면의 작성법은 스퍼기어의 작성법과 동일하며 웜의 치형선의 방향, 비틀림각 및 비틀림 방향은 헬리컬기어에 따른다. 치형선의 방향은 3개의 가는 실선으로 표시한다.

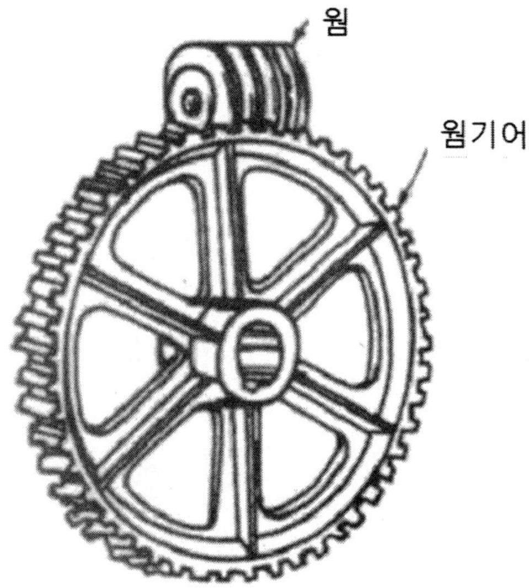

그림 8.12 웜과 웜기어

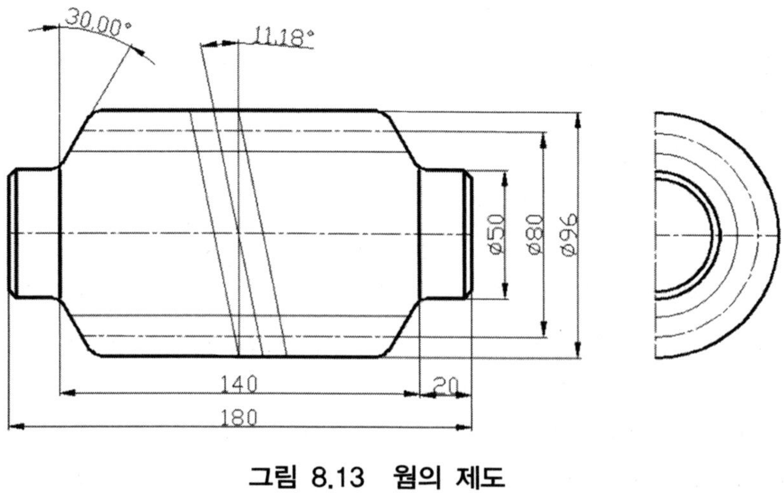

그림 8.13 웜의 제도

표 8.6 웜의 요목표 사례

<table>
<tr><th colspan="6">웜</th></tr>
<tr><td>치형</td><td>KS B 1416형</td><td colspan="2">정밀도</td><td colspan="2"></td></tr>
<tr><td rowspan="2">축 방향 모듈</td><td rowspan="2">8</td><td rowspan="3">이
두께</td><td rowspan="2">활줄 이두께(치직각)</td><td>12.32</td><td>0.0
-0.15</td></tr>
<tr><td colspan="2">캘리퍼 이높이 -8</td></tr>
<tr><td>줄 수</td><td>2</td><td>오버핀 치수
핀지름</td><td colspan="2"></td></tr>
<tr><td>비틀림 방향</td><td>오른쪽</td><td rowspan="6">비고</td><td>백 래쉬</td><td colspan="2">0.21～0.35</td></tr>
<tr><td>기준 피치원 지름</td><td>80</td><td>중심거리</td><td colspan="2">200</td></tr>
<tr><td>지름 계수</td><td>10.0</td><td>재료</td><td colspan="2">SM 48C</td></tr>
<tr><td>리드 각</td><td>11°18′</td><td>이접촉</td><td colspan="2">KS B 1417 구분 B</td></tr>
<tr><td rowspan="2">다들질 방법</td><td rowspan="2">연삭</td><td>열처리</td><td colspan="2">치면 고주파 퀜칭</td></tr>
<tr><td>경도(표면)</td><td colspan="2">HRC 50～55</td></tr>
</table>

표 8.6은 웜의 요목표 사례를 나타낸다. 그림 8.13에서 나타낸 웜의 요목으로서 나사의 줄 수는 2줄이고 축방향의 모듈은 8이다.

☑ 웜기어 도면과 요목표

그림 8.14는 웜기어의 대표적인 도면을 나타낸다. 웜과 마찬가지로 이끝원과 이끝선은 외형선, 이뿌리원과 이끝선은 외형선으로, 피치원과 피치선은 가는 1점 쇄선으로 표시한다. 측면도에서 이뿌리원 및 목부분의 지름원은 도시하지 않는다.

표 8.7은 웜기어의 요목표를 작성한 사례를 나타낸다. 그림 8.14의 웜기어 요목으로서 축방향의 모듈은 8이고 잇수가 40이므로 그림 8.13의 웜과 조합하면 40 : 1의 감속비를 얻을 수가 있다.

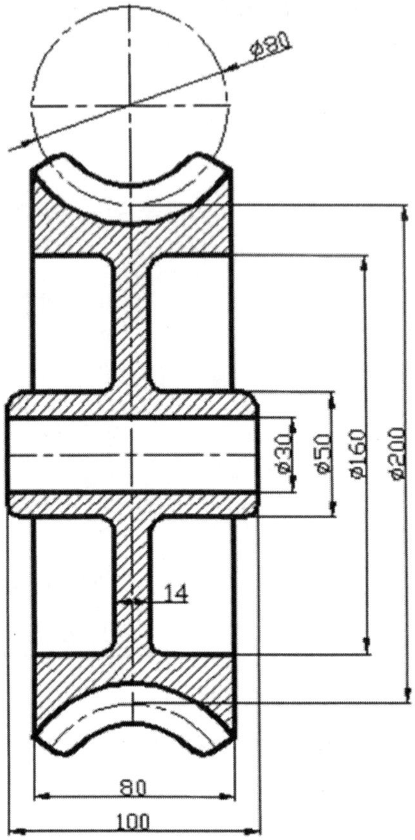

그림 8.14 웜기어 제도

표 8.7 웜기어의 요목표 사례

<table>
<tr><th colspan="6">웜</th></tr>
<tr><td colspan="2">상대 웜 치형</td><td>KS B 1416형</td><td>다듬질 방법</td><td>호브 연삭</td></tr>
<tr><td colspan="2">축방향 모듈</td><td>8</td><td>정밀도</td><td></td></tr>
<tr><td colspan="2">잇수</td><td>40</td><td rowspan="2">백래쉬</td><td rowspan="2">0.12~0.35(피치원 둘레방향)</td></tr>
<tr><td colspan="2">기준 피치원 지름</td><td>320</td></tr>
<tr><td rowspan="5">상대 웜</td><td>줄 수</td><td>2</td><td rowspan="2">참고 이두께</td><td>활줄 이두께(치직각) 12.32</td></tr>
<tr><td>기준 피치원 지름</td><td>80</td><td>캘리퍼 높이 8.12</td></tr>
<tr><td>비틀림 방향</td><td>오른쪽</td><td>전위량</td><td>0</td></tr>
<tr><td rowspan="2">리드각</td><td rowspan="2">11°18′</td><td>이접촉</td><td>KS B 1417 구분 B</td></tr>
<tr><td>재료</td><td>PBC 2 B</td></tr>
</table>

8.2 벨트와 체인 전동장치

2개의 축이 서로 멀리 떨어져 있는 경우에 동력을 전달하는 방법으로서는 벨트(Belt), 체인(Chain) 및 로프(Rope)를 사용하는 동력전달방법이 있다. 축간거리와 속도비에 따라서 동력전달 방법을 선택한다.

표 8.8은 축간거리, 속도비 및 회전속도에 따라서 분류한 동력전달방법을 나타낸다. 축간거리가 4 [m] 이하는 체인전동, 5~10 [m] 사이는 벨트전동, 10~100 [m]는 로프에 의한 동력전달방법을 선택한다.

표 8.8 전동장치의 적용 범위

종류		축간거리(m)	속도 비	속도(m/sec)
벨트	평벨트	10 이하	1:1~6, 최대 1:15	10~30, 최대 50
	V벨트	5 이하	1:1~7, 최대 1:10	10~18, 최대 25
로프	섬유	10~30	1:1~2, 최대 1:5	15~30, 최대 25
	강철	50~100, 최대 150	보통 1:1	
체인	사일런트	4 이하	1:1~5, 최대 1:8	5 이하 최대 10
	롤러			7 이하 최대 10

8.2.1 평벨트와 풀리

☑ 평벨트

평벨트는 피혁, 고무, 직물, 복합벨트 등의 재료를 사용하며 통상적으로는 복합벨트를 많이 사용한다. 복합벨트는 피혁이나 고무와 합성유 직물 등의 복합제품이다. 벨트의 치수는 벨트에 작용하는 장력과 항장력을 고려하여 선택한다.

☑ 평벨트 풀리

평벨트 풀리는 축간 거리가 먼 경우에 평벨트를 사용하여 동력을 전달하는 방법으로서 풀리의 재료는 대부분이 주철제이고 고속용으로는 강판제, 경합금제 등이 있다.

그림 8.15는 평벨트 풀리를 구조에 따른 분류를 나타낸다. 평벨트 풀리의 재질은 대부분 주물로 만들기 때문에 외형 크기에 따라서 작은 것은 일체형으로 큰 것은 분할형으로 만든다.

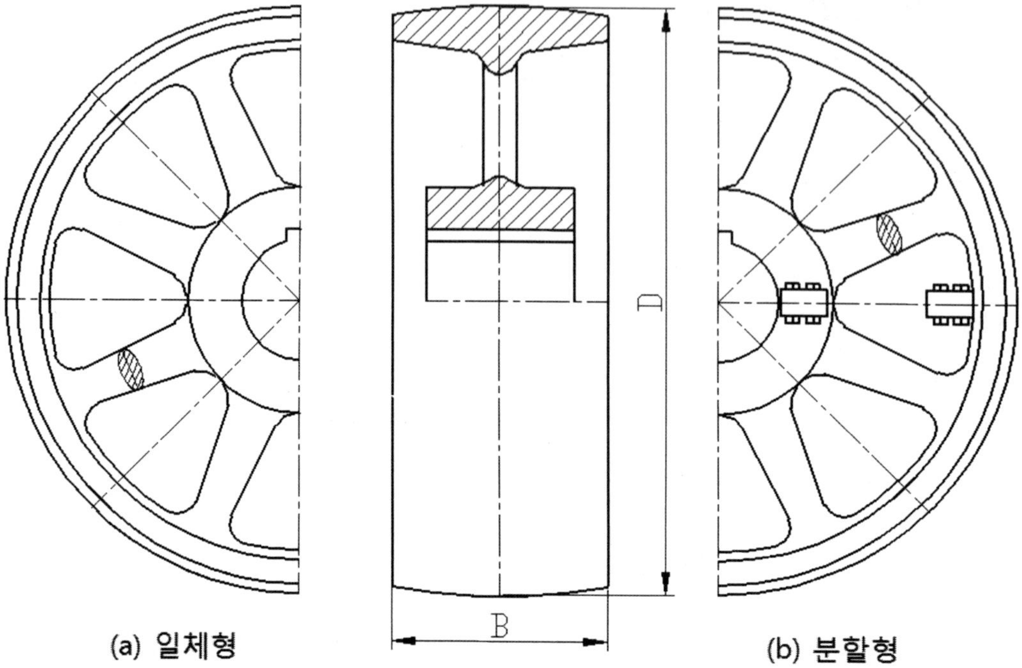

그림 8.15 평벨트 풀리의 분류

그림 8.16은 평벨트 풀리의 바깥둘레면 모양에 따라서 분류한 종류를 나타낸다. 평벨트 풀리는 구조에 따라서 일체형과 분할형으로 구분하고 벨트가 접촉하는 바깥둘레면의 형상에 따라서 Ⅰ형, Ⅱ형, Ⅲ형, Ⅳ형으로 구분한다. 풀리의 바깥 둘레면을 볼록하게 구성하는 크라운은 회전하는 벨트가 풀리로부터 벗겨지는 것을 방지하기 위하여 사용하는 것이다.

D는 평벨트 풀리의 호칭지름을 나타내고 B는 호칭폭, h는 크라운의 크기를 나타낸다. 평벨트 풀리의 바깥 둘레면 다듬질은 원칙으로 KS B 0161(표면 거칠기)의 10점 평균 거칠기 12.5Z로 한다.

☑ 평벨트 풀리의 규격과 호칭법

평벨트 풀리의 호칭법은 명칭, 종류, 호칭지름(D)×호칭폭(B), 재질의 순서로 표시한다.

예1) 평벨트 풀리, 일체형 Ⅰ형, 125×25, 주철

예2) 평벨트 풀리, 분할형 Ⅲ형, 125×25, 주강

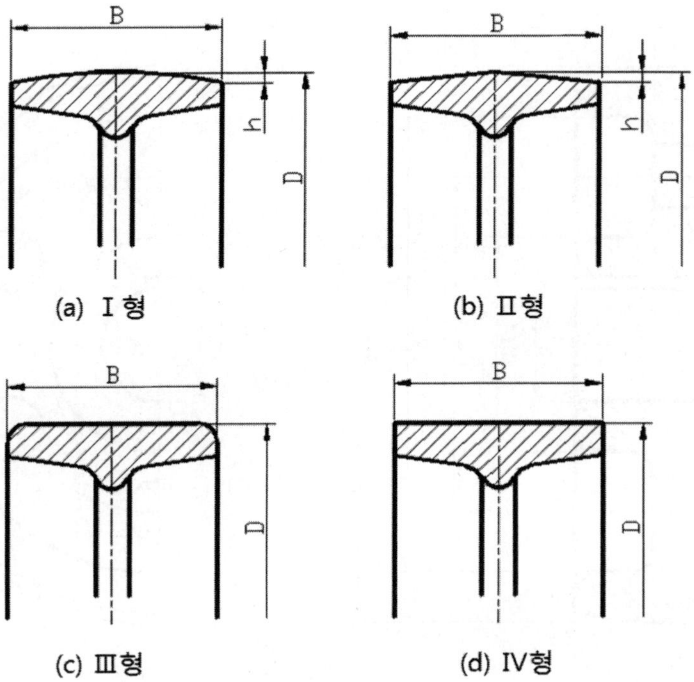

그림 8.15 평벨트 풀리의 종류

표 8.9는 평벨트 풀리의 호칭지름 D에 따른 크라운의 크기 h를 나타낸다. 풀리의 호칭지름이 400 [mm] 이상인 경우에는 호칭지름 D와 호칭폭 B의 변화에 따라서 크라운의 크기는 변화한다. 크라운 h는 수직축에 사용하는 평벨트 풀리일 경우에는 표에서 주어진 값보다 크게 하는 것이 좋다.

표 8.9 크라운의 크기

호칭지름(D)	크라운(h)
40~112	0.3
125, 140	0.4
160, 180	0.5
200, 224	0.6
250, 280	0.8
315, 355	1.0

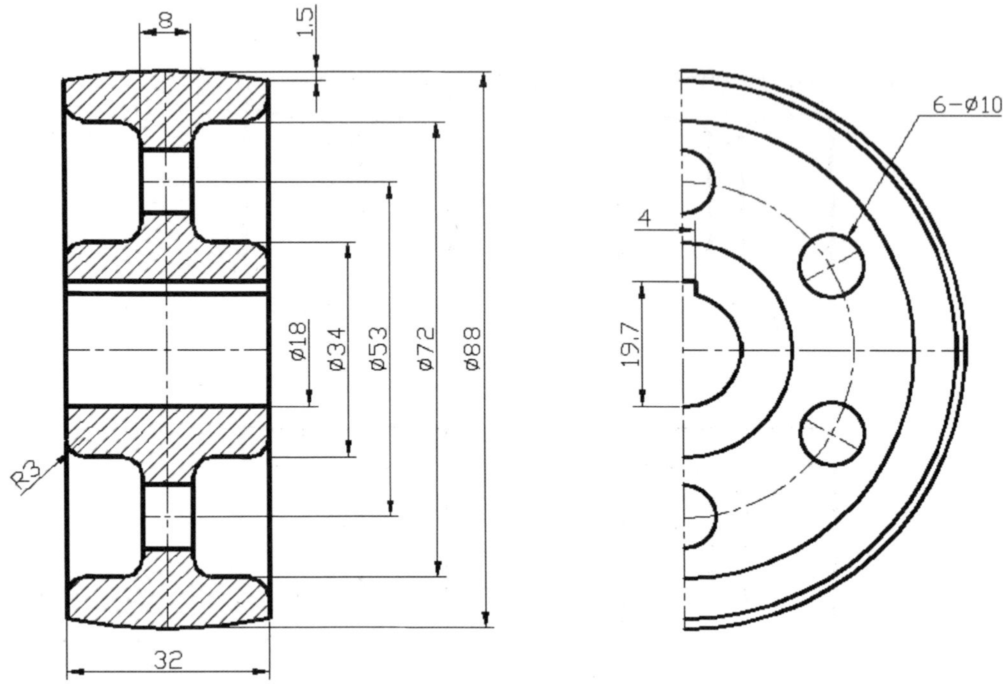

그림 8.17 평벨트 풀리의 제도

그림 8.17은 호칭규격 〈평벨트 풀리, 일체형 I 형, 88×32, 주철〉의 풀리를 제도한 사례를 나타낸다. 호칭지름은 88 [mm], 호칭폭은 32 [mm]로서 일체형 I 형의 주철제를 사용한 것이다. 크라운 h는 표 8.9에 의하면 0.3 [mm]로 설정하여야 하나 여기서는 수직축에 사용한다는 전제하에 1.5 [mm]으로 크게 설정하였다.

8.2.2 V벨트와 풀리

☑ V벨트

V벨트는 V홈이 파져있는 홈에 벨트를 걸어서 동력을 전달하는 것으로 길이는 받침대형 단면높이의 중앙을 통과하는 원둘레의 길이(벨트풀리의 피치원을 통하는 길이로서 유효둘레)로 나타낸다. 유효둘레(25.4×호칭번호)는 KS에 정한 것을 사용한다.

그림 8.18은 V벨트와 풀리가 조립된 상태 및 V벨트의 단면형상을 나타낸다. V벨트는 작은 풀리와 큰 풀리 2개의 사이를 연결하여 동력을 전달하기 위하여 사용하는 것으로 풀리의 V홈에 벨트가 끼어들어 회전력을 전달하므로 확실하게 동력을 전달할 수 있다. V벨트의 단면형상에서, x는 벨트의 폭을, y는 벨트의 높이를, a는 벨트의 각도를 표시한다. 벨트의 각도 a는 34 [°], 36 [°], 38 [°]가 있다.

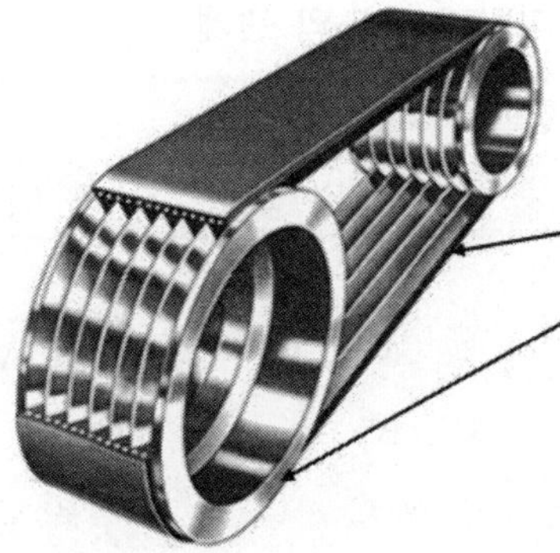

(a) V벨트와 풀리

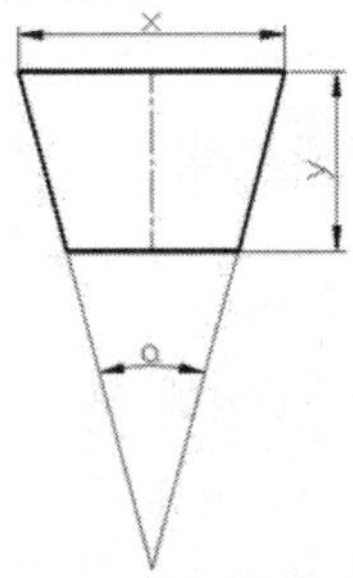

(a) V벨트 단면

그림 8.18 V벨트와 풀리

표 8.10 V벨트의 종류와 형상치수

종류	x(mm)	y(mm)
M	10.0	5.5
A	12.5	9.0
B	16.5	11.0
C	22.0	14.0
D	31.5	19.0
E	38.0	25.5

표 8.10은 V벨트의 종류와 형상치수를 나타낸다. V벨트는 폭과 높이에 따라서 6개의 종류를 가지고 있다.

표 8.11은 전동기에 의해 회전하는 원동축과 일을 하기 위한 종동축 사이의 전달마력과 V벨트의 속도에 따라서 선정하는 V벨트의 종류를 나타낸다.

표 8.12는 V벨트 1개당 전달동력(kW)를 나타낸다. V벨트의 전달동력은 회전속도가 빠를수록 큰 동력을 전달하고 벨트의 크기가 클수록 큰 동력을 전달한다.

표 8.11 V벨트의 전달마력과 속도의 관계

전달마력	V벨트 속도(m/sec)		
	10 이하	10~17	17 이상
2 이하	A	A	A
2~5 이하	B	B	B, A
5~10 이하	B, C	B	B
10~25 이하	C	B, C	B, C
25~50 이하	C, D	C	C
50~100 이하	D	C, D	C, D
100~150 이하	E	D	D
150 이상	E	E	E

표 8.12 V벨트 1개당 전달동력 (kW)

V벨트 모양	V벨트 속도(m/sec)			
	5	10	15	20
M	0.25	0.45	0.6	0.7
A	0.45	0.8	1.2	1.3
B	0.75	1.4	2.0	2.2
C	1.25	2.4	3.3	3.8
D	2.5	5.0	6.5	7.5
E	4.0	7.5	10.0	12.0

☑ V벨트 풀리

그림 8.19는 V벨트 풀리의 종류를 나타낸다. V벨트 풀리와 축을 연결하는 보스(Boss)의 형상에 따라서 I 형, II형, III형, IV형 및 V형으로 구분한다. V벨트는 V벨트 풀리와 맞물리는 부분에서 벨트가 구부러지는 현상이 발생하며 이때에 벨트의 단면형상이 변화하므로 V벨트에 무리가 가지 않을 정도의 V벨트 풀리의 지름과 V홈을 결정하여야 한다. V벨트 풀리의 재질은 GC20(회주철) 또는 이와 동등 이상의 것을 사용하며 호칭법은 규격번호 또는 명칭, 종류, 호칭지름(D), 종류, 보스의 위치구별 손서로 표시한다. 특히 보스 구멍의 가공을 지정할 경우에는 구멍의 기준 치수, 끼워 맞춤 종류 및 등급을 보스의 위치구별 다음에 덧붙여서 표시한다.

예1) KS B 1403 250 A Ⅰ형
예2) 주철제 V벨트 풀리 250 B Ⅲ형 40 H7

예1)은 KS B 1403의 규격에 따르는 V벨트 풀리로서 호칭지름 250 [mm], 풀리 형상의 형식은 A형, 보스 위치는 Ⅰ형이다. 예2)는 주철제 V벨트 풀리로서 호칭지름 250 [mm], 풀리 형상의 형식은 B형, 보스 위치는 Ⅲ형, 보스구멍의 지름은 40 [mm], 보스의 끼워 맞춤은 H7이다.

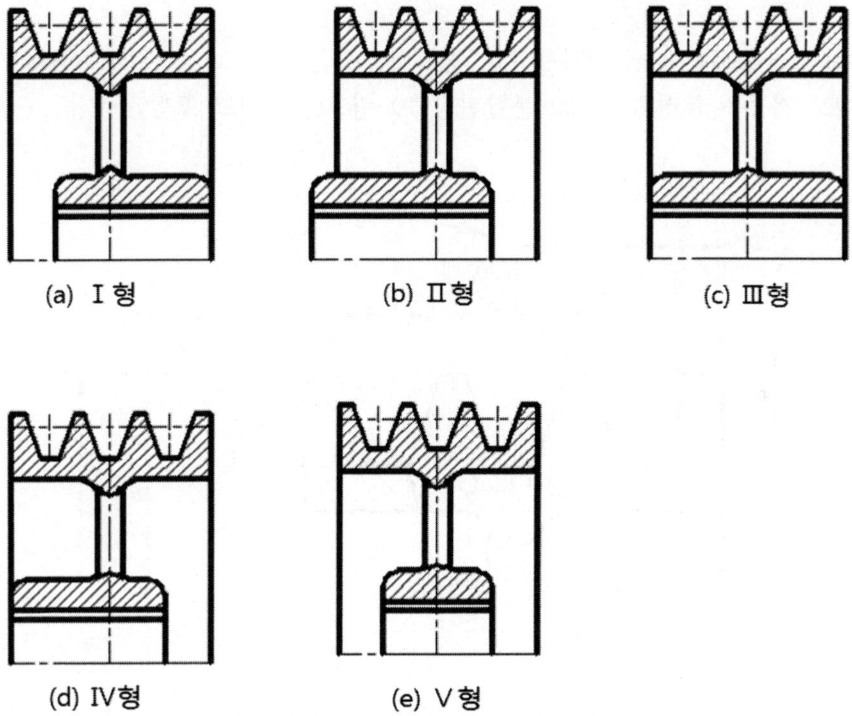

그림 8.19 V벨트 풀리의 종류

그림 8.20은 V벨트 풀리의 형상과 그 치수를 기호로 표시한 것이다. V벨트의 크기는 단면의 치수와 벨트 전체 길이로 나타내며 벨트의 크기에 따라서 M, A, B, C, D, E의 6종으로 구분한다. V벨트 풀리 또한 벨트와 접촉하는 홈의 크기에 따라서 6종으로 분류하고 호칭지름의 크기로 V벨트 형상크기를 구분한다.

표 8.13은 그림 8.20에서 나타낸 기호를 사용하여 V벨트 풀리의 형상을 호칭지름과 형식으로 구분하여 그 값을 나타낸 것이다. V홈의 각도 a는 34 [°], 36 [°], 38 [°]의 3종류가 있고 단면의 크기에 따라서 M, A, B, C, D, E의 6종으로 구분한다.

8.2.3 체인전동

☑ 롤러체인

축간거리가 4 [m] 이하인 경우에는 체인전동을 사용하며, 체인전동은 속도비를 확실히 유지하면서 전달동력이 크고 기어를 사용하기에 축간거리가 먼 경우에 사용한다. 롤러체인(Roller Chain)은 핀링크(Pin Link)와 롤러링크(Roller Link)가 한 쌍으로 이루어져 만들어지고 그 접합부는 조인트 링크(Joint Link)를 사용한다. 롤러체인의 호칭은 규격번호 또는 규격명칭, 호칭번호, 형식, 1열의 링크총수, 기사의 순서로 나타낸다.

예1) KS B 1407 35 리벳형 140 링크

예2) 전동용 롤러체인 120 분할핀형 79 링크(옵셋링크 포함)

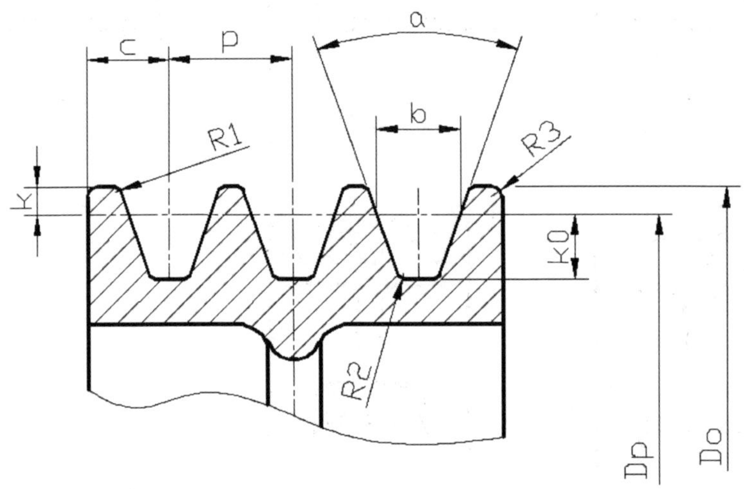

그림 8.20 V벨트 풀리의 형상치수

표 8.13 V벨트 풀리의 형상치수

형별	호칭지름 Dp	a	b	k	k0	p	c	R1	R2	R3	V벨트 두께
M	50~71이하	34	8.0	2.7	6.3	-	9.5	0.2~0.5	0.5~1.0	1~2	5.5
	71~90이하	36									
	90 이상	38									
A	71~100이하	34	9.2	4.5	8.0	15.0	10.0	0.2~0.5	0.5~1.0	1~2	9
	100~125이하	36									
	125 이상	38									
B	125~160이하	34	12.5	5.5	9.5	19.0	12.5	0.2~0.5	0.5~1.0	1~2	11
	160~200이하	36									
	200 이상	38									
C	200~250이하	34	16.9	7.0	12.0	25.5	17.0	0.2~0.5	1.0 ~1.6	2~3	14
	250~315이하	36									
	315 이상	38									
D	355~450이하	36	24.6	9.5	15.5	37.0	24.0	0.2~0.5	1.6~2.0	3~4	19
	450 이상	38									
E	500~630이하	36	28.7	12.7	19.3	44.5	29.0	0.2~0.5	1.6~2.0	4~5	25.5
	630 이상	38									

예1)은 KS B 1407의 규격품으로서 호칭번호 35, 형식은 리벳형, 1열의 링크총수는 140, 기사는 링크를 나타낸다. 예2)는 전동용 롤러 체인으로서 호칭번호 120, 형식은 분할핀형, 1열의 링크총수는 79, 기사는 링크(옵셋링크 포함)를 나타낸다.

☑ 롤러체인용 스프로킷

롤러체인용 스프로킷(Sproket)은 주강 또는 고급 회주철로 만들고 스프로킷의 휠의 잇수는 보통 10~70개 범위 내의 것을 사용한다. 잇수가 적으면 원활한 운전이 어렵고 진동이 발생하며 수명이 단축되므로 보통 17개 이상으로 충분한 잇수를 사용한다. 치형은 S형과 U형으로 구분하며 보통 S형을 많이 사용하며 호칭은 명칭, 체인의 호칭번호, 잇수, 치형의 순서로 표시한다.

예1) 스프로킷 40 N30S
예2) 스프로킷 60-2 N20U

예1)은 체인의 호칭번호 40, 잇수 30, 치형은 S형의 스프로킷을 나타내고 예2)는 체인의 호칭번호 60-2, 잇수 20, 치형 U의 스프로킷을 나타낸다.

☑ 스프로킷 제도

그림 8.21은 스프로킷의 횡치형(단열)의 형상과 그 치수를 나타내는 기호이고 표 8.14는 스프로킷의 횡치형(단열)의 형상치수를 나타낸다. 스프로킷의 제도 시에 치형을 작도하기 위하여 사용하는 것으로서 호칭번호에 따라서 치형의 크기가 다르다.

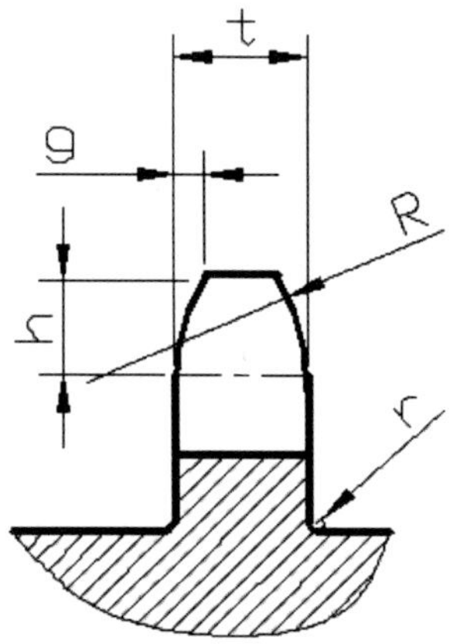

그림 8.21 스프로킷 형상

표 8.14 스프로킷의 횡치형(단열) 치수 (단위 : mm)

호칭번호	모따기 폭 g	모따기 깊이 h	모따기 반지름 R	이뿌리 모따기 r	이폭 t
25	0.8	3.2	6.8	0.3	2.8
35	1.2	4.8	10.1	0.4	4.3
40	1.6	6.4	13.5	0.5	7.2
50	2.0	7.9	16.9	0.6	8.7
60	2.4	9.5	20.3	0.8	11.7
80	3.2	12.7	27.0	1.0	14.6
100	4.0	15.9	33.8	1.3	17.6
120	4.8	19.0	40.5	1.5	23.5
140	5.6	22.2	47.3	1.8	23.5
160	6.4	25.4	54.0	2.0	29.4
200	7.9	31.8	67.5	2.5	35.3

그림 8.22는 스프로킷의 호칭번호 25를 제도한 것이다. 잇수 N은 20개를 사용하였으며 표 8.15에 나타낸 스프로킷 25에서 주어진 값을 사용하여 제도한 것이다. 보스의 폭과 축직경은 임의로 선정하였다.

표 8.15 스프로킷 25의 기준 치수 (단위 : mm)

잇수	피치원 직경	표준외경	치저원직경	치저거리	최대보스직경
N	Dp	D0	Di	Dc	Dh
11	22.54	25	19.24	19.01	15
12	24.53	28	21.23	21.23	17
13	26.53	30	23.23	23.04	19
14	28.54	32	25.24	25.24	21
15	30.54	34	27.24	27.07	23
16	32.55	36	29.25	29.25	25
17	34.56	38	31.26	31.11	27
18	36.57	40	33.27	33.27	29
19	38.58	42	35.28	35.15	31
20	40.59	44	37.29	37.29	33
21	42.61	46	39.31	39.19	35

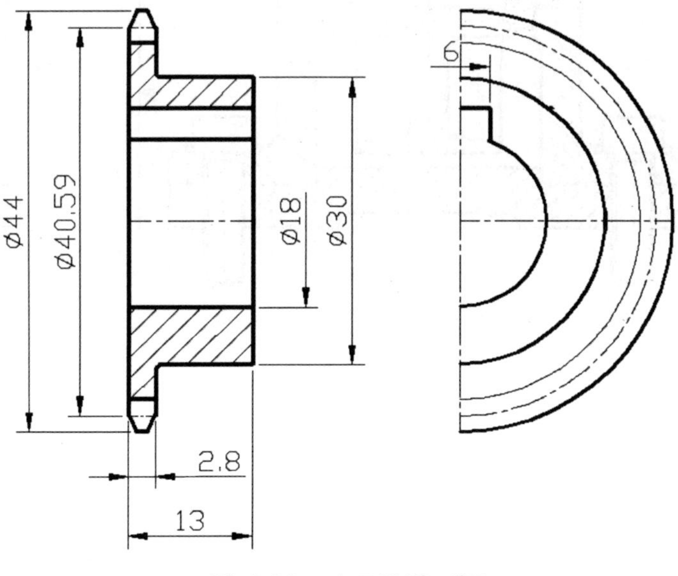

그림 8.22 스프로킷 제도

〈연습문제〉

8-1. 편심왕복장치의 부품도를 작성한 후에 조립도를 완성하라. 도시하고 지시없는 모따기 C1, 라운드 R3이다.

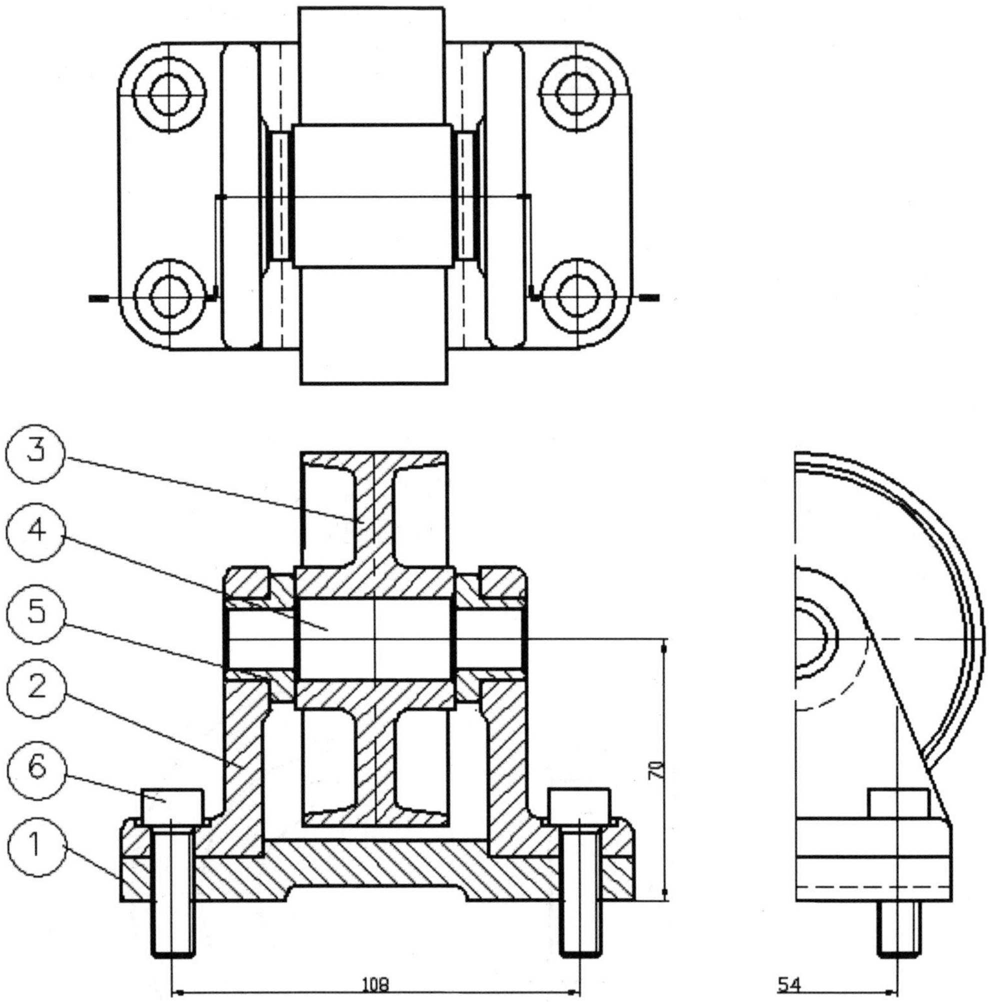

6	육각렌치볼트	SM20C	4	*M10 X35*
5	베어링부시	PBR2	2	
4	축	SM15CK	1	
3	바퀴	합성고무	1	
2	지지대	BMC32	2	
1	베이스	BMC32	1	
품번	품명	재질	수량	비고

설계	박정규	장치	캐스터	도면번호	수량	척도
	2011,01,10				1	1/1
제도	박정규			JG-05-000	투상법	
	2011,01,10				삼각법	
검도	박정규	소속	두원공과대학교 메카트로닉스과			
	2011,01,10					

④ 축

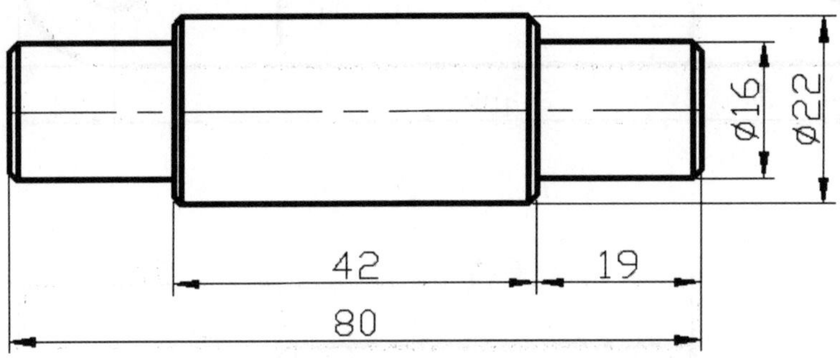

⑤ 베어링 부시

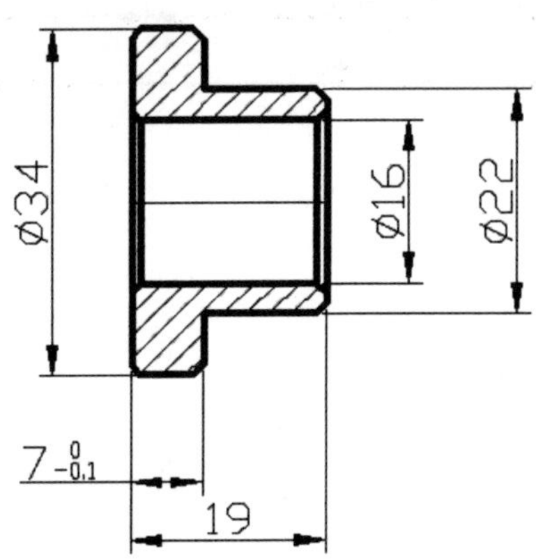

① 베이스

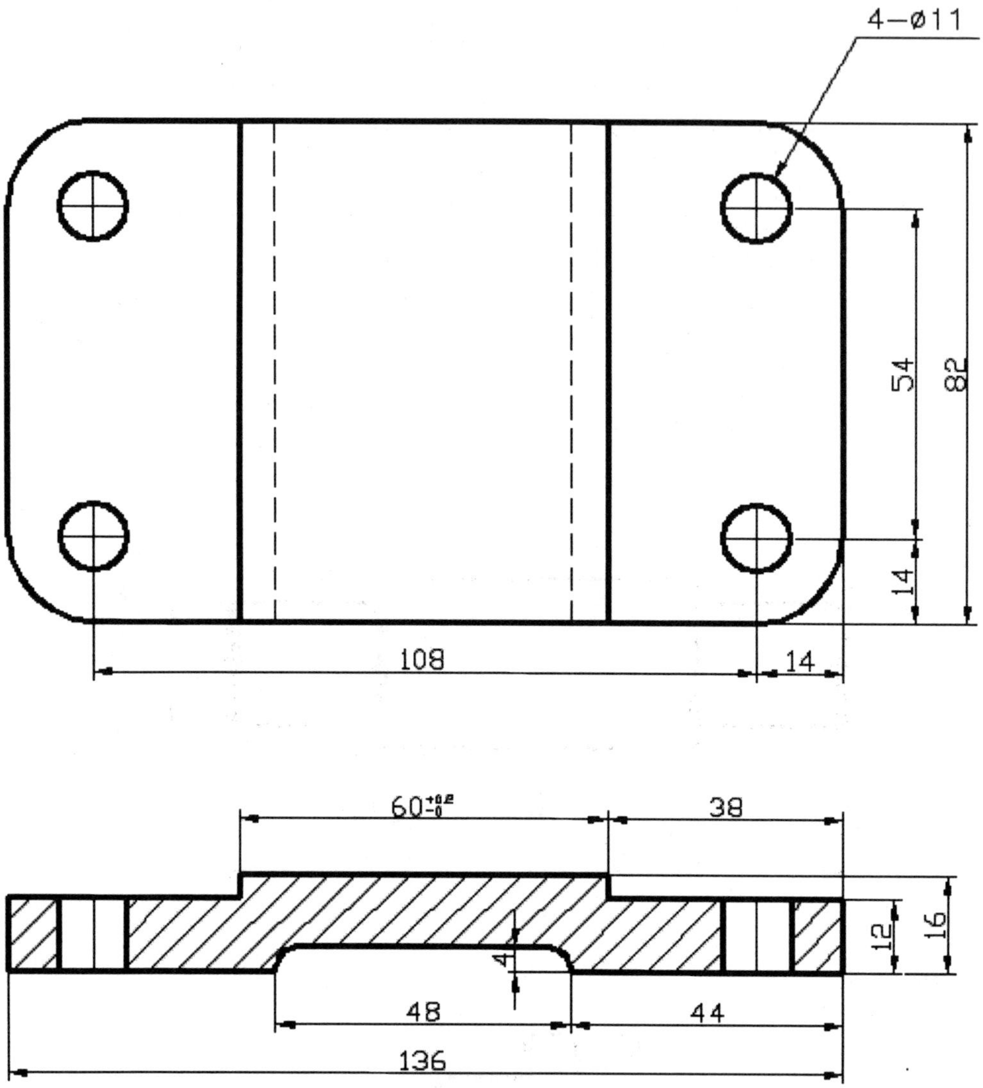

② 지지대

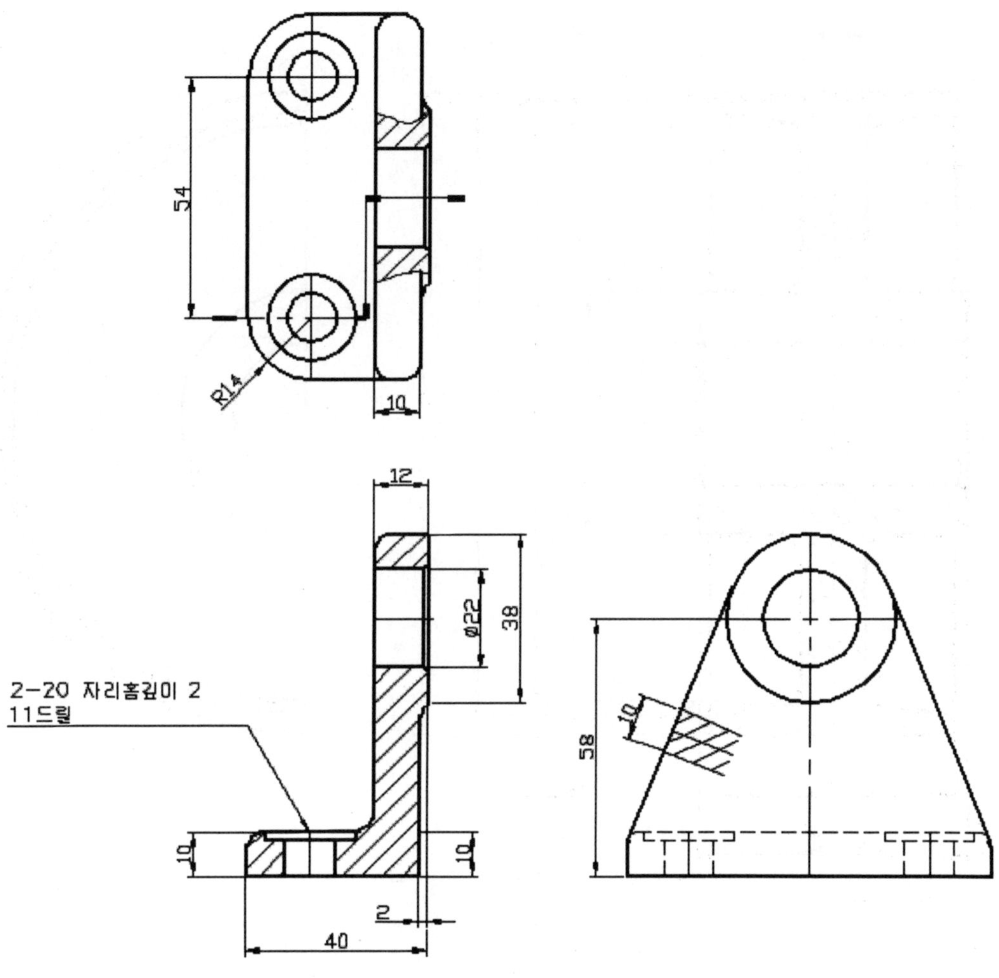

③ 바퀴

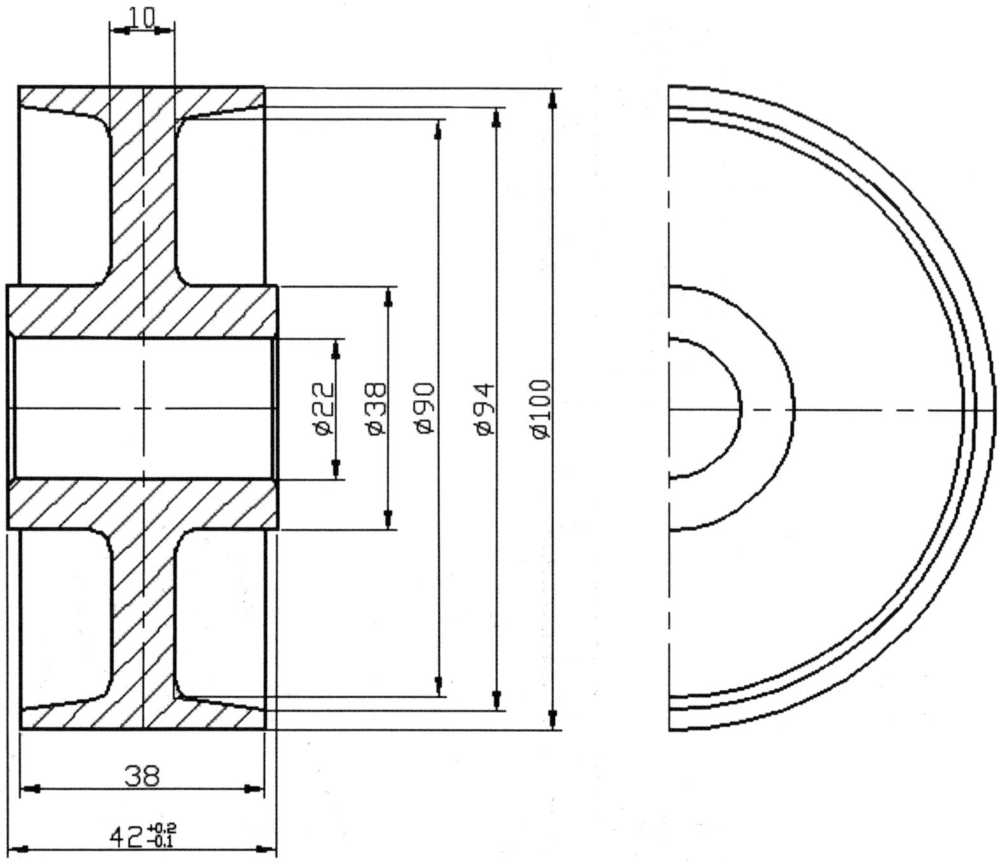

제9장

기타 기계요소

목 차

9.1 스프링

9.1.1 스프링의 종류

스프링(Spring)은 기계의 운동이나 압력을 억제하고 진동이나 충격을 완화시키며 에너지를 축적하는 기계요소이다. 또한 힘을 측정하는 목적으로 사용하기도 하며 각종 계기류 및 기계에 많이 사용한다. 단면의 모양은 원형, 정사각형 및 직사각형 등이 있고 재료로서는 스프링강을 주로 사용하지만 스테인리스강, 인청동, 피아노선재 등을 사용한다.

그림 9.1은 형상 및 코일의 감긴 방향에 따라서 구분하는 스프링을 종류를 나타낸다. 코일 스프링은 단면이 원형, 각형 및 직사각형의 봉재를 코일형태로 감은 것으로서 용도에 따라 압축 스프링, 인장 스프링, 비틀림 스프링으로 구분한다.

■ 압축 코일 스프링(Compression Spring) : 코일 중심선의 방향으로 압축하중을 받는 스프링으로서 차량용, 자전거의 안장 등에 주로 사용한다.

■ 인장 코일 스프링(Extension Spring) : 코일 중심선의 방향으로 인장하중을 받는 스프링으로서 스프링 저울, 저전거의 스탠드 등에 주로 사용한다.

■ 비틀림 코일 스프링(Torsion Spring) : 코일 중심선의 주위에 비틀림 힘을 받는 스프링으로서 재봉틀의 실 걸이, 자전거의 앞 브레이크 등에 주로 사용한다.

■ 겹판 스프링(Plate Spring) : 가늘고 긴 빔(Beam)으로 하중을 받치는 것으로서 여러 판을 겹쳐서 만든 것이고 주로 굽힘 하중을 받으며 자동차 및 철도차량에 주로 사용한다.

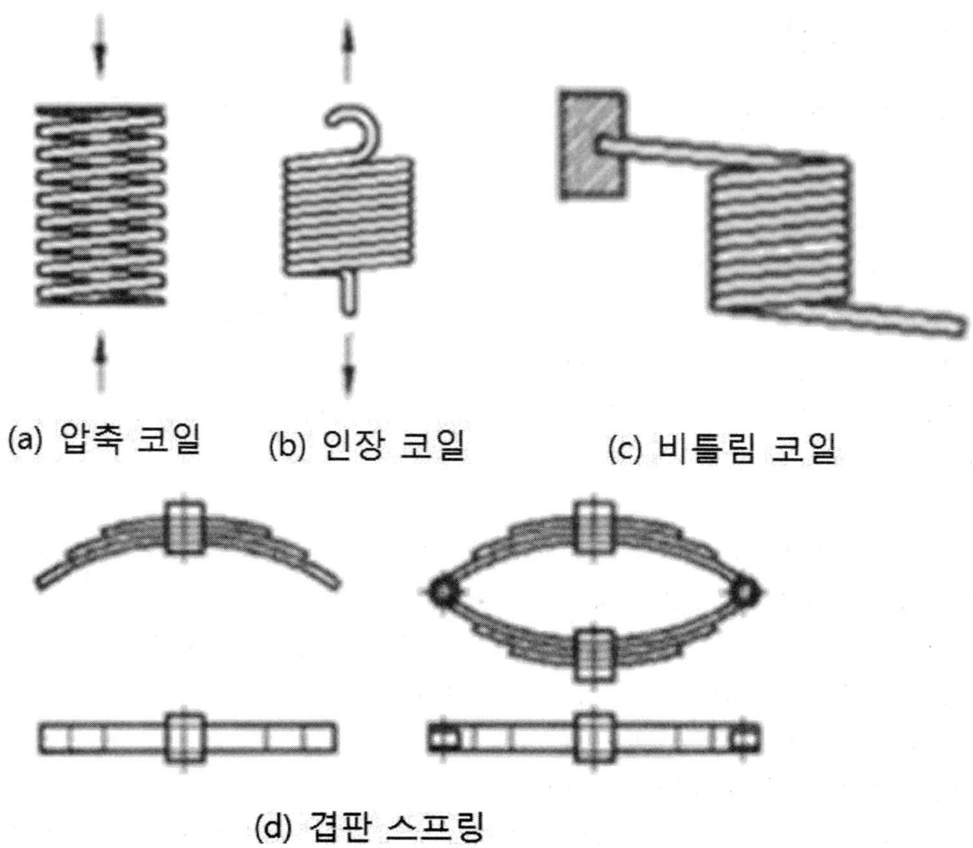

그림 9.1 스프링의 종류

9.1.2 스프링의 도시방법

☑ 코일 스프링의 각부 명칭

스프링의 기본적인 모양은 나사와 같이 원기둥 헬릭스(Cylindrical Helix) 곡선이고 나사 그리는 방법과 유사하게 작도한다.

그림 9.2는 인장코일 스프링의 각부 명칭을 나타낸다. 인장코일 스프링은 코일 중심선 방향으로 인장하중을 받을 수 있는 것이므로 양 끝부분에는 잡아당길 수 있는 고리모양이 있다. 인장코일 스프링의 전제길이 L은 양끝부분 고리의 안지름까지로 나타낸다. 인장하중을 받기 위해서는 초기상태는 코일 지름 d가 헬릭스 곡선으로 밀착되어 있는 형태로 이루어져있고 나사와 같이 피치 p는 코일 지름에 의하여 결정된다.

그림 9.3은 압축코일 스프링의 각부 명칭을 나타낸다. 압축코일 스프링은 코일 중심선 상향으로 압축하중을 받을 수 있는 것이므로 양 끝부분에는 누를 수 있는 평면 구조를 가지고

있다. 전체길이 L은 스프링의 초기상태(하중이 가하지 않은 상태)로 나타내고 코일 지름 d는 원기둥 헬릭스 곡선으로 이루어져 있다. 피치 p는 나사와 같이 코일 지름에서 다음 코일 지름까지를 나타낸다.

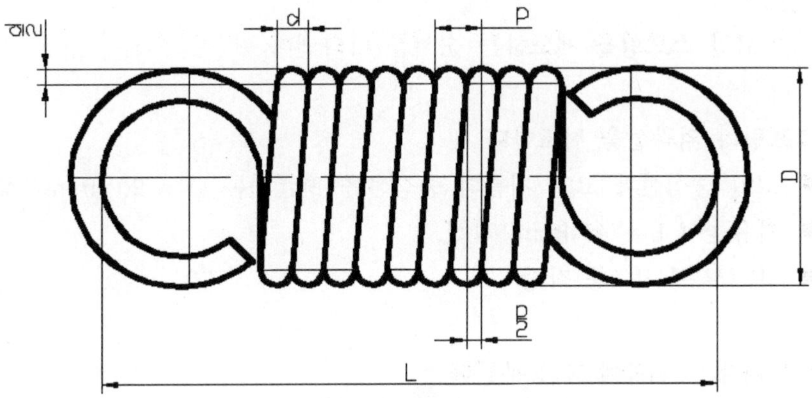

그림 9.2 인장코일 스프링의 각부 명칭

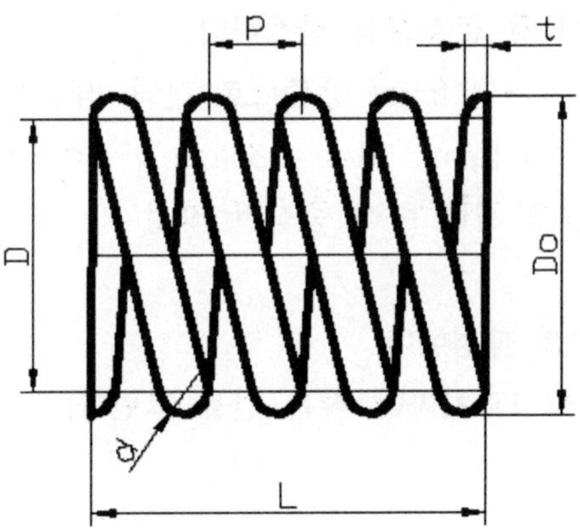

그림 9.3 압축코일 스프링의 각부 명칭

☑ 코일 스프링의 제도

압축코일 스프링을 제도하기 위하여 다음과 같은 조건을 사용한다.

코일 지름 d = 4 [mm]

코일의 평균지름 D = 20 [mm]

총 감긴 수 n = 5.5
유효 감긴 수 na = 3.5
자유높이 L = 45 [mm]
스프링 끝의 두께 = d/4

그림 9.4는 코일 스프링을 제도하는 순서를 나타낸다.

(a) 코일 스프링의 외곽선을 작도한다.
- 코일 중심선과 코일 지름의 중심선을 평균지름 D = 20 [mm]작성
- 자유높이 L = 45 [mm] 작성
- 양 끝부분 d/4를 작성

(b) 피치를 나타내기 위하여 N 등분한다.
- 코일 지름의 중심선을 N등분하기 위하여 경사선 작도
- 유효압축높이는 유효 감긴 수 3.5(총 감긴 수-끝 감긴 수)×2=7로 등분

(c) 코일 지름 d를 사용하여 양 끝부분을 작성한다.
- 양 끝부분을 d/4 = 1 [mm] 양쪽으로 간격 띄우기로 중심선 작성
- 코일지름 d/4 = 1 [mm], 3d/4 = 3 [mm]만 남도록 작성
- 코일 지름 작성을 위한 수직 중심선 작성

(d) 코일 지름 d = 4 [mm]를 작성한다.
- 코일 중심선상에 1피치마다 작은 원을 그린다.

(e) 헬릭스 곡선을 그린다.
- 코일의 감긴 방향을 고려하여 상하의 작은 원을 연결하는 선 작성
- 접점을 사용하여 원을 연결

(f) 코일 지름의 단면을 나타내는 해칭선으로 마무리한다.

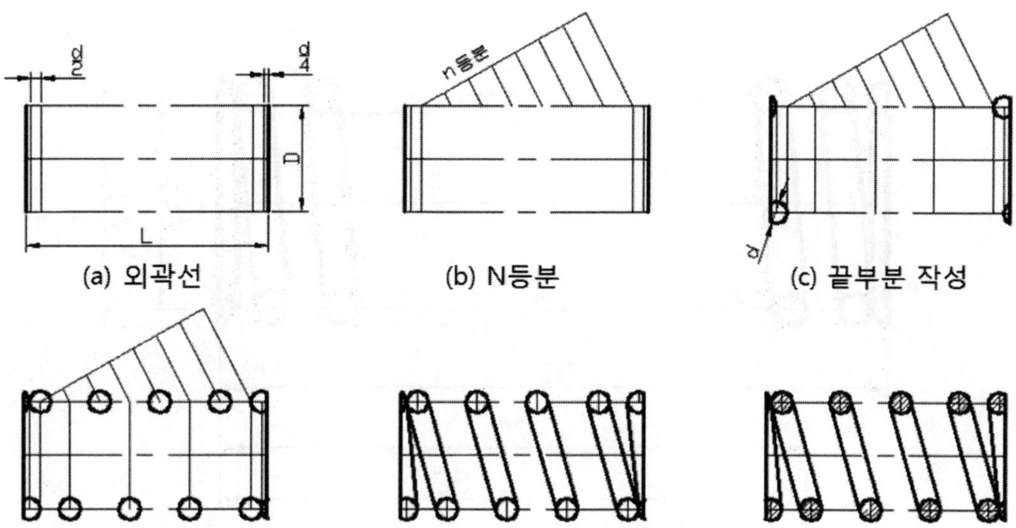

(a) 외곽선 (b) N등분 (c) 끝부분 작성

(d) 작은원 그리기 (e) 헬릭스선 그리기 (f) 해칭선

그림 9.4 코일 스프링 제도법

☑ 코일 스프링의 제도 사례

그림 9.5는 압축코일 스프링을 제도한 도면을 나타내고 표 9.1은 그 요목표이다. 스프링의 도면과 요목표는 통상적으로 같은 도면에 병기한다. 코일 스프링을 작도하기 위한 방법은 그림 9.4에서 예시한 방법을 사용하여 작도하고 코일 지름의 중간부분은 가상선을 사용하여 생략할 수도 있다. 압축 코일 스프링의 사용 상태를 나타내는 부착상태, 최대하중 작용상태를 구분하여 압축량을 나타내기도 한다.

그림 9.6은 인장코일 스프링을 제도한 도면을 나타내고 표 9.2는 그 요목표이다. 스프링의 도면과 요목표는 통상적으로 같은 도면에 병기한다. 인장코일 스프링의 실제 사용 상태는 스프링 특성 지정부분이 되며, 초기장력, 시험하중에 대한 사양도 명기를 한다. 또한 최대 허용 인장길이도 명기하여 한계를 분명히 한다.

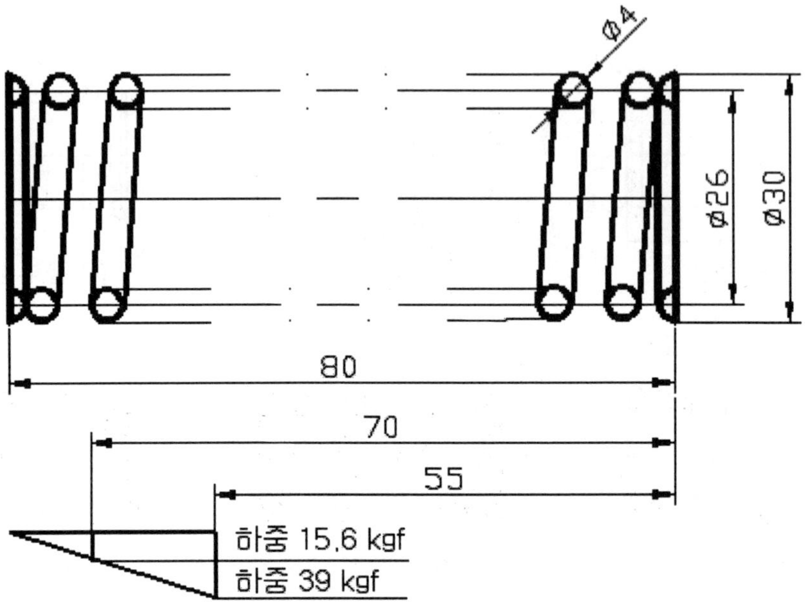

그림 9.5 압축 코일 스프링 도면

표 9.1 압축코일 스프링 요목표

재료		HSWPA
코일 지름 d [mm]		4
코일 평균지름 D [mm]		26
코일 바깥지름 Do [mm]		30±0.4
유효 감긴 수 n		9.5
총 감긴 수 na		11.5
감김 방향		오른쪽
자유높이 L[mm]		80
부착 시	하중 [kgf]	15.6±10 %
	높이 [mm]	70
최대 하중 시	하중 [kgf]	39
	높이 [mm]	55
스프링 상수 [kgf/mm]		1.56
표면처리	성형 후 표면가공	쇼트피닝
	녹 방지처리	ZPC2

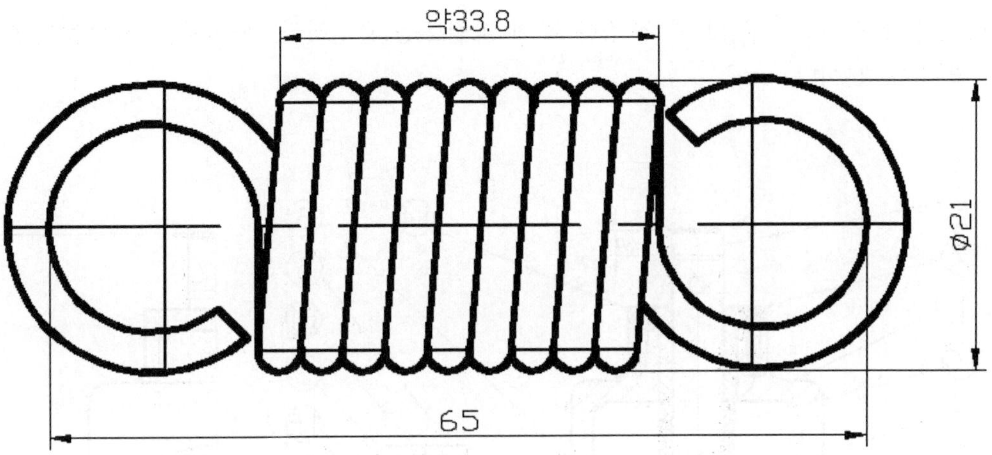

그림 9.6 인장코일 스프링 도면

표 9.2 인장코일 스프링 요목표

<table>
<tr><th colspan="2">재료</th><th>HSWC</th></tr>
<tr><td colspan="2">코일 지름 d [mm]</td><td>2.6</td></tr>
<tr><td colspan="2">코일 평균지름 D [mm]</td><td>18.4</td></tr>
<tr><td colspan="2">코일 바깥지름 Do [mm]</td><td>221±0.3</td></tr>
<tr><td colspan="2">총 감긴 수 na</td><td>12</td></tr>
<tr><td colspan="2">감김 방향</td><td>오른쪽</td></tr>
<tr><td colspan="2">자유높이 L [mm]</td><td>65±1.6</td></tr>
<tr><td colspan="2">초기장력 [kgf]</td><td>약 4</td></tr>
<tr><td rowspan="3">스프링 특성 지정</td><td>지정길이 [mm]</td><td>87</td></tr>
<tr><td>지정길이 때의 하중 [kgf]</td><td>17.3</td></tr>
<tr><td>길이 75와 87 사이의
스프링 상수 [kgf/mm]</td><td>0.61</td></tr>
<tr><td colspan="2">지정길이 때의 응력 [kgf/mm^2]</td><td>57</td></tr>
<tr><td colspan="2">시험하중 [kgf]</td><td>22.5</td></tr>
<tr><td colspan="2">시험하중 시의 응력 [kgf/mm^2]</td><td>72.6</td></tr>
<tr><td colspan="2">최대 허용 인장길이 [mm]</td><td>95</td></tr>
<tr><td colspan="2">훅 형상</td><td>원형 훅</td></tr>
<tr><td colspan="2">녹 방지처리</td><td>녹 방지 기름칠</td></tr>
</table>

〈연습문제〉

9-1. 편심왕복장치의 부품도를 작성한 후에 조립도를 완성하라. 도시하고 지시없는 모따기 C1, 라운드 R3이다.

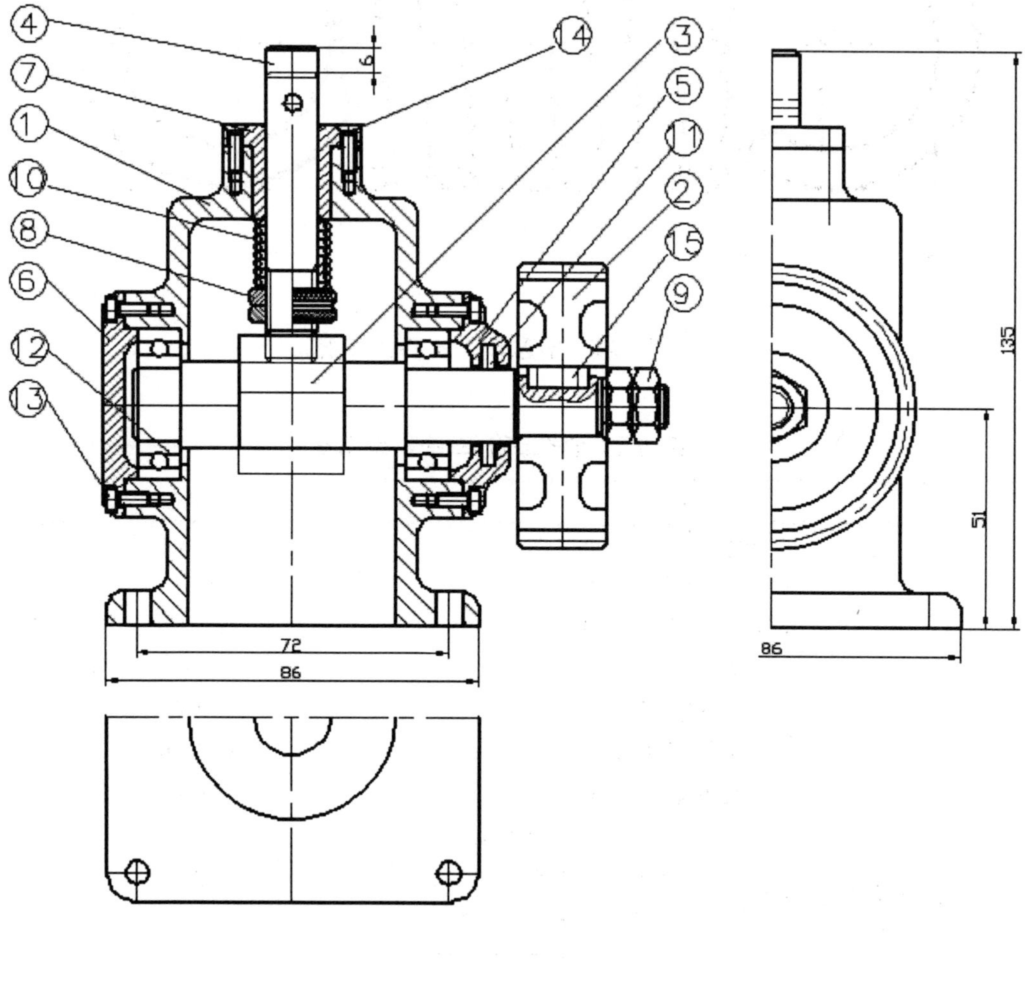

품번	품명	수량	재질	비고
15	묻힘 키이	1	SM55C	14x5x5
14	접시머리볼트	4	SM30C	M3x8
13	육각렌치볼트	8	SM30C	M3x8
12	깊은홈베어링	2	SUJ2	6003
11	패 킹	1	합성고무	
10	스 프 링	1	SPS6	
9	고정 너트	2	SM30C	M10
8	고정 너트	2	SM30C	
7	고정 부시	1	SM30C	
6	커 버	1	GC200	
5	커 버	1	GC200	
4	로 드	1	SM45C	
3	편 심 축	1	SM45C	
2	스퍼어기어	1	SC480	
1	베 이 스	1	GC200	

<table>
<tr><td rowspan="2">설계</td><td>박정규</td><td rowspan="4">장치</td><td rowspan="4">편심왕복장치</td><td rowspan="2">도면번호</td><td>수량</td><td>척도</td></tr>
<tr><td>2011,01,10</td><td>1</td><td>1/1</td></tr>
<tr><td rowspan="2">제도</td><td>박정규</td><td rowspan="2">JG-09-000</td><td colspan="2">투상법</td></tr>
<tr><td>2011,01,10</td><td colspan="2">삼각법</td></tr>
<tr><td rowspan="2">검도</td><td>박정규</td><td rowspan="2">소속</td><td rowspan="2" colspan="4">두원공과대학교 메카트로닉스과</td></tr>
<tr><td>2011,01,10</td></tr>
</table>

D E

7 8

① 베이스

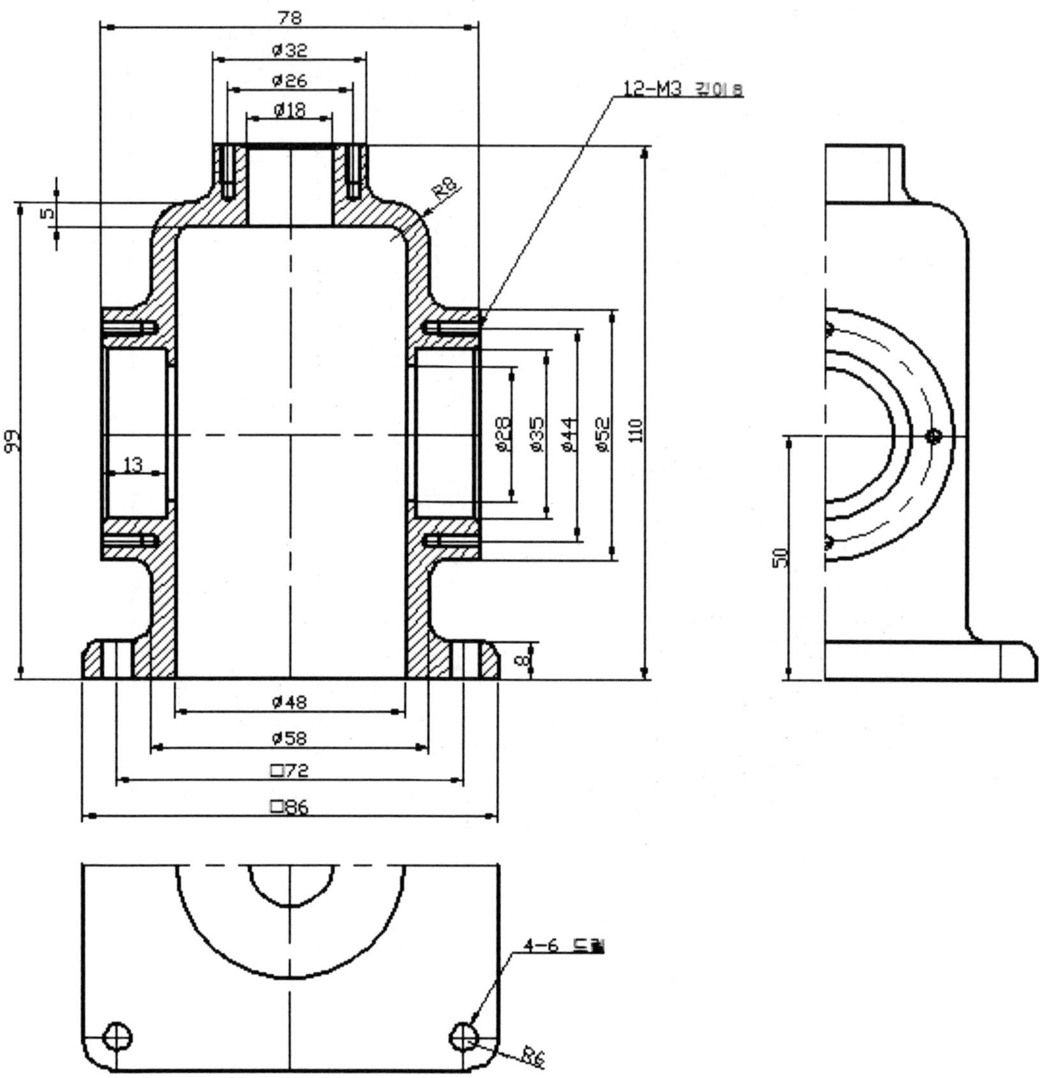
78
ø32
ø26
ø18
12-M3 깊이 8
R8
5
99
13
ø28
ø35
ø44
ø52
110
50
8
ø48
ø58
□72
□86
4-6 드릴
R6

② 스퍼 기어

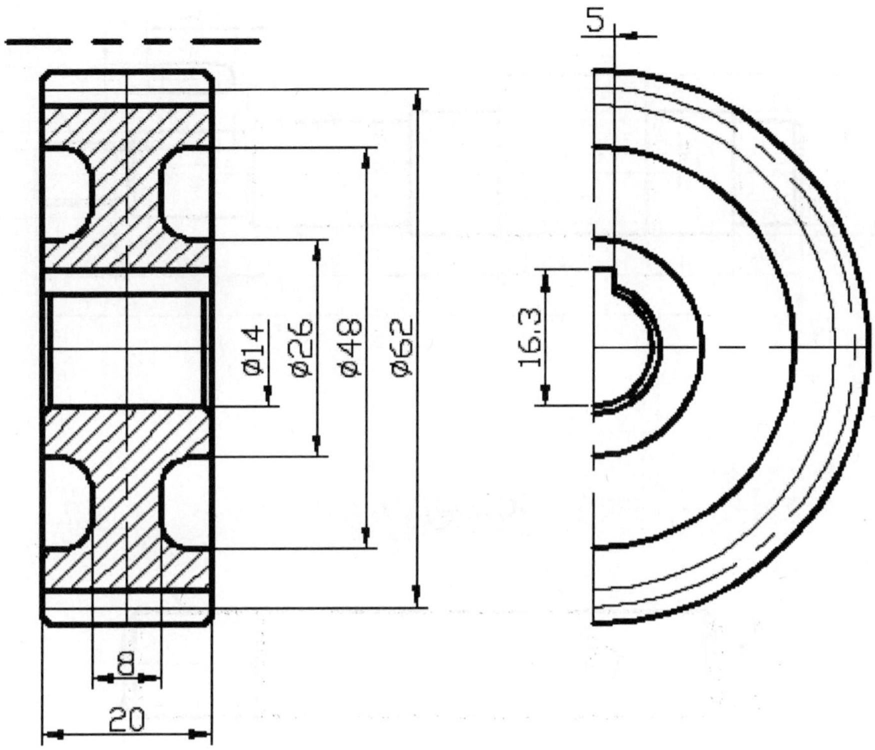

기어 요목표		
치형		표준
공구	치형	보통
	모듈	2
	압력각	20°
잇수		31
피치원 지름		62

③ 편심축

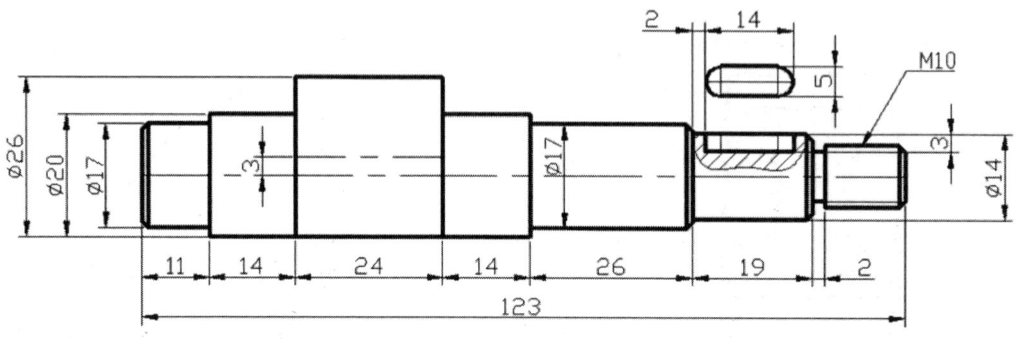
2
14
5
M10
3
ø26
ø20
ø17
3
ø17
ø14
11
14
24
14
26
19
2
123

④ 로드

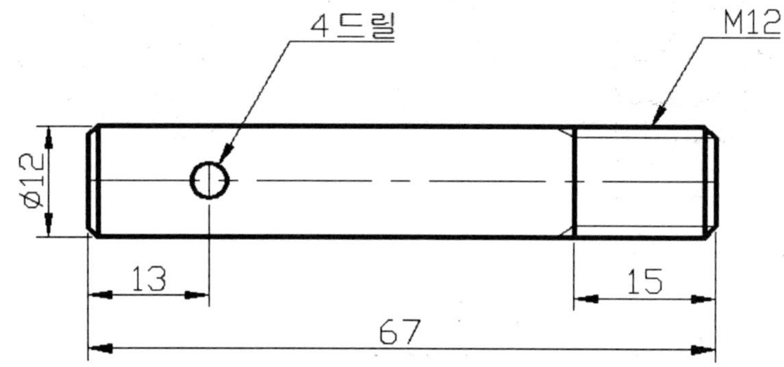
4드릴
M12
ø12
13
15
67

⑤ 커버

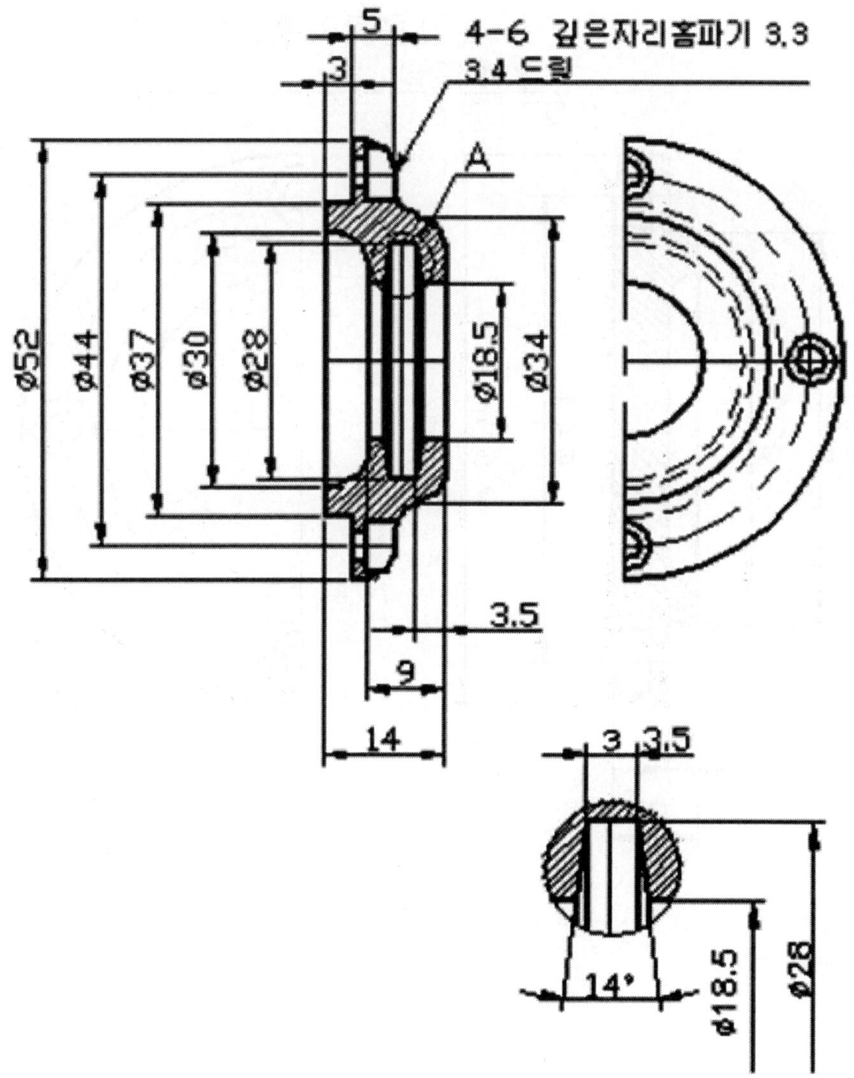
5
4-6 깊은자리홈파기 3.3
3
3.4 드릴
A
ø52
ø44
ø37
ø30
ø28
ø18.5
ø34
3.5
9
14
3 3.5
14°
ø18.5
ø28

A부 상세도 1:2

⑥ 커버

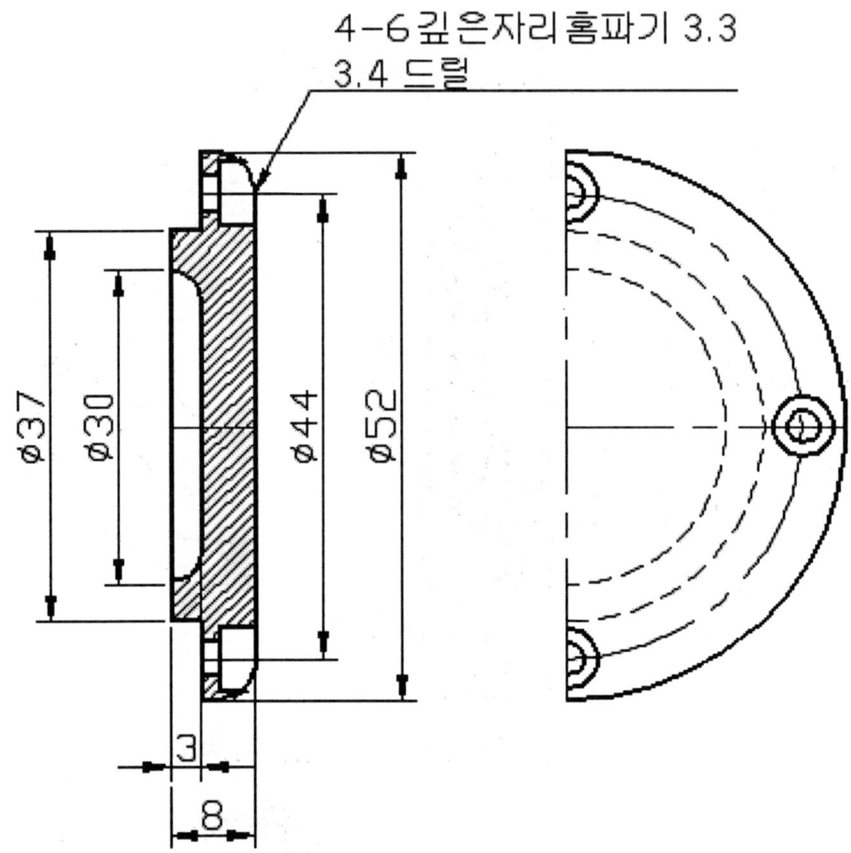

⑦ 고정부시

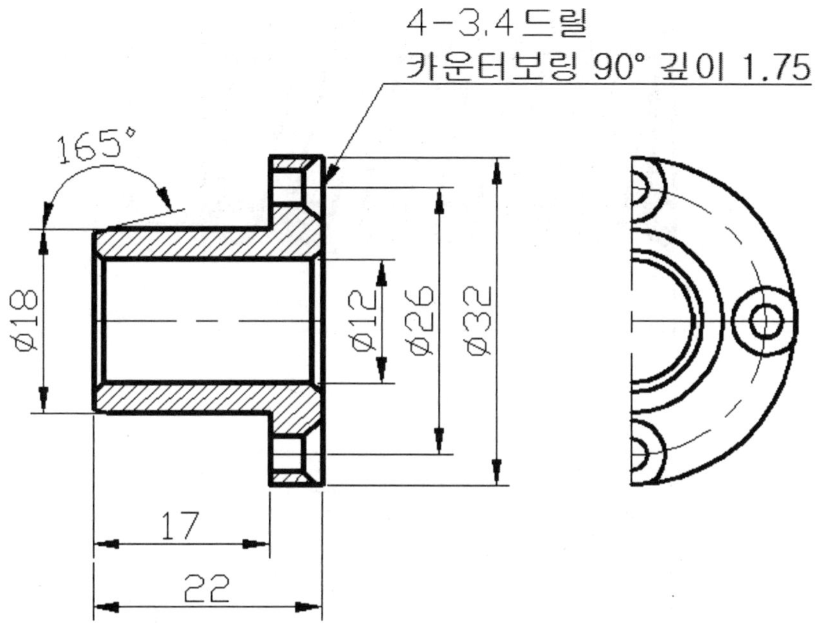

⑧ 고정 너트

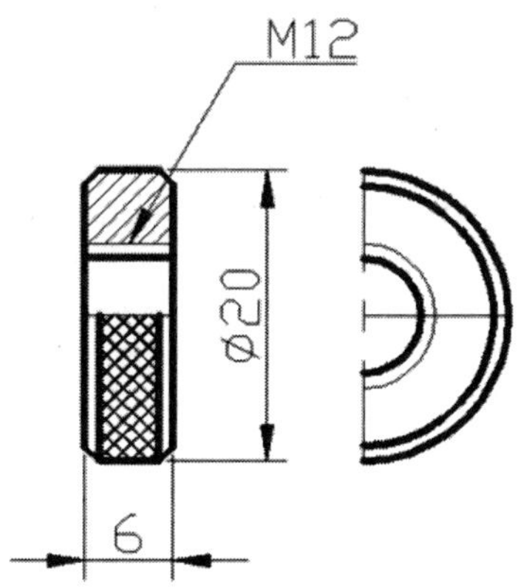

⑩ 스프링

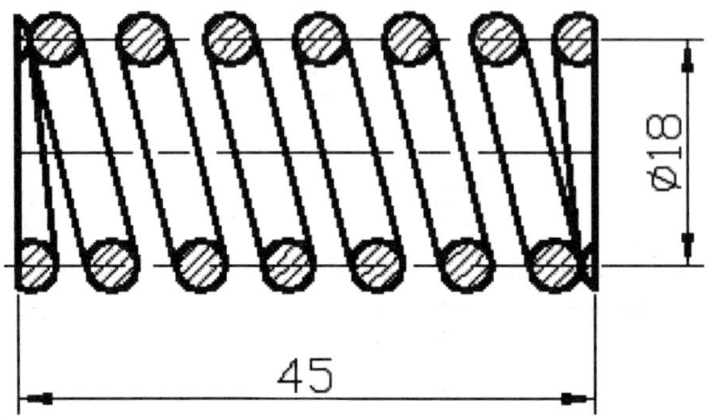

스프링 요목표	
재료지름	4
코일평균지름	18
코일안지름	14±0.4
유효 감긴수	6
총 감긴수	8
감긴 방향	오른쪽
자유높이	45
스프링 상수	1.5 kgf/mm

저자와의
협의에 의해
인지 생략

기계제도 이론과 실습

2판 3쇄 2021년 9월 6일

저 자 박정규 / 한규상
발행인 송광헌
발행처 복두출판사
주 소 서울특별시 영등포구 경인로82길 3-4
센터플러스 807호
(우) 07371
전 화 02-2164-2580
FAX 02-2164-2584
등 록 1993. 11. 22. 제 10-902 호

정가 : 22,000원
ISBN : 979-11-5906-427-2 93550

한국과학기술출판협회 회원사